SCHÄFFER
POESCHEL

Markus Voeth/Uta Herbst

Verhandlungs-management

Planung, Steuerung und Analyse

2009
Schäffer-Poeschel Verlag Stuttgart

Verfasser:

Prof. Dr. Markus Voeth
Universität Hohenheim, Institut für Betriebswirtschaftslehre, Lehrstuhl für Marketing

Jun.-Prof. Dr. Uta Herbst
Universität Tübingen, Wirtschaftswissenschaftliche Fakultät, Lehrstuhl für Marketing

Dozenten finden das komplette Abbildungsset unter www.sp-dozenten.de (Registrierung erforderlich)

Bibliografische Information Der Deutschen Nationalbibliothek

Die Deutsche Nationalbibliothek verzeichnet diese Publikation in der Deutschen Nationalbibliografie; detaillierte bibliografische Daten sind im Internet über http://dnb.d-nb.de abrufbar.

Gedruckt auf chlorfrei gebleichtem, säurefreiem und alterungsbeständigem Papier

ISBN: 978-3-7910-2870-5

www.schaeffer-poeschel.de
info@schaeffer-poeschel.de
Einbandgestaltung: Melanie Weiß
Satz: Johanna Boy, Brennberg
Druck und Bindung: Kösel Krugzell · www.koeselbuch.de
Printed in Germany
April 2009

Schäffer-Poeschel Verlag Stuttgart
Ein Tochterunternehmen der Verlagsgruppe Handelsblatt

Vorwort

Verhandlungen sind ein wesentlicher Bestandteil der Aktivitäten von und in Unternehmen: Der Einkauf verhandelt z.B. mit Zulieferern, der Vertrieb mit Kunden, die Personalabteilung mit aktuellen bzw. potenziellen Mitarbeitern und die F&E-Abteilung mit der Geschäftsleitung über die Bereitstellung von Ressourcen.

Trotz der unstrittigen Bedeutung, die Verhandlungen für Unternehmen zukommt, standen diese bislang häufig nicht im Mittelpunkt des Managementinteresses. Ursächlich hierfür war vor allem der Glaube, Verhandlungen könnten nicht »gemanagt« werden, da jeder Verhandlungsprozess ja unterschiedlich sei und man daher Verhandelnde nicht in ein »Korsett« von Regelungen und Anweisungen zwängen dürfe. Wenn überhaupt, dann sah das Management seine Aufgabe darin, Verhandlungsakteuren Hilfestellung bei dem Erlernen der Verhandlungsführung zu geben, indem Schulungen und Trainings zu diesem Thema angeboten wurden. Bei diesen stand dann aber eher die psychologische, nicht jedoch die betriebswirtschaftliche Verhandlungsführung im Vordergrund. Ein systematisches Verhandlungsmanagement, das über den Bereich der eigentlichen Verhandlungsführung hinausgeht, erfolgt allerdings in nur wenigen Unternehmen.

Inzwischen hat aber in vielen Unternehmen ein Umdenken eingesetzt. Die Unternehmen erkennen, dass Verhandlungen keineswegs eine »managementfreie« Zone sein müssen. Indem Verhandlungen betriebswirtschaftlich geplant, gesteuert und analysiert werden, muss nicht zwangsläufig eine übertriebene Einengung von Verhandelnden stattfinden. Stattdessen ist dies vielmehr eine Möglichkeit, an entscheidender Stelle auf den Erfolg unternehmerischen Handelns Einfluss zu nehmen. So ist davon auszugehen, dass bereits eine geringfügige Steigerung der gesamten Verhandlungsleistung eines Unternehmens das Unternehmensergebnis deutlich verbessert, da an vielen Stellen in der Wertschöpfung verhandelt wird (Einkauf, Personal, F&E, Fertigung, Vertrieb, Geschäftsleitung etc.).

Auch die Betriebswirtschaftslehre nimmt sich dem Themenfeld des Verhandlungsmanagements inzwischen stärker an. So finden sich in der Verhandlungsforschung, die traditionell eher von anderen wissenschaftlichen Disziplinen geprägt wurde (z.B. Psychologie, Mikroökonomie, Jura, Mathematik), inzwischen vermehrt auch betriebswirtschaftliche Beiträge. Und auch in der betriebswirtschaftlichen Ausbildung nimmt das Thema »Verhandlungsmanagement« an vielen Hochschulen heute einen immer größeren Stellenwert ein. Sowohl innerhalb des betriebswirtschaftlichen bzw. wirtschaftswissenschaftlichen Bachelor-Studiums als auch in entsprechenden Master-Studiengängen wird die betriebswirtschaftliche Vorbereitung, Führung und Nachbereitung von Verhandlungen als eigenständiger Studieninhalt thematisiert.

Nur der Lehrbuchmarkt hält bislang kein breites Buchangebot zum Thema »Verhandlungsmanagement« bereit. Zwar existiert im Markt eine Vielzahl von Titeln zu Verhandlungen. Hier geht es aber zumeist eher um (psychologische) Techniken der Verhandlungsführung, nicht aber um ein umfassendes betriebswirtschaftlich geprägtes Management von Verhandlungen. Mit anderen Worten richtet sich diese Literatur vor allem an Verhandelnde, die sich in Verhandlungen »besser« verhalten wollen. Ein betriebswirtschaftliches Verhandlungsmanagement hat aber daneben vor allem die Perspektive des verhandelnden Unternehmens im Fokus. Im Vordergrund des betriebswirtschaftlichen Verhandlungsmanagements steht demnach die Frage: »Wie können Verhandlungen (die anschließend möglicherweise von hierzu entsandten Mitarbeitern geführt werden) vom Management so gesteuert werden, dass für das Unternehmen bestmögliche Ergebnisse erzielt werden?«

Die aus unserer Sicht im Bereich des »Verhandlungsmanagements« bestehende Lücke im Lehrbuchmarkt wollen wir mit dem vorliegenden Buch schließen. Das Buch richtet sich dabei zum einen an Dozenten und Studierende an Hochschulen. Diesen bieten wir mit dem vorliegenden Buch ein zusammenhängendes und inzwischen auch vielfach erprobtes Ausbildungskonzept zum Thema »Verhandlungsmanagement« an. Für Dozenten stellen wir über den Verlag auf Anfrage ergänzende Materialien sowie das vollständige Abbildungsset zur Verfügung (www.sp-dozenten.de).

Zum anderen richtet sich das Buch aber auch an Praktiker. Diese können mit Hilfe des Buches Ansätze für eine Professionalisierung des Verhandlungsmanagements in ihren Unternehmen identifizieren. Zudem laden wir Praktiker dazu ein, an der Weiterentwicklung unseres Buches durch Einbringen ihres praktischen Verhandlungs-Know-hows mitzuarbeiten. Weitere Informationen hierzu können dem Kapitel »Verhandlungsmanagement 2.0« am Ende des Buches entnommen werden.

Um dem Leser aus Wissenschaft und Praxis ein schnelles Verständnis von Verhandlungsmanagement zu ermöglichen und zugleich eine »lesefreundliche« Lektüre zu bieten, haben wir diesem Buch ein bestimmtes didaktisches Konzept zu Grunde gelegt:

- Wir haben das Buch in vier unmittelbar aufeinander aufbauende Kapitel untergliedert. Die grundlegende »Ebene« (A.) dient dazu, unser Verständnis von Verhandlungen aufzuzeigen (»Was sind eigentlich Verhandlungen?«). In der darauf aufbauenden zweiten Ebene (B.) geht es darum, einen für Verhandlungen geeigneten Management-Ansatz abzuleiten (»Wie können Verhandlungen gemanagt werden?«). Im Mittelpunkt des Buches stehen anschließend die auf der dritten Ebene (C.) vorgestellten Instrumente des Verhandlungsmanagements (»Welche Teilaufgaben gehören zum Verhandlungsmanagement?«). Diesen werden, entsprechend dem auf der zweiten Ebene vorgestellten Management-Ansatz, fünf verschiedene Ablaufschritte des Verhandlungsmanagements (C.1 – C.5) zugeordnet. Den letzten Schritt bildet schließlich das auf der vierten Ebene (D.) diskutierte Implementierungsproblem des Verhandlungsmanagements (»Wie kann Verhandlungsmanagement eingeführt werden?«). Da der Erfolg des Verhandlungsmanage-

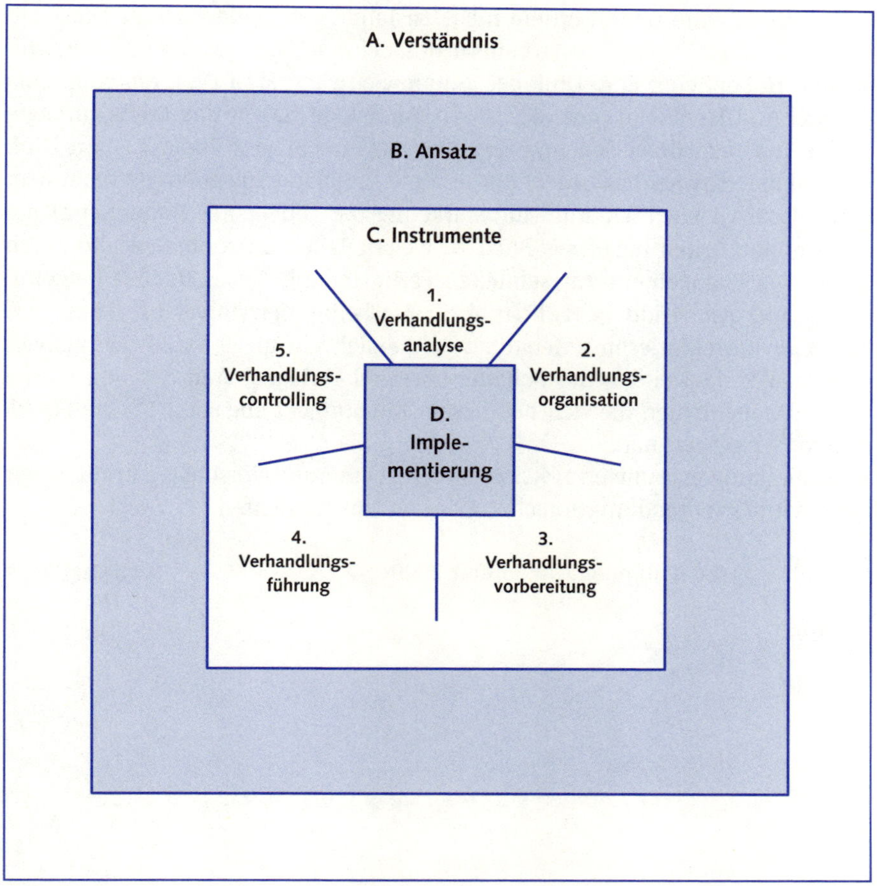

ments maßgeblich davon abhängt, die von dessen Einführung betroffenen Verhandelnden in einem Unternehmen zu überzeugen und in den Einführungsprozess einzubinden, sollten sich Unternehmen auch mit dieser Frage intensiv beschäftigen.

- Daneben haben wir zahlreiche Anwendungsfälle und Praxisbeispiele in das Buch integriert. Über 40 Fallbeispiele sind dabei an den entsprechenden Stellen in den Text aufgenommen worden. Sie sollen dazu dienen, die allgemein beschriebenen Inhalte schneller nachvollziehen zu können. Drei größere Verhandlungsfallstudien sind am Ende des Buches wiedergegeben. Diese können genutzt werden, um selbstständig das Verhandlungsmanagement auf reale Verhandlungssituationen anzuwenden und die vorgestellten Techniken einzuüben. Für Dozenten stellen wir zu diesen Verhandlungsfällen zusätzliches Material zur Verfügung (www.sp-dozenten.de). Mit Hilfe dieses Materials können die Fälle eingesetzt werden, um konkrete Verhandlungssimulationen durchzuführen (Abteilung gegen Abteilung, Gewerkschaft gegen Management, Einkäufer gegen Vertriebler).

Dieses Buch wäre ohne Mithilfe nicht zustande gekommen. Unser Dank gilt zunächst verschiedenen Mitarbeitern des Lehrstuhls für Marketing der Universität Hohenheim: Frau Dipl. oec. Sabine Schwarz, Frau Dipl. rer. com. Sina Barisch und Herr Dipl. oec. Christoph Sandstede haben das Buch durchgesehen und mit Hinweisen und eigenen Textvorschlägen ergänzt. Frau Dipl. oec. Sabine Schwarz hat zudem die gesamte Projektorganisation übernommen. Frau Monika Fielk (Lehrstuhl für Marketing der Universität Hohenheim) hat die Schreibarbeiten für dieses Buch zu weiten Teilen übernommen und durch ihr großes Engagement zur schnellen Fertigstellung dieses Buches beigetragen. Frau Katrin Hidding (Lehrstuhl für Marketing der Universität Tübingen) hat beim Korrekturlesen unterstützt. Schließlich gilt unser Dank der stellvertretenden Verlagsleiterin des Schäffer-Poeschel Verlages, Frau Ass. jur. Marita Rollnik-Mollenhauer, die sich bei diesem Buchprojekt engagiert für die Fertigstellung eingesetzt hat.

Anmerkungen, Hinweise, Kritik und Verbesserungsvorschläge erbitten wir über »vhm@verhandlungsforschung.de« an uns zu richten.

Hohenheim und Tübingen, im Januar 2009

Markus Voeth
Uta Herbst

Inhaltsverzeichnis

Abbildungsverzeichnis

Fallbeispielverzeichnis

A. Verhandlungen als Betrachtungsgegenstand von Wissenschaft und Management (»Was sind eigentlich Verhandlungen?«)

A. Verhandlungen als Betrachtungsgegenstand von Wissenschaft und Management (»Was sind eigentlich Verhandlungen?«)

1. Begriff und Erscheinungsformen von Verhandlungen
2. Verhandlungen als wissenschaftliches Erkenntnisobjekt
3. Zum Stand des Verhandlungsmanagements in der Praxis

B. Entwicklung eines prozessorientierten Management-Ansatzes für Verhandlungen (»Wie können Verhandlungen gemanagt werden?«)

C. Die Ablaufschritte des Verhandlungsmanagements (»Welche Teilaufgaben gehören zum Verhandlungsmanagement?«)

1. Verhandlungsanalyse
2. Verhandlungsorganisation
3. Verhandlungsvorbereitung
4. Verhandlungsführung
5. Verhandlungscontrolling

D. Implementierung von Verhandlungsmanagement in der Praxis (»Wie kann Verhandlungsmanagement eingeführt werden?«)

Fallstudien zum Verhandlungsmanagement

Verhandlungsmanagement 2.0

FALLBEISPIEL 1

Verhandlungen im Berufsalltag

Stefan Bietlich ist Leiter des Qualitätsmanagements einer großen deutschen Sparkasse. Wie jeden Morgen beginnt er seinen Dienst um 7.45 Uhr, indem er zunächst einmal seine Mails bearbeitet, die seit dem Feierabend des Vortages eingegangen oder in der Hektik des Vortages unbearbeitet liegen geblieben sind. Um 8.30 Uhr trifft er sich mit den Mitarbeitern seines Teams zum wöchentlichen »Jour fixe«. Heute steht neben den Berichten der Mitarbeiter zum Status quo der verschiedenen, von der Abteilung betreuten Projekte unter »Sonstiges« auch die Koordination der Urlaubsplanungen der Mitarbeiter an. Wie in jedem Jahr ist es auch diesmal nicht einfach, die Vorstellungen der Beteiligten unter einen Hut zu bekommen. Da in der Sommerzeit für die Abteilung zwar eine »Rumpfbesetzung« von der Geschäftsleitung akzeptiert wird, zugleich jedoch die zeitlichen Urlaubswünsche der verschiedenen Mitarbeiter sehr ähnlich sind, gelingt es leider auch diesmal nicht, allen Mitarbeitern den gewünschten Urlaubstermin zu ermöglichen. Auch Stefan Bietlich hat in diesem Jahr Schwierigkeiten, seinen eigentlich fest geplanten Juli-Urlaub an der Nordsee durchzusetzen. Da eines der Kinder seines Stellvertreters in diesem Jahr erstmals schulpflichtig ist und dieser daher nun auch an die Schulferien gebunden ist, möchte dieser bei der Urlaubsplanung in diesem Jahr den Vortritt haben. Notgedrungen akzeptiert Bietlich dies – nicht jedoch ohne seinen Kollegen darauf hinzuweisen, dass er aber dafür gerne beim im Dezember anstehenden Weihnachtsurlaub den Vortritt haben wolle.

Als Bietlich aus dem Meeting kommt, meldet ihm seine Sekretärin bei der Rückkehr ins Büro, dass einer der Vorstände der Sparkasse angerufen habe und um Rückruf bitte. Am Telefon erfährt Bietlich, dass noch nicht klar sei, ob die von ihm beantragte zusätzliche Mitarbeiterstelle bewilligt werden könne. »Wissen Sie, Herr Bietlich, im Vorstand waren wir uns nicht einig, ob die Stelle wirklich jetzt schon nötig ist. Natürlich haben Sie einige Argumente vorgetragen; aber wir waren uns unsicher, ob es nicht doch ausreichen würde, wenn wir über die Stelle erst bei der nächsten Quartalsplanung beschließen.« Nachdem Herr Bietlich dem Vorstand nochmals sehr eindringlich die Notwendigkeit erläutert hatte, die Stelle bereits jetzt genehmigt zu bekommen, versprach ihm der Vorstand, diese zusätzlichen Argumente gerne nochmals mit den übrigen Vorständen zu diskutieren.

Anschließend ließ sich Bietlich mit dem Chef einer örtlichen Werbeagentur verbinden. Ihm lag nun schon seit einiger Zeit das Angebot dieser Agentur für die Gestaltung der von der Sparkasse geplanten Mitarbeiterbroschüre »Kleider machen Leute« vor. Da sich einige Mitarbeiter doch manchmal allzu wenig an den ansonsten hausintern üblichen Dresscode hielten, wollte man einen kleinen »Kleiderknigge« für die eigenen Mitarbeiter auflegen. Allerdings erschien Bietlich das Angebot der Werbeagentur preislich noch nicht wirklich akzeptabel. »Also von den 24.000 Euro müssen wir einfach runter. Ich möchte nicht, dass es hinterher bei unseren Mitarbeitern heißt, dass wir für solche Fragen wahnsinnig viel Geld ausgeben. […] Klar können Sie auch etwas weniger aufwendige Gestaltungselemente verwenden. Das Ganze soll ja auch nicht toller als unsere Kundenbroschüren werden.«

Nachdem mit ähnlichen Tätigkeiten fast der gesamte Arbeitstag ausgefüllt war, sah sich Bietlich auch an diesem Nachmittag gezwungen, etwas länger im Büro zu bleiben, um die dringlichsten Sachen nach Dienstschluss für den kommenden Tag vorzubereiten. Seiner Frau hatte er die »Erlaubnis«, sie nicht zum Einkaufen begleiten zu müssen, allein mit dem Versprechen abringen können, abends einen langen gemeinsamen Spaziergang zu unternehmen.

Würde man den im Fallbeispiel betrachteten Sparkassen-Mitarbeiter am Ende seines oben beschriebenen Arbeitstages darauf hinweisen, dass er während der eigentlichen Dienstzeit deshalb nicht zu seinem Tagesgeschäft gekommen sei, weil er den ganzen Tag Verhandlungen geführt habe, würde dieser Mitarbeiter dies vermutlich weit von sich weisen. Vielleicht würde er sogar entgegnen, dass er weder im Firmenkundengeschäft tätig sei, wo Verhandlungen über Finanzierungen mit Kunden geführt würden, noch es Teil seines Jobs sei, Tarifverhandlungen zu führen, da er auch nicht in der Personalabteilung arbeite bzw. Vorstandsmitglied sei.

Verhandlungen als Alltagsbeschäftigung

Tatsächlich aber war der Mitarbeiter sehr wohl den überwiegenden Teil des Tages mit Verhandlungen beschäftigt. Dass er dies jedoch nicht so empfunden hat, ist ein typisches Phänomen, das häufig bei Verhandlungen auftritt: Obwohl viele berufliche und private Aktivitäten die konstitutiven Merkmale von Verhandlungen erfüllen, werden die Aktivitäten nicht von den Betroffenen als Verhandlungstätigkeiten eingestuft. Dies ist darauf zurückzuführen, dass Verhandlungen vielfach ein sehr enges Verständnis entgegengebracht wird. Am Beginn eines Lehrbuchs zum Verhandlungsmanagement macht es daher Sinn, sich zunächst mit dem Begriff und den Arten von Verhandlungen zu beschäftigen, bevor deren Management in den Mittelpunkt gerückt werden kann.

1. Begriff und Erscheinungsformen von Verhandlungen

Begriffswirrwarr

Für den Begriff »Verhandlungen« existiert in der Literatur kein einheitliches Begriffsverständnis. Das »begriffliche Wirrwarr«, das zum Teil besteht, zeigt sich dabei schon daran, dass auch die in der angloamerikanischen Literatur verwendeten Begriffe »bargaining« und »negotiation« teilweise synonym (vgl. *Rubin/Brown*, 1975; *Stephenson*, 1981), teilweise in Abgrenzung zueinander verwandt werden. Sofern keine Gleichsetzung erfolgt, wird »bargaining« stärker mit »Feilschen« in Verbindung gebracht, während »negotiation« eher als formaler Problemlösungsprozess verstanden wird (vgl. *Lewicki et al.*, 1998). Trotz aller begrifflichen Unterschiede haben sich in der Verhandlungsforschung allerdings inzwischen einige konstitutive Merkmale herauskristallisiert, die Verhandlungen kennzeichnen und zugleich von Nicht-Verhandlungen abgrenzen. Diese Merkmale lassen sich am besten aus einigen in der Literatur gebräuchlichen Definitionen des Verhandlungsbegriffs ableiten. Abbildung 1 enthält eine Zusammenstellung einiger Beispiele für Definitionen aus internationalen Veröffentlichungen der Verhandlungsforschung.

Verhandlungsbegriffe

Verfasser	Definition
Bazerman et al., 1988	»A decision-making process in which three or more persons, representing their own interests, make decisions to resolve conflicting preferences.«
Bazerman, 2006	»When two or more parties need to reach a joint decision but have different preferences, they negotiate. They may not be sitting around a bargaining table; they may not be making explicit offers and counteroffers; they may even be making statements suggesting that they are on the same side. But as long as their preferences concerning the joint decision are not identical, they have to negotiate to reach a mutually agreeable outcome.«
Davis et al., 1976	»Negotiation is a social-interaction process by which two or more parties strive to reach on explicit agreement concerning an issue on which they initially hold conflicting positions.«
Johnson, 1993	»Negotiation is a process in which individuals or groups seek to reach goals by making agreements with others.«
Kennan/Wilson, 1993	»Bargaining is usually interpreted as the process of arriving at mutual agreement on the provisions of a contract.«
Lax/Sebenius, 1986	»We characterize negotiation as a process of potentially opportunistic interaction by which two or more parties with some apparent conflict, seek to do better through jointly decided action than they could otherwise.«
Morley/Stephenson, 1977	»Despite diverse usages in everyday, the term ›negotiation‹ generally refers to the process of conferring with another with the purpose of securing agreement on some matter of common interest.«
Pruitt, 1981	»Negotiation can be described as a form of social conflict, since it involves the defence of opposing positions. It also can be described as a form of conflict resolution, since the roots of conflict are often examined and rectified during negotiation.«
Thompson, 2005	»Negotiation is an interpersonal decision-making process necessary whenever we cannot achieve our objectives single-handedly.«
Wall/Blum, 1991	»Negotiation is a process in which two or more parties exchange goods or services and attempt to agree upon the exchange rate for them.«
Walton/McKersie, 1965	»Deliberate interaction of two or more complex social units which are attempting to define or redefine the terms of their interdependence.«
Young, 1975	»A bargaining situation involves two or more parties who can make and accept offers, who can compromise with each other, and who can achieve mutual gains.«

Abb. 1: Unterschiedliche Definitionen für Verhandlungen in der Literatur

Die der Literatur entnommenen Definitionen machen deutlich, dass jeder Verfasser zwar im Kern ähnliche Formulierungen wählt, zugleich jedoch andere Teilaspekte hervorhebt. Nimmt man diese verschiedenen Teilaspekte zusammen, so lassen sich als grundlegende Merkmale von Verhandlungen folgende fünf Punkte festhalten:

Merkmale von Verhandlungen

1. Eine Verhandlung ist eine Entscheidungsfindung zwischen zwei oder mehr als zwei Personen bzw. allgemeiner zwischen zwei oder mehr als zwei Parteien (»Multipersonalität/-organisationalität«).
2. Beide Parteien haben ein gemeinsames Einigungsinteresse, da sie ein gemeinsames, übergeordnetes Verhandlungsziel verfolgen, das darin besteht, eine Einigung über einen oder mehrere Verhandlungsgegenstände bei einem Verhandlungsobjekt herbeizuführen (z. B. Preis, Lieferzeitpunkt) (»Zielkongruenz«).
3. Die Verhandlungspartner weisen mehr oder weniger voneinander abweichende Verhandlungspräferenzen auf (»Präferenzkonflikt«).
4. Es besteht die Möglichkeit, durch Verhandlung eine Lösung herbeizuführen, welche beide Verhandlungspartner besser stellt, als wenn auf eine Einigung verzichtet wird (»Einigungsraum«).
5. Die Einigung stellt das Ergebnis eines interaktiven Prozesses dar, bei dem die Verhandlungsparteien durch Manipulationsversuche der Verhandlungsgegner versuchen, ihre Verhandlungspräferenzen soweit wie möglich durchzusetzen (»Interaktionsprozess«).

Definition »Verhandlung«

Jede Austauschsituation, auf die diese fünf Merkmale zutreffen, ist als Verhandlung zu bezeichnen. Eine Verhandlung ist demnach der Prozess der Einigung über ein oder mehrere Austauschobjekte zwischen Parteien mit zumindest teilweise unterschiedlichen Präferenzen, in dessen Verlauf die Parteien versuchen, die generell mögliche Lösung zu ihren Gunsten zu beeinflussen. Damit einhergehend sind Verhandlungen auch als gemeinsame Entscheidungsprozesse zwischen zumindest zwei Parteien zu verstehen.

Fokus geschäftliche Verhandlung

So definierte Verhandlungen begegnen uns permanent. Nicht allein im geschäftlichen Bereich, sondern auch im politischen, gesellschaftlichen und privaten Umfeld besteht nahezu durchgängig die Notwendigkeit, sich mit anderen Individuen und Gruppen im so verstandenen Sinne auszutauschen. Allerdings laufen die Verhandlungen in den verschiedenen Bereichen teilweise sehr spezifisch ab. Verhandlungen im Privaten sind so ganz anders zu führen wie etwa politische Verhandlungen auf internationalem Parkett. Wenn wir uns hier im Weiteren mit Verhandlungen aus betriebswirtschaftlicher Warte beschäftigen, dann grenzt das die im Fokus stehenden Verhandlungen folgerichtig auf geschäftliche Verhandlungen ein und determiniert damit auch den Zugang, aus welchem diese Verhandlungen betrachtet werden.

Gegenstand des Verhandlungsmanagements

Da jedoch »geschäftliche Verhandlung« eine eher umgangssprachliche Formulierung darstellt und folglich wenig präzise ist, sollte der Gegenstand des (betriebswirtschaftlichen) Verhandlungsmanagements noch klarer gefasst werden: Hier werden Verhandlungen betrachtet, an denen Mitarbeiter eines

Unternehmens teilnehmen, die die Verhandlungen in direktem oder indirektem Auftrag des Unternehmens ausführen. Da das betriebswirtschaftliche Verhandlungsmanagement dabei die Warte der »entsendenden« Unternehmen einnimmt, geht es darum, diese Verhandlungen für die Unternehmen zu optimieren (vgl. auch Kapitel B).

Formen von Verhandlungen

Trotz dieser Einschränkung unserer Überlegungen auf unternehmensrelevante Verhandlungen sind diesem Verständnis noch immer sehr viele unterschiedliche Formen von Verhandlungen zu subsumieren, die innerhalb oder im Umfeld eines Unternehmens anfallen. Diese lassen sich in unterschiedlicher Hinsicht differenzieren (vgl. Abbildung 2).

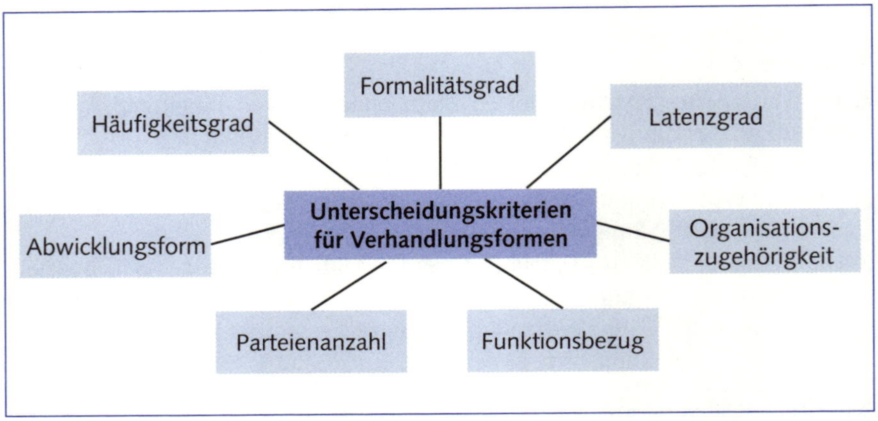

Abb. 2: Unterscheidungskriterien für Verhandlungen

Formalitätsgrad

Im Hinblick auf den Formalitätsgrad ist beispielsweise zwischen informellen und formellen Verhandlungen zu unterscheiden. Von informellen Verhandlungen ist immer dann zu sprechen, wenn diese nicht offiziell erfolgen, daher auch keinen feststehenden Regeln folgen und im Ergebnis auch nur selten zu einem intersubjektiv nachprüfbaren, vertraglich fixierten Ergebnis führen. Im Gegensatz dazu haben formelle Verhandlungen einen offiziellen Charakter und laufen zumeist nach feststehenden Regularien ab. Ihre Ergebnisse werden zumeist in prüfbaren Verträgen niedergelegt.

Latenzgrad

Davon zu unterscheiden ist das Differenzierungskriterium des Latenzgrades von Verhandlungen. So laufen latente Verhandlungen zwar in der Regel auch informell ab, dies liegt aber vielmehr daran, dass den Beteiligten nicht bewusst ist, dass sie sich in einer Verhandlungssituation befinden. Offene Verhandlungen sind dementsprechend Verhandlungen, die von den Verhandlungsakteuren bewusst als solche aufgefasst werden.

Organisationszugehörigkeit

Eine andere Unterteilung differenziert entsprechend der Organisationszugehörigkeit der Verhandlungsbeteiligten. Wie in Abbildung 3 dargestellt, kann hierbei zwischen intraorganisationalen, interorganisationalen und gesellschaftspolitischen Verhandlungen unterschieden werden.

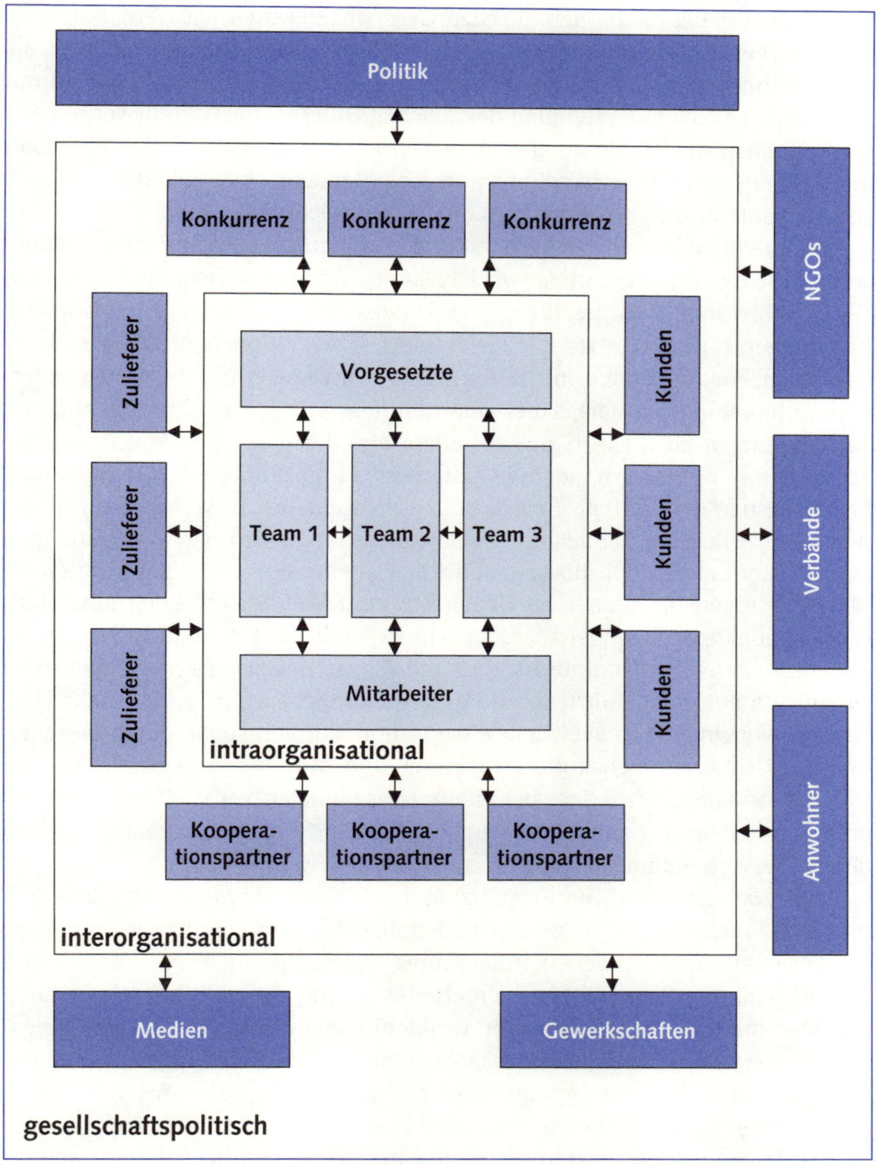

Abb. 3: Verhandlungsarten nach der Organisationszugehörigkeit

Intraorganisationale Verhandlung

Viele geschäftliche Verhandlungen finden innerhalb von Unternehmen statt (intraorganisationale Verhandlungen). Abgrenzungsmerkmal solcher interner Verhandlungssituationen ist dabei, dass die Verhandlungsparteien aus dem gleichen Unternehmen stammen. Dies ist etwa dann der Fall, wenn Budgets zwischen Abteilungen oder Gehalts- und Aufstiegsmöglichkeiten zwischen Vorgesetztem und Untergebenem ausgehandelt werden. Auch wenn intraorganisationale Verhandlungen dabei häufig den gleichen Gesetzmäßigkeiten wie Verhandlungen mit Externen folgen (vgl. *Herbst et al.*, 2008b), sind sie insofern anders, als sich bei ihnen die Verhandlungsbeteiligten in der Regel kennen, diese grundsätzlich den gleichen Werten und der gleichen Unternehmenskultur verpflichtet sind – immerhin sind sie im gleichen Unternehmen tätig – und sich vor allem im Anschluss an die Verhandlungen in vielen anderen Interaktionssituationen (gegebenenfalls auch weiteren Verhandlungen) wieder begegnen.

Interorganisationale Verhandlung

Von interorganisationalen Verhandlungen soll hingegen gesprochen werden, wenn die Verhandlungsparteien verschiedenen Organisationen zugehörig sind. Wie in Abbildung 3 dargestellt, führen Unternehmen interorganisationale Verhandlungen typischerweise mit Lieferanten, Kooperationspartnern oder Kunden, gegebenenfalls auch mit Konkurrenten. Inwieweit der Typus des externen Verhandlungspartners dabei einen Einfluss auf Ablauf und Ergebnis der Verhandlungen aufweist, hängt vor allem von der jeweiligen Machtsituation ab, in der sich das verhandelnde Unternehmen gegenüber der anderen Verhandlungspartei sieht (vgl. *Geiger*, 2007). So werden z. B. Verhandlungen mit wichtigen A-Kunden ähnlichen Mechanismen unterliegen wie Verhandlungen mit Rohstofflieferanten, die augenblicklich alleine über freie Kapazitäten im Markt verfügen und daher im Gegensatz zum Wettbewerb lieferfähig sind. Ganz unabhängig davon ist allerdings ein wesentliches Charakteristikum interorganisationaler Verhandlungen, dass die Zugehörigkeit zu unterschiedlichen Organisationen dazu führt, dass die Verhandlungspartner durch mehr oder weniger voneinander abweichende Werte und Normen sowie durch verschiedenartige Unternehmenskulturen geprägt sind. Aus diesem Grunde müssen sich die Verhandlungspartner bei interorganisationalen Verhandlungen am Beginn häufig zunächst einmal auf gemeinsame »Spielregeln« verständigen, nach denen die Verhandlungen erfolgen sollen.

Gesellschaftspolitische Verhandlung

Schließlich ist eine dritte Ausprägung des Differenzierungsmerkmals »Organisationszugehörigkeit« in gesellschaftspolitischen Verhandlungen zu sehen. Bei Verhandlungen zwischen Unternehmen bzw. Arbeitgeberverbänden und Gewerkschaften oder zwischen Unternehmen und der Politik ist zwar auch das Merkmal interorganisationaler Verhandlungen erfüllt (die Verhandlungspartner gehören verschiedenen Organisationen an), zugleich jedoch sind diese Verhandlungen dadurch geprägt, dass das Verhandlungsergebnis von öffentlichem Interesse ist. Daher besteht eine Besonderheit gesellschaftspolitischer Verhandlungen darin, dass diese häufig unter starker öffentlicher Aufmerksamkeit erfolgen. Dies prägt dann auch den Verhandlungsstil der Beteiligten, da sie bei ihrer Verhandlungsführung nicht nur die Wirkung auf die andere Verhandlungsseite, sondern auch die Öffentlichkeit beachten (müssen).

FALLBEISPIEL 2

Tarifverhandlungen als öffentliche Inszenierung

Verhandlungen, bei denen der medialen Aufmerksamkeit stets eine besonders große Bedeutung zukommt, stellen Tarifverhandlungen dar. Hier versuchen Gewerkschaften und Arbeitgeber sehr häufig, frühzeitig die Öffentlichkeit in ihre Verhandlungsstrategie einzubinden. Indem bereits im Vorfeld der Verhandlungen öffentlich die eigene Verhandlungsposition dargelegt und schon nach den ersten Verhandlungsrunden versucht wird, die Öffentlichkeit vom eigenen Einigungswillen und der Unnachgiebigkeit der anderen Verhandlungsseite zu überzeugen, soll öffentlicher Druck auf den Verhandlungsgegner aufgebaut werden. Nicht selten bekommt der »einfache« Bürger nämlich die Folgen der Unnachgiebigkeit der Verhandlungsparteien direkt zu spüren, wie folgendes Zitat zum Tarifkonflikt zwischen Deutscher Bahn AG und der Gewerkschaft der Lokomotivführer GDL aus dem Jahr 2007 zeigt. »Die Herren Schell und Mehdorn sind bei uns Thema beim Abendbrot, seit meine Kinder sich beim Warten auf die S-Bahn zur Schule einen Schnupfen gefangen haben. Und da ging dann die Fragerei los: Wieso fährt die nicht? Warum bekommen die Lokführer nicht mehr Geld? Und wer bezahlt das dann, wenn sie mehr bekommen?« (vgl. *Degler*, 2007).
Ziel der Verhandlungsparteien innerhalb eines Tarifkonflikts ist es dabei, dass die öffentliche Meinung sich gegen die Positionen der anderen Verhandlungsseite wendet. Dann ist nämlich davon auszugehen, dass dies nicht ohne Wirkung auf die Bereitschaft zu Zugeständnissen des Verhandlungsgegners bleibt. Denn Gewerkschaften und Arbeitgeber sind in tarifpolitischen Auseinandersetzungen auf die Geschlossenheit ihrer jeweiligen Klientel angewiesen. Nur wenn Gewerkschaftsmitglieder und Arbeitgeber geschlossen hinter dem tarifpolitischen Vorgehen ihrer jeweiligen Verhandlungsdelegierten stehen, lässt sich der Gegenseite die Entschlossenheit signalisieren, die erforderlich ist, um die eigenen Forderungen in Tarifverhandlungen durchzusetzen. Bei massivem, öffentlichem Gegenwind droht hingegen ein Abbröckeln der Geschlossenheit der eigenen Klientel. Dies führt aber in den Verhandlungen dazu, dass weitreichende Forderungen oder Drohungen nicht mehr glaubwürdig gemacht werden können, so dass die eigene Verhandlungsposition insgesamt schwächer wird. Um dies zu erreichen, werden wesentliche Teile des Tarifkonflikts häufig in die Medien getragen (»Mediatisierung«). Die Medien berichten dabei nicht nur über die – oftmals inszenierten – Auseinandersetzungen und darüber, was tatsächlich entschieden wurde. Vielmehr bieten Talkshows, Politmagazine, Sondersendungen etc. auch eine geeignete Plattform zur Selbstdarstellung der Verhandlungsparteien, was die Entscheidungsfindung oftmals zusätzlich erschwert (vgl. *Reichertz*, 2007).
Ein vorläufiger Höhepunkt der Mediatisierung von Tarifverhandlungen stellt der bereits angeführte Tarifkonflikt zwischen der Deutschen Bahn AG und der Gewerkschaft der Lokomotivführer (GDL) in den Jahren 2007 und 2008 dar. In dieser tarifpolitischen Auseinandersetzung, die Deutschland über mehrere Monate von Frühjahr 2007 bis Frühjahr 2008 in Atem hielt, versuchten beide Tarifpartner von Beginn an, die Öffentlichkeit für sich zu gewinnen. Der Tarifkonflikt wurde von beiden Seiten hart und lange Zeit kompromisslos geführt, da es im Kern nur vorgelagert um hohe Lohnforderungen der Gewerkschaft ging. Tatsächlich stand die »Tarifmächtigkeit« der GDL im Mittelpunkt der Auseinandersetzung. Denn die Gewerkschaft war bis zur deutschen Wiedervereinigung ausschließlich ein Zusammenschluss beamteter Lokomotivführer in Westdeutschland gewesen und daher auch folgerichtig Mitglied im Deutschen Beamtenbund (DBB). Da Beamte allerdings kein Streikrecht besitzen, fehlte der GDL lange Zeit strukturell die Möglichkeit, Forderungen für ihre Mitglieder gegenüber der Bahn durch Streiks durchzusetzen. Mit der Wiedervereinigung integrierten sich al-

lerdings die im Angestelltenverhältnis beschäftigten Lokomotivführer der früheren ostdeutschen Deutschen Reichsbahn in die Gewerkschaft. Da die Deutsche Bahn AG zudem seit 1992 keine Lokomotivführer mehr im Beamtenverhältnis einstellte, wandelte sich die GDL in den 1990er Jahren immer mehr zu einer »normalen« Gewerkschaft. Intensiv versuchte die GDL dabei, spezielle tarifpolitische Regelungen für ihre Mitglieder mit der Bahn auszuhandeln. Auf der anderen Seite wollte der Bahn-Vor-

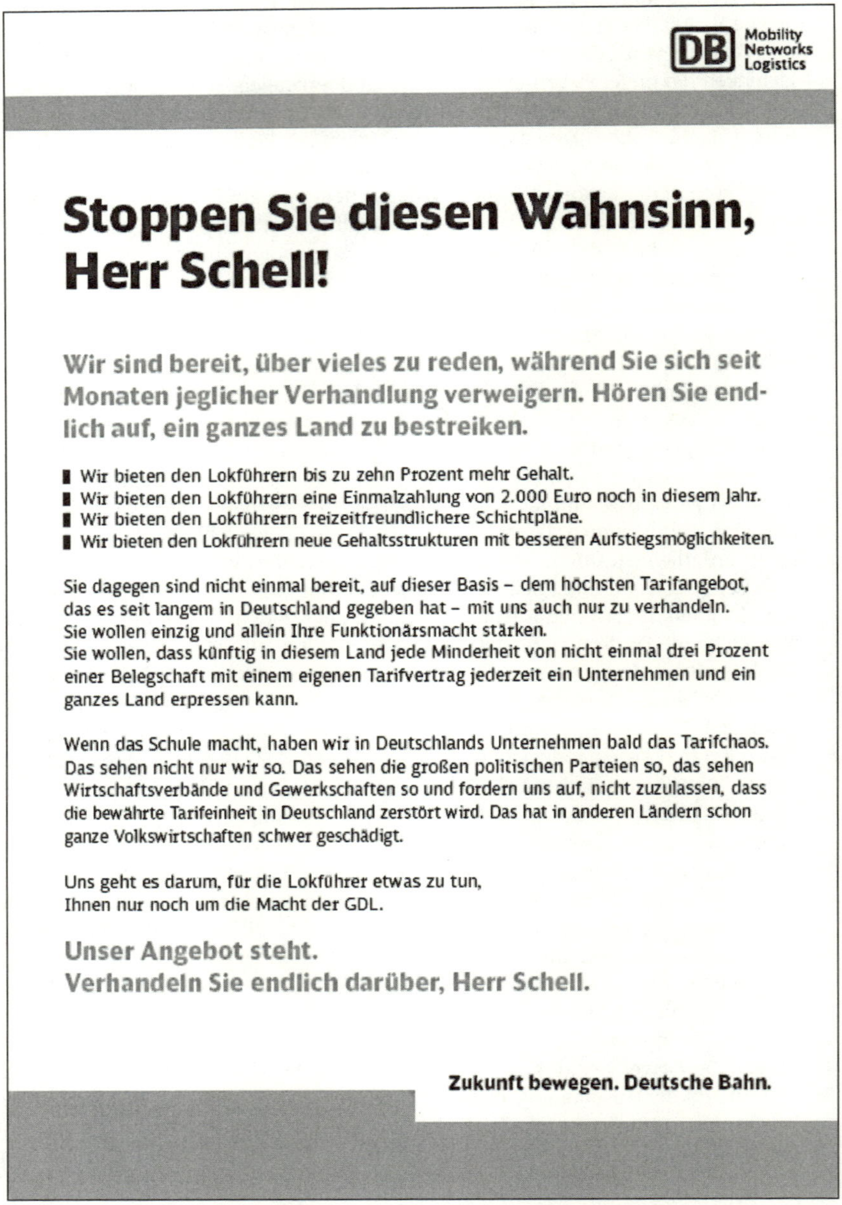

Abb. 4: Direkte Bahn-Aufforderung zum Einlenken an die GDL in Form von Print-Anzeigen

stand unbedingt einen Spartentarifvertrag allein mit den Lokomotivführern bzw. dem Fahrpersonal verhindern, da er ansonsten befürchten musste, dass es zu einer Zersplitterung der Tarifeinheit im Unternehmen kommen würde und in der Folge kleinste Berufsgruppen im Unternehmen eigenständige Bedingungen mit dem Arbeitgeber aushandeln würden. Daher wehrte sich der Bahn-Vorstand mit aller Macht gegen einen eigenständigen Tarifvertrag für die GDL.

Der Tarifkonflikt, der nach dem Ende der Friedenspflicht am 30. Juni 2007 entbrannte und durch den Vorab-Tarifabschluss der Bahn mit den übrigen Gewerkschaften im Juli 2007 angeheizt worden war, wurde von Beginn an nicht nur am Verhandlungstisch geführt. Parallel versuchten sowohl die GDL als auch die Deutsche Bahn AG, Druck über die Öffentlichkeit auf die andere Seite aufzubauen. Abbildung 4 zeigt, wie etwa die Bahn in Form von Anzeigen in Printmedien versuchte, Stimmung für ihre Positionen zu machen und die GDL bzw. deren Vorsitzenden Manfred Schell zum Einlenken zu bewegen.

Darüber hinaus war der Tarifkonflikt über Monate ein vielbeachtetes Thema in den Medien. So wurde in Zeitungen, Zeitschriften, im Fernsehen oder auch in diversen Foren und Communities im Internet intensiv über die Auseinandersetzung berichtet (vgl. Abbildung 5).

Abb. 5: Presseecho zum Tarifstreit zwischen der Deutschen Bahn AG und der GDL

Wie hart der Kampf öffentlich ausgetragen wurde und welche Macht, aber auch welche Gefahren von den Medien in einem derartigen Fall ausgehen, zeigte auch der Auftritt von Manfred Schell (GDL) und Margret Suckale (Deutsche Bahn AG) in einer Polit-Talkshow im November 2007. Hier legten beide Verhandlungsseiten ihre Verhandlungspositionen nochmals vor einem Millionen-Publikum dar. Dass der Tarifstreit dabei übertrieben hart ausgetragen wurde, war anschließend die Meinung vieler, so auch von Metall-Arbeitgeberpräsident Manfred Kannegiesser. Er meinte, es

> werde Artillerie eingesetzt, wo Florett ausreiche – und überhaupt, der Tarifkampf sei, als ob man eine Granate in den Betrieb werfe (vgl. *Jakobs*, 2007).
> Solche Medien-Auftritte und -Aktivitäten tragen jedoch oftmals nicht zur Lösung des Konflikts bei, sondern führen zu einer zunehmenden Verhärtung der Verhandlungsatmosphäre sowie zu Einigungsschwierigkeiten. Ein Zurücknehmen bzw. Einlenken bei bisherigen Verhandlungspositionen wird so schwieriger, da der nachgebenden Partei ein Gesichtsverlust in der Öffentlichkeit droht. Daher ist eine Mediatisierung auch in Tarifverhandlungen kritisch zu sehen.

Funktionsbezug

Verhandlungen lassen sich darüber hinaus auch anhand ihres Funktionsbezugs differenzieren. Zu unterscheiden ist aus Sicht eines Unternehmens zwischen Einkaufsverhandlungen, Vertriebsverhandlungen, Personalverhandlungen etc. Wesentlich ist hierbei, dass die funktionale Zuordnung von Verhandlungen automatisch Verhandlungsgegenstände, Verhandlungspräferenzen, aber auch Verhandlungszuständigkeiten prädisponiert. So gehören beispielsweise Einkaufsverhandlungen naturgemäß in den Zuständigkeitsbereich der Einkaufsabteilung, die aufgrund ihrer funktionalen Aufgabe eher kaufmännische Konditionen thematisieren wird und entsprechend ihres spezifischen Incentivierungssystems auf die dazu passenden Verhandlungsparameter besonderen Wert legen wird.

Parteienanzahl

Ebenso können Verhandlungen im Hinblick auf die Parteienanzahl unterschieden werden. Von bilateralen Verhandlungen (zwei Verhandlungsparteien) sind multilaterale Verhandlungen (mehr als zwei Verhandlungsparteien) abzugrenzen (vgl. *Saner*, 2008). Da jede Verhandlungspartei jedoch zumindest in Teilen spezielle Verhandlungspräferenzen aufweist, erhöht sich die Komplexität der Verhandlung in Abhängigkeit von der Anzahl der Verhandlungsparteien (vgl. *Bazerman et al.*, 1988).

Abwicklungsform

Auch hinsichtlich der Abwicklungsform lassen sich bei Verhandlungen unterschiedliche Verhandlungsarten differenzieren (vgl. *Purdy/Nye*, 2000). Wird mit Abwicklungsform dabei insbesondere auf das Verhandlungsmedium abgestellt, dann kann zwischen

- Face-to-Face-Verhandlungen,
- telefonischen Verhandlungen,
- schriftlichen Verhandlungen und
- elektronischen Verhandlungen

unterschieden werden. Gerade in jüngerer Zeit hat dabei die Bedeutung elektronischer Verhandlungen (E-Mail, Internet, Videokonferenzsysteme, elektronische Verhandlungssysteme) in vielen Branchen stark zugenommen (vgl. *Mac Donald/Smith*, 2004; *Chiu et al.*, 2005; *Köhne*, 2007). Hintergrund war die Überlegung, dass sich durch den Einsatz elektronischer Verhandlungen Effizienzgewinne in Verhandlungen realisieren lassen. Aus der Einsparung von Reisekosten oder aus der Beschleunigung von Verhandlungsprozessen und damit verbundenen Zeitvorteilen versprach man sich Kosteneinsparungen für die Verhandlungspartner. Insbesondere im E-Bidding wurde etwa im Einkauf lange Zeit eine sehr effiziente Möglichkeit gesehen, mit relativ wenig Aufwand den preisgünstigsten Lieferanten zu identifizieren.

FALLBEISPIEL 3

Grenzen elektronischer Verhandlungen: E-Bidding

Die in der zweiten Hälfte der 1990er Jahre aufkommenden neuen Medien – und hier vor allem das Internet – haben die Phantasie vieler Märkte angeregt. Neben der Möglichkeit, über das Internet neue Kunden zu erreichen und dieses Medium damit als neuen Vertriebskanal einzusetzen, spielte das Internet von Beginn an auch in den Überlegungen des Einkaufs eine große Rolle. Da es mit Hilfe des globalen Kommunikationsmediums Internet auf einfache Weise möglich wurde, ohne nennenswerte Transaktionskosten internationale Lieferanten zu kontaktieren, Preise weltweit miteinander zu vergleichen und Aufträge in Echtzeit zu vergeben, wurde im Internet eine große Chance gesehen, Einkaufskosten zu senken und günstigere Preise zu realisieren. Eine zentrale Bedeutung bei diesen Überlegungen kam dabei dem so genannten »E-Bidding« zu. Hierbei handelt es sich um Online-Auktionen, bei denen Lieferaufträge über bestimmte Stückzahlen von vorgegebenen, standardisierten Beschaffungsobjekten zwischen verschiedenen, im Vorfeld ausgewählten Lieferanten über das Internet versteigert werden. In der Regel werden zur Teilnahme an einer Online-Auktion nur solche Lieferanten eingeladen, die bekannt sind und ein bestimmtes Qualitätsniveau garantieren. Diese erhalten im Vorfeld der Auktion ein Briefing, aus dem die genaue Einkaufskomponente, die benötigte Menge sowie der Einstiegspreis für die Auktion hervorgehen. Wenn sich die Lieferanten nun dazu entscheiden, an der Auktion teilzunehmen, dann erhalten sie anschließend die konkreten Zugangsdaten für die Auktion (Zeitpunkt, Plattform, Zugangscode etc.). Innerhalb eines vorgeschriebenen Zeitraums, z. B. zwei Stunden, haben die teilnehmenden Lieferanten dann die Chance, sich ausgehend vom festgelegten Einstiegspreis gegenseitig zu unterbieten. Allerdings behalten es sich die Einkäufer dabei in der Regel vor, den Auktionszeitraum gegebenenfalls zu verlängern oder dem besten Bieter trotz günstigstem Angebot im Anschluss doch nicht den Auftrag zu erteilen, wenn der erreichte Preis noch nicht den Vorstellungen der Einkäufer entspricht. Ebenso häufig geschieht es, dass die Lieferanten mit den besten Preisangeboten im Anschluss an solche E-Bidding-Aktionen zu Face-to-Face-Nachverhandlungen eingeladen werden. Innerhalb dieser Nachverhandlungen bildet dann der während der Online-Auktion erreichte Preis den Startpunkt für weitergehende Verhandlungen.

Der mit solchen elektronischen Verhandlungen verfolgte Wunsch, Einkaufsprozesse schneller und günstiger abzuwickeln, verdeutlicht das nachfolgende Zitat aus einer Wirtschaftszeitschrift aus dem Jahr 2002: »DaimlerChrysler benötigt eine große Menge Computer für seine Mitarbeiter in Deutschland und Brasilien, in Südafrika und Japan. Früher – vor der Internetära – hätten die Einkäufer aller vier Länder separat geordert und wochenlang mit diversen Anbietern verhandelt. Heute schicken die Einkäufer ihre Wunschliste per E-Mail an die Konzernzentrale in Stuttgart. Dort wird die Nachfrage gebündelt. In diesem Falle jeweils 10.000 PC und Laptops. Statt endlos mit IT-Herstellern zu feilschen, veranstalten die Stuttgarter Zentraleinkäufer nun eine Onlineauktion. Und zack: In zwei Stunden sind die 10.000 PC und Laptops bestellt – für rund 30 Millionen Euro. Zeitersparnis: Mindestens zwei Wochen. Kosteneinsparung: Einige Millionen Euro.« (vgl. *Hirn*, 2002).

Nachdem gerade die Automobilindustrie anfänglich sehr stark auf E-Bidding setzte, ist die Euphorie in den vergangenen Jahren jedoch schon wieder zurückgegangen (vgl. *Harbour*, 2000). Zum einen erwiesen sich die Beschleunigungs- und Kosteneinsparungspotenziale als geringer als erwartet. Beispielsweise sprachen Unternehmensberater anfänglich von einem Kosteneinsparpotenzial pro Auto durch E-Bidding von bis zu 500 Euro. Später stellte sich dann aber heraus, dass das Potenzial doch deutlich geringer war und sich auf kaum mehr als der Hälfte dieses Betrags belief. Ursächlich für das doch letztlich geringere Einsparpotenzial waren die im Vorfeld so nicht erwarteten Vorbereitungskosten für die Durchführung von Online-Auktionen auf Seiten von ausrichtendem Einkauf und teilnehmenden Zulieferern. Zum anderen stellten sich in Unternehmen, die viele »Commodities« über Online-Auktionen eingekauft hatten, sehr schnell Qualitätsprobleme ein. So sahen sich viele Zulieferer angesichts des durch E-Bidding initiierten, gnadenlosen Preiswettbewerbs zu massiven Kosteneinsparungen gezwungen, um in diesen Auktionen mit dem Wettbewerb mithalten zu können. Neben F&E-Kosten wurde dabei häufig auch die Qualitätssicherung heruntergefahren, so dass die Qualität der gelieferten Teile und Komponenten geringer war als zuvor. Da es dem Einkauf jedoch selbst bei Standardkomponenten kaum möglich war, das Briefing so genau zu gestalten, dass die geforderte Qualität lückenlos festgeschrieben war, rückten viele Einkaufsabteilungen bald schon wieder vom E-Bidding ab und kamen zu den zuvor üblichen Face-to-Face-Verhandlungen zurück.

Einsatzfeld elektronischer Verhandlungen

Vor dem Hintergrund der beschriebenen Erfahrungen ist es nicht verwunderlich, dass viele Teile der Industrie elektronischen Verhandlungen zurückhaltend gegenüberstehen. Hinter der zurückhaltenden Einstellung steht die Erkenntnis, dass elektronische Verhandlungssysteme nur dann Effizienzgewinne ohne gleichzeitige Effektivitätseinbußen ermöglichen und daher überhaupt in Frage kommen, wenn es sich um wenig komplexe, eher einfache Verhandlungssituationen handelt. Ursächlich hierfür ist die Tatsache, dass es sich bei elektronischen Verhandlungssystemen zumeist um keine »reichhaltigen« Medien im Sinne der Media Richness Theorie (vgl. *Daft et al.*, 1987) handelt. Mit anderen Worten werden hier relativ wenige Informationen übermittelt, da nur die elektronische Übermittlungsebene besteht. Da für einen bestimmten Kommunikationsanlass allerdings stets ein Kommunikationsmedium ausgesucht werden sollte, das eine ausreichende Fähigkeit zum Informationstransport aufweist, eignen sich elektronische Verhandlungssysteme entweder nur für wenig komplexe Verhandlungen oder für solche Abschnitte im Verhandlungsprozess, in denen vergleichsweise wenig komplizierte Teilaspekte zwischen den Verhandlungspartnern behandelt werden. Wesentlich »reichhaltiger« sind hingegen telefonische Verhandlungen oder Face-to-Face-Verhandlungen, die den Informationsaustausch auf mehreren Ebenen möglich machen. Diese zuletzt angeführten Abwicklungsarten eignen sich daher sehr viel eher für komplexe Verhandlungen bzw. Verhandlungsabschnitte. Diese Tatsache ist jedoch auch auf den bislang vielfach noch ungewohnten Einsatz elektronischer Medien im Rahmen der Verhandlungsführung zurück zu führen. So konnte in einigen Studien nachgewiesen werden, dass keine signifikanten Unterschiede im Rahmen des Verhandlungsprozesses sowie beim Verhandlungsergebnis zwischen Face-to-Face-Verhandlungen sowie elektronisch geführten Verhandlungen festgestellt werden konnten (vgl. *Croson*, 2005; *Voeth/Herbst*, 2005).

Häufigkeitsgrad

Schließlich lassen sich Verhandlungen auch nach ihrem Häufigkeitsgrad unterteilen. Die gesamte Verhandlungssituation hängt so auch davon ab, ob die Verhandlungsparteien einmalig oder wiederholend miteinander verhandeln. Bei einmaligen Verhandlungen ist für die Verhandlungspartner absehbar, dass es kein »Folgegeschäft« geben wird. Daher neigen die Partner dazu, ihre Präferenzen soweit wie möglich durchzusetzen, da sie nicht befürchten müssen, dass egoistisches oder sogar unfaires Verhalten vom Verhandlungspartner in Folgeverhandlungen geahndet wird. Im Gegensatz dazu müssen die Verhandlungsparteien bei wiederholenden Verhandlungen, z. B. im Rahmen langfristiger Geschäftsbeziehungen, die Auswirkungen ihres heutigen Verhaltens auf spätere Verhandlungen berücksichtigen.

FALLBEISPIEL 4

Jahresgespräche als typische Form »wiederholender Verhandlungen«

Als Jahresgespräche werden üblicherweise die Konditionenverhandlungen zwischen Industrie und Handel bezeichnet, die – wie die Bezeichnung ausdrückt – jährlich stattfinden. Im Rahmen der Jahresgespräche werden die Einkaufsbedingungen für die nächste Periode festgelegt, Rabatte ausgehandelt, Werbekostenzuschüsse festgeschrieben und alle sonstigen grundsätzlichen Fragen zwischen (Konsumgüter-)Herstellern und dem Handel besprochen. »Unisono berichten Hersteller, dass die [Edeka] [...] in den laufenden Jahresgesprächen erneut zu den härtesten Verhandlungspartnern [gehört.] [...] Der Edeka-Einkauf betrachtet die Sonderkonditionen zum diesjährigen 100. Geburtstag als Besitzstand für 2008«, empört sich ein Verkaufschef aus der Industrie. Auch bei der Rewe Group sind offenbar starke Nerven gefordert. Ganz oben auf der Agenda sollen in Köln verlängerte Zahlungsziele stehen. Die Zinsvorteile fallen angesichts eines gestiegenen Leitzinses besonders ins Gewicht. [...] Nicht nur hierbei macht die Rewe Group Druck: Vielmehr sollen die Jahresgespräche möglichst schnell abgeschlossen werden, um früher in den Genuss der neuen Konditionen zu kommen – teils sogar rückwirkend. [...] Generell steigt der Druck auf die Industrie. Angesichts der Überkapazitäten zeigen die Rauswurf-Drohungen der Einkäufer bei immer mehr Herstellern Wirkung.« (vgl. *Chwallek*, 2007).
Auch wenn Verhandlungen teilweise hart geführt werden, haben beide Verhandlungsseiten dabei zu beachten, dass die Jahresgespräche regelmäßig stattfinden und sich Marktverhältnisse und damit auch Verhandlungspositionen sehr schnell verändern können. Ein Hersteller, der über eine vom Markt sehr stark nachgefragte Produktneuheit verfügt, wird sich sehr gut überlegen, ob er seine in der Wachstumsphase des Produktlebenszyklus starke Marktposition tatsächlich voll ausnutzen soll. Zwar wird ihm der Handel das vom Markt geforderte Produkt anfänglich trotz verweigerter Werbekostenzuschüsse oder schlechter Einkaufsbedingungen abnehmen, z. B. um seine Kunden überhaupt mit dieser Produktneuheit bedienen zu können; allerdings ist zu erwarten, dass der Handel in zukünftigen Jahresgesprächen die »Retourkutsche« fahren wird, sobald das Produkt im Markt eine schwächere Marktposition aufweist. Da dies dem Hersteller aber bereits bei der Produkteinführung bekannt ist, wird er in einer solchen wiederholenden Verhandlung seine anfänglich überlegene Marktposition nicht extrem ausnutzen und stattdessen eher versuchen, dem Händler ein zwar seiner Marktposition angemessenes, aber faires Angebot zu machen.

Bezugsobjekt des Verhandlungsmanagements

Zusammenfassend zeigen die beispielhaften Unterteilungen und Differenzierungen von Verhandlungen die Vielfältigkeit von Verhandlungen auf. Auch wenn wir uns hier allein mit für Unternehmen relevanten Verhandlungen beschäftigen (und damit bereits viele andere Arten von Verhandlungen, wie z. B. diplomatische/politische Verhandlungen oder private Verhandlungen ausgeblendet haben), machen die Differenzierungen deutlich, dass es nicht *die* geschäftliche Verhandlung gibt. Ein betriebswirtschaftliches Verhandlungsmanagement, das den Anspruch hat, auf alle für Unternehmen relevante Verhandlungen angewendet werden zu können, muss demnach entsprechend umfassend angelegt werden. Darüber hinaus sollte es wissenschaftlich fundiert sein. Daher ist in einem Folgeschritt zu untersuchen, zu welchen Ergebnissen die bisherige Verhandlungsforschung gelangt ist und inwieweit sich diese für eine Konzeption eines betriebswirtschaftlichen Verhandlungsmanagements nutzen lassen.

2. Verhandlungen als wissenschaftliches Erkenntnisobjekt

Einordnung der Verhandlungsforschung

Angesichts der Tatsache, dass es nicht *den* Verhandlungsbegriff gibt (vgl. Kapitel A 1.), verwundert es nicht, dass sich bislang auch nicht *die* Verhandlungstheorie herausgebildet hat (vgl. *Young*, 1975; *Herbst*, 2007). Dies ist vor allem darauf zurückzuführen, dass die Breite des Untersuchungsfeldes »Verhandlungen« (private, geschäftliche, politische Verhandlungen etc.) dafür verantwortlich ist, dass sich viele verschiedene wissenschaftliche Disziplinen mit Verhandlungen beschäftigen. Neben den Wirtschaftswissenschaften sind dies vor allem die Psychologie, die Informatik, die Politikwissenschaften, die Rechtswissenschaften und die Soziologie (vgl. *Bichler et al.*, 2003). Da jede Disziplin andere Fragestellungen verfolgt, eigene Forschungsparadigmen aufweist und andere Forschungsstile präferiert, stellt die Verhandlungsforschung ein buntes wissenschaftliches Potpourri unterschiedlicher Ideen, Ansätze, (Teil-)Theorien und Methoden dar. Werden diese verschiedenen wissenschaftlichen Zugänge dahingehend untersucht, ob sie Ansatzpunkte für ein betriebswirtschaftliches Verhandlungsmanagement enthalten, dann wird man vor allem bei wirtschaftswissenschaftlichen, psychologischen und soziologischen Arbeiten fündig. Diese, als einschlägig zu deklarierenden Beiträge lassen sich dabei in theoretische und managementbezogene Ansätze unterteilen (vgl. *Voeth/Rabe*, 2004). Während es den eher theoretischen Arbeiten der Verhandlungsforschung dabei um die Aufdeckung allgemeiner Zusammenhänge geht, stehen »praktische Empfehlungen« im Mittelpunkt der managementbezogenen Ansätze.

2.1 Überblick über theoretische Ansätze der Verhandlungsforschung

Auch bei den stärker theoretischen Arbeiten der Verhandlungsforschung (aus den für ein betriebswirtschaftliches Verhandlungsmanagement besonders relevanten Gebieten der Wirtschaftswissenschaften, der Psychologie und Soziologie) lassen sich sehr unterschiedliche Ansätze und Herangehensweisen unterscheiden. *Herbst* (2007) differenziert zwischen

- analytisch-präskriptiven Ansätzen,
- deskriptiv-verhaltenswissenschaftlichen Ansätzen und
- der diese Ansätze zusammenführenden Negotiation Analysis.

Bei den analytisch-präskriptiven Ansätzen wird deduktiv versucht, auf einem mathematisch-analytischen Gerüst aufbauend allgemeine Aussagen über Verlauf und Ergebnis von Verhandlungen abzuleiten. Hingegen ist das Vorgehen bei den deskriptiv-verhaltenswissenschaftlichen Ansätzen eher induktiv: Im Mittelpunkt steht das reale Verhalten von Verhandelnden, aus dem allgemeine Erkenntnisse über Verhandlungen abgeleitet werden sollen. Auf *Raiffa* (1982) geht schließlich die Negotiation Analysis zurück, die die formale Struktur der analytisch-präskriptiven Ansätze mit dem verhaltenswissenschaftlichen Ansatz zu kombinieren versucht.

2.1.1 Analytisch-präskriptive Ansätze

Axiomatisch-deduktive Sichtweise

Analytisch-präskriptive Ansätze untersuchen Verhandlungen als ein in sich geschlossenes und zwischen mindestens zwei Parteien bestehendes interdependentes Entscheidungsproblem, das mit Hilfe mathematisch-formaler Modelle gelöst werden soll. Die axiomatisch-deduktive Sichtweise kommt darin zum Ausdruck, dass unter Annahme vollständiger Rationalität optimale Verhandlungsergebnisse logisch-stringent abgeleitet werden, wobei Optimalität bedeutet, dass die Ergebnisse für die beteiligten Parteien nutzenmaximal sind.

Spieltheorie

Zu diesem Forschungsansatz zählt vor allem die auf Arbeiten von *Von Neumann/Morgenstern* (1944) zurückgehende »mathematische Theorie strategischer Spiele«. Hierfür gingen die beiden Mathematiker *Von Neumann und Morgenstern* davon aus, dass Akteure in interdependenten Entscheidungssituationen über individuelle Nutzenfunktionen verfügen, die sie zu maximieren versuchen. Da die hierzu von *Von Neumann/Morgenstern* (1944) entwickelte Nutzenfunktion (VNM-Nutzenfunktion) ein kardinales Maß für die Beurteilung der Entscheidungsalternativen eines Individuums darstellt, wurde sie in Folge zu einer wichtigen Grundlage der allgemeinen Spieltheorie.

Die allgemeine Spieltheorie beschäftigt sich mit strategischen Interaktionssituationen, in denen mindestens zwei Akteure in ihrem Entscheidungsverhalten simultan voneinander abhängig sind. Die Akteure müssen daher in ihrem eigenen Entscheidungskalkül die Entscheidungen der anderen Akteure antizipieren (vgl. *Osborne/Rubinstein*, 1994). Zielsetzung der Spieltheorie ist es vor diesem Hintergrund, mit Hilfe formaler Überlegungen optimale Spielausgänge bzw. Entscheidungen zu entwickeln. Als rational wird das Verhalten der Akteure dabei dann bezeichnet, wenn sie auf Basis einer VNM-Nutzenfunktion ihre eigenen Ziele verfolgen und sich somit streng eigennutzenmaximierend verhalten. Ähnlich wie in den Arbeiten von *Von Neumann/Morgenstern* (1944) wird dabei jener Spielausgang als optimal betrachtet, bei dem die Entscheidungsträger ihren individuellen Nutzen maximieren.

Da es sich auch bei Verhandlungen um interdependente Entscheidungssituationen handelt, wundert es nicht, dass die Spieltheorie das zentrale Theoriegebäude für die Analyse von Verhandlungen im Bereich der analytisch-präskriptiven Ansätze darstellt. Die hauptsächliche Problemstellung, die von der Spieltheorie in diesem Zusammenhang untersucht wird, kann dabei wie folgt beschrieben werden: »Individuals have before them several possible contractual agreements. Both have interests in reaching an agreement but their interests are not entirely identical. What will be the contract, assuming that both parties behave rationally?« (*Rubinstein*, 1982, S. 97).

Modellvarianten der Spieltheorie

Zur Beantwortung dieser Frage hat die Spieltheorie mittlerweile eine kaum noch überschaubare Anzahl an Modellvarianten hervorgebracht, die verschiedene Handlungsoptionen berücksichtigen und damit einhergehend auch zu unterschiedlichen Ergebnissen führen. Gemeinsam ist den Ansätzen dabei allerdings, dass den Spielern in der Regel ihre Präferenzen und die mit den verschiedenen Handlungsalternativen verbundenen Gewinne oder Verluste in einer so genannten »Nutzenwert-Matrix« vorgegeben werden. Unterschiede zwischen den Modellvarianten der Spieltheorie bestehen hingegen vor allem im Hinblick auf folgende Differenzierungsmerkmale:

- Konfliktträchtigkeit (Nullsummen- und Nicht-Nullsummen-Spiele),
- Anzahl der beteiligten Akteure (Zwei- und N-Parteien-Spiele),
- Anzahl der Spielzüge (endliche und unendliche Spiele),
- Informationsstand über die gegenseitigen Gewinnchancen und Präferenzen der Akteure (vollkommene und unvollkommene Informationen),
- zugelassene Kommunikationsmöglichkeiten der Spieler (kooperative und nicht-kooperative Spiele).

Kooperative Spiele

Da die Untersuchung kooperativer Spiele (Spiel = Verhandlung) in den ersten Analysen von Verhandlungsproblemen im Mittelpunkt stand, ist diese Modellvariante in der Literatur bislang am weitesten entwickelt und vertreten (vgl. *Koch,* 1987). Im Folgenden wird sie daher beispielhaft für die analytisch-präskriptiven Ansätze vorgestellt.

Nash-Lösung

Bei kooperativen Spielen geht es um die Frage nach den Eigenschaften einer Verhandlungslösung, die als Axiome formuliert werden können. Dabei wird versucht, die Lösung zu identifizieren, die alle Axiome erfüllt. Die bekannteste Verhandlungslösung bei kooperativen Spielen stellt dabei die so genannte Nash-Lösung (vgl. *Nash*, 1950) dar. Mit ihr gibt *Nash* (1950) einen genauen Weg vor, wie sich die Verhandlungspartner auf eine Verteilung einer Verhandlungsmasse einigen sollen. Denn unter Annahme vollständiger Informationen und Rationalität erfüllt seinen Überlegungen nach nur eine Lösung die von ihm zu Grunde gelegten Axiome der Effizienz, der Invarianz, der Unabhängigkeit von irrelevanten Attributen und der Symmetrie. Diese Lösung wird als pareto-optimal bezeichnet. Sie lässt keine gleichzeitige Besserstellung beider Parteien zu. Daher wird diese Lösung auch von den Spielern als fair angesehen und akzeptiert.

Nicht-kooperative Verhandlungsspiele

Da die Nash-Lösung jedoch auch Schwächen aufweist – letztlich stellt sie allein eine »Schiedsrichterlösung« dar, die auch ein unbeteiligter Dritter formulieren könnte – wurden insbesondere seit Beginn der 1980er Jahre zunehmend auch nicht-kooperative Verhandlungsspiele (vgl. *Rubinstein*, 1982; *Fudenberg/Tirole*, 1983; *Fudenberg et al.*, 1985) untersucht. Im Gegensatz zu kooperativen Spielen werden Verhandlungssituationen hierbei als Abfolge von Angebot und Gegenangebot aufgefasst und somit eine Prozessbetrachtung in den Mittelpunkt der Überlegungen gestellt. Hierfür werden die Spieler vor ihrem Verhandlungsbeginn gebeten, einen Plan aufzustellen, in dem sie festlegen, welche Handlungsoptionen sie zu welchem Zeitpunkt ergreifen (wollen). Ein verbreitetes Lösungskonzept nicht-kooperativer Spiele stellt dabei das so genannte »Rubinsteinspiel« dar: Hierbei wird ein unendliches Spiel betrachtet, bei dem sich zwei Spieler durch die wechselseitige Abgabe von Angeboten auf die Verteilung eines feststehenden Betrags einigen müssen. Es wird unterstellt, dass der Wert des zu verteilenden Betrages mit jedem Zug abnimmt (Verhandlungskosten) und beide Spieler vollständige Informationen über die Präferenzen und Angebote der anderen Partei besitzen. Unter dieser Bedingung kann *Rubinstein* (1982) nachweisen, dass nur eine Optimallösung existiert und dass die Spieler diese mit ihrem ersten Angebotsaustausch erzielen können, da jeder weitere Austausch den aufzuteilenden Gesamtbetrag schmälern würde. Als strategische Handlungsempfehlung kann aus diesem Spiel der Vorteil des Erstbietenden abgeleitet werden, da er die Möglichkeit hat, das erste Angebot so zu setzen, das der Verhandlungspartner aus ökonomischen Gründen akzeptieren muss, obwohl der vom Erstbietenden für sich in Anspruch genommene Anteil am aufzuteilenden Betrag größer ist. Überdies zeigt das Rubinsteinspiel auf, dass Spieler ein Interesse an schnellen Einigungen haben.

FALLBEISPIEL 5

Rubinsteinspiel

Zwei Spielern wird angeboten, dass sie einen feststehenden Betrag von insgesamt 100 Euro untereinander aufteilen können, wenn sie sich auf eine Aufteilung des Betrags einigen. Die Besonderheit besteht allerdings darin, dass sich der Betrag von ursprünglich 100 Euro bei jeder, stets wechselnden Angebotsabgabe um 10 Euro verringert. Demnach reduziert sich der zu verhandelnde Betrag auf 90 Euro, wenn der erste Spieler ein Angebot abgibt und der Gegenspieler dieses ablehnt. Diese Tatsache kann nun vom Erstanbieter strategisch ausgenutzt werden, indem er ein Angebot von 54 Euro für sich und 46 Euro für die andere Verhandlungspartei unterbreitet. Um den maximal aufzuteilenden Betrag beizubehalten, muss der Gegenspieler nun aus ökonomischen Gründen das Angebot akzeptieren. Würde er hingegen ablehnen, so wäre er zwar am Zug und könnte ein Angebot unterbreiten; zugleich jedoch wäre der Gesamtbetrag auf 90 Euro gesunken. Geht er nun davon aus, dass zukünftig jeder von einer hälftigen Aufteilung abweichende Vorschlag von der Gegenseite abgelehnt würde, so stellt es sich besser, wenn er gleich das erste Angebot der Gegenseite annimmt.

Eignung für Verhandlungsmanagement

Insgesamt zeigt sich, dass die zumeist auf spieltheoretischen Überlegungen aufbauenden analytisch-präskriptiven Forschungsansätze ein streng formales Instrumentarium rationalen Entscheidungsverhaltens für die Analyse von Verhandlungen bereitstellen. Ihr Ziel ist es, für die unterschiedlichen Verhandlungssituationen rationale Entscheidungsregeln abzuleiten und hierauf aufbauend optimale Ergebnisse zu prognostizieren. Damit liefert die Spieltheorie Verhandlungsführern klare Vorgaben zur Problemstrukturierung und Anhaltspunkte zur Identifikation optimaler Lösungen. Problematisch ist jedoch, dass diese insgesamt sehr allgemein gehalten sind und zudem zumeist auf einer realitätsfernen Prämisse aufbauen: Als kritisch erweist es sich, dass in den meisten Ansätzen von vollständigen Informationen (insbesondere über die Verhandlungspräferenzen der Gegenseite) ausgegangen wird. So ist der Bereich der Analyse von Verhandlungsspielen unter unvollständiger Information bislang am wenigsten weit entwickelt (vgl. *Ausubel et al.*, 2002). Daher sind selbst die aus spieltheoretischen Überlegungen abgeleiteten generellen Empfehlungen mit Vorsicht zu behandeln und für die konkrete Ausgestaltung eines betriebswirtschaftlichen Verhandlungsmanagements nur in Grundzügen geeignet (vgl. *Roth*, 2003).

2.1.2 Deskriptiv-verhaltenswissenschaftliche Ansätze

»Congruence with real decisions«

Die verhaltenswissenschaftlichen Ansätze der Verhandlungsforschung stellen quasi das Gegenstück zu den analytisch-präskriptiven Ansätzen dar, denn sie weichen von der logisch-stringenten Formal-Logik dieser Ansätze ab und versuchen eine »congruence with real decisions« (*Gimpel*, 2006, S. 76) herzustellen. Hierfür geht die verhaltenswissenschaftliche Verhandlungsforschung der Frage nach, wie Verhandelnde tatsächlich agieren und welche sozial-psychologischen Determinanten für ihr Verhandlungsverhalten verantwortlich sind. Je nach Fokus der Forschungsbemühungen lassen sich

- theoretisch-konzeptionelle Ansätze und
- empirisch-induktive Ansätze

differenzieren (vgl. *Dupont*, 1999).

Theoretisch-konzeptionelle Ansätze

Verhandlungsphasenmodelle

Theoretisch-konzeptionelle Ansätze sind solche, die aus einer Übertragung soziologischer und psychologischer Theorieelemente statische und dynamische Erklärungen des Verhandelns aufzeigen wollen. Studien wie die von *Schelling* (1960), *Douglas* (1962) und *Walton/McKersie* (1965) wenden sich beispielsweise der Entwicklung von Verhandlungsphasenmodellen zu. So unterscheiden etwa *Walton/McKersie* (1965) die während des Verhandlungsprozesses auftretenden Sequenzen distributiven sowie integrativen Verhandelns, der Einstellungsbildung sowie des intra-organisationalen Verhandelns. Für jede dieser Phasen formulieren sie anschließend spezifische Empfehlungen im Hinblick auf den Einsatz von Verhandlungstaktiken.

Empirisch-induktive Ansätze

Im Bereich empirisch-induktiver Ansätze sind

- sozial-psycholgische Studien und
- die »verhaltensbezogene Entscheidungsforschung« Behavorial Decision Research (BDR)

zu unterscheiden. Beiden Ansätzen ist gemein, dass insbesondere Laborexperimente zum Einsatz kommen, um den Einfluss isolierbarer Größen auf Verhandlungsprozess und -ergebnis zu überprüfen. Aufgrund der relativ einfachen Möglichkeit der Datenerhebung in Laborexperimenten wurde bereits in den Anfängen der Verhandlungsforschung eine kaum noch überschaubare Vielfalt empirisch-induktiver Ansätze entwickelt. So dokumentierten die Psychologen *Rubin/Brown* (1975) bereits Mitte der 1970er mehr als 1.000 solcher Untersuchungen, was die Autoren unter anderem auf den offensichtlichen Forschungsbedarf im Kontext verhaltenswissenschaftlicher Verhandlungsstudien zurückführen.

Sozial-psychologische Studien

Dabei standen in den 1960er und 1970er Jahren insbesondere eigenschaftstheoretische Aspekte (z. B. soziodemografische Merkmale und Persönlichkeitsmerkmale der Verhandelnden) im Mittelpunkt des Untersuchungsinteresses. Vor allem ging es darum, Einflussfaktoren auf die individuelle Verhandlungsleistung zu untersuchen. Obwohl diese frühen sozial-psychologischen Verhandlungsstudien das generelle Verständnis von Verhandlungen und der individuellen Verhandlungsleistungen verbesserten, haben sie die Verhandlungsforschung nicht nachhaltig geprägt, da sie auf keinem fundierten theoretischen Fundament aufsetzen und nur teilweise zu einheitlichen Erkenntnissen in Bezug auf Verhandlungsverlauf und -ergebnis führen (vgl. *Herbst,* 2007).

BDR (Behavioral Decision Research)

Mit der Entwicklung der BDR ließ sich zu Beginn der 1980er Jahre ein Umdenken in der verhaltenswissenschaftlichen Verhandlungsforschung feststellen. Dieser Forschungsbereich betrachtet Verhandlungen als interaktive Entscheidungssituationen unter Unsicherheit und erklärt Abweichungen realer Entscheidungen in Verhandlungssituationen von den Vorhersagen ökonomisch-analytischer Modelle durch individuelle Abweichungen von rationalem Verhalten (vgl. *Bazerman/Neale,* 1991). Damit ist es Zielsetzung der BDR, »to predict a priori how agents will make decisions that are inconsistent, inefficient, and base on normatively irrelevant information » (*Gimpel,* 2006, S. 77). Darüber hinaus formuliert sie Richtlinien zur Neutralisierung dieser Verhaltensabweichungen. Vor diesem Hintergrund rücken vermehrt kognitive Aspekte in das Interesse verhaltenswissenschaftlicher Forschung. Im Zentrum stehen die Aufnahme, Verarbeitung und Speicherung von Informationen der Entscheidungsträger.

Hierbei stützt sich die BDR vornehmlich auf Untersuchungen des Einflusses kognitiver Heuristiken auf den Entscheidungsrahmen von Individuen. Es wird postuliert, dass der Einsatz von Heuristiken in komplexen Entscheidungssituationen zwar als notwendig und sinnvoll zu bezeichnen ist, seine »verfälschenden« Wirkungen allerdings von den Verhandlungsakteuren berücksichtigt werden sollten. In diesem Zusammenhang stand insbesondere die Untersuchung von Verankerungsheuristiken im Mittelpunkt des Forschungsinteresses. Diese stützen sich auf die Psychologen *Tversky/Kahnemann* (1974), die in empirischen Studien feststellen konnten, dass Individuen bei quantitativen Schätzungen unter Unsicherheit zu einer Urteilsverzerrung in Richtung numerischer Ankerwerte tendieren. Hierauf aufbauend konnten weitere empirischen Studien zeigen, dass Individuen – nicht nur im ökonomischen Kontext – zu einer verzerrten Urteilsbildung bei Vorgabe eines »Ankers« neigen. Dabei korreliert die Höhe des »Schätzfehlers« mit der Höhe des Ankerwertes. In Verhandlungen kommt so als möglicher Ankerwert insbesondere die Höhe des ersten Angebotes in Frage: Entsprechend konnten Studien belegen, dass ein höheres Erstangebot in einem höheren Verhandlungspreis mündet und der Erstbietende auf Grund dessen in der Regel das individuell bessere Ergebnis erzielt (vgl. z. B. *Galinsky/Mussweiler*, 2001 sowie Kapitel C.3.1.2.2).

Renaissance sozial-psychologischer Forschung

Insgesamt erlauben die Ergebnisse der Untersuchungen kognitiver Aspekte erste Schlussfolgerungen für die Ableitung Erfolg versprechender Verhandlungsstrategien. Damit aber löst sich die BDR aus der Untersuchungsperspektive der rein deskriptiv ausgerichteten sozial-psychologischen Studien der 1960er und 1970er Jahre. Aufgrund ihrer starken Konzentration auf die kognitiven Aspekte der individuellen Informationsverarbeitung rief die BDR jedoch später Kritik hervor. Insbesondere wurde angemahnt, die Bedeutung des sozialen Kontextes auf die Kognition von Verhandelnden nicht zu vernachlässigen (vgl. *Thompson*, 1995). Seit Mitte der 1990er Jahre kann daher eine »Wiedergeburt« sozial-psychologischer Forschung im Bereich von Verhandlungen konstatiert werden, die insbesondere die Beziehung zwischen den Verhandelnden, aber auch die Wirkung prozessualer Konstrukte wie beispielsweise Kooperativität und Emotionen in Verhandlungen untersuchen (vgl. z. B. *Bazerman et al.*, 2000).

Einsatzmöglichkeiten im Verhandlungsmanagement

Zusammenfassend ist festzuhalten, dass verhaltenswissenschaftliche Ansätze einen besseren Erklärungsansatz für das Handeln realer Akteure sowie ihrer Beziehungen untereinander ermöglichen. Damit liefern sie zahlreiche Anhaltspunkte, die der Gestaltung von Verhandlungen dienlich sind. Sie beschreiben beispielsweise die konkrete Ausgestaltung von Verhandlungstaktiken und ermöglichen Korrekturen von Fehleinwirkungen, die durch das Vorliegen unvollständiger bzw. asymmetrisch verteilter Informationen entstehen. Da ihre Ergebnisse in der Regel empirisch überprüft sind, wirken die abgeleiteten Handlungsimplikationen nicht willkürlich und können daher innerhalb eines betriebswirtschaftlichen Verhandlungsmanagements aufgegriffen werden.

Ihre Anwendung auf praktische Verhandlungssituationen erscheint jedoch andererseits nicht unproblematisch, da resultierende Handlungsimplikationen häufig nur wenig präzise definiert werden. So wird beispielsweise nicht weiter darauf eingegangen, wie ein Erfolg versprechender Aspirationspreis (gewünschter Preis) berechnet werden kann oder wie kognitive Verzerrungen identifiziert werden können. Hierin kommt der deskriptive Charakter verhaltenswissenschaftlicher Forschung zum Ausdruck. Den Forschungsarbeiten geht es in aller Regel allein um das Aufzeigen von Verhandlungsrealitäten. Weniger steht der Versuch im Vordergrund, diese im Hinblick auf bestimmte Zielsetzungen – z. B. von Unternehmen – zu beeinflussen. Daher müssten sie im betriebswirtschaftlichen Verhandlungsmanagement auf die jeweiligen unternehmerischen Zielsetzungen bezogen werden.

2.1.3 Negotiation Analysis

Zusammenführung bestehender Forschungsansätze

Wie die vorangegangenen Kapitel deutlich gemacht haben, war die Verhandlungsforschung lange Zeit durch zwei grundsätzlich unterschiedliche Untersuchungsansätze geprägt. Während sich die Sozialpsychologie vor allem um eine Beschreibung realer Verhandlungssituationen bemühte, wurden durch spieltheoretische Studien normative Aussagesysteme in Bezug auf die Erzielung paretooptimaler Ergebnisse in Verhandlungen angestrebt. Bis zu Beginn der 1980er Jahre waren diese beiden Forschungsströmungen dabei durch ein geringes Maß an gegenseitiger Kenntnisnahme oder Bereicherung gekennzeichnet. Erst die Veröffentlichung von *Raiffa* (1982) stellt diesbezüglich einen Wendepunkt in der Verhandlungsforschung dar. Er versucht, die zwei Forschungsbereiche zu konvergieren. Hintergrund hierfür war seine Annahme, dass Verhandlungsakteure immer dann optimale Ergebnisse erzielen können, wenn sie mögliche Verhandlungsalternativen sowohl unter Berücksichtigung ihrer eigenen Motive und Verhaltensweisen als auch der ihrer Verhandlungspartner generieren, strukturieren und priorisieren. Zielsetzung von *Raiffa* (1982) ist es daher, den Verhandlungsführern optimale Verhandlungsergebnisse aufzuzeigen und ihnen zu erläutern, inwiefern reale Phänomene das Zustandekommen dieser Ergebnisse fördern oder ihnen entgegenstehen können. Hierfür löst auch er sich von der Annahme vollkommener Informationen, unterstellt den Verhandlungsführern jedoch ein rationales Agieren unter Unsicherheit. Die Beibehaltung des Rationalitätsaxioms fungiert somit als Brücke zwischen spieltheoretischen und verhaltenswissenschaftlichen Ansätzen.

Studien, die die von *Raiffa* idealtypisch aufgezeigte Synthese aufgreifen, werden heute unter dem wissenschaftlichen Dach der »Negotiation Analysis« zusammengefasst. Diese beinhaltet hauptsächlich spieltheoretische und sozialpsychologische Ansätze sowie Grundlagen der (multi-attributiven) Entscheidungstheorie (vgl. *Raiffa et al.*, 2003). Unabhängig von ihrem wissenschaftlichen Ursprung leitet die Negotiation Analysis optimale Verhandlungsstrategien und -taktiken nicht länger aus einer rein normativen Theorie ab. Vielmehr wird versucht, Implikationen auf Basis einer möglichst realistischen Einschätzung des zu erwartenden Verhaltens der Verhandlungsführer zu generieren. Dadurch gewinnt auch die Phase der Verhandlungsvorbereitung im Rahmen der Negotiation Analysis an Bedeutung. Nach *Keeney/Raiffa* (2001) sollte es sogar eines der Hauptanliegen sein, die Verhandlungsführer hierin bestmöglich zu unterstützen.

Teilbereiche der Verhandlungsvorbereitung

Als Teilbereiche der Verhandlungsvorbereitung nennt *Raiffa* (1982) die Strukturierung und Analyse der eigenen sowie der gegnerischen Verhandlungsposition sowie die Beschaffung von Informationen über die Verhandlungssituation. Im Hinblick auf die eigene Verhandlungssituation sollten sich Verhandlungsführer neben ihren Präferenzen und Zielen, insbesondere auch ihrer Alternativen im Vorfeld der Verhandlung bewusst sein. Diese stellen die »Outside«-Optionen dar, falls die Verhandlung zu keinem Ergebnis führt. Darüber hinaus sollten Informationen über Präferenzen und Alternativen der Gegenpartei weitere unabdingbare Grundlagen für einen nutzenmaximierenden Verhandlungsabschluss sein. Zur Ermittlung der eigenen Präferenzen, wie auch der Präferenzen der Gegenseite werden in der Negotiation Analysis einfache Techniken wie Scoring Modelle oder ähnliches vorgeschlagen: Die Verhandelnden werden hierbei in der Phase der Verhandlungsvorbereitung gebeten, zunächst die Merkmale zu benennen, durch die sich Verhandlungsergebnisse beschreiben lassen (»attributes«). Anschließend haben sie für jedes Merkmal denkbare Ausprägungen zu benennen, die das Ergebnis der Verhandlungen sein können (»agreement levels«). Indem schließlich die »agreement levels« bewertet werden, erarbeiten sich Verhandelnde eine Bewertungsmatrix, mit der sie unterschiedliche Verhandlungsangebote der Gegenseite miteinander vergleichen können (vgl. zur Kritik an dieser einfachen Präferenzmessung *Herbst*, 2007).

Optimale Verhandlungsergebnisse

Zielsetzung der Negotiation Analysis ist es darauf aufbauend, optimale Verhandlungsergebnisse aufzufinden. Diese liegen dann vor, wenn sich keine alternativen Verhandlungskonstellationen identifizieren lassen, die in der Summe die Verhandlungsseiten besser stellen. Indem die Negotiation Analysis zudem Taktiken und Strategien vorschlägt, um solche effizienten Verhandlungsergebnisse aufzufinden, bietet sie durchaus auch konkrete Hilfestellung für Verhandelnde.

Bedeutung für Verhandlungsmanagement

Die im Bereich Negotiation Analysis vorgeschlagene Dreiteilung der Verhandlungsvorbereitung und die hierauf aufbauenden Implikationen für eine verbesserte Verhandlungsführung haben sich mittlerweile als sinnvoller und Erfolg versprechender Ansatz der Verhandlungsführung etabliert (vgl. *Herbst*, 2007). Dies liegt nicht zuletzt daran, dass die Herangehensweise der Negotiation Analysis Verhandlungsführern konkrete Vorgehensweisen an die Hand gibt, die sowohl die Subjektivität der Wahrnehmungen als auch Möglichkeiten für eine quantitative Einschätzung der in der Verhandlung erzielbaren Erträge berücksichtigen. Damit liefert die Negotiation Analysis wichtige Bausteine, auf die ein betriebswirtschaftliches Verhandlungsmanagement aufsetzen kann.

2.2 Managementbezogene Ansätze der Verhandlungsforschung

Verhandlungsforschung und BWL

Die Vorstellung der theoretischen Ansätze der Verhandlungsforschung hat deutlich gemacht, dass das Thema in den Wirtschaftswissenschaften bislang nahezu ausschließlich von der Mikroökonomie aufgegriffen wurde. Gerade die spieltheoretisch fundierten Ansätze weisen so eindeutig einen volkswirtschaftlich-mikroökonomischen Hintergrund auf, wohingegen die verhaltenswissenschaftliche Forschung eher der Psychologie und Soziologie zuzurechnen ist. Im Gegensatz dazu sucht man managementtheoretische Forschung, die der Betriebswirtschaftslehre zugeordnet sein müsste, im Zusammenhang mit Verhandlungen weitgehend erfolglos. Tatsächlich hat die Betriebswirtschaftslehre das Thema Verhandlungen in der Vergangenheit nicht explizit als eigenes Forschungsfeld angenommen. Trotz der unzweifelhaft hohen Bedeutung, die Verhandlungen im betrieblichen Alltag zukommt, spielt dieses Thema in der Betriebswirtschaftlehre keine entsprechende Rolle (vgl. *Macharzina/Wolf*, 2008). Die geringe Beachtung, die Verhandlungen in der wissenschaftlichen Disziplin »Betriebswirtschaftslehre« bislang gefunden hat, lässt sich auch daran ablesen, dass in den führenden betriebswirtschaftlichen Zeitschriften kaum Forschungsergebnisse zu Verhandlungen zu finden sind. In der deutschsprachigen Literatur finden sich etwa in der »Zeitschrift für Betriebswirtschaft« (ZfB) seit 1969 allein fünf Beiträge, in der Zeitschrift »Die Betriebswirtschaft« (DBW) im gleichen Zeitraum zwei Beiträge und in der »Zeitschrift für betriebswirtschaftliche Forschung« (ZfbF) zwei Beiträge, die das Thema »Verhandlungen« zumindest am Rande aufgreifen. Abbildung 6 gibt einen Überblick über die Beiträge, die in ZfB, DBW und ZfbF zu Verhandlungen in den letzten 40 Jahren zu finden sind.

Beiträge in der deutschsprachigen BWL

Nr.	Verfasser	Beitrag	Zeitschrift
1	Fandel, 1981	Zur Anwendbarkeit spiel- und aushandlungstheoretischer Lösungsansätze auf Prozesse der Tarifverhandlung	Zeitschrift für Betriebswirtschaft
2	Wiese, 1994	Das Theorie-Praxis Paradox der Kostenrechnung aus verhandlungstheoretischer Sicht	Zeitschrift für betriebswirtschaftliche Forschung
3	Siebe, 1996	Management der Differenzen: Das Raiffa Programm der analytischen Verhandlungsberatung	Zeitschrift für Betriebswirtschaft
4	Kossbiel, 2001	Verhandlungen über Löhne und Arbeitszeit bei technischem Fortschritt	Zeitschrift für Betriebswirtschaft

Nr.	Verfasser	Beitrag	Zeitschrift
5	Pfeifer, 2002	Kostenbasierte oder verhandlungsorientierte Verrechnungspreise	Zeitschrift für Betriebswirtschaft
6	Kloyer, 2004	Opportunismus und Verhandlungsmacht in F&E Lieferbeziehungen – eine empirische Untersuchung	Zeitschrift für betriebswirtschaftliche Forschung
7	Koeszegi et al., 2006	Electronic Negotiations – A Comparison of Different Support Systems	Die Betriebswirtschaft
8	Pesendorfer et al., 2007	Relationship in Electronic Negotiations: Tracking Behavior Over Time	Zeitschrift für Betriebswirtschaft
9	Pibernik/Sucky, 2008	Verhandlungsbasiertes Master Planning in Supply Chains	Die Betriebswirtschaft

Abb. 6: Beiträge mit Bezug zum Thema »Verhandlungen« in führenden deutschsprachigen betriebswirtschaftlichen Zeitschriften zwischen 1969 und 2008

»Harvard-Verhandlungskonzept«

Stärker wurde das Thema Verhandlungen allerdings in der anwendungsnahen, praxisorientierten Management-Forschung aufgegriffen (vgl. z. B. *Lewicki et al.*, 1998; *Dietze*, 1999 oder *Detroy*, 2004). Dort entwickelte sich in den 1980er und 1990er Jahren eine sehr stark praktisch ausgerichtete Verhandlungsforschung, die sich insbesondere um die Formulierung strategischer Ratschläge für Manager und Verhandelnde bemüht. Ein in der Praxis besonders beliebter Ansatz stellt dabei das erstmalig von *Fisher/Ury* (1981) Anfang der 1980er Jahre entwickelte »Harvard-Verhandlungskonzept« dar. Dieses Konzept basiert auf der Überlegung, dass ein für alle Beteiligten zufriedenstellendes Verhandlungsergebnis oftmals deshalb nicht erreicht werden kann, da sich die Parteien zu stark auf das Festhalten an ihren eigenen Positionen konzentrieren, anstelle die der Verhandlung zu Grunde liegenden (oftmals beidseitigen) Interessen in den Vordergrund zu stellen. Ihr Ansatz zielt daher darauf ab, einen Leitfaden für richtiges, weil »sachbezogenes Verhandeln«, bereit zu stellen. Hierfür postulieren sie die in Abbildung 7 dargestellten vier Handlungsempfehlungen.

Handlungsempfehlungen

(1) Zunächst wird gefordert, dass Menschen und Probleme in Verhandlungen getrennt voneinander behandelt werden sollten, um die Lösung eines Entscheidungsproblems nicht durch das Aufkommen zwischenmenschlicher »Unsachlichkeiten« wie beispielsweise Personen-bezogener Emotionen zu gefährden.

(2) Die zweite Verhaltensprämisse sieht vor, Interessen in den Vordergrund der Verhandlungsbemühungen zu stellen, damit nicht – etwa durch die Fixierung auf eine feststehende Lösung (d. h. durch die Formulierung von

Positionen) – der Verhandlungsraum frühzeitig begrenzt und somit der Blickwinkel auf gemeinsame vorteilhafte Lösungen versperrt wird.

(3) Um diese Prämisse erfüllen zu können, ist es nach Auffassung der Autoren notwendig, im Vorfeld der Verhandlungen alternative Problemlösungen zu entwickeln, die die unterschiedlichen Interessen abdecken können.

(4) Diese Problemlösungen sollten abschließend anhand objektiver Kriterien bewertet sowie durch faire Verfahrensweisen umgesetzt werden. Als Beispiel für objektive Kriterien nennen *Fisher et al.* (2004) dabei unter anderem frühere Vergleichsfälle, Urteile von Sachverständigen oder aber branchen- oder unternehmenstypische Vereinbarungen. Als faire Verhaltensweise wird unter anderem das Aufsuchen eines neutralen Schiedsrichters erwähnt.

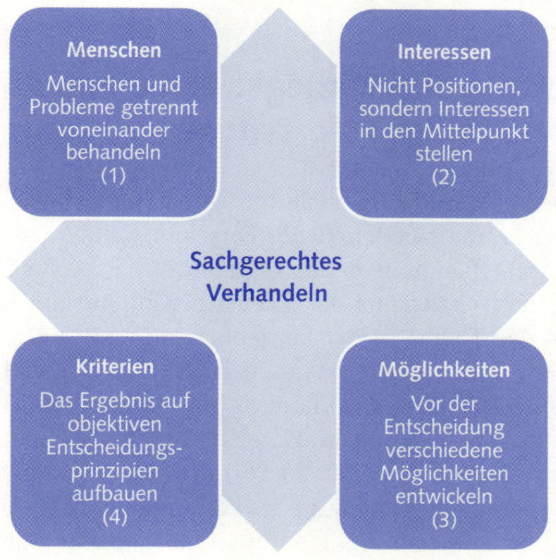

(Quelle: *Fisher et al.*, 2004)

Abb. 7: Handlungsempfehlungen des Harvard-Verhandlungskonzeptes

Wie die Beschreibung der vier grundsätzlichen Handlungsempfehlungen des Harvard-Verhandlungskonzeptes zu erkennen gibt, sind diese als Leitfaden zu verstehen, der den Verhandlungsakteuren sowohl im Vorfeld der Verhandlungen als auch während des eigentlichen Entscheidungsprozesses Unterstützung im Hinblick auf die Erzielung optimaler Ergebnisse liefern soll.

Stärken / Schwächen

In Bezug auf das Harvard-Verhandlungskonzept, aber auch viele andere ähnliche managementbezogene Ansätze ist zusammenfassend einerseits zu konstatieren, dass die Stärke dieser Ansätze in ihrer Einfachheit sowie in der Vermittlung konkreter Ratschläge zu sehen ist. Anderseits sind diese Ansätze aber auch mit Vorsicht zu betrachten. Eine Überprüfung der Ansätze mit wissenschaftlichen Methoden steht so zumeist noch aus, da sie sich aufgrund ihrer situationsübergreifenden Ausrichtung auf hohem Abstraktionsgrad bewegen und daher empirisch kaum überprüfbar sind. Mit Abstrichen gilt das auch für das Harvard-Verhandlungskonzept, für das bislang ebenfalls keine umfassende Evaluation vorliegt. Darüber hinaus fehlt vielen der managementbezogenen Ansätze die theoretische Fundierung. Sie stellen vielmehr eher Erfahrungswerte von Verhandlungsexperten aus der Praxis dar. Schließlich nehmen sie zumeist jeweils nur auf einzelne Management-Entscheidungstatbestände im Zusammenhang mit Verhandlungen Bezug. Keineswegs kann daher einer der vorliegenden Ansätze für sich in Anspruch nehmen, die bei Verhandlungen anfallenden Management-Aktivitäten umfassend aufzugreifen, wie dies für ein betriebswirtschaftliches Verhandlungsmanagement wünschenswert und notwendig wäre.

2.3 Bewertung der vorliegenden Erkenntnisse der Verhandlungsforschung

Bedeutung bisheriger Forschung

Wie eingangs bereits angedeutet, stellt die Verhandlungsforschung offensichtlich ein sehr breites und facettenreiches Forschungsgebiet dar, das zahlreiche Erkenntnisse über Verhandlungen zutage gebracht hat. Auffällig ist allerdings, dass die Betriebswirtschaftslehre das Thema bislang nur am Rande aufgegriffen hat, obwohl das Thema in der betrieblichen Praxis eine außerordentlich große Rolle spielt. Daher sind die wissenschaftlichen Erkenntnisse in Bezug auf unternehmensrelevante Verhandlungen bislang insgesamt noch sehr dürftig. Im Gegensatz dazu liegen viele wissenschaftliche Erkenntnisse aus anderen wissenschaftlichen Teildisziplinen vor, die sich allerdings aufgrund der dortigen etwas anderen Forschungsperspektive nur in Teilen auf die Belange eines betriebswirtschaftlichen Verhandlungsmanagements übertragen lassen. Beispielsweise weisen die Ergebnisse der analytisch-präskriptiven Forschung nicht die notwendige Handlungsbezogenheit auf, die für ein betriebswirtschaftliches Verhandlungsmanagement benötigt wird. Darüber hinaus sind die Erkenntnisse der deskriptiv-verhaltenswissenschaftlichen Forschung häufig allein für einzelne Teilfragestellungen eines Verhandlungsmanagement-Systems nutzbar. Grundsätzlich breiter einsetzbar sind hingegen die Erkenntnisse der Negotiation Analysis – allerdings wiederum nur für einzelne, sicherlich aber relevante Teilaspekte des Verhandlungsmanagements. So konzentriert sich die Negotiation Analysis insbesondere auf die Verhandlungsvorbereitung und -führung, nicht aber auf vorgelagerte und nachfolgende Managementaufgaben im Zusammenhang mit Verhandlungen (z. B. Organisation einer Verhandlung oder Nachbereitung einer Verhandlung). Zusätzlich fehlt es der Negotiation Analysis an der einen oder anderen Stelle an Realitätsnähe, da sich die empfohlenen Instrumente, Taktiken und Strategien in betriebswirtschaftlichen Verhandlungen nicht immer einsetzen lassen, weil sie zu schematisch sind. Schließlich sind die vorliegenden managementbezogenen Ansätze zwar sehr praxisnah, zugleich jedoch wie etwa das Harvard-Verhandlungskonzept sehr allgemein gehalten und zudem überwiegend auf die Verhandlungsführung bezogen.

Zwischenfazit

Zusammenfassend lässt sich also festhalten, dass es nicht *die* Erkenntnis oder *den* Ansatz der vorliegenden Verhandlungsforschung gibt, auf welche sich ein betriebswirtschaftliches Verhandlungsmanagement vollständig stützen könnte. Stattdessen lassen sich nur die verschiedenen Erkenntnisse und Ansätze in ein zu entwickelndes betriebswirtschaftliches Verhandlungsmanagement einbauen.

3. Zum Stand des Verhandlungsmanagements in der Praxis

Da es zum Thema »Verhandlungsmanagement« in der wissenschaftlichen Literatur bislang kaum umfassende einschlägige Erkenntnisse und Ansätze gibt, könnte es sich als hilfreich erweisen, die in der Praxis gebräuchlichen Methoden und Instrumente des betriebswirtschaftlichen Verhandlungsmanagements zu untersuchen und gegebenenfalls die dort vorhandenen Best Practices als Grundlage zu verwenden, mit anderen Worten also die den beschriebenen managementbezogenen Ansätze zu Grunde liegende Praxiserfahrungen noch stärker zu nutzen. Allerdings erweist sich dies als schwierig, da das Verhandlungsmanagement in der Praxis ebenso wenig entwickelt ist wie in der managementtheoretischen Literatur.

So liegen zwar zum Entwicklungsstand des Verhandlungsmanagements in Unternehmen bislang kaum empirische Untersuchungen vor. Erste kleinere Untersuchungen zu dieser Frage deuten jedoch an, dass Verhandlungen in vielen Unternehmen nicht im Management-Fokus stehen. Ein Indikator für fehlende Management-Aufmerksamkeit kann beispielsweise darin gesehen werden, wenn Unternehmen ihre Verhandlungsführer nicht entsprechend ausbilden, Mitarbeiter ohne Anleitung in Verhandlungen entsandt werden und im Unternehmen kein Erfahrungsaustausch über erfolgreiche oder weniger erfolgreiche Verhaltensweisen in Verhandlungen zwischen Verhandlungsführern üblich ist.

Erste Befragungsergebnisse

Zu diesen Fragen hat der Lehrstuhl für Marketing der Universität Hohenheim 2007 eine Befragung von rund 250 Verhandlungsführern aus deutschen Unternehmen durchgeführt. Die Befragungsteilnehmer, die großteils in ihren Verhandlungen Budgets von mehr als 5 Mio. Euro zu verantworten hatten, wurden unter anderem um Antworten zu folgenden Fragen gebeten:

- Stellten »Verhandlungen« einen Teil Ihrer Ausbildung dar bzw. haben Sie vor der Übernahme von verantwortlichen Verhandlungstätigkeiten in Ihrem Unternehmen an spezifischen Schulungen teilgenommen?

- Ist es bei Ihnen im Unternehmen üblich, dass Mitarbeitern, die erstmals für Ihr Unternehmen verhandeln, irgendeine Art von Hilfestellung gewährt wird, diesen z. B. ein erfahrener Mentor zur Seite gestellt wird?
- Inwieweit werden bei Ihnen im Unternehmen Verhandlungserfahrungen zwischen Mitarbeitern ausgetauscht?

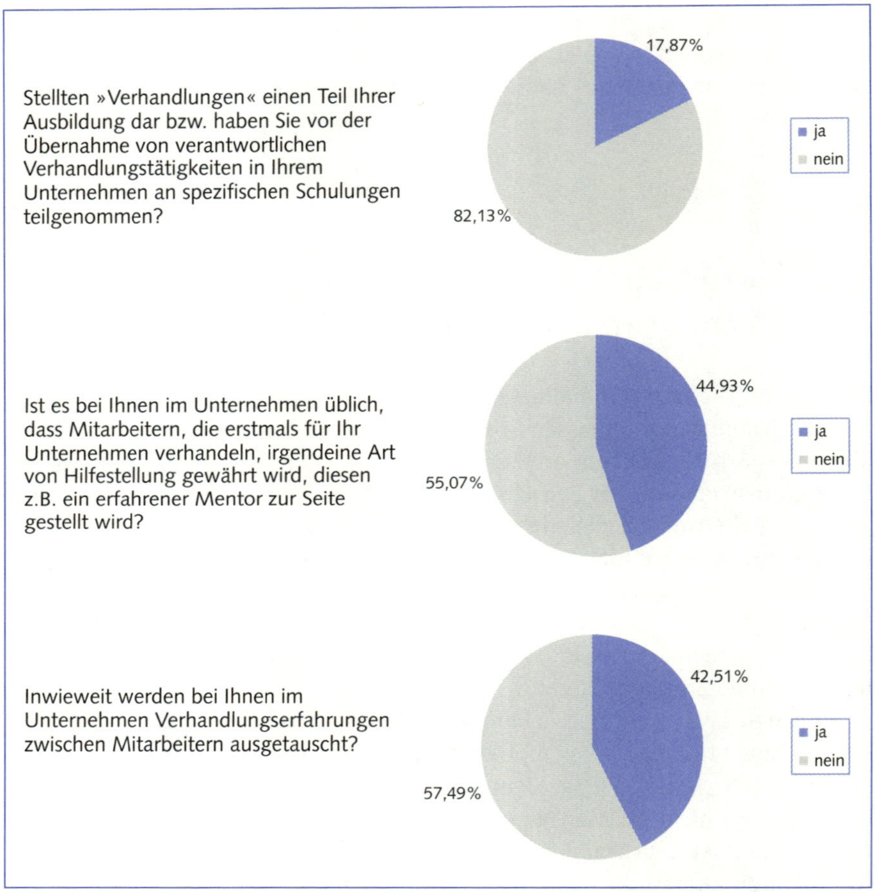

Abb. 8: Empirische Ergebnisse zum Verhandlungsmanagement in der Praxis

Geringer Entwicklungsstand

Wie Abbildung 8 deutlich macht, werden alle drei Aspekte von der Mehrzahl der Befragungsteilnehmern verneint. Es ist also davon auszugehen, dass in den meisten Fällen Mitarbeiter ohne spezifische Ausbildung oder Schulung, ohne Anleitung und ohne die Möglichkeit zum anschließenden Erfahrungsaustausch in Verhandlungen entsandt werden. Dies deutet tatsächlich darauf hin, dass Verhandlungen auch vom Management bislang noch nicht ausreichend als zentrales Aufgabengebiet angenommen worden sind. Angesichts der großen Bedeutung, die erfolgreiches Verhandeln für den Erfolg von Unternehmen zukommt, besteht hier allerdings dringender Korrekturbedarf.

B. Entwicklung eines prozessorientierten Management-Ansatzes für Verhandlungen (»Wie können Verhandlungen gemanagt werden?«)

Die obigen Ausführungen zeigen, dass bislang noch kein umfassender Ansatz für ein betriebswirtschaftliches Verhandlungsmanagement in die Literatur eingeführt worden ist. Zwar werden in der Verhandlungsforschung zahlreiche, auch für betriebliche Verhandlungen relevante Fragen berührt oder Vorschläge für den Umgang mit Verhandlungsproblemen gemacht; jedoch fehlt ein umfassender, die vorliegenden Erkenntnisse und Lösungsansätze integrierender Management-Ansatz, der es Unternehmen gestattet, den Verhandlungsbereich ähnlich systematisch wie andere betriebswirtschaftliche Themenfelder zu steuern.

Zugleich hat die Diskussion aber auch gezeigt, dass großer Bedarf für einen solchen umfassenden Ansatz besteht, da für Unternehmen in innerbetrieblichen und zwischenbetrieblichen Verhandlungen zu viel auf dem Spiel steht, als dass der Verhandlungsbereich außerhalb des unmittelbaren Management-Fokus liegen dürfte. Daher soll im Folgenden ein Management-Ansatz entwickelt werden, der einerseits umfassend ist und daher alle relevanten Management-Aktivitäten im Zusammenhang mit Verhandlungen umfasst, andererseits jedoch auch wissenschaftlich fundiert ist, indem er auf den vorliegenden Erkenntnissen der Verhandlungsforschung aufbaut bzw. diese integriert.

Management-begriff

Wird dabei berücksichtigt, dass Verhandlungsmanagement – wie der Begriff schon zum Ausdruck bringt – das Ziel verfolgt, Management-Denken, -Techniken und -Prozesse auf den Verhandlungsbereich zu übertragen, dann ist es naheliegend, den Ansatz über die eigentlichen Aufgaben von »Management« im Allgemeinen herzuleiten. Als problematisch erweist es sich dabei allerdings, dass der Begriff »Management« (noch immer) einen recht schillernden Begriff darstellt, da er einerseits immer wieder mit anderen Begriffen wie Unternehmensführung, Administration oder Unternehmenspolitik gleichgesetzt wird (vgl. *Macharzina/Wolf*, 2008) und andererseits in der Literatur sehr unterschiedlich definiert wird. Geht man allerdings vom etymologischen Ursprung des Wortes aus – »manus« bedeutet im Lateinischen »Hand« und »maneggiare« steht im Italienischen für »an der Hand führen« –, dann stellt die Beeinflussung von Verhalten und Tätigkeiten Dritter ein zentrales Wesensmerkmal von Management dar. Eine Verhaltensbeeinflussung Dritter kann dabei auf sehr unterschiedliche Weise und durch unterschiedliche Aktivitäten des Managements erfolgen. Dies legt auch die nachfolgende Begriffsfassung für »Management« von *Stoner* (1989) nahe. Er definiert Management als »the process of planning, organizing, leading, and controlling the efforts of organizational members and the use of other organizational ressources in order to archieve stated organizational goals« (*Stoner*, 1989, S.3) und gibt damit nicht nur einen Hinweis, durch welche Management-Aktivitäten sich eine solche Verhaltensbeeinflussung vollziehen kann, sondern deutet dabei auch deren Prozesscharakter an. Dies bedeutet, dass die verschiedenen Management-Aktivitäten nicht isoliert nebeneinander stehen. Vielmehr bauen sie aufeinander auf und sollten im Rahmen eines zusammenhängenden Gesamtprozesses geordnet werden.

Teilaufgaben

Aus diesem Begriffsverständnis von Management lässt sich für einen Verhandlungsmanagement-Ansatz aber nicht nur ableiten, dass ein solcher Management-Ansatz prozessorientiert gestaltet werden sollte. Zudem lassen sich aus dem Begriffsverständnis von *Stoner* (1989) auch die verschiedenen Teilaufgaben für einen Management-Ansatz bei Verhandlungen herleiten:

»Planning«-Aufgabe

- Die erste Aufgabe des Managements im Verständnis von *Stoner* (1989) ist die »Planning«-Aufgabe. Bei Verhandlungen bedeutet dies, dass zunächst die Ausgangssituation des Verhandlungsmanagements detailliert untersucht werden muss. Denn Planung bedeutet die gedankliche Gestaltung zukünftiger Handlungen auf Basis verfügbarer Informationen. Diesem Verständnis folgend hängt die Gestaltung zukünftigen Verhandlungsverhaltens auch an den verfügbaren Informationen über anstehende Verhandlungen. Daher sollte eine systematische Verhandlungsanalyse am Beginn des Verhandlungsmanagement-Prozesses stehen. Insbesondere ist in diesem Zusammenhang zu untersuchen, welche Bedeutung Verhandlungen für das verhandlungsführende Unternehmen aufweisen, welche Schwierigkeiten in Verhandlungen zu erwarten sind und bei welchen Verhandlungen daher in besonderem Maße ein gezieltes Verhandlungsmanagement eingesetzt werden sollte. Darüber hinaus geht es in dieser Phase auch darum, die Verhandlungen, bei denen Verhandlungsmanagement-Maßnahmen eingesetzt werden sollen, genauer, z. B. im Hinblick auf deren Historie, zu untersuchen.

»Organizing«-Aufgabe

- Anschließend steht im Management-Prozess die »Organizing«-Aufgabe an. Aufbauend auf den zuvor beschafften Informationen geht es nun darum, alle Voraussetzungen für die effiziente Durchführung und für effektive Verhandlungsergebnisse zu schaffen. Auf Verhandlungen bezogen ist die »Organizing«-Aufgabe dabei in zwei separate Bestandteile zu zerlegen: Zunächst hat die konkrete Verhandlungsorganisation zu erfolgen (1. Bestandteil). In diesem Zusammenhang muss beispielsweise festgelegt werden, welche Mitarbeiter an anstehenden Verhandlungen in welcher Funktion teilnehmen sollen. Ebenso sind die Kompetenzen und Aufgaben innerhalb des gebildeten Verhandlungsteams zu verteilen. Gegebenenfalls ist zudem zu prüfen, ob und inwieweit Einfluss auf das gegnerische Verhandlungsteam genommen werden kann.
- In der Folge ist das ausgewählte Verhandlungsteam anzuhalten, eine entsprechend detaillierte »Verhandlungsvorbereitung« vorzunehmen (2. Bestandteil). Auch oder gerade dies ist eine wichtige Voraussetzung für eine effiziente Durchführung und für effektive Verhandlungsergebnisse. So sind etwa die eigenen Verhandlungsziele festzulegen, Vorstellungen über die Verhandlungsziele des Verhandlungspartners zu entwickeln sowie Verhandlungsstrategien und -taktiken vorzubereiten.

»Leading«-Aufgabe

- Ein weiterer Schritt eines umfassenden Management-Prozesses sollte entsprechend dem Verständnis von *Stoner* die Wahrnehmung der »Leading«-Aufgabe sein. Diese erfolgt bei Verhandlungen in der Phase der »Verhandlungsführung«. Über Kultur und Werte, aber auch durch konkrete Vorgaben hinsichtlich Effizienz und Ergebnisorientierung der zu führenden Verhandlungen kann das Management dabei Einfluss auf die Verhandlungsführung nehmen. Auch gilt es im Vorfeld Regeln für potenzielle Verhandlungsabbrüche, Deeskalationen, Veränderungen des eigenen Verhandlungsteams oder Prüfmechanismen für erzielte Verhandlungsergebnisse zu entwickeln und den eigenen Verhandelnden im Vorfeld der zu führenden Verhandlungen zu kommunizieren.

»Controlling«-Aufgabe

- Schließlich steht am Ende des Management-Prozesses die »Controlling«-Aufgabe. In Verhandlungen ist so nach Verhandlungsende zu prüfen, ob und inwieweit die in der Verhandlungsvorbereitung festgelegten Ziele erreicht worden sind und welche Gründe gegebenenfalls dafür verantwortlich gemacht werden können, dass Gaps zwischen Zielen und Verhandlungsergebnissen bzw. -prozessen aufgetreten sind. Das Verhandlungscontrolling verfolgt dabei das Ziel, aus den Erkenntnissen über vergangene Verhandlungen für eine verbesserte Gestaltung zukünftiger Verhandlungen lernen zu können.

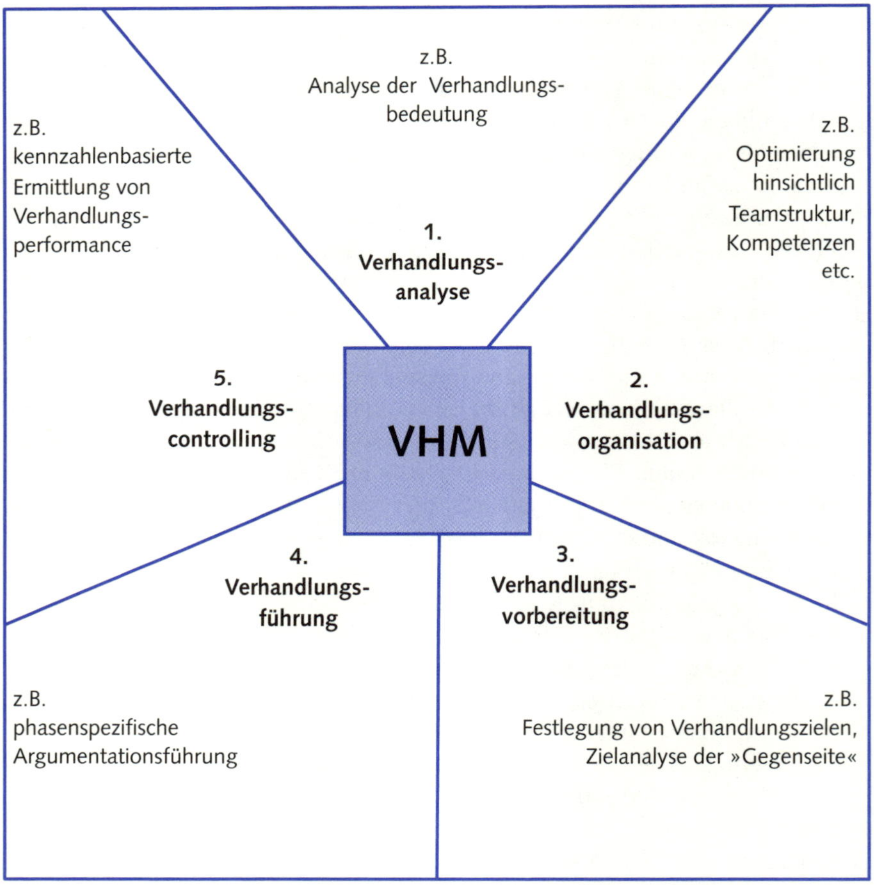

Abb. 9: Teilaufgaben des Verhandlungsmanagements (VHM)

Schritte des Verhandlungsmanagements

Ein umfassender, aus dem Grundverständnis von Management abgeleiteter Ansatz für Verhandlungsmanagement sollte demnach aus den Schritten

- Verhandlungsanalyse,
- Verhandlungsorganisation,
- Verhandlungsvorbereitung,
- Verhandlungsführung und
- Verhandlungscontrolling

bestehen (vgl. Abbildung 9). In jeder dieser Phasen eines systematischen Verhandlungsmanagements sind dabei spezifische Tools und Instrumente einzusetzen, die die Effektivität und Effizienz von Verhandlungen vergrößern sollten. Diese Tools und Instrumente werden im folgenden Kapitel phasenspezifisch vorgestellt und diskutiert.

C. Die Ablaufschritte des Verhandlungsmanagements (»Welche Teilaufgaben gehören zum Verhandlungsmanagement?«)

A. Verhandlungen als Betrachtungsgegenstand von Wissenschaft und Management
(»Was sind eigentlich Verhandlungen?«)

1. Begriff und Erscheinungsformen von Verhandlungen
2. Verhandlungen als wissenschaftliches Erkenntnisobjekt
3. Zum Stand des Verhandlungsmanagements in der Praxis

B. Entwicklung eines prozessorientierten Management-Ansatzes für Verhandlungen
(»Wie können Verhandlungen gemanagt werden?«)

C. Die Ablaufschritte des Verhandlungsmanagements
(»Welche Teilaufgaben gehören zum Verhandlungsmanagement?«)

1. Verhandlungsanalyse
2. Verhandlungsorganisation
3. Verhandlungsvorbereitung
4. Verhandlungsführung
5. Verhandlungscontrolling

D. Implementierung von Verhandlungsmanagement in der Praxis
(»Wie kann Verhandlungsmanagement eingeführt werden?«)

Fallstudien zum Verhandlungsmanagement

Verhandlungsmanagement 2.0

1. Verhandlungsanalyse

Innerhalb der Verhandlungsanalyse geht es darum, die Ausgangssituation für das Verhandlungsmanagement zu untersuchen (vgl. Kapitel B). Dies bedeutet, dass

- zunächst zu prüfen ist, bei welchen Verhandlungen Managementaufgaben in besonderem Maße zu berücksichtigen sind (»verhandlungsübergreifende Analyse«),
- für die auf diese Weise selektierten Verhandlungen eine Detailuntersuchung vorgenommen wird, z. B. also die Ausgangssituation des Verhandlungspartners, die Historie der Verhandlung oder ähnliches analysiert wird (»verhandlungsbezogene Analyse«).

1.1 Verhandlungsübergreifende Analyse

1.1.1 Dimensionen der übergreifenden Verhandlungsanalyse

Zweckmäßigkeit von VHM

Wie jede planende, organisierende oder kontrollierende Management-Tätigkeit verursacht auch das Verhandlungsmanagement Aufwand für ein Unternehmen. Aus diesem Grunde ist der Einstieg in ein systematisches und ökonomisch ausgerichtetes Verhandlungsmanagement in der Klärung zu sehen, ob und gegebenenfalls bei welchen Verhandlungen die Maßnahmen im Rahmen des Verhandlungsmanagements lohnenswert erscheinen.

Prüfkriterien

Es liegt dabei auf der Hand, dass sich das Verhandlungsmanagement hierbei insbesondere auf solche Verhandlungen konzentrieren sollte, die für das Unternehmen eine besondere Wichtigkeit aufweisen und bei denen sich folglich der mit dem Verhandlungsmanagement verbundene Aufwand vertreten lässt. Fraglich ist allerdings dabei, wann eine Verhandlung als ausreichend wichtig für ein Unternehmen zu bezeichnen ist. »Wichtigkeit« setzt nämlich nicht nur voraus, dass für ein Unternehmen relativ viel vom Ausgang einer Verhandlung abhängt. Darüber hinaus wird die Wichtigkeit einer Verhandlung auch dadurch hervorgerufen, dass der Ausgang der Verhandlung offen ist und es daher unklar ist, ob ein in Aussicht stehendes Verhandlungsergebnis überhaupt erzielt wird. Folgerichtig sind zwei Dimensionen bei der Ermittlung der Wichtigkeit von Verhandlungen zu beachten:

- Zunächst einmal ist die Bedeutung des Verhandlungsergebnisses zu beachten. Das Management sollte vor allem den Verhandlungen Aufmerksamkeit schenken, bei denen vom erzielten Verhandlungsergebnis viel für das verhandelnde Unternehmen abhängt.
- Darüber hinaus hängt die Wichtigkeit von Verhandlungen aber auch vom erwarteten Schwierigkeitsgrad des Verhandlungsprozesses ab. So ist es vor

allem bei solchen Verhandlungen wichtig, eine bestmögliche Verhandlungsorganisation, -vorbereitung, -führung und -nachbereitung sicher zu stellen, bei denen ein eigentlich angestrebtes Verhandlungsergebnis nicht ohne Weiteres erreicht werden kann, also hohe Unsicherheit im Hinblick auf die Realisierbarkeit des potenziellen Verhandlungsergebnisses besteht.

Wichtige Einsatzfelder des VHM

Abbildung 10 fasst diese Überlegungen zusammen. Besonders lohnenswert ist das Verhandlungsmanagement demnach dort, wo das Verhandlungsergebnis für das Unternehmen von großer Bedeutung ist und zudem Schwierigkeiten innerhalb des anstehenden Verhandlungsprozesses erwartet werden müssen. Weniger lohnenswert erscheinen Aktivitäten des Verhandlungsmanagements hingegen dort, wo entweder die Bedeutung des Verhandlungsergebnisses oder der erwartete Schwierigkeitsgrad gering ausfallen. Dabei sollten Unternehmen Maßnahmen des Verhandlungsmanagements noch eher in solchen Fällen ergreifen, in denen eine hohe Ergebnisbedeutung, zugleich aber nur ein geringer prozessualer Schwierigkeitsgrad besteht. Denn in diesen Fällen führt zumindest die hohe Bedeutung des Verhandlungsergebnisses dazu, dass – im Sinne einer Absicherungsstrategie – Verhandlungsmanagement-Maßnahmen in jedem Fall gerechtfertigt erscheinen. Dennoch sollte die geringe Bedeutung des Verhandlungsmanagements nicht mit der Tatsache gleichgesetzt werden, Verhandlungen als »managementfreie« Zone einzustufen. So geht es im Rahmen der verhandlungsübergreifenden Analyse vielmehr um den Umfang in dem Management-Aktivitäten zum Einsatz kommen sollten. Dementsprechend setzt auch eine geringe Bedeutung von Verhandlungen Basisanforderungen grundlegender Tätigkeiten des Managements voraus.

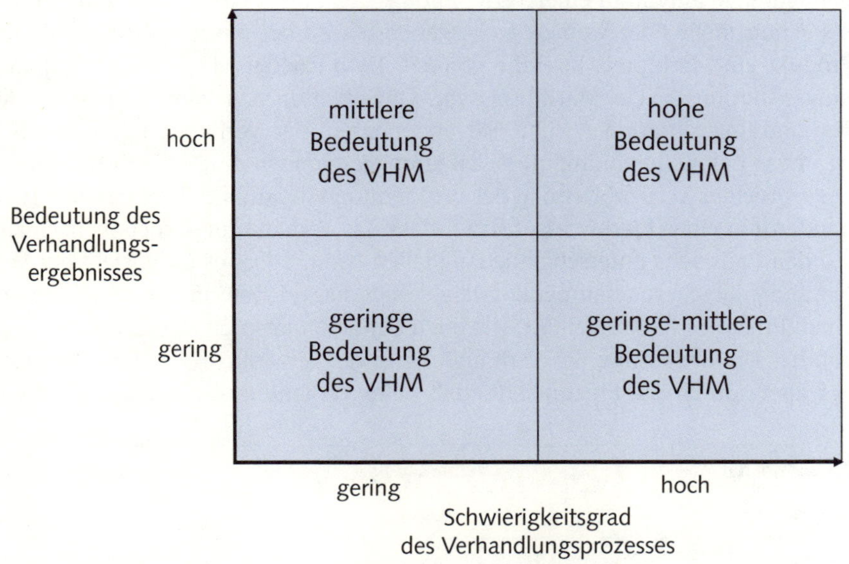

Abb. 10: Identifikation zentraler Aufgabenfelder für das Verhandlungsmanagement

1.1.1.1 Bedeutung des Verhandlungsergebnisses

Um die Bedeutung einer Verhandlung (bzw. eines Verhandlungsergebnisses) im Vorfeld richtig einzuschätzen, dürfen nicht nur die unmittelbaren Verhandlungsgegenstände bzw. -ergebnisse beachtet werden. Stattdessen ist auch die Wirkung des letztlich erzielten Verhandlungsergebnisses auf andere Verhandlungen, die Verhandelnden oder das entsendende Unternehmen zu berücksichtigen. Folgerichtig kann zwischen der

- direkten Bedeutung und
- indirekten Bedeutung

einer Verhandlung differenziert werden.

Direkte Bedeutung

Die direkte Bedeutung einer Verhandlung macht sich unmittelbar in den bei den Verhandlungsgegenständen erzielten Verhandlungsergebnissen bemerkbar. Zunächst einmal können diese für ein Unternehmen besonders relevant sein, wenn hiervon eine vergleichsweise große Bedeutung für die Erreichung übergeordneter Unternehmensziele ausgeht. Wird beispielsweise im Vertrieb über die Konditionen eines möglichen Großauftrags mit einem Kunden verhandelt, so ist diese Verhandlung schon allein deshalb sehr bedeutsam, da – ein erfolgreicher Abschluss vorausgesetzt – ein entsprechend hoher Auftragsgewinn realisiert werden kann. Dieser wiederum würde einen wichtigen Beitrag zur Erreichung vorgegebener Renditeziele im Lieferantenunternehmen bedeuten.

Darüber hinaus kann die Bedeutung von Verhandlungsgegenständen aber auch darin begründet liegen, dass relativ große Schwankungen bei den Verhandlungsergebnissen möglich sind. Das nachfolgende einfache Beispiel verdeutlicht dies (vgl. Abbildung 11): Wiederum werden Vertriebsverhandlungen betrachtet. Während in einer Verhandlungssituation A das Verhandlungsergebnis schon mehr oder weniger vorgegeben ist, da bei diesem standardisierten Produkt ein Marktpreis in Höhe von 850 Euro existiert, liegt in der Verhandlungssituation B kein Marktpreis vor. Obwohl nun das Wertvolumen in der Verhandlungssituation A sehr viel höher als in der Verhandlungssituation B ist, muss der Verhandlung im Fall B strenggenommen eine höhere Bedeutung zugesprochen werden. Denn in der Verhandlungssituation B führt das Nichtvorhandensein eines Marktpreises dazu, dass das Verhandlungsergebnis in Bezug auf den Preis sehr unterschiedlich ausfallen kann. So ist es im Vorfeld der Verhandlung gleichermaßen denkbar, dass sich der Vertrieb mit dem Kunden auf einen Preis von 75 Euro einigt, wie auch ein Einigungspreis von 200 Euro möglich ist. Die Bedeutung der Verhandlung in der Situation B entsteht demnach vor allem durch die Ergebnisoffenheit beim Verhandlungsgegenstand »Preis«.

Preis/Kosten	Verhandlung A	Verhandlung B
Marktpreis	850 €	–
Kosten	800 €	50 €

Abb. 11: Fallbeispiel zur Verhandlungsbedeutung durch Ergebnisoffenheit

Indirekte Bedeutung

Daneben ist allerdings auch die indirekte Bedeutung von Verhandlungen zu untersuchen. Von indirekter Bedeutung ist immer dann zu sprechen, wenn die Wichtigkeit einer Verhandlung nicht durch die Ergebnisse bei den Verhandlungsgegenständen, sondern durch andere Faktoren hervorgerufen wird. Ein typisches Beispiel zur indirekten Bedeutung von Verhandlungen kann dem Personalbereich entnommen werden: Ein Arbeitgeber wäre innerhalb eines Jahresgesprächs mit einem Mitarbeiter vermutlich durchaus bereit, den Vorstellungen des ansonsten sehr engagierten Mitarbeiters hinsichtlich einer stärkeren Flexibilisierung der Arbeitszeit zu entsprechen, wenn er nicht zugleich befürchten müsste, dass die Gewährung von größerer Arbeitszeitflexibilität bei diesem engagierten Mitarbeiter dazu führen würde, dass anschließend andere (weniger engagierte) Mitarbeiter mit der gleichen Forderung auf den Arbeitgeber zukommen würden. Und da eine Ablehnung der Flexibilisierungswünsche zu einer noch geringeren Arbeitsmotivation dieser weniger engagierten Mitarbeiter führen würde, sieht sich der Arbeitgeber gezwungen, den Flexibilisierungswunsch des engagierten Mitarbeiters zurückzuweisen. Obwohl demnach dem Verhandlungsgegenstand »Arbeitsflexibilisierung« bzw. der gesamten Verhandlung mit dem engagierten Arbeitnehmer eigentlich keine besonders große Bedeutung zuzusprechen ist, erhält dieser Verhandlungsgegenstand angesichts der drohenden Auswirkungen auf Verhandlungen mit anderen Mitarbeitern eine besondere Bedeutung.

Zusammengenommen zeigt sich, dass die Bedeutung einer Verhandlung nicht allein auf direktem Wege ermittelt werden sollte. In jedem Fall ist auch zu prüfen, ob einer Verhandlung über indirekte Effekte »Wichtigkeit« zuzusprechen ist.

1.1.1.2 Erwarteter Schwierigkeitsgrad der Verhandlung

Ein weiterer Grund, warum Unternehmen ein gezieltes Verhandlungsmanagement bei Verhandlungen einsetzen sollten, stellt ein hoher erwarteter Schwierigkeitsgrad im Hinblick auf den Verhandlungsprozess dar. Auch dann, wenn dem Verhandlungsergebnis vielleicht keine überragende Bedeutung für die Erreichung von Unternehmenszielen zuzusprechen ist, kann die Initiierung von Maßnahmen im Rahmen eines systematischen Verhandlungsmanagements sinnvoll sein, wenn ansonsten ein Verhandlungsprozedere absehbar ist, das umfangreiche personelle und/oder finanzielle Ressourcen beanspruchen und gegebenenfalls auch vergeuden würde. Während also die Verhandlungsmanagement-Ursache »Ergebnisbedeutung« an der Effektivität von Verhandlungen ansetzt, geht es bei der Dimension »Prozessschwierigkeit« um die Effizienz von Verhandlungen.

Gründe für Prozessschwierigkeiten

Schwierigkeiten im Verhandlungsprozess können dabei auf verschiedene Gründe zurückzuführen sein:

Verhandlungsobjekt

- Das Verhandlungsobjekt ist schwierig. Dies kann beispielsweise dadurch hervorgerufen werden, dass komplexe Verhandlungsgegenstände zu verhandeln sind, so dass ein Teil der Verhandlungen zunächst einmal darauf gerichtet werden muss, ein gegenseitiges Verständnis und Einigkeit darüber herbeizuführen, was eigentlich die relevanten Verhandlungsgegenstände sind und welche Ergebnisalternativen bei diesen Verhandlungsgegenständen bestehen (vgl. *McQuiston*, 1989). Die Komplexität der zu verhandelnden Gegenstände ist dabei eng mit ihrem jeweilig wahrgenommenen Unsicherheitsgrad verbunden.

Anteil an Such-, Erfahrungs- und Vertrauenseigenschaften

In diesem Kontext lassen sich Verhandlungsgegenstände in Anlehnung an die informationsökonomische Eigenschaftstypologisierung in Gegenstände mit einem eher hohen bzw. eher niedrigen Anteil an Such-, Erfahrungs- und Vertrauenseigenschaften systematisieren. Als Differenzierungskriterium zwischen diesen Eigenschaftstypen fungieren dabei die Kosten der Informationsbeschaffung. Bei Sucheigenschaften stehen Informationen bereits vor dem Kauf, bei Erfahrungseigenschaften erst nach dem Kauf kostenlos zur Verfügung. Hingegen stehen Vertrauenseigenschaften nur zu prohibitiv hohen Kosten zur Verfügung, so dass sich diese zu ökonomisch sinnvollen Bedingungen letztlich nie beurteilen lassen (vgl. *Darby/Karni*, 1973). Übertragen auf den Schwierigkeitsgrad von Verhandlungsobjekten ist nun davon auszugehen, dass die Abstimmung bei Verhandlungsgegenständen mit einem hohen Anteil an Sucheigenschaften einfacher fällt. Denn hier können verhandlungsrelevante Sachverhalte bereits im Vorfeld geklärt werden, so dass es in der Verhandlung allein um eine Einigung geht. Schwerer fällt die Einigung hingegen bei Gegenständen, die sich durch einen hohen Anteil an Vertrauenseigenschaften auszeichnen. Denn in solchen Verhandlungen besteht die zusätzliche Schwierigkeit darin, zunächst einmal relevante Verhandlungsgegenstände zu identifizieren. In etwa der Mitte dieses Kontinuums sind Verhandlungen einzusortieren, die sich überwiegend durch Erfahrungseigenschaften kennzeichnen lassen.

Verhandlungspartner

- Der Verhandlungspartner ist als schwierig einzustufen. Ist so davon auszugehen, dass der Verhandlungspartner über Know-how-Defizite verfügt, mangelnde Verhandlungserfahrung aufweist, sich in wirtschaftlichen Schwierigkeiten befindet, sich einer persönlich angespannten Situation gegenüber sieht oder ganz einfach nicht unter dem gleichen Effizienzdruck wie die eigene Verhandlungsseite steht, sind ressourcenbindende Verhandlungen zu erwarten.

Verhandlungshistorie

- Die »Verhandlungshistorie« ist schwierig. Liegen bereits Erfahrungen mit einem Verhandlungspartner vor, weil ähnliche Verhandlungen bereits in der Vergangenheit geführt worden sind, so können dort gemachte Erfahrungen zwischen den Verhandlungspartnern zu einer Belastung der anstehenden Verhandlung führen. Hat sich beispielswiese für den Verhandlungspartner im Nachgang von Verhandlungen in der Vergangenheit herausgestellt, dass er in den Verhandlungen aus seiner Sicht »übervorteilt« wurde oder traten Schwierigkeiten oder Versäumnisse bei der Umsetzung des in früheren Verhandlungen vereinbarten Verhandlungsergebnisses auf, so liegt es auf der Hand, dass der Verhandlungspartner bei den nun anstehenden neuerlichen Verhandlungen alles daran setzen wird, um diese aus seiner Sicht offensicht-

lich gewordenen »Schwachstellen« bei der nun anstehenden Verhandlungslösung unmöglich zu machen. Schwierig wird dies jedoch insbesondere dann, wenn einer der Verhandlungsbeteiligten einen so genannten »loss of face«, d. h. einen Gesichtsverlust zugefügt bekommen hat. Im Falle eines Gesichtsverlustes droht einem Verhandlungsführer der Verlust des Vertrauens der Parteien, welche er vertritt, sowie das Risiko aggressiver Forderungen seitens der Verhandlungspartner (vgl. *Wilson*, 1992). Gesichtsverlust kann dabei durch Kommunikationsverhalten wie z. B. persönliche Kritik oder verbale Drohungen ausgelöst werden und zu Inflexibilität oder Eskalation führen (vgl. *O'Neill*, 1991).
Das nachfolgende Fallbeispiel zeigt, welche Belastung die »Verhandlungshistorie« für die Verhandlungseffizienz späterer Folgeverhandlungen mit sich bringen kann.

FALLBEISPIEL 6

Beratungsfolgeauftrag

»Also so etwas kommt mir nicht noch einmal vor«, fuhr Herr Müller den ihm gegenüber sitzenden Partner der Beratungsgesellschaft MBC Consult an. »Wenn Sie also mit uns nochmals ins Geschäft kommen wollen, dann erwarte ich zunächst einmal eine differenzierte Fehleranalyse. Außerdem möchte ich, dass die von mir vorgetragenen Kritikpunkte durch entsprechende vertragliche Regelungen für dieses Projekt unmöglich gemacht werden.« Herr Schaub von MBC Consult hatte ähnliches schon erwartet. Auch wenn er selber das von Herrn Müller angesprochene Projekt damals nicht geleitet hatte, wusste er aus Gesprächen mit Kollegen, wie viel bei MBC Consult in dem damaligen Projekt schief gegangen war. Unglücklich war zunächst gewesen, dass das Projekt von einem später aus der Beratung ausgeschiedenen Partner akquiriert worden war. Dieser hatte in den Vorgesprächen offensichtlich »das Blaue vom Himmel« versprochen. Kurz nach der Auftragserteilung hatte er allerdings MBC Consult verlassen – nicht ohne allerdings zuvor den umsatzbezogenen Bonus aus der Akquise des Projektes eingestrichen zu haben. Und auch bei der Abwicklung des Projektes waren weitere Fehler bei MBC Consult aufgetreten. So hatte der als Ersatz berufene Projektleiter von Beginn an keinen Draht zum Sparkassen-Vorstand Müller gefunden. Obwohl Herr Müller mehrfach darum gebeten hatte, das Beratungsteam auf Seiten von MBC Consult auszutauschen, hatte MBC Consult diesem Wunsch nicht entsprechen können, da man damals zu 100 Prozent mit anderen Projekten ausgelastet war.
Tatsächlich gestalteten sich die Verhandlungen mit Herrn Müller diesmal sehr schwierig. So hinterfragte er jedes Leistungspaket, das MBC Consult in sein Angebot aufgenommen hatte. Stets hatte Herr Schaub den Eindruck, dass Herr Müller testen wollte, ob das in dem jeweiligen Leistungspaket zum Ausdruck kommende Leistungsversprechen von MBC Consult auch eingehalten werden könne. Darüber hinaus bestand Herr Müller darauf, über weitere zusätzliche Punkte eine Vereinbarung zu schließen. Lange musste Herr Schaub beispielsweise Herrn Müller »bearbeiten«, um eine vertragliche Regelung zu verhindern, wonach der Sparkasse hohe nachträgliche Rabatte für den Fall zugesprochen wurden, dass es MBC Consult auf Wunsch der Sparkasse nicht gelingen würde, innerhalb von zwei Werktagen das Beraterteam zu ersetzen. Innerlich verfluchte Herr Schaub die Tatsache, dass MBC Consult bereits in der Ver-

gangenheit ein Beratungsprojekt mit dieser Sparkasse gemacht hatte. So war es das erste Mal, dass er für das in der Summe doch eher geringe Beratungsvolumen mehrere persönliche Gespräche mit dem potenziellen Auftraggeber über Vertragskonditionen führen musste.

Verhandlungsumstände

- Die Verhandlungsumstände sind schwierig. Eine geringe Verhandlungseffizienz ist auch dann zu erwarten, wenn Verhandlungen unter ungünstigen Rahmenbedingungen stattfinden müssen. Sind beispielsweise Veränderungen des rechtlichen oder technologischen Rahmens zu erwarten bzw. personelle oder organisatorische Veränderungen auf Seiten eines der beteiligten Verhandlungspartners absehbar, so erwachsen hieraus zusätzliche Schwierigkeiten für den bevorstehenden Verhandlungsprozess, da der Verhandlungsprozess weniger planbar ist und Risiken für dessen Dauer und Intensität entstehen. Schwierige Verhandlungsumstände können darüber hinaus durch terminlichen Zeitdruck seitens einer oder aber beider Verhandlungsparteien hervorgerufen werden. So geben empirische Untersuchungen in diesem Zusammenhang zu erkennen, dass die Existenz zeitlicher Restriktionen häufig zu schnelleren, damit aber auch weniger durchdachten Vereinbarungen der Verhandlungsparteien führt (vgl. *Stuhlmacher et al.*, 1998). Damit einhergehend werden oftmals Nachverhandlungen nötig, die erneut die Effizienz einer Verhandlung beeinträchtigen (vgl. *Schoop et al.*, 2008).

FALLBEISPIEL 7

Verhandlungsineffizienzen durch die Finanzmarktkrise

Die im Frühherbst 2008 im Weltmarkt um sich greifende Finanzmarktkrise lähmte in der Folge nicht nur die Finanzbranche. Auch andere Branchen hatten unter den Folgewirkungen der Krise zu leiden. Da in der gesamten Wirtschaft große Verunsicherung bestand, welche Branche wie stark von den Folgen der Krise betroffen sein würde, wurden zahlreiche Investitionsprojekte zurückgestellt oder »verschleppt«. Bei letzteren wurden Verhandlungen mit potenziellen Zulieferern bewusst in die Länge gezogen, um gegebenenfalls die Projekte bei Auftreten von negativen Folgen der Finanzmarktkrise für die eigene Branche doch noch stoppen zu können.

Immer dann, wenn eine geringe Effizienz in Bezug auf den Verhandlungsprozess zu erwarten ist, lohnt sich für Unternehmen ebenfalls ein systematisches Verhandlungsmanagement. Hierbei ist es dann das Ziel, die zu erwartenden prozessualen Schwierigkeiten innerhalb der Verhandlungen durch eine entsprechende Verhandlungsorganisation, -vorbereitung, -führung und/oder -nachbereitung zu begrenzen.

1.1.2 Das Verhandlungsportfolio

Einsatzfelder

Werden die im voranstehenden Kapitel C.1.1.1 beschriebenen Informationen zu der Bedeutung des Verhandlungsergebnisses sowie dem Schwierigkeitsgrad des Verhandlungsprozesses für verschiedene Verhandlungen erhoben, lassen

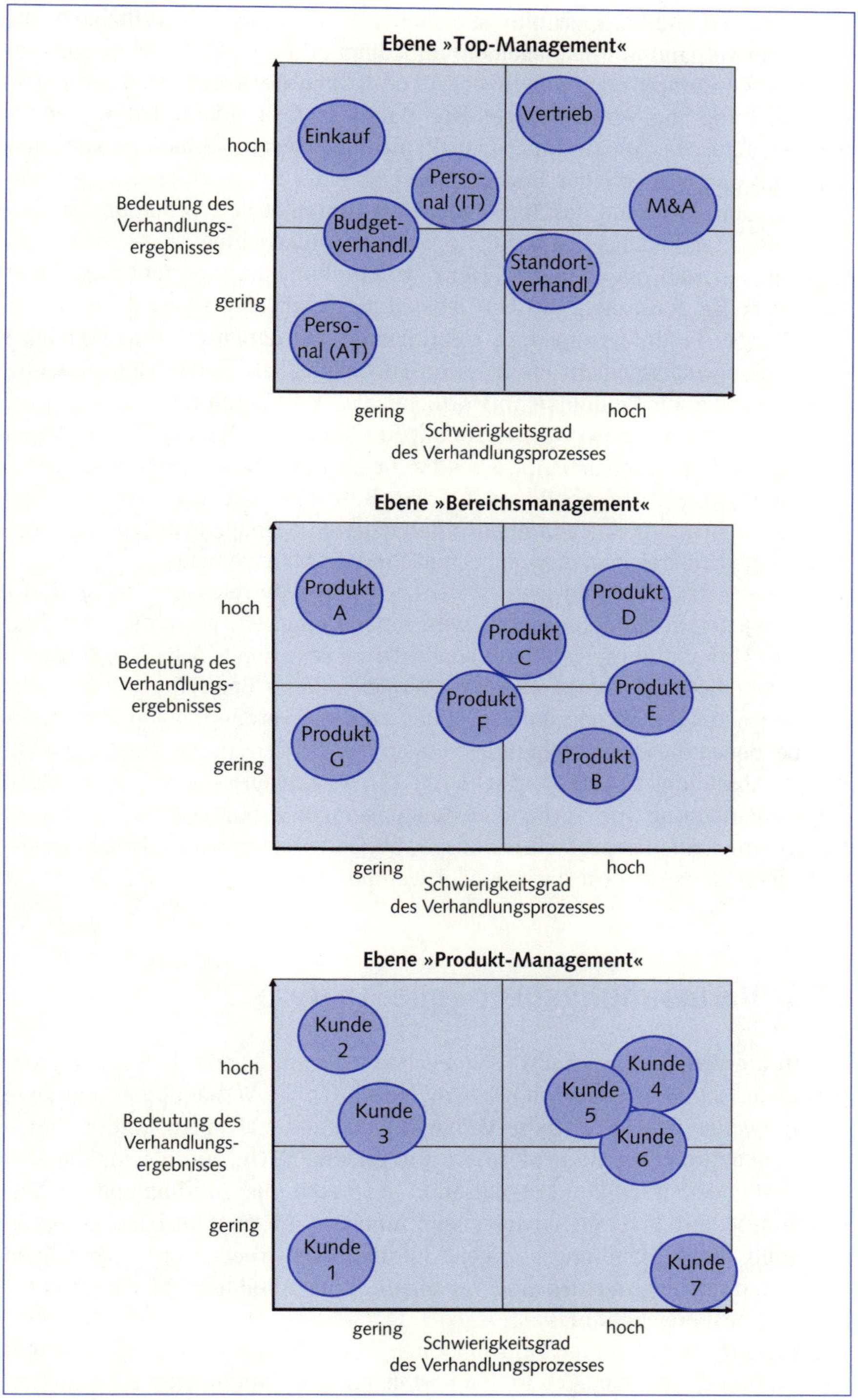

Abb. 12: Arten von Verhandlungsportfolios

sich über Verhandlungsportfolios diejenigen Verhandlungen identifizieren, bei denen ein Verhandlungsmanagement unbedingt erforderlich ist, möglicherweise in Frage kommt oder nur in den Grundzügen notwendig erscheint. Die Untersuchung von Verhandlungen und damit auch die Identifikation der für ein systematisches Verhandlungsmanagement geeigneten Verhandlungen kann dabei auf unterschiedlichen Ebenen innerhalb eines Unternehmens vorgenommen werden. Während das Top-Management mithilfe von Verhandlungsportfolios der Frage nachgehen kann, in welchen Unternehmensbereichen (z. B. Einkauf, Vertrieb oder Finanzwesen) Verhandlungsmanagement angedacht werden sollte, wird etwa die Vertriebsleitung solche Portfolios dazu einsetzen können, Produktgruppen zu identifizieren, bei denen ein umfassenderes Verhandlungsmanagement lohnenswert ist. Schließlich eignen sich Verhandlungsportfolios für Produktverantwortliche, also z. B. Produktmanager, um bei dem von ihnen verantworteten Produkt Kunden- und Geschäftsbeziehungen dahingehend zu untersuchen, ob bei diesen ein intensiveres Verhandlungsmanagement sinnvoll ist. Abbildung 12 zeigt Beispiele für den Einsatz von Verhandlungsportfolios auf den oben differenzierten Management-Ebenen (Top-Management, Bereichsmanagement und Produkt-Management).

Erstellung von Portfolios

Dabei ist das Vorgehen jeweils identisch. Für jede relevante Verhandlung bzw. für jeden Verhandlungstypus wird separat ermittelt, wie groß die Bedeutung des Verhandlungsergebnisses sowie der zu erwartende Schwierigkeitsgrad des Verhandlungsprozesses ist. Durch Vergleich dieser Beurteilungen über alle zu analysierenden Verhandlungen lassen sich die Verhandlungen identifizieren, bei denen die »Einsatzvoraussetzungen« für ein Verhandlungsmanagement gemäß Abbildung 10 (vgl. Kapitel C.1.1.1) vorzuliegen scheinen. Auch dort, wo die Bedeutung von Verhandlungsmanagement zumindest als »gering bis mittel« einzustufen ist, sollte über ausgewählte Maßnahmen des Verhandlungsmanagements zumindest nachgedacht werden.

1.2 Verhandlungsbezogene Analyse

Stehen die Verhandlungen fest, bei welchen ein umfassender Einsatz von Management-Aktivitäten sinnvoll erscheint, so sind in der Verhandlungsanalyse in einem zweiten Schritt für diese Verhandlungen alle relevanten Informationen zusammenzutragen und strukturiert aufzubereiten. Um hierbei für die sich anschließende Verhandlungsorganisation, -vorbereitung, -führung und das Verhandlungscontrolling eine entsprechend fundierte Informationsbasis zu schaffen, sollte die verhandlungsbezogene Informationsvorbereitung entsprechend umfassend angelegt werden und vor allem die in Abbildung 13 dargestellten Informationsbereiche umfassen.

Verhandelnde Unternehmen

Zunächst einmal sollten Informationen über die Organisationen beschafft werden, mit denen man sich in den anstehenden Verhandlungen auseinandersetzen muss. Informationen über deren wirtschaftliche Lage, deren Organisati-

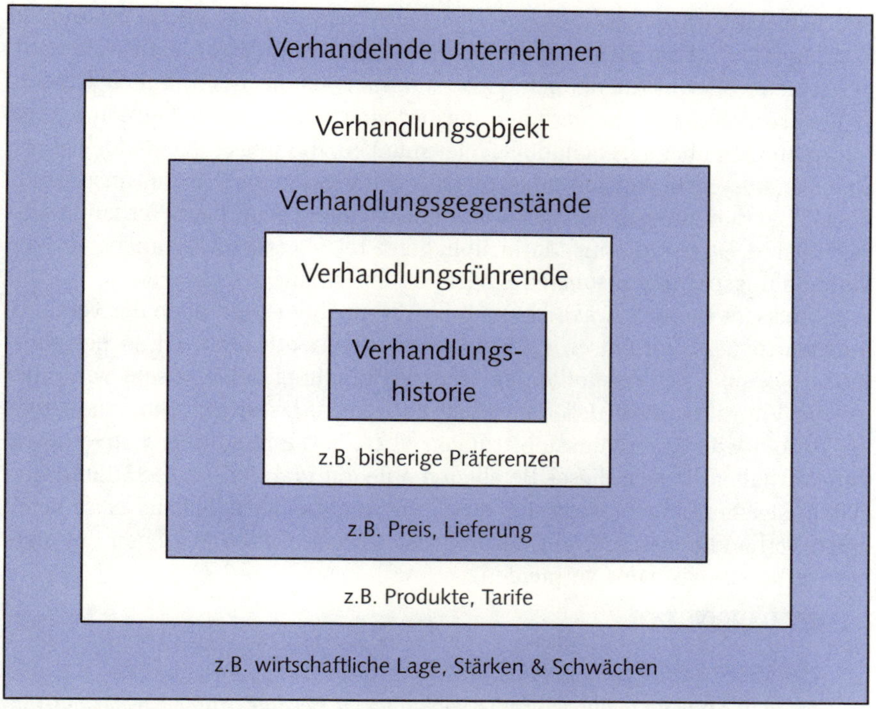

Abb. 13: Relevante Informationsbereiche im Rahmen der verhandlungsbezogenen Analyse

onsform (gegebenenfalls deren Shareholder), deren Kultur und Werte können dabei von Interesse sein, da diese Hintergründe auch unmittelbare Auswirkungen auf das zu erwartende Verhandlungsverhalten haben (vgl. *Laws*, 2000; *Wood*, 2001; *Erbacher*, 2008). Ebenso sollten die grundsätzlichen Stärken und Schwächen untersucht werden.

Verhandlungsmacht

Eine besondere Bedeutung innerhalb der Analyse der Verhandlungspartner kommt der Beurteilung der gegnerischen Verhandlungsmacht zu. Unter Verhandlungsmacht ist dabei die Fähigkeit einer Verhandlungsseite zu verstehen, die eigenen Interessen gegebenenfalls auch zu Lasten der anderen Verhandlungsseite innerhalb der Verhandlung durchsetzen zu können (vgl. *Dahl*, 1957). Verhandlungsmacht stellt daher eine relative Größe dar. Um sie für einen Verhandlungspartner einschätzen zu können, muss zugleich die entsprechende Fähigkeit der Gegenseite ermittelt werden. In jedem Fall ist die Analyse der Verhandlungsmacht der Gegenseite in der anfänglichen Phase der Verhandlungsanalyse sehr bedeutsam, da die Entscheidungen über etwa Verhandlungsorganisation, -ziele, -strategien und- taktiken allein von dem Hintergrund einer realistischen Einschätzung der Verhandlungsmacht der Gegenseite getroffen werden können.

Verhandlungsobjekt

Daneben sollten in der Analysephase weitere Informationen über den Verhandlungsanlass, also die eigentlichen Verhandlungsobjekte, generiert werden. Beziehen sich anstehende Verhandlungen beispielsweise auf den Einkauf bestimmter Komponenten, dann sollten Informationen über technische Details, alternative Anbieter oder mögliche technische Alternativlösungen gesammelt werden.

Verhandlungsgegenstände

Ebenso sollte sich die verhandlungsbezogene Analyse der Sammlung von Informationen über gegebenenfalls relevante Verhandlungsgegenstände bei den zuvor analysierten Verhandlungsobjekten widmen. So kann es für anstehende Einkaufsverhandlungen beispielsweise entscheidend sein, beim Verhandlungsgegenstand »Preis« die im Markt üblichen Preisniveaus, aber auch die vom Verhandlungspartner ansonsten eingeräumten Rabatte zu kennen.

Verhandlungsführende

Interessant ist auch, was sich über die Verhandlungsführenden der Verhandlungspartner im Vorfeld an Informationen generieren lässt. Ist so beispielsweise bekannt, wer vermutlich an einer Verhandlung beteiligt sein wird oder welche Vita diese eventuell Beteiligten aufweisen, lassen sich hieraus bereits im Vorfeld wichtige Schlussfolgerungen über die Verhandlungsmotive, -ziele und -verhaltensweisen dieser Beteiligten ableiten (vgl. *Raiffa*, 1982; *Erbacher*, 2008). Gleichermaßen lassen sich durch die Analyse der möglicherweise beteiligten Verhandlungsführer auf der Gegenseite auch Fehlbesetzungen des eigenen Verhandlungsteams vermeiden.

FALLBEISPIEL 8

»Alte Feindschaften« in Tarifverhandlungen

Gerade in Tarifverhandlungen ist im Vorfeld häufig bekannt, durch welche Verhandlungsführer die einander gegenüberstehenden Tarifparteien in den anstehenden Tarifverhandlungen vertreten sein werden. Da sowohl auf der Gewerkschaftsseite als auch auf der Seite der Arbeitgeber die Verhandlungen zumeist von den Spitzenvertretern der Organisationen übernommen werden und diese zumeist über einen längeren Zeitraum im Amt sind, treffen diese Vertreter in aller Regel sehr häufig in Tarifauseinandersetzungen aufeinander. Dies macht es möglich, regelrechte Persönlichkeitsprofile über den Verhandlungspartner im Vorfeld einer Verhandlung anzufertigen. Dies kann hilfreich sein, um das Verhalten der Gegenseite in bestimmten Verhandlungssituationen im Vorfeld besser abschätzen und gegebenenfalls das eigene Verhandlungsverhalten darauf ausrichten zu können. Ebenso kann die intensive Auseinandersetzung mit dem auf der Gegenseite zu erwartenden Verhandlungsführenden aber auch dazu veranlassen, die eigene Verhandlungsbesetzung zu überdenken. So ist es häufig wenig hilfreich, wenn Verhandelnde im Lauf der Zeit eine regelrechte »Dauerfehde« miteinander austragen. Dem GDL-Vorsitzenden Schell sowie dem Bahnvorstandsvorsitzenden Mehdorn wurde beispielsweise innerhalb des bereits in Kapitel A angeführten Lokführertarifkonflikts im Jahr 2007/2008 vorgeworfen, eine über Jahre gewachsene »Männerfeindschaft« innerhalb des Tarifkonflikts auszuleben.

Verhandlungshistorie

Darüber hinaus ist es bei sich wiederholenden Verhandlungen auch wichtig, die bisherige Verhandlungshistorie aufzubereiten (vgl. *O'Connor*, 2005). Welche Forderungen hat der Verhandlungspartner bislang zumeist gestellt? Welche Verhandlungsgegenstände waren ihm offensichtlich wichtig? Welche Verhandlungsstrategie hat er eingeschlagen oder welche Taktiken wurden angewandt? Solche Fragen sollten thematisiert werden, um hieraus gegebenenfalls Schlussfolgerungen für das zukünftige Verhandlungsverhalten ableiten zu können.

Zusammenfassung »Verhandlungsanalyse«

Im Rahmen der Verhandlungsanalyse, die den ersten Schritt eines systematischen Verhandlungsmanagement-Prozesses darstellt, geht es zunächst darum, die Verhandlungen zu identifizieren, auf die das Management ein besonderes Augenmerk richten sollte und bei denen daher anschließend gezielt Maßnahmen des Verhandlungsmanagements angewandt werden sollten. Die für das Verhandlungsmanagement besonders relevanten Verhandlungen sind dabei diejenigen, deren Ergebnisse für das verhandelnde Unternehmen besonderes wichtig sind und bei denen besonders große Schwierigkeiten mit der gegnerischen Verhandlungsseite zu erwarten sind. Verhandlungsportfolios können hierbei helfen, diese Verhandlungen zu identifizieren. Ist die Bedeutung hingegen als weniger groß einzustufen oder sind keine großen Schwierigkeiten innerhalb der Verhandlung zu erwarten, ist zu prüfen, ob sich ein systematisches Verhandlungsmanagement lohnt bzw. sollte ein nur eingeschränktes Verhandlungsmanagement eingesetzt werden.

Für die im Rahmen der verhandlungsübergreifenden Analyse ermittelten relevanten Verhandlungen ist in einem Folgeschritt eine detaillierte verhandlungsbezogene Untersuchung vorzunehmen. Diese sollte vor allem darauf gerichtet sein, alle verfügbaren Informationen in Bezug auf die anstehende Verhandlung zusammenzutragen. Im Einzelnen interessieren dabei vor allem folgende Fragen:

- Was wissen wir über das (oder die) Unternehmen, mit dem (denen) wir die Verhandlung führen werden (wirtschaftliche Situation, Shareholder etc.)?
- Was sind die Besonderheiten des Verhandlungsobjektes, z. B. des Produktes über das eine Einkaufsverhandlung zu führen ist?

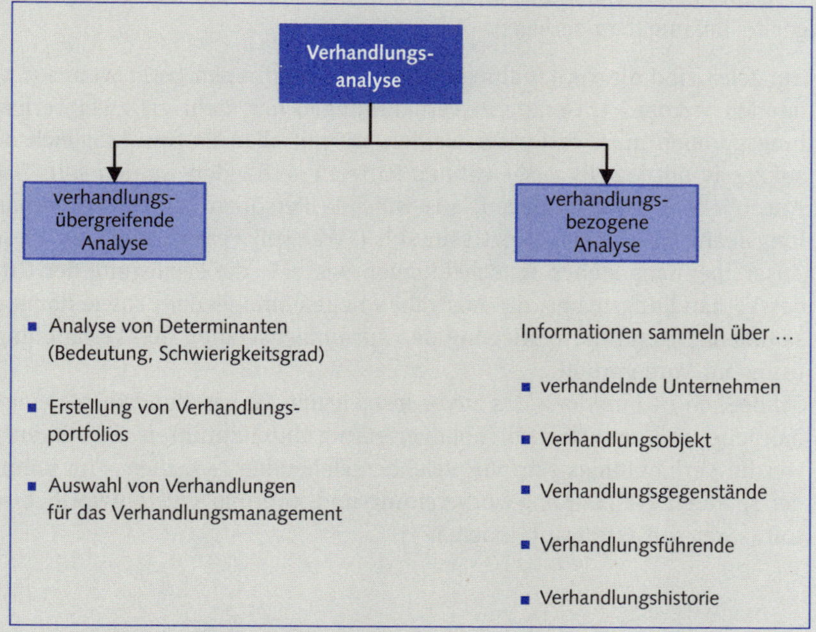

Abb. 14: Überblick zur Verhandlungsanalyse

- Wissen wir schon, was die Verhandlungsgegenstände sind, über die bei dem Verhandlungsobjekt verhandelt werden muss?
- Mit welchen Personen werden wir es auf der Gegenseite zu tun haben? Was wissen wir über diese potenziellen Verhandlungsführer?
- Welche Erfahrungen haben wir mit dem Verhandlungspartner bzw. bei dem Verhandlungsobjekt bzw. den Verhandlungsgegenständen? Welche Schlussfolgerungen können wir aus diesen Erfahrungen (dieser »Historie«) für die anstehende Verhandlung ziehen?

Abbildung 14 stellt die Aufgaben, die im Rahmen der Verhandlungsanalyse anfallen, in Form eines Überblicks nochmals abschließend dar.

2. Verhandlungsorganisation

Im Anschluss an die Verhandlungsanalyse, aus der unter anderem hervorgeht, welche Bedeutung einer anstehenden Verhandlung zuzusprechen und welcher Schwierigkeitsgrad für die Verhandlung zu erwarten ist, sind die Verhandlungsbeteiligten festzulegen sowie Verantwortlichkeiten auf der eigenen Seite für die anstehende Verhandlung zu regeln. Die Zuordnung von Verhandlungsaufgaben an einen oder mehrere Mitarbeiter im Unternehmen ist damit ebenfalls Gegenstand der Verhandlungsorganisation. Diese lässt sich damit insgesamt in folgende Teilaufgaben zerlegen:

Teilaufgaben

- Zunächst sind die Verhandlungsparteien zu bestimmen (»Mit wem soll verhandelt werden?«). Gerade in Verhandlungen mit mehr als zwei Verhandlungsparteien muss festgelegt werden, ob mit allen Parteien zugleich oder sukzessiv mit jeweils ausgewählten Parteien verhandelt werden soll.
- Anschließend ist festzulegen, aus welchen Personen das eigene Verhandlungsteam zusammengesetzt sein soll (»Wer soll verhandeln?). In diesem Zusammenhang stehen Entscheidungen wie z. B. die Festlegung der Größe des Verhandlungsteams, die Auswahl von Teammitgliedern sowie damit zusammenhängend die Festlegung der Zusammensetzung des Verhandlungsteams im Vordergrund.
- Schließlich ist innerhalb des zuvor festgelegten Verhandlungsteams eine inhaltliche und zeitliche Aufgabenverteilung durchzuführen. Zu klären ist, wer im Verhandlungsteam für welche anstehenden Aufgaben – im Rahmen der späteren Verhandlungsvorbereitung und -führung – verantwortlich sein soll (»Wer soll was wann machen?«).

2.1 Bestimmung der Verhandlungsbeteiligten

Festlegung der Verhandlungspartner

Die erste Frage, die sich im Rahmen der Verhandlungsorganisation stellt, ist die nach den Verhandlungspartnern. Nicht immer ist es automatisch so, dass zwangsläufig nur mit einem Verhandlungspartner verhandelt werden muss. Bei Einkaufsentscheidungen, bei denen Produkte oder Vorleistungen von mehreren Zulieferern bezogen werden sollen, bei Tarifverhandlungen, die mit Beschäftigten verschiedener Arbeitnehmerorganisationen geführt werden müssen oder bei internen (Budget-)Verhandlungen, bei denen mehrere Abteilungen von einer Entscheidung betroffen sind, können Verhandlungen gegebenenfalls auch mit mehr als zwei Parteien zugleich geführt werden. Für diesen Fall ist eine Entscheidung darüber herbeizuführen, ob tatsächlich eine multilaterale Verhandlung oder eine Abfolge bilateraler Verhandlungen durchgeführt werden soll. Von einer multilateralen Verhandlung wird dann gesprochen, wenn mehr als zwei Verhandlungsparteien zeitgleich eine Verhandlung führen (vgl. *Lewicki et al.*, 2006). Ebenso ist es auch möglich, eine multilaterale Verhandlung zu zerlegen, indem separat mit einzelnen der betroffenen Parteien verhandelt wird. In diesem Fall wird eine multilaterale Verhandlung in verschiedene bilaterale Verhandlungen zerlegt. Abbildung 15 visualisiert den Unterschied zwischen multilateralen und bilateralen Verhandlungen.

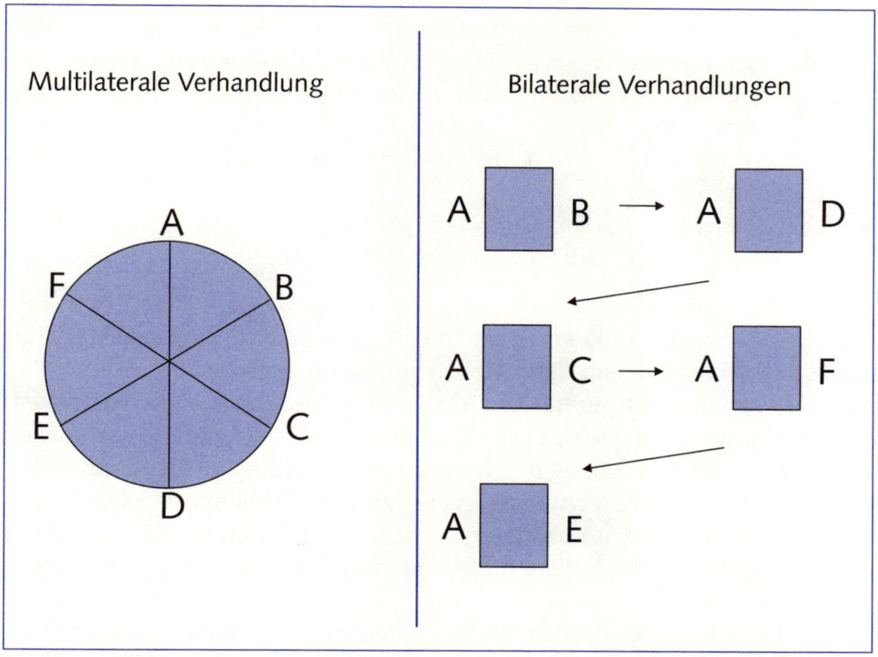

Abb. 15: Schematischer Unterschied zwischen bilateralen und multilateralen Verhandlungen

Multilaterale Verhandlungen

Multilaterale Verhandlungen weisen dabei eine besondere Komplexität auf, da mehr als zwei, zum Teil zumindest divergierende Interessen in einer Verhandlung aufeinander abgestimmt werden müssen (vgl. *Polzer et al.*, 1998; *Kern et al.*, 2005; *Lewicki et al.*, 2006). Diese erhöhte Komplexität ist nach *Lewicki et al.* (2006) auf folgende Ursachen zurückzuführen (vgl. auch *Kramer*, 1991):

Komplexitätsdimensionen

- Höhere interessenbezogene Komplexität: Eine höhere Anzahl an Verhandlungsparteien führt zu einer höheren Anzahl an Interessen, Präferenzen, Meinungen etc. Jede Verhandlungspartei möchte ausreichend gehört werden und ihre Interessen berücksichtigt sehen.
- Höhere inhaltliche Komplexität: Es müssen mehr Verhandlungsgegenstände, mehr Präferenzen bei den jeweiligen Verhandlungsgegenständen und insgesamt mehr Informationen ausgetauscht und berücksichtigt werden, woraus sich aufwendigere und kompliziertere Informations- und Kommunikationsprozesse ergeben.
- Höhere soziale Komplexität: Eine höhere Anzahl an Verhandlungsparteien bringt auch eine höhere Anzahl an unterschiedlichen Rahmenbedingungen und sozialen Beziehungen wie auch Verpflichtungen mit sich. Ebenso ergeben sich in multilateralen Verhandlungen kompliziertere Abhängigkeitsverhältnisse der Verhandlungsparteien untereinander sowie ein umfassendes Spektrum an Beeinflussungsversuchen, um andere Parteien auf die eigene Seite zu ziehen.
- Höhere prozessuale Komplexität: Eine höhere Anzahl an Parteien bedeutet auch einen höheren organisatorischen/prozessualen Aufwand. So sind beispielsweise klare Verhandlungsregeln wie Sprechzeiten oftmals erforderlich, um sicherzustellen, dass die Interessen aller Verhandlungsparteien entsprechend berücksichtigt werden. Hierzu wird im Vorfeld oft eine Verhandlungsagenda formuliert.
- Höhere strategische Komplexität: Jede Verhandlungspartei muss die Strategien der anderen Verhandlungsparteien analysieren, um adäquat mit diesen agieren zu können.

Koalitionsbildung

Eine weitere Quelle der Komplexität ist darüber hinaus in der Möglichkeit zur Koalitionsbildung von einzelnen Verhandlungsparteien zu sehen. So schließen sich Verhandlungsparteien mit ähnlichen Interessen oder Motiven zusammen, um gemeinsam ihre Interessen gegenüber anderen Parteien durchzusetzen (vgl. *Polzer et al.*, 1998; *Morris et al.*, 1999; *Bazerman et al.*, 2000). Koalitionsbildungen müssen jedoch nicht zwangsläufig zu einer Erhöhung der Komplexität führen, vielmehr werden Koalitionen häufig auch gebildet, um die Anzahl der Verhandlungsparteien und damit die Komplexität zu reduzieren (vgl. *Morris et al.*, 1999).

Wettbewerb zwischen Parteien

Als besonderes hoch einzustufen ist die Komplexität multilateraler Verhandlungen dabei dann, wenn zwischen den an einer multilateralen Verhandlung teilnehmenden Verhandlungsparteien zumindest partiell eine kompetitive Beziehung besteht. Entscheidet sich beispielsweise ein Unternehmen bei einer Einkaufsentscheidung, im Rahmen einer gemeinsamen Verhandlung zeitgleich mit verschiedenen Zulieferern technische Fragen hinsichtlich des Zulieferproduktes zu erörtern, so wird die Verhandlung wesentlich durch den kompetitiven Charakter der anwesenden Zulieferer geprägt. Zwar müssen sich diese – angesichts von etwa zu geringer Produktionskapazität des einzelnen Zulieferers – keine Sorgen darüber machen, dass sie letztlich völlig leer ausgehen, jedoch hängt von den mit dem einkaufenden Unternehmen ausgehandelten technischen Bedingungen möglicherweise für die Zulieferer ein unterschiedlicher technischer Anpassungsbedarf im Rahmen der Auftragsbearbeitung ab. Daher wird jedes Zulieferunternehmen versuchen, die technischen Spezifikationen soweit wie möglich zu den eigenen Gunsten zu beeinflussen.

Bilaterale Verhandlungen

Angesichts der in multilateralen Verhandlungen im Regelfall bestehenden zusätzlichen Komplexität kommt es in der Praxis häufig vor, dass aus einer Mehrparteien-Verhandlung eine Abfolge von Zwei-Parteien-Verhandlungen gemacht wird (vgl. Abbildung 15). Beispielsweise könnte die im obigen Beispiel angeführte einkaufende Unternehmung alternativ zur Führung einer multilateralen Verhandlung auch mit jedem der Zulieferer separat die technischen Probleme erörtern. Nachteilig an einer solchen Abfolge bilateraler Verhandlungen ist allerdings, dass hierdurch einerseits für den Verhandlungskoordinator (Partei, die an allen bilateralen Verhandlungen teilnimmt) der Verhandlungsaufwand stark anwächst. Andererseits ist an einer Abfolge bilateraler Verhandlungen ebenfalls nachteilig, dass keine Synergieeffekte in den Verhandlungen ohne weiteres möglich sind. So wäre es im obigen Beispiel durchaus denkbar, dass in der multilateralen Verhandlung mit mehreren Zulieferern – quasi durch Zusammenführung des technischen Know-hows der verschiedenen Zulieferer – eine sehr viel bessere technische Lösung erreicht wird, als dies in einer Abfolge bilateraler Verhandlungen mit den einzelnen Zulieferern möglich gewesen wäre.

Kombinationen

Um die Vorteile multilateraler Verhandlungen (geringerer Verhandlungsaufwand, Realisierung von Synergiepotenzialen) realisieren zu können, ohne die mit multilateralen Verhandlungen verbundenen Nachteile (vor allem zusätzliche Komplexität in der Verhandlungsführung) in Kauf nehmen zu müssen, können auch Kombinationen multilateraler und bilateraler Verhandlungen angedacht werden. Beispielsweise ist es denkbar, dass über bestimmte Verhandlungsgegenstände multilateral und über andere in bilateralen Verhandlungen Absprachen vorgenommen werden.

Aufnahme Dritter, z. B. Schlichter

Fragen hinsichtlich der Organisation von Verhandlungsparteien stellen sich übrigens nicht nur in Verhandlungssituationen, in denen generell mehr als zwei Verhandlungsparteien beteiligt sind. Auch in zunächst einmal bilateralen Verhandlungssituationen kann sich die Frage der Organisation von Verhandlungsbeteiligten stellen. So kann es sich in solchen strukturell bilateralen Verhandlungen als notwendig oder Erfolg versprechend erweisen, wenn aus der eigentlich bilateralen Verhandlung eine multilaterale Verhandlung gemacht wird. Insbesondere dann, wenn große Interessengegensätze zwischen den Beteiligten einer bilateralen Verhandlung zu erwarten sind oder wenn in zentralen Punkten einer Verhandlung die Verhandlungskompetenz der Verhandlungsparteien einer bilateralen Verhandlung nicht ausreicht, bietet es sich an, gezielt dritte oder vierte Verhandlungsparteien in den Verhandlungsprozess zu integrieren (vgl. *Davis et al.*, 1976; *Neale/Northcraft*, 1990b; *Wall/Blum*, 1991; *Spangle et al.*, 2003). Der Schlichter (»arbitrator«) in einer Tarifverhandlung oder der von den Verhandlungsparteien hinzugezogene Berater (»consultant«) in einer Einkaufs-/Vertriebsverhandlung stellen Beispiele für solche zusätzlich integrierte Verhandlungsparteien dar. Auch wenn diese zusätzlich hinzugezogenen Verhandlungsparteien dabei zunächst einmal hinsichtlich der zur Diskussion stehenden Verhandlungsgegenstände keine eigene Interessenlage mitzubringen scheinen, darf bei der Integration zusätzlicher Verhandlungsparteien nicht außer Acht gelassen werden, dass diese tatsächlich sehr wohl auch eigene Interessen in die Verhandlung einbringen. Der Schlichter in einer Tarifauseinandersetzung – zumal wenn es sich um eine öffentlich bekannte Persönlichkeit handelt – hat so etwa ein Interesse, dass die Parteien eine Einigung zustande bringen. Und auch der Berater wird an der Verhandlung nicht interessenlos teilnehmen. Stattdessen wird es ihm darum gehen, z. B. eine möglichst technisch innovative Lösung zu realisieren oder allein über technische Lösungen innerhalb der Verhandlung zu diskutieren, bei denen er über große Fachkenntnisse verfügt. Daher führt die Integration von Dritten in Verhandlungen nicht immer zu einer wirklichen Vereinfachung des Verhandlungsprozesses.

2.2 Besetzung des Negotiation Teams

Begriff »Negotiation Team«

Verhandlungen werden in Unternehmen nicht immer an Einzelpersonen delegiert. Stattdessen lassen es fachliche, prozessuale, risiko-, personen- oder gegenparteibezogene Gründe häufig sinnvoll erscheinen, die Verhandlungsaufgabe an mehrere Personen zu delegieren (vgl. *Hackman/Morris*, 1975; *Klimoski/Jones*, 1995; *O'Connor*, 1997; *Bright/Prakin*, 1998 oder *Backhaus et al.*, 2008). Mit anderen Worten bilden Unternehmen ein »Negotiation Team«, dessen Mitglieder anschließend gemeinschaftlich die Verhandlungsaufgabe wahrnehmen. Die Negotiation Teams sind dabei hinsichtlich Größe und Zusammensetzung zu spezifizieren. Insbesondere in der Teamstruktur – aber auch der Größe – wird dabei ein zentraler Erfolgsfaktor von Teamverhandlungen gesehen (vgl. *Klimoski/Jones*, 1995; *McGrath*, 1998).

2.2.1 Größe des Verhandlungsteams

Bei der Besetzung eines Negotiation Teams ist zunächst die Größe des Verhandlungsteams zu bestimmen. Hiermit ist gemeint, dass festzulegen ist, welcher Personenkreis direkt oder indirekt an den Verhandlungen teilnimmt. Eine direkte Teilnahme liegt dabei dann vor, wenn ein Teilnehmer für andere Verhandlungsparteien sichtbar in Erscheinung tritt bzw. im Rahmen des Verhandlungsprozesses in Kontakt zu anderen Verhandlungsparteien tritt. Daneben gehören zu einem Verhandlungsteam allerdings auch solche Mitglieder, die allein im Hintergrund und damit für andere Verhandlungsparteien nicht sichtbar am Verhandlungsprozess beteiligt sind. Hierbei kann es sich um Fachexperten, aber auch Entscheider handeln, deren Sichtbarwerden entweder nicht notwendig oder gewünscht ist.

Einflussfaktoren

Die Anzahl der direkt oder indirekt am Verhandlungsprozess Beteiligten hängt dabei von verschiedenen Einflussfaktoren ab. Unternehmen werden tendenziell eine größere Zahl an Teammitgliedern benennen, wenn z. B.

- die anstehende Verhandlung eine große Bedeutung für sie aufweist,
- innerhalb der Verhandlung verschiedene fachliche Kompetenzen gefragt sind,
- keine oder nur geringe Erfahrungen mit der anderen Verhandlungspartei bestehen,
- Unsicherheit über Verhandlungsobjekt oder -gegenstände empfunden wird,
- bekannt ist, dass die andere Verhandlungspartei mit einem relativ großen Verhandlungsteam die Verhandlung bestreiten wird,
- die Verhandlungsergebnisse verschiedene Abteilungen oder Unternehmensbereiche betreffen.

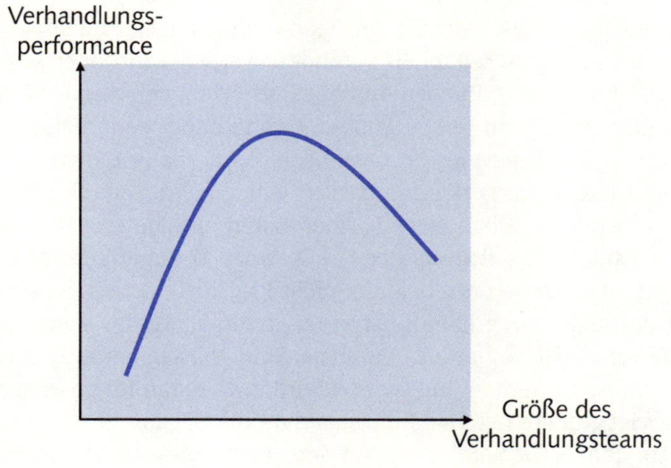

Abb. 16: Auswirkungen der Verhandlungsteamgröße auf die Verhandlungsperformance

»Verhandlungsperformance« und Teamgröße

Bei der Festlegung der Teamgröße ist allerdings zu berücksichtigen, dass die »Verhandlungsperformance« eines Verhandlungsteams (Effektivität und Effizienz, die ein Verhandlungsteam oder ein Verhandelnder erreichen) nicht unbedingt mit zunehmender Größe ansteigt (vgl. *Thompson et al.*, 1996; *Wood*, 2001). So ist entsprechend Abbildung 16 eher davon auszugehen, dass Verhandlungsprozess und -ergebnis zunächst von einer ansteigenden Teamgröße positiv beeinflusst werden, später allerdings bei Überschreiten einer »optimalen Teamgröße« eher negative Effekte auftreten (vgl. *Bright/Parkin*, 1998). Eine Erhebung des Lehrstuhls für Marketing der Universität Hohenheim unter Verhandlungspraktikern ergab so z. B., dass bei industriellen Verhandlungen durchschnittlich 2,3 Personen direkt an der Verhandlung beteiligt sind (vgl. *Barisch/Voeth*, 2008).

Positiv wirkt sich ein größeres und damit umfassender besetztes Verhandlungsteam zunächst deshalb aus, da dem Verhandlungsteam mehr Know-how aus verschiedenen Bereichen zur Verfügung steht (vgl. *Hackman/Morris*, 1983). Zudem bekommen die Verhandlungsführenden nun die Möglichkeit, sich in der Verhandlungsführung zu ergänzen bzw. abzuwechseln. Wird die Anzahl der Verhandlungsteilnehmer jedoch immer weiter vergrößert, so kehren sich die benannten Vorteile später ins Gegenteil um. Insbesondere treten zunehmend Komplexitäts- und Koordinationsprobleme zwischen und auch innerhalb des Verhandlungsteams auf, da es immer schwieriger wird, eine einheitliche Verhandlungslinie innerhalb des Verhandlungsteams abzustimmen und durchzusetzen (vgl. *Bazerman/Neal*, 1991). Ein besonderes Risiko sehen *Bright/Parkin* (1998) dabei, dass das Verhandlungsteam durch die andere Partei gespalten wird: »The larger the team (and inevitably the opinions within it) – the greater the risk of such a split emerging and being exploited.« (*Bright/Parkin*, 1998, S. 24).

Dynamische Besetzung

Bei der Festlegung der Anzahl der Teammitglieder ist zudem zu berücksichtigen, dass diese im Zeitablauf verändert werden kann oder sogar muss. So kann es sich in Verhandlungen durchaus als Erfolg versprechend erweisen, z. B. anfänglich mit einem relativ großen Verhandlungsteam fachliche Fragen mit dem Verhandlungspartner zu besprechen und später das Verhandlungsteam bewusst kleiner zu gestalten, um verbleibende kritische Punkte effizient und effektiv mit dem Verhandlungspartner klären zu können.

Gegnerische Besetzung

Ebenso ist bei der Festlegung der Größe eines Verhandlungsteams zu berücksichtigen, dass diese Entscheidung nicht losgelöst von der Besetzungsentscheidung der anderen Verhandlungspartei getroffen werden kann. So macht es für beide Verhandlungsparteien durchaus Sinn, die Teamgrößen aufeinander abzustimmen. Keine Verhandlungspartei wird etwa daran Interesse haben, mit einem sehr viel größeren Verhandlungsteam als die Gegenseite die Verhandlungen zu bestreiten. Zwar würde dies auf den ersten Blick die Verhandlungspartei, die ein zahlenmäßig überlegenes Verhandlungsteam in die Verhandlungen geschickt hat, bevorteilen, da diese Partei in die Lage versetzt würde, die Verhandlungspartei mit dem kleineren Verhandlungsteam unter Druck zu setzen, parallel hierzu würde jedoch die Effizienz des Verhandlungsprozesses bei einer solchen asymmetrischen Teambesetzung schnell leiden: Sind im Verhandlungsteam des Verhandlungsgegners etwa nicht alle Kompetenzfelder besetzt, so werden dessen Mitglieder bei Fachfragen, die sich auf diese Kompetenzfelder beziehen, stets um eine Vertagung des entsprechenden Verhandlungspunktes bitten (müssen). Eine künstliche Verlängerung des Verhandlungsprozesses wäre demnach die Folge. Ebenso wird jedoch auch kein Verhandlungsteam Interesse daran haben, mit einem zahlenmäßig deutlich unterlegenen Team in eine Verhandlung zu gehen. Ganz abgesehen von dem Druck, der hieraus für das kleinere eigene Verhandlungsteam entstehen kann, würde damit auch ein möglicherweise nicht gewolltes Signal der Geringschätzung der anstehenden Verhandlung an die andere Verhandlungsseite ausgesandt. So könnte die Gegenseite aus der Tatsache, dass die eigene Verhandlungsseite mit einem nur sehr kleinen Verhandlungsteam die Verhandlung bestreitet, den Schluss ziehen, dass die anstehende Verhandlung für diese Verhandlungspartei von keiner sonderlich großen Bedeutung ist.

2.2.2 Auswahl und Zusammensetzung der Teammitglieder

Bei der Besetzung eines Negotiation Teams ist es nicht nur entscheidend, die Größe des Verhandlungsteams festzulegen. Darüber hinaus kommt auch der Auswahl der Teammitglieder eine entscheidende Bedeutung für den Verhandlungserfolg zu (vgl. *McGrath*, 1998; *Terborg et al.*, 1976; *Thompson*, 2004; *Backhaus et al.*, 2008). So ist zum einen davon auszugehen, dass nicht jedes Organisationsmitglied in gleicher Weise generell für Verhandlungen geeignet ist. Zum anderen wird die Eignung von Organisationsmitgliedern in Verhandlungen auch von den Besonderheiten der einzelnen Verhandlungen abhängen: »Select team members with the expertise relevant to the negotiation at hand.« (*Wood*, 2001, S. 22; vgl. auch *Fahn*, 1972; *Klimoski/Jones*, 1995). So wird beispielsweise ein im kaufmännischen Bereich eines Unternehmens tätiger Mitarbeiter für Verhandlungen, in denen es vor allem um technische Details geht, eine geringere Eignung aufweisen, wohingegen er für Verhandlungen mit stärker kaufmännischem Charakter deutlich geeigneter ist. Schließlich hängt die Eignung des Einzelnen aber auch von den übrigen Mitgliedern des Verhandlungsteams ab. Sind in einem Verhandlungsteam etwa bereits viele Vertreter einer bestimmten Fachdisziplin vertreten, so kann ein weiterer Vertreter dieser Fachdisziplin kein zusätzliches Know-how zur Verhandlungskompetenz des Teams beitragen. In diesem Fall würde ihm – angesichts der bereits im Team befindlichen übrigen Mitglieder – eine geringere teambezogene Eignung zugesprochen werden müssen.

Formen personenbezogener Eignung

Insgesamt ist hinsichtlich der Auswahl und Zusammensetzung von Verhandlungsteams folglich zwischen verschiedenen Formen personenbezogener Eignung auszugehen. Konkret ist zwischen

- individueller Eignung,
- verhandlungsbezogener Eignung und
- teambezogener Eignung

zu unterscheiden.

2.2.2.1 Individuelle Eignung

Ein wesentlicher Teil der Verhandlungsforschung beschäftigt sich traditionell mit der individuellen Eignung von Menschen für eine erfolgreiche Verhandlungsführung. Zahlreiche wissenschaftliche Studien sind so in den vergangenen Jahrzehnten durchgeführt worden, um weniger erfolgreich Verhandelnde von erfolgreich Verhandelnden zu differenzieren. Untersucht worden sind dabei beispielsweise personenbezogene Kriterien wie Alter, Nationalität, hierarchische Position, Risikoeinstellung oder Erfahrungsumfang. Insgesamt wurde vor allem zu erforschen versucht, ob

- soziodemografische,
- psychografische und
- organisationale

Erfolgsfaktoren

Merkmale einer Person für den Verhandlungserfolg entscheidend sind. Abbildung 17 ordnet einige in der Literatur untersuchte individuelle »Erfolgsfaktoren« von Verhandelnden diesen drei Kriteriengruppen zu.

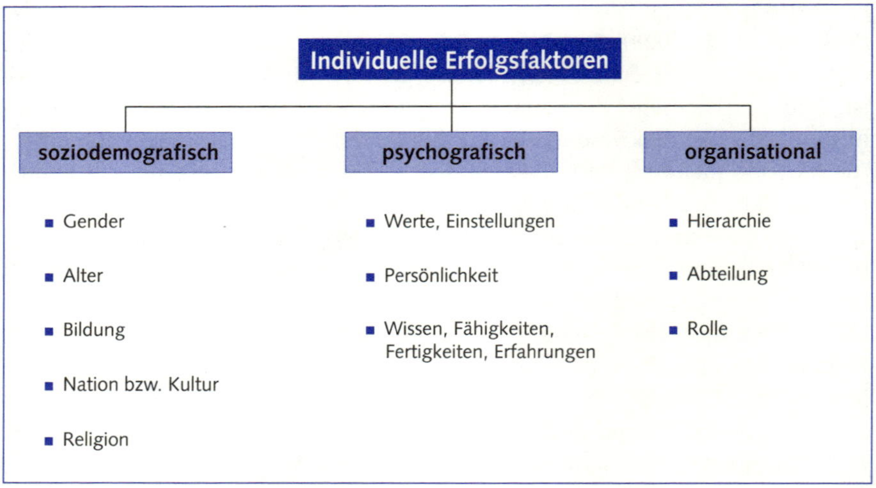

(Quelle: In Anlehnung an *Levi*, 2001)

Abb. 17: Gruppierung von Kriterien individueller Verhandlungseignung

Kriterienbedeutung

Im Rahmen der bereits bei der Größe des Verhandlungsteams (vgl. Kapitel C.2.2.1) angesprochenen Untersuchung des Lehrstuhls für Marketing der Universität Hohenheim wurde die praktische Relevanz der in Abbildung 17 aufgeführten zentralen Strukturparameter bei der Besetzung des Verhandlungsteams untersucht. Hierbei wurden Verhandlungspraktiker gebeten, die Strukturparameter hinsichtlich ihrer Bedeutung bei der Verhandlungsteamzusammensetzung auf einer Skala von 1 (»überhaupt nicht wichtig«) bis 6 (»sehr wichtig«) für verschiedene Verhandlungsarten zu beurteilen. Hierbei wiesen die Verhandlungspraktiker den beiden organisatorischen Strukturparametern »Hierarchieebene« und »Abteilungszugehörigkeit« die größte Bedeutung zu. Als überdurchschnittlich wichtig wurde darüber hinaus auch die Persönlichkeit potenzieller Verhandlungsteilnehmer bewertet (vgl. *Barisch/Voeth*, 2008). Entgegen dieser praktischen Einschätzung der Strukturparameter wird in der Literatur hingegen vor allem auch den soziodemografischen Strukturparametern wie dem Geschlecht (vgl. z.B. *Kimmel et al.*, 1980; *Dalton et al.*, 1987; *Neu et al.*, 1988; *Walters et al.*, 1998) sowie psychografischen Parametern wie der Motivation (vgl. z.B. *Beersma/De Dreu*, 1999; *Bolman-Pullins et al.*, 2000; *Melchior*, 2008), einzelnen Persönlichkeitsmerkmalen wie z.B. Extrovertiertheit (vgl. z.B. *Barry/Friedman*, 1998) oder Risikobereitschaft (vgl. z.B. *Harnett et al.*, 1968) oder Erfahrungen (vgl. z.B. *Neale/Northcraft*, 1990b) Beachtung beigemessen. Wird die praktische sowie die wissenschaftliche Relevanz zusammengenommen, dann scheinen alle aufgeführten Aspekte beachtenswert zu sein.

Soziodemografische Merkmale

Einflussfaktor »Geschlecht«

Im Bereich soziodemografischer Merkmale sind in der Literatur genderspezifische, altersspezifische, bildungsbezogene, nationalitätenbezogene und religiöse Faktoren dahingehend untersucht worden, ob diese einen Einfluss auf die Verhandlungsleistung haben. Dabei kommen die wissenschaftlichen Untersuchungen allerdings großteils zu widerstreitenden Ergebnissen. Zum Teil zeigt sich so, dass die Kriterien Einfluss auf die Verhandlungsleistung haben, zum Teil kommen Studien aber auch zu entgegengesetzten Ergebnissen. Allein bei den Einflussfaktoren »Geschlecht« und »Nation bzw. Kultur« zeigen sich überwiegend ähnliche Ergebnisse.

Nachteile von Frauen

So wurde etwa in einer Vielzahl von Studien der Einflussfaktor »Geschlecht« untersucht. *Komorita* (1965), *Marwell et al.* (1970), *Kahn et al.* (1971), *McNeal et al.* (1972) sowie *Walters et al.* (1998) sind beispielsweise der Frage nachgegangen, inwieweit Frauen und Männer zu gleich guten Ergebnissen in Verhandlungen kommen. Nahezu einhellig gelangen diese Studien dabei zu dem Ergebnis, dass Männer konkurrenzbetonter als Frauen verhandeln und sich daher auch in Verhandlungen stärker darum bemühen, ihr eigenes ökonomisches Ergebnis zu maximieren. Frauen verhalten sich hingegen sozialer und zögern häufiger, sich einen Vorteil auf Kosten der anderen Verhandlungspartei zu verschaffen (vgl. auch *Pinkley*, 1990; *Gilkey/Greenhalgh*, 1984). Diese in wissenschaftlichen Studien zumeist unter Laborbedingungen feststellbaren Ergebnisse lassen sich auch in realen Verhandlungssituationen in der Praxis beobachten. Das nachfolgende Fallbeispiel zu Gehaltsverhandlungen verdeutlicht dies.

FALLBEISPIEL 9

Frauen-Nachteile in Gehaltsverhandlungen

Frauen verdienen bei gleicher Arbeit oft weniger als Männer. Das gilt natürlich nur für den Durchschnitt. Aber für die Mehrheit der Frauen gilt, was die Bundesregierung ermittelt hat: Bei gleicher Arbeitsleistung fließen 77 Prozent des männlichen Bruttoverdienstes auf das Konto einer Frau.

Dabei wird jedoch von Personalverantwortlichen oftmals beteuert, dass keine genderspezifische Lohnpolitik betrieben wird. Stattdessen legen immer mehr Studien offen, dass der Grund im genderspezifisch unterschiedlichen Verhandlungsverhalten liegt. So wurde bereits mehrfach belegt, dass Frauen eine defensivere Gehaltsverhandlungsführung als Männer aufweisen. Frauen geben sich oft in Gehaltsverhandlungen schneller zufrieden, sind weniger risikobereit als ihre männlichen Kollegen und begnügen sich lieber mit einem Fixgehalt, als stattdessen eine leistungsabhängige Bezahlung zu wählen. Gleichermaßen sind Frauen oftmals zu bescheiden oder es ist ihnen peinlich, mehr zu fordern. Denn sie schauen stärker auf ihre Schwächen und übersehen dabei, was sie gut können. Dabei muss man seine eigenen Stärken gut kennen, um Gehaltsverhandlungen mit Erfolg führen zu können.

Eine gute Vorbereitung ist somit für den Erfolg in Gehaltsverhandlungen essentiell. Hierzu zählt einerseits die Auseinandersetzung mit den eigenen Stärken und Schwächen. Andererseits ist aber auch wichtig, dass Informationen über den Arbeitsmarkt vorliegen. So muss sich jeder den eigenen Wert vor einer Verhandlung bewusst machen und hierauf aufbauend seine Ziele und Argumente aufbauen. Zu diesen Argumenten gehören aber keinesfalls die allgemeinen teuren Lebenshaltungskosten, sondern nur die besonderen Fähigkeiten und Qualifikationen des Bewerbers – und vielleicht noch ein Hinweis auf die branchenübliche Bezahlung oder das bisherige Gehalt. Daher sind Informationen über den Arbeitsmarkt für die Frage »Was wollen Sie verdienen?« essentiell. Männer antworten auf diese Frage tendenziell direkter als Frauen, weil letztere möglicherweise Konflikten oder auch nur kritischen Nachfragen aus dem Weg gehen wollen. Folglich liegt ein weiterer wichtiger Grund für eine »weiche« Verhandlungsführung in der von Frauen oftmals vertretenen »Harmoniesucht« und dem »Gefallenwollen« sowie der Angst vor Ablehnung. Dies zeigt sich auch in der Tatsache, dass viele Frauen in Verhandlungen bei Argumenten wie »Dem Unternehmen geht es so schlecht, in diesem Jahr kann deshalb niemand mehr Geld bekommen. Da ist leider auch für Sie keine Gehaltserhöhung drin.« einlenken. Richtig wäre es hingegen, im Gehaltsgespräch immer wieder freundlich, aber bestimmt klarzustellen, dass es nicht um die Lage des Unternehmens oder irgendwelche Gefühle geht, sondern um die eigene Leistung und dass ein höheres Gehalt für diese Leistung angemessen wäre (vgl. *Topf*, 2005).

Vorteile von Frauen

Auf der anderen Seite ist jedoch auch davon auszugehen, dass Frauen – aufgrund ihrer genderspezifischen Merkmale – andere Stärken in Verhandlungen aufweisen. Beispielsweise geht es ihnen häufiger auch um das ökonomische Ergebnis der Gegenseite. Daher weisen sie Vorteile auf, wenn die Verhandlungen im Rahmen von Geschäftsbeziehungen stattfinden. Denn hier ist neben dem einmaligen ökonomischen Ergebnis auch die Beziehung zwischen den Parteien von Bedeutung, wie die Ausführungen zur Verhandlungshistorie verdeutlicht haben (vgl. Kapitel C.1.2).

Für die Besetzung von Verhandlungsteams bedeutet dies, dass in bestimmten Verhandlungssituationen dem Genderaspekt bei der Besetzung von Verhandlungsteams Beachtung geschenkt werden sollte: Geht es in Verhandlungen vor allem um die Durchsetzung eigener Verhandlungspositionen, sollten – so weit möglich – vor allem männliche Teammitglieder entsandt werden. Steht hingegen stärker die Beziehungsqualität im Vordergrund, sind vermutlich weibliche Verhandlungsführer eher in der Lage, ein aus Sicht des Unternehmens optimales Verhandlungsergebnis zu erzielen.

Einflussfaktor »kultureller Hintergrund«

Ebenso konnte die Verhandlungsforschung zeigen, dass Unterschiede bei Verhalten und Ergebnissen von Verhandlungen durch die Nationalität der Verhandelnden bzw. vor allem durch den kulturellen Hintergrund der Verhandlungsakteure erklärt werden können. Die nachfolgend dargestellten Ergebnisse internationaler Studien zeigen dies:

- *Samovar/Porter* (1997) untersuchen, ob Unterschiede im Verhandlungsverhalten und Ergebnis zwischen Nord- und Südamerikanern bestehen. Sie stellen dabei fest, dass Nordamerikaner grundsätzlich ungeduldiger und zielorientierter sind. Folgerichtig präferieren Nordamerikaner sehr viel mehr einen kürzeren Verhandlungsprozess (»time is money«). Auch achten diese stärker auf eine strenge Fixierung von Absprachen durch Verträge.
- *Spangle/Isenhart* (2003) analysieren das Verhandlungsverhalten von Briten und Chinesen. Während erstere beim Verhandlungsstil Interesse daran haben, dass die Sachbezogenheit von Verhandlungen durch »Small talk« ergänzt wird, sind Chinesen sehr viel stärker an einem zurückhaltenden, objektbezogenen Verhandlungsverlauf interessiert.
- *Griffith et al.* (2006) haben herausgefunden, dass Japaner prozessualen Aspekten der Verhandlung, wie beispielsweise dem gegenseitigen Vertrauen und dem damit verbundenen Informationsaustausch zwischen den Parteien, sehr viel mehr Bedeutung beimessen als dies bei US-Amerikanern der Fall ist.

Kulturdimensionen von *Hofstede*

Ein Großteil der hier nur ausschnittsweise wiedergegebenen interkulturell identifizierbaren Unterschiede kann dabei auf die von *Hofstede* (1991) in einer umfassenden empirischen Untersuchung identifizierten Kulturdimensionen zurückgeführt werden (vgl. auch *Herbst et al.*, 2008a). Er beschreibt

- die in einem Land herrschende Machtdistanz als Ausdruck sozialer Ungleichheit,
- die Beziehungsgefüge zwischen Individuen und übergeordneten Gruppen,
- die Vorstellungen von Maskulinität und Feminität sowie
- die Art und Weise, mit Unsicherheit umzugehen,

als besonders relevante Kulturdimensionen. In späteren Untersuchungen ergänzt *Hofstede* diese vier Dimensionen noch um die Fristigkeit der Orientierung (langfristig vs. kurzfristig). Je nachdem, welche dieser in der Summe fünf unterschiedlichen Kulturdimensionen eine Kultur prägen, führt dies natürlich auch zu Besonderheiten bei Verhandlungsverhalten und Verhandlungsergebnissen (vgl. *Herbst et al.*, 2008a).

Gerade in internationalen Unternehmen ist diesem Aspekt bei der Besetzung von Verhandlungsteams besondere Aufmerksamkeit zu schenken. So haben sich Unternehmen, die Mitarbeiter in verschiedenen Ländern aus verschiedenen Kulturkreisen beschäftigen, zu vergegenwärtigen, dass nicht von jedem dieser Mitarbeiter ein ähnliches Verhandlungsverhalten und gleichartige Verhandlungsergebnisse zu erwarten sind. Die unterschiedlichen kulturellen Hintergründe lassen es in einem internationalen Unternehmen dabei auch nicht sinnvoll erscheinen, den aus verschiedenen Kulturkreisen stammenden Verhandlungsführern gleichförmige Vorgaben für Verhandlungsprozess und -ergebnisse zu machen. So wird der jeweils unterschiedliche kulturelle Hintergrund dazu führen, dass die Prozess- und Ergebnisvorgaben unterschiedlich erfolgreich umgesetzt werden (können).

Kulturelle Teambesetzung

Bei der Besetzung von Verhandlungsteams sollte in jedem Fall im Vorfeld genau analysiert werden, welche Anforderungen an die nationenbezogene oder kulturelle Besetzung eines Verhandlungsteams zu stellen sind. Diese werden dabei vor allem auch durch die zu erwartende Besetzung des gegnerischen Teams beinflusst. Je nach kultureller Besetzung der Gegenseite sollte eine andere Besetzung des eigenen Teams in Betracht gezogen werden.

Psychografische Merkmale

Einflussfaktor »Machiavellismus«

Auch im Bereich der psychografischen Merkmale hat die Verhandlungsforschung zahlreiche Faktoren untersucht. Hierbei konnte gezeigt werden, dass zunächst einmal die Werte und Einstellungen, durch die Verhandelnde gekennzeichnet sind, Einfluss auf das Verhandlungsverhalten und die erzielten Verhandlungsergebnisse haben (vgl. z. B. *Wrightsman*, 1966). Darüber hinaus konnte die Verhandlungsforschung aber auch zeigen, dass bestimmte Persönlichkeitsmerkmale erfolgreiches Verhandeln begünstigen. Vor allem scheint dabei die Charaktereigenschaft des »Machiavellismus« erfolgreiches Verhandeln zu fördern. Versteht man unter Machiavellismus Charaktereigenschaften wie Zynismus, Egoismus und emotionale Kälte, dann scheint das Vorhandensein dieser Eigenschaften im besonderen Maße für Verhandlungserfolg verantwortlich zu sein. *Fry et al.* (1983) und *Neale/Northcraft* (1986) haben so unabhängig voneinander zeigen können, dass das Vorhandensein von Machiavellismus zu einem höheren individuellen Verhandlungsgewinn führt.

Einflussfaktor »Erfahrung«

Schließlich beeinflussen Wissen, Fähigkeiten, Fertigkeiten und Erfahrungen die individuelle Verhandlungsleistung. Im Bereich der kognitiven Leistungsfähigkeit wurde von der Verhandlungsforschung insbesondere die Bedeutung von Erfahrung untersucht. Dies liegt daran, dass Verhandlungen nur selten isolierte Ereignisse darstellen und es Verhandlungsakteuren damit einhergehend möglich ist, ihre gemachten Erfahrungen auf spätere Verhandlungen zu übertragen (vgl. *Thompson*, 1990). Während in diesem Zusammenhang von einer Vielzahl von Studien bestätigt wurde, dass sich die individuelle Verhandlungsleistung mit der absoluten Anzahl an geführten Verhandlungen verbessert (vgl. *Moran/Ritov*, 2007; *Thompson*, 1990), sollte der hierdurch belegte kausale Zusammenhang zwischen Verhandlungserfahrung und Verhandlungsperformance durchaus differenziert betrachtet werden. So konnte nämlich gleichermaßen festgestellt werden, dass der Leistungssprung insbesondere nach der erstmaligen Führung einer Verhandlung zu beobachten ist, während weitere Verhandlungen lediglich zu geringfügigen weiteren Performancesteigerungen führen. Darüber hinaus konnte belegt werden, dass sich die durch Erfahrung verbesserte Verhandlungsführung nur auf wenige Skills bezieht. Insgesamt kann damit die weit verbreitete Auffassung als widerlegt angesehen werden, dass häufiges Verhandeln automatisch zu Verhandlungsprofessionalität führt. Hierfür ist vielmehr das bewusste Erlernen unterschiedlicher Verhandlungsstrategien und -taktiken erforderlich, sowie die damit verbundene Erkenntnis, in welchen Situationen welche Verhandlungsprinzipien erforderlich sind (vgl. *Neale/Bazermann*, 1992).

Verhandlungserfahrung vs. Aufgabenerfahrung

Vor diesem Hintergrund ist die Verhandlungserfahrung von dem Begriff der »Aufgabenerfahrung« zu unterscheiden. Diese bezieht sich nämlich vorrangig auf die Fähigkeit von Verhandlungsakteuren, einmal gemachte Erfahrungen auf strukturgleiche Verhandlungssituationen anzuwenden. *Plinke* (1985) führt diese Tatsache darauf zurück, dass Verhandlungsakteure insbesondere bei strukturgleichen Aufgaben auf Verhaltensmuster zurückgreifen können, die sich bereits in vorhergehenden Verhandlungen als erfolgreich erwiesen haben. Damit einhergehend bezieht sich die erzielte Verbesserung dann aber eher auf das Wissen der optimalen Lösung als auf die Verinnerlichung allgemeingültiger Verhandlungsprinzipien (vgl. *Neale/Northcraft*, 1986).

Facherfahrung

Sowohl die Verhandlungserfahrung als auch die Aufgabenerfahrung sind darüber hinaus von dem Begriff der »Facherfahrung« (expert power) abzugrenzen (vgl. *Woodside/Davenport*, 1974). Letztere wird dabei durch das Fachwissen von Verhandlungsakteuren im Hinblick auf die zu verhandelnden Objekte bestimmt. Im Hinblick auf die Frage, ob eher Fach- und/oder Verhandlungserfahrung positive Wirkungen auf Verhandlungsablauf und -ergebnis aufweisen, liegt die Überlegung nahe, dass beide Arten von Erfahrungen zu unterschiedlichen Zeitpunkten innerhalb von Verhandlungen hilfreich sind. Während am Beginn von Verhandlungen, wo zumeist fachliche Fragen zu klären sind, Facherfahrung von Vorteil ist, wird Verhandlungserfahrung dann benötigt, wenn zu einem späteren Verhandlungszeitpunkt Verhandlungspositionen durchgesetzt oder Verhandlungen zu Ende gebracht werden sollen. Vor diesem Hintergrund sollte bei der Besetzung von Verhandlungsteams entweder eine ausgewogene Mischung von Fach- und Verhandlungserfahrung im Verhandlungsteam vorhanden sein oder das Verhandlungsteam verhandlungszeitpunktbezogen variiert werden.

Einflussfaktor »Perspective Taking Ability«

Neben dem Einflussfaktor »Erfahrung« wurde im Bereich der kognitiven Leistungsfähigkeit insbesondere auch die Fähigkeit von Verhandlungsakteuren untersucht, sich in die Perspektive der anderen Verhandlungsseite zu versetzen und auf diesem Wege bessere Verhandlungsergebnisse zu erzielen. Das Vorhandensein einer so genannten »Perspective Taking Ability« (PTA) ermöglicht es Verhandelnden dabei, Schwächen in der Verhandlungsposition der Gegenseite aufzudecken oder integratives Potenzial von Verhandlungen zu identifizieren (vgl. *Neale/Bazerman*, 1983; *Thompson/Hastie*, 1990; *Barry/Friedman*, 1998).

Organisationale Merkmale

Schließlich wird die Verhandlungsleistung eines Verhandlungsführers auch durch organisationale Merkmale geprägt. Eine besondere Bedeutung fällt dabei den Organisationsmerkmalen

- Hierarchiestufe,
- Abteilung und
- Rolle

zu.

Einflussfaktor »Hierarchiestufe«

Zunächst einmal wird die Verhandlungsleistung eines Verhandelnden von seiner hierarchischen Position geprägt. Je höher die hierarchische Eingruppierung eines Verhandelnden ist, desto größer sind seine organisatorische Verantwortung und sein organisatorischer Entscheidungsspielraum. Daher ist zunächst einmal davon auszugehen, dass Verhandlungsführer, die einer höheren hierarchischen Ebene zuzuordnen sind, effizienter verhandeln können, da sie aufgrund ihrer größeren organisatorischen Verantwortung eher in der Lage sind, Zugeständnisse zu machen bzw. eigene Verhandlungspositionen durchzusetzen als niedrigere Hierarchieebenen (vgl. *Sherif/Sherif*, 1969; *Fahn*, 1972). Zu beachten ist hierbei allerdings, dass mit der Tätigkeit auf höheren Hierarchieebenen zugleich auch größere Aufgabenfelder verbunden sind, die es den Betroffenen zumeist unmöglich machen, über Detailkenntnisse in allen Sach- und Prozessfragen zu verfügen (vgl. *Brinkmann*, 2006). So gehört zur Tätigkeit auf höheren Hierarchieebenen nicht nur ein zunehmendes Maß an Ergebnisverantwortung, sondern zugleich auch die Übernahme von Personalverantwortung. Im Mittelpunkt der eigenen Tätigkeit steht für die Führungsperson demnach weniger die Ausführung von Tätigkeiten, als vielmehr die Delegation und Koordination von Tätigkeiten Dritter. Dies bedeutet zugleich aber auch, dass sich Vertreter höherer Hierarchieebenen an wichtigen Punkten zuarbeiten lassen (müssen).

Vor- und Nachteile »höherer Chargen«

Für Verhandlungen ist dies mit der Erschwernis verbunden, dass Verhandlungsakteure höherer Hierarchieebenen häufig nicht ausreichend in allen Sach- und Prozessfragen kundig sind, als dass sie diese innerhalb der Verhandlung mit der Gegenpartei im Detail regeln könnten. Daher eignen sich Vertreter höherer Hierarchieebenen nicht für alle innerhalb einer Verhandlung notwendigen Einigungsschritte. Eine besondere Bedeutung kommt höheren Hierarchiestufen am Beginn und am Ende von Verhandlungen zu (vgl. Abbildung 18). Während ihnen am Beginn der Verhandlungen die Aufgabe zugeordnet werden kann, den »Einigungsraum« für die Verhandlungen aufzuzeigen und dem Verhandlungspartner die Bedeutung der Verhandlung für die eigene Organisation zu signalisieren, ist ihr Vorteil in späteren Verhandlungsphasen darin zu sehen, dass sie über ausreichende organisationale Entscheidungsbefugnisse verfügen, um Verhandlungen effizient zu Ende zu bringen. Im Gegensatz dazu bietet sich der Einsatz höherer Hierarchieebenen in der Mitte von Verhandlungen nicht immer an. Hier stehen zumeist Sach- und Fachfragen im Vordergrund, die regelmäßig effektiver und effizienter von Mitarbeitern aus tiefer gelegenen Hierarchiestufen gelöst werden können.

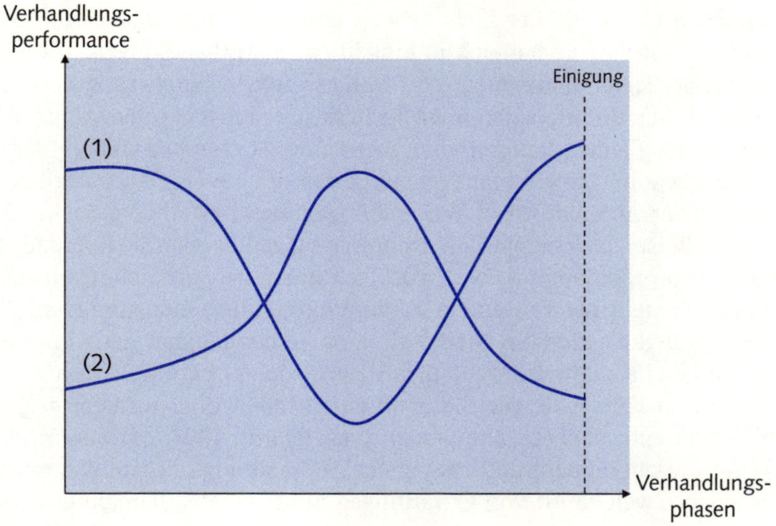

(1) Vertreter höherer Hierarchiestufen; (2) Vertreter niedrigerer Hierarchiestufen

Abb. 18: Eignung verschiedener Hierarchieebenen im Verhandlungsprozess

Einflussfaktor »Abteilungszugehörigkeit«

Daneben spielt für die Verhandlungsleistung auch die Abteilungszugehörigkeit eine zentrale Rolle. Ob Mitarbeiter aus Einkaufs-, Personal-, Vertriebs- oder F&E-Abteilungen kommen, prägt im besonderen Maße Auftreten, Verhalten und häufig auch gewünschte Verhandlungsergebnisse (vgl. *Wilson et al.*, 1991; *Gladstein/Caldewell*, 1992; *McWilliams et al.*, 1992).

Abteilungsspezifische Kompetenzprofile

Da die Abteilungen eines Unternehmens unterschiedliche inhaltliche Funktionen wahrzunehmen haben, benötigen diese auch voneinander abweichende Kompetenzprofile bei ihren Mitarbeitern. Während etwa im Einkauf vor allem kaufmännisches Know-how gefragt ist, benötigen F&E-Abteilungen in der Regel eher technisches Know-how. Daher stammen die Mitarbeiter der unterschiedlichen Abteilungen eines Unternehmens zumeist auch aus unterschiedlichen Fachdisziplinen. Während etwa in der F&E-Abteilung Chemiker, Ingenieure oder Informatiker anzutreffen sind, verfügen die Mitarbeiter in der Einkaufs- oder Vertriebsabteilung eher über eine kaufmännische, juristische oder sozialwissenschaftliche Ausbildung. Die unterschiedliche Herkunft von Mitarbeitern verschiedener Abteilungen führt allerdings auch zur Herausbildung mitunter stark voneinander abweichender abteilungsbezogener Werte, Einstellungen und Kulturen. Nicht zuletzt deshalb verhandeln auch Mitarbeiter verschiedener Abteilungen sehr unterschiedlich.

Abteilungsspezifisches Verhalten

Darüber hinaus ergeben sich abteilungsspezifische Vorstellungen im Hinblick auf Verhandlungsverhalten und -ergebnisse, aber auch durch die funktionsbezogen unterschiedlichen Incentivierungen und voneinander abweichenden unternehmensinternen Zielsetzungen. Da etwa der Einkauf in der Regel über das Erreichen ökonomischer Zielvorgaben gesteuert wird, ergibt sich hieraus auch ein spezifisches Verhalten von Einkäufern in Verhandlungen. Diese achten auf Preise, Lieferkonditionen etc., da dies ihrer Incentivierung entspricht. Im Gegensatz dazu unterliegen etwa Technik-Abteilungen zumeist nur im geringeren Umfang einer ökonomischen Steuerung. Stattdessen stehen hier eher technische Ziele im Mittelpunkt (vgl. *Wilson et al.*, 1991). Daher werden Mitarbeiter solcher Abteilungen in Verhandlungen auch auf andere Sachverhalte Wert legen. Beispielsweise wird die technische Qualität oder die Kompatibilität zu anderen Vorprodukten im Fokus von Technikern bei Verhandlungen stehen.

Einflussfaktor »Rolle«

Schließlich stellt die von einem Verhandlungsakteur eingenommene Rolle ein weiteres organisationales Merkmal eines Verhandelnden dar. Unter einer Rolle sind dabei sozialwissenschaftlich bzw. soziologisch die Erwartungen an eine Person zu verstehen, die dieser in einem mehr oder weniger geschlossenen System entgegengebracht werden (vgl. *Bahrdt*, 1997; *Macharzina/Wolf*, 2008). Vor diesem Hintergrund lassen sich Verhandlungsakteure dahingehend unterscheiden, welche Art von Erwartungen ihnen bei der Teilnahme an einer Verhandlung aus dem eigenen Negotiation Team bzw. der eigenen Organisation wie auch dem Verhandlungsteam bzw. der Organisation der Gegenseite entgegengebracht werden. Anders als bei den noch im Kapitel C.2.3 anzusprechenden Rollenkonzepten geht es hier allerdings nicht um selbstgewählte Aufgabenteilungen im Negotiation Team. Stattdessen sind die hier angesprochenen Rollen durch das soziale System determiniert und folglich vom Einzelnen nur teilweise (und schon gar nicht kurzfristig) veränderbar. Dem Vorstandsmitglied eines Unternehmens fällt so etwa im Negotiation Team automatisch eine andere Rolle als seinem Assistenten zu. Selbst wenn er sich innerhalb des Negotiation Teams und in den Verhandlungen mit der anderen Verhandlungspartei stark zurückhält, wird allein seine Anwesenheit genügen, dass die eigenen Teammitglieder wie auch die Gegenpartei von ihm Verantwortungsübernahme erwarten.

VHM-Rollenkonzept

Aufbauend auf den Erkenntnissen der Interaktionsforschung sowie der im Marketing angesiedelten Buying Center-Analyse (Analyse von Einkaufsgremien in Kundenorganisationen) lassen sich entsprechend dem Buying Center-Rollenkonzept von *Webster/Wind* (1972) folgende typische Rollen innerhalb von Verhandlungen differenzieren (einzelne Rollen können dabei durch verschiedene Personen wahrgenommen werden, wie auch einzelne Personen mehrere Rollen ausfüllen können):

Decider

- Decider: Dieser Rolle wird in einer Verhandlung von allen oder ausgewählten Beteiligten die Erwartung entgegengebracht, Zugeständnisse verantworten zu können oder erzielte Verhandlungsergebnisse »abzusegnen«. Häufig geht die Rolle des Deciders mit einer entsprechend hohen hierarchischen Position einher.

- Organizer: Von dieser Rolle wird erwartet, dass sich der Rolleninhaber für den Ablauf des Verhandlungsprozesses verantwortlich zeigt. Der Rolle fällt die Aufgabe zu, Verhandlungstermine zu benennen, zu Verhandlungen einzuladen und sonstige organisatorische Rahmenbedingungen festzulegen.

Organizer

- Influencer: Diese Rolle verfügt in den Augen der übrigen Beteiligten über keine unmittelbaren Entscheidungsbefugnisse und -aufgaben. Allerdings wird dieser Rolle die Fähigkeit zugetraut, andere Teammitglieder in ihrem Verhalten oder ihren Entscheidungen wesentlich zu prägen.

Influencer

- Gatekeeper: Hiermit sind Personen in Verhandlungsteams gemeint, denen die Aufgabe zufällt, den Informationsfluss im Negotiation Team oder zwischen den Verhandlungsteams zu steuern. Auch diese Verhandlungsakteure müssen nicht zwangsläufig über ein hohes Maß an Entscheidungsbefugnissen verfügen. Stattdessen sind sie für die Koordination innerhalb des Verhandlungsteams sowie die Gestaltung des zwischen den Verhandlungsparteien ablaufenden Verhandlungsprozesses entscheidend.

Gatekeeper

- Affector: Schließlich kann einem Verhandlungsteammitglied auch die Rolle des Betroffenen zufallen. Dieser ist von den Ergebnissen der Verhandlung persönlich oder im Rahmen seiner Tätigkeit innerhalb der verhandelnden Organisation unmittelbar berührt. Daher hat er in sehr viel stärkerem Umfang als die übrigen Rollenträger ein Interesse an einem bestimmten Ausgang des Verhandlungsprozesses.

Affector

Rollenspezifische Interessen

Wie die Vorstellung der verschiedenen Rollen bereits deutlich gemacht hat, ergeben sich aus jedem Rollentyp ein spezifisches Verhandlungsverhalten sowie eine besondere Interessenlage in Bezug auf Verhandlungsergebnisse. Während der »Organizer« stark auf den Verhandlungsprozess schaut, liegt das Verhandlungsergebnis vor allem im Interesse des »Deciders«. Denn dieser hat das Ergebnis in der Regel anschließend organisatorisch zu verantworten und wird daher ein besonderes Augenmerk darauf richten, dass das Verhandlungsergebnis den vorgegebenen Verhandlungszielen entspricht.

Beziehungsgeflecht zwischen Rollen

Abbildung 19 macht zudem deutlich, dass die Rollen nicht unabhängig voneinander zu sehen sind, sondern stattdessen in einem intensiven (zum Teil) wechselseitigen Beziehungsgeflecht zueinander stehen. So wird etwa der »Decider« von allen anderen Rollen beeinflusst, nimmt aber zugleich Einfluss auf die Verhaltensweisen von »Gatekeeper« und »Organizer«. Auch diese gegenseitigen Einflussnahmeprozesse sind bei der Besetzung eigener Verhandlungsteams, aber auch der Analyse der gegnerischen Verhandlungspartei zu berücksichtigen.

Rollenbezogene Teambesetzung

Bei der Besetzung von Verhandlungsteams ist zu berücksichtigen, dass die einzelnen Verhandlungsakteure der ihnen zufallenden Rolle gerecht werden (können). Auch ist bei der Besetzung von Verhandlungsteams eine Entscheidung darüber zu treffen, ob tatsächlich alle Rollen innerhalb eines Verhandlungsteams besetzt werden sollen. So kann es in Verhandlungen ein sinnvolles Vorgehen sein, einzelne Verhandlungsrollen bewusst nicht zu besetzen. Beispielsweise kann auf die Besetzung der »Decider«-Rolle verzichtet werden, um

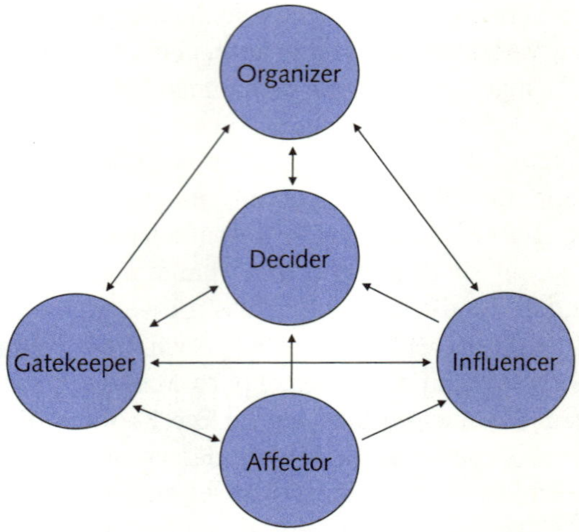

Abb. 19: Einflussstrukturen zwischen den Rollen im Negotiation Team

beim Verhandlungspartner erst gar nicht die Erwartung möglicher Zugeständnisse oder abschließender Entscheidungen aufkommen zu lassen. So kann sich das Verhandlungsteam immer dann darauf berufen, keine abschließenden Zugeständnisse machen zu können, wenn offensichtlich innerhalb des Verhandlungsteams die Decider-Rolle unbesetzt bleibt. Genau so gut kann es zweckmäßig sein, die »Affector«-Rolle im Verhandlungsteam nicht zu besetzen. Besteht ansonsten zu befürchten, dass Verhandlungsakteure nur deshalb, weil sie vom Verhandlungsergebnis unmittelbar betroffen sind, zu größeren Zugeständnissen neigen, oder im genau entgegengesetzten Fall zu keinen Zugeständnissen bereit sind, sollten keine von der Entscheidung unmittelbar Betroffenen in das Verhandlungsteam aufgenommen werden. Das nachfolgende Fallbeispiel verdeutlicht die Gefahren, die aus der Integration von Betroffenen in einem Verhandlungsteam entstehen können.

FALLBEISPIEL 10

User-Buying-Center

Der Geschäftsführer des Druckereibetriebs machte auch an dieser Stelle seinen »demokratischen« Führungsstil deutlich. Anstatt die Beschaffungsentscheidung für die Notebooks, die für die acht Vertriebsmitarbeiter des Unternehmens vorgesehen waren, dem IT-Verantwortlichen und/oder der Einkaufsabteilung zu überlassen, delegierte er diese Entscheidung an den Vertrieb selber. Getreu dem Motto »Nur der Vertrieb weiß, was der Vertrieb braucht« überließ er es dem Vertriebsleiter und dessen Team festzulegen, welche Notebooks der Druckereibetrieb für seine Vertriebler ordern sollte. Zwar sollte der IT-Verantwortliche dem Vertriebsteam beratend zur Seite stehen und die organisatorische Abwicklung des Einkaufsprozesses anschließend von der

Einkaufsabteilung übernommen werden, die eigentliche Entscheidung über die Ausstattung ordnete der Geschäftsführer aber dem Vertrieb zu.
Wie nicht anders zu erwarten war, legte der Vertrieb allerdings gänzlich andere Kriterien der Notebook-Beschaffung zu Grunde, als dies IT- und Einkaufsabteilung getan hätten. Beispielsweise achteten die Vertriebsmitarbeiter bei der Kaufentscheidung sehr stark darauf, dass die zu kaufenden Notebooks auch »schick« waren. Ebenso war es den Vertriebsmitarbeitern wichtig, dass die Notebooks über extrem große Speicherkapazität verfügten. Einer der Vertriebsmitarbeiter brachte dies wie folgt auf den Punkt: »Am liebsten hätte ich alle, jemals von unserem Haus gedruckten Produkte digital auf meinem Rechner. So wäre ich für alle Eventualitäten gerüstet, die im Kundengespräch auftreten können. Wie oft habe ich erlebt, dass ich einem Kunden gerne das eine oder andere Erzeugnis unseres Hauses gezeigt hätte. Mit einem Notebook, das eine entsprechende Speicherkapazität aufweist, muss ich nun nicht mehr große Koffer mit Beispielprodukten unseres Hauses zum Kunden schleppen. Es reicht jetzt völlig aus, mit meinem schicken kleinen Notebook zum Kunden zu gehen.«
In den Verkaufsgesprächen mit zwei Notebook-Herstellern wurde sehr schnell deutlich, dass die Wünsche der Vertriebsmitarbeiter für die Druckerei relativ teuer sein würden. Da IT-Abteilung und Einkauf jedoch in den Gesprächen nur beratende oder organisatorische Aufgaben zufielen, die letztendliche Entscheidung jedoch beim Vertrieb lag, entschied sich der Druckereibetrieb für den Kauf von Notebooks, die ein außergewöhnliches Design aufwiesen, die über eine sehr große Speicherkapazität verfügten und zugleich allerdings auch äußerst teuer waren.

2.2.2.2 Verhandlungsbezogene Eignung

Aufarbeitung der Verhandlungshistorie

Wie gezeigt wurde, ist ein wesentliches Ergebnis der Verhandlungsanalyse die Feststellung von Verhandlungsbedeutung und potenziellen Verhandlungsschwierigkeiten. Darüber hinaus sollte in dieser Phase auch eine verhandlungsbezogene Analyse durchgeführt werden (z. B. Aufarbeiten der Verhandlungshistorie). Hierbei kann sich etwa herausstellen, dass eine anstehende Verhandlung voraussichtlich schwierig werden wird, zugleich jedoch von großer Bedeutung für das verhandelnde Unternehmen ist und etwa in der vorliegenden Form noch nicht in der Vergangenheit durchgeführt worden ist. In Abhängigkeit davon, zu welchem Ergebnis ein Unternehmen im Rahmen dieser vorgeschalteten Verhandlungsanalyse kommt, sollte auch im Rahmen der Verhandlungsorganisation die Besetzung des Verhandlungsteams vorgenommen werden. So bietet es sich beispielsweise an, Verhandlungsakteure erneut in Verhandlungen zu entsenden, wenn diese bereits in der Vergangenheit recht erfolgreich mit einem Verhandlungspartner verhandelt haben. Ebenso sollte ein Verhandlungsteam mit Vertretern höherer Hierarchieebenen besetzt werden, wenn die Verhandlungsanalyse ergeben hat, dass die anstehende Verhandlung von relativ großer Bedeutung für das Unternehmen ist. Die Feststellung verhandlungsbezogener Eignung von Verhandlungsakteuren ist demnach nicht ohne vorhergehende Kenntnis der vom Verhandlungsgegner vermutlich entsandten Verhandlungsakteure möglich.

»Manndeckung«

Eine z. B. häufig geforderte fachliche oder hierarchische »Manndeckung« ist nur dann möglich, wenn bekannt ist, durch welches Team der Verhandlungsgegner vertreten werden wird. Die Manndeckungsforderung wird in der Praxis zumeist mit dem Argument begründet, dass eine spiegelbildliche Besetzung von Verhandlungsteams inhaltliche, prozessuale und atmosphärische Vorteile habe. Inhaltlich sei Manndeckung hilfreich, da nur bei gleichartiger Kompetenz auf beiden Verhandlungsseiten beste Verhandlungslösungen entwickelt werden könnten (vgl. *Tziner/Eden*, 1985; *Wood*, 2001). Ebenso sei eine spiegelbildliche Besetzung für den Verlauf von Verhandlungen wünschenswert: So könnten Fachfragen unmittelbar geklärt und – eine entsprechend hohe hierarchische beidseitige Besetzung vorausgesetzt – Entscheidungen vor Ort noch während der Verhandlung getroffen werden. Schließlich sei Manndeckung auch aus atmosphärischen Gründen positiv zu bewerten. Verhandlungsführer, die der gleichen Fachdisziplin zuzuordnen sind, würden »die gleiche Sprache sprechen« bzw. Hierarchie-Manndeckung Irritationen vermeiden helfen. Bestärkt werden diese eher praktischen Argumente durch verschiedene theoretische Ansätze, die Gründe für eine »Manndeckung« geben und damit eine symmetrische Verhandlungsteamstruktur nahelegen. So geht *Homans* (1950) im Rahmen seiner Überlegungen zu sozialen Gruppen davon aus, dass Personen, die sich ähnlicher sind, eher zur gemeinsamen Interaktion neigen als Personen, die sich stark voneinander unterscheiden, da die Ähnlichkeit als Belohnung (Gratifikation) empfunden wird. Ähnlich argumentieren auch die soziale Austauschtheorie von *Thibaut/Kelley* (1959) und die Equity Theorie von *Adams* (1965). Demnach sind ausgeglichene Strukturen notwendig, um einseitige Abhängigkeiten zu verhindern und das Bedürfnis nach Gleichheit zu erfüllen. Weitere Erkenntnisse zur »Manndeckung« sind in den Matching-Studien zu finden, wobei diese primär demografische und psychologische Parameter betrachten. Ihr wesentlicher Beitrag ist dabei nicht in der Neuartigkeit der zu Grunde liegenden Theorien, sondern in deren empirischen Überprüfung zu sehen (vgl. z.B. *Evans*, 1963; *Schoch*, 1969; *Crosby et al.*, 1990 oder *Smith*, 1998).

Abkehr von Manndeckung

Auch wenn diese praktischen und theoretischen Überlegungen nachvollziehbar und in vielen praktischen Verhandlungssituationen auch notwendig erscheinen, kann mitunter auch eine bewusste Abkehr von diesem Grundansatz erfolgreich sein. So wird etwa eine einseitig höhere hierarchische Besetzung als Signal für Verhandlungsbedeutung wahrgenommen (vgl. *Fahn*, 1972) und eine bewusste Nicht-Besetzung einer bestimmten Fachdisziplin eröffnet die Chance, diese Disziplin betreffende Verhandlungsgegenstände zurückstellen zu können. Daher sollte im Vorfeld einer entsprechenden Besetzung stets geprüft werden, wie diese konkret ausfallen sollte.

2.2.2.3 Teambezogene Eignung

Ob ein Organisationsmitglied geeignet ist, ein Unternehmen in anstehenden Verhandlungen zu vertreten, hängt nicht nur an personenbezogenen und verhandlungsbezogenen Merkmalen. Darüber hinaus ist in Fällen von Mehrpersonen-Verhandlungen die Eignung auch von den übrigen Verhandlungsteammitgliedern abhängig. Nehmen beispielsweise bereits mehrere Kaufleute auf der eigenen Seite an Verhandlungen teil, so ist es in der Regel wenig sinnvoll, noch weitere Kaufleute in das Verhandlungsteam zu berufen.

Homogene vs. heterogene Teambesetzung

Im Kern sind dabei alle personen- und verhandlungsbezogenen Eignungsmerkmale auch teambezogen festzulegen. Für soziodemografische, psychografische und organisationale Merkmale sind entsprechende Verteilungen im Verhandlungsteam vorzusehen. Ebenso ist das Team auch verhandlungsbezogen zu besetzen. Generell besteht dabei die Möglichkeit, Teams

- homogen oder
- heterogen

zu besetzen.

Von Homogenität ist dann zu sprechen, wenn im Verhandlungsteam viele oder alle Verhandlungsmitglieder bei einem Merkmal ähnliche Ausprägungen aufweisen (z. B. Geschlecht). Im Gegensatz dazu liegt Heterogenität – oftmals auch als »Diversity« bezeichnet (vgl. z. B. *Ancona/Caldwell*, 1998; *Philips et al.*, 1998; *Dahlin et al.*, 2005) – vor, wenn darauf geachtet wird, dass bei einem personen- oder verhandlungsbezogenen Merkmal die Verhandlungsteammitglieder unterschiedliche Ausprägungen aufweisen.

Soziodemografische Heterogenität

Keineswegs ist dabei davon auszugehen, dass grundsätzlich, also bei allen personenbezogenen Merkmalen entweder Homogenität oder Heterogenität vorteilhaft ist. Stattdessen ist für jedes einzelne personenbezogene Merkmal zu prüfen, ob das Verhandlungsteam eher homogen oder heterogen besetzt werden soll. Tendenziell ist allerdings zu vermuten, dass im Hinblick auf soziodemografische Merkmale eher eine heterogene Teamstruktur empfehlenswert ist. Exemplarisch kann dies am Beispiel des personenbezogenen soziodemografischen Merkmals Geschlecht aufgezeigt werden.

FALLBEISPIEL 11

»Battle of the Sexes«-Verhandlungswettbewerb

Im Rahmen verschiedener Studien der Universität Hohenheim ist in den vergangenen Jahren untersucht worden, ob Frauen oder Männer eine höhere Verhandlungsleistung erbringen. Im Rahmen geschlechterspezifischer Verhandlungswettbewerbe wurde zwischen 2006 und 2008 untersucht, ob und gegebenenfalls in welchen Konstellationen Frauen- und Männer-Teams in Verhandlungen zu besseren Ergebnissen gelangen. Zunächst wurde im Jahr 2006 ein so genannter »Battle of the Sexes«-Verhandlungswettbewerb veranstaltet, bei dem Frauen und Männer zufällig zu gleichgeschlechtlichen Verhandlungsteams zusammengebracht wurden. Die zufällig gebildeten gleichgeschlechtlichen Teams hatten anschließend in einem realitätsnahen Business-Case die Rolle von Einkäufern oder Verkäufern zu übernehmen und miteinander Preise und andere ökonomische Konditionen auszuhandeln. Anschließend wurden die Ergebnisse von Frauen- und Männer-Teams miteinander verglichen. Im Ergebnis zeigte sich dabei, dass die zufällig zusammengesetzten Männer-Teams sowohl in der Einkäufer- wie auch der Verkäufer-Rolle zu statistisch signifikant besseren ökonomischen Verhandlungsergebnissen gelangten. Allein die Kommunikationsqualität der weiblichen Teilnehmer war der der Männer überlegen (vgl. Abbildung 20).
In einer zweiten Studie im Jahr 2007 wurde der »Battle of the Sexes«-Verhandlungswettbewerb von der Universität Hohenheim nochmals, allerdings in veränderter Form

Männer verhandeln härter

Geht es um unerbittliches Feilschen, sind Männer die besseren Firmenvertreter. Sie schlugen im "Battle of the Sexes", einem Verhandlungswettbewerb der Uni Hohenheim, bessere Geschäftsbedingungen heraus. Auch Frauen haben aber beim Verhandeln ihre Vorzüge.

Insgesamt 120 Studentinnen und Studenten der Wirtschaftswissenschaften waren beim ersten Hohenheimer Verhandlungswettbewerb, dem "Battle of the Sexes", angetreten. Eingeteilt als fiktive Einkäufer oder Verkäufer waren sie dazu angehalten, für ihr Industrieunternehmen jeweils die besten Geschäftsbedingungen herauszuschlagen.

Verhandlungen: Männer erfolgreicher, Frauen diplomatischer

Dabei vertraten Männer und Frauen ihre imaginäre Firma in einigen Verhandlungen jeweils einzeln. In anderen Geschäftsgesprächen traten dann Frauen und Männer direkt gegeneinander an. Die Sieger des Wettfeilschens werden Montagabend an der Universität Hohenheim geehrt.

Die Ergebnisse wichen deutlich voneinander ab, je nachdem, ob Männer oder Frauen die Verhandlungen führten. "Männer schneiden signifikant besser ab als Frauen", fasst Projektleiterin Uta Herbst, die den Wettbewerb ins Leben gerufen hat, zusammen.

Selbst im Team liegen die durchschnittlichen Ergebnisse der Frauenduos in der Simulation unter dem Ergebnisdurchschnitt eines einzelnen männlichen Firmenvertreters. "Unter den Top-Ten-Einkäufern finden sich zum Beispiel nur zwei Frauen", so Herbst. Ein weiteres Ergebnis: Verhandlungsteams bringen bessere Ergebnisse als Einzelpersonen. "Im Duo kann man dem Partner auch mal den Ball abgeben und fühlt sich stärker", interpretiert Marketingprofessor Markus Voeth die Zahlen.

Frauen sind diplomatischer

Eine Begleitstudie des Lehrstuhls für Wirtschaftsinformatik der Uni Hohenheim belegt allerdings, dass Frauen wesentlich diplomatischer mit ihren Verhandlungspartnern umgehen - was vor allem dann vorteilhaft scheint, wenn eine Firma statt schnellem Verhandlungserfolg eine langfristige, auf gegenseitiger Sympathie und Vertrauen beruhende Geschäftsbeziehung sucht.

Die Untersuchung wertete unter anderem Gestik, Mimik und Körpersprache der Verhandlungspartner aus. "Uns interessierte, inwieweit die Verhandlungspartner fähig sind, einen gemeinsamen Lösungsraum zu definieren", so die Wirtschaftsinformatikprofessorin Mareike Schoop. Die Ergebnisse der Befragung und der Analyse der Videoaufnahmen zeigten, dass "die Frauen im Schaffen von Kohärenz in der Kommunikation den männlichen Partnern überlegen sind" betont Schoop.

Unabhängig vom Geschlecht zeigten die teilnehmenden Studenten eine sehr große Bandbreite an Verhandlungsgeschick. "Einigen Firmenvertretern würde ich einen baldigen Bankrott prophezeien, andere haben phantastische Geschäftsabschlüsse erzielt: Die Spanne reicht von 3 Millionen Verlust bis 13 Millionen im Plus", fasst Markus Voeth die Ergebnisse zusammen.

Die Uni Hohenheim will die Verhandlungswettbewerbe in Zukunft fortführen, über den Vergleich zwischen den Geschlechtern hinaus. "So untersuchen wir nächstes Jahr, ob Verhandlungsgeschick Veranlagung ist oder ob man es trainieren kann", erläutert Voeth.

jaf

(Quelle: Spiegel-Online, 13.2.2006)

Abb. 20: Presseecho zum »Battle of the Sexes«-Verhandlungswettbewerb der Universität Hohenheim im Jahr 2006

durchgeführt. In diesem Jahr lief dieser Verhandlungswettbewerb unter dem Motto »Friends and Foes« ab. So konnten sich Studentinnen und Studenten nun nicht mehr als Einzelperson, sondern als Freundinnen- oder Freunde-Teams für den Wettbewerb anmelden. Die angemeldeten Teams wurden anschließend wiederum in Einkäufer- oder Verkäuferrollen versetzt. Im Rahmen eines ähnlichen realitätsnahen Business-Case waren auch in diesem Verhandlungswettbewerb möglichst günstige ökonomische Einkaufs- oder Verkaufsbedingungen auszuhandeln. Während beim ersten Verhandlungswettbewerb Männer zu deutlich besseren Verhandlungsergebnissen gekommen waren, zeigte sich bei dieser Wiederholung des Verhandlungswettbewerbs nun ein anderes Bild: Bei diesem Verhandlungswettbewerb erzielten Frauen- und Männer-Teams sehr ähnliche Ergebnisse. Zumindest bestanden zwischen den Frauen- und Männer-Ergebnissen keine statistisch signifikanten Unterschiede. Da alle anderen Einflusskriterien weitgehend konstant gesetzt worden waren, lässt sich aus den Ergebnissen schlussfolgern, dass offensichtlich Frauen in harmonischen Teamstrukturen zu ähnlich guten Ergebnissen wie Männer gelangen. Im Gegensatz dazu erzielen Männer deutlich bessere Verhandlungsergebnisse, wenn keine gewachsenen Verhandlungsteamstrukturen vorhanden sind, also in weniger harmonischer Umgebung zu verhandeln ist.

Die Verhandlungsforscher führten schließlich 2008 noch einen weiteren Verhandlungswettbewerb durch. Nun traten wiederum Teams von Studierenden gegen einander an, ohne dass jedoch bei diesem dritten Verhandlungswettbewerb die Notwendigkeit bestand, allein als Frauen- oder Männerteams anzutreten. Durch Vergleich der Frauen-, Männer- und gemischten Teams konnte gezeigt werden, dass gemischte Teams zu statistisch signifikant besseren ökonomischen Verhandlungsergebnissen kamen als gleichgeschlechtliche Teams.

»Group cohesion«

In den von der Universität Hohenheim durchgeführten Experimenten erwies es sich demnach als vorteilhaft, bei der Teambildung die Stärken von weiblichen und männlichen Verhandlungsakteuren zu kombinieren. Allerdings weisen *Lau/Murnighan* (1998) darauf hin, dass demografische Heterogenität die Kommunikation und damit den Teamzusammenhalt (»group cohesion«) verringern kann, was sich wiederum negativ auf den Verhandlungsprozess sowie das Verhandlungsergebnis auswirken kann.

Psychografische Homogenität

Bei den psychografischen Merkmalen der Verhandlungsakteure ist zu vermuten, dass eine stärkere Homogenität im Team vorteilhaft ist. So sollten Verhandlungsteams vor allem nicht unbedingt durch große Unterschiede bei Einstellungen oder Werten gekennzeichnet sein. Denn in diesem Fall kann es in Verhandlungsprozessen dazu führen, dass innerhalb des Teams keine Einigkeit erreicht wird.

Vorteile organisationaler Heterogenität

Bei den organisationalen Merkmalen von Verhandlungsakteuren ist es schwierig, eine Tendenzaussage zu treffen. Nicht selten ist z. B. bei Rollen und Abteilungen ein gewisser Grad an Heterogenität wünschenswert, zum Teil sogar erforderlich, um alle durch Verhandlungen betroffenen Kompetenzfelder abzudecken (vgl. *Thompson*, 2004). Darüber hinaus wird heterogenen Teams eine höhere Problemlösungskompetenz, Kreativität und Innovationsfähigkeit konstatiert (vgl. *Gruenfeld et al.*, 2004; *Dahlin et al.*, 2005):

Nachteile organisationaler Heterogenität

Allerdings kann sich eine heterogene hierarchische Struktur im Verhandlungsteam auch durchaus als problematisch erweisen. So zeigen empirische Untersuchungen, dass sich eine zu große Hierarchiespanne im Verhandlungsteam kontraproduktiv auf den Verhandlungsprozess, aber auch das Verhandlungsergebnis auswirkt. Es droht die Gefahr, dass sich Verhandlungsteammitglieder aus niedrigeren Hierarchieebenen bei Anwesenheit »höherer Chargen« nicht entsprechend innerhalb der Verhandlung entfalten können. Ihre Kompetenzen und Fähigkeiten gehen daher dem Verhandlungsteam häufig in einer solchen Situation verloren.

Flexible Besetzung

Schließlich haben die Ausführungen zur verhandlungsbezogenen Eignung schon gezeigt, dass hier eine gewisse Heterogenität dann wünschenswert ist, wenn die anstehenden Verhandlungen unterschiedlich sind und daher auch das eigene Verhandlungsteam jeweils partnerbezogen zu besetzen ist. Allerdings sind viele Unternehmen zu einer flexiblen Besetzung ihrer Verhandlungsteams entweder nicht in der Lage oder nicht willens. Nicht selten wird der Fehler gemacht, stets mit dem gleichen Verhandlungsteam zu agieren. Dies liegt auch daran, dass die »Kunst des Verhandelns« noch immer als angeborene Fähigkeit angesehen wird, über die ein Verhandlungsakteur verfügt oder eben nicht. Damit einhergehend werden nur die »geborenen« Verhandlungsakteure für Verhandlungsaufgaben vorgesehen.

2.3 Aufgabenverteilung im Verhandlungsteam

Arten von Kompetenzverteilungen

Eigentlich schon mit der Besetzung des Negotiation Teams, spätestens aber nach der endgültigen Benennung der Teammitglieder ist die Frage der Aufgabenteilung und -verteilung sowie der Kompetenzzuordnung innerhalb des gebildeten Teams zu klären. Eine Aufgaben- und Kompetenzverteilung ist dabei in

- fachlicher,
- prozessualer und
- entscheidungsbezogener

Hinsicht zu fällen.

Fachliche Aufteilung

Fachliche Aufteilung als Entscheidungsproblem

Nicht immer ist in Verhandlungsteams durch deren Zusammensetzung bereits ersichtlich, ob und gegebenenfalls welche fachliche Aufteilung zwischen den Mitgliedern des Verhandlungsteams besteht. Wird eine Einkaufsverhandlung beispielsweise von mehreren Mitarbeitern der gleichen Abteilung geführt, so ist im Vorfeld der Verhandlungen keine natürliche fachliche Aufteilung auf der Hand liegend. Stattdessen müssen sich die Mitglieder des Verhandlungsteams vor Beginn der Verhandlung darüber Gedanken machen, ob »jeder für alles« oder »jeder für einen bestimmten fachlichen Bereich« zuständig sein soll. Vorstellbar wäre bei einer solchen Einkaufsverhandlung beispielsweise, dass sich die Verhandlungsbeteiligten die relevanten Lieferantenangebote untereinander aufteilen, jedes Teammitglied demnach nur die ihm zugeordneten Lieferantenangebote im Vorfeld durcharbeiten muss und folglich allein in den Verhandlungen bei den ihm zugeordneten Lieferanten die Verhandlungsführung zu übernehmen hat.

»Natürliche« fachliche Aufteilung

Wesentlich einfacher fällt die fachliche Aufgabenverteilung in Verhandlungsteams hingegen immer dann, wenn die Verhandlungsteams so zusammengesetzt worden sind, dass die Teammitglieder aus verschiedenen Abteilungen und Kompetenzfeldern (z. B. Einkauf, Technik und Entwicklung) stammen. In diesem Fall liegt es auf der Hand, dass das Teammitglied aus dem Einkauf für kaufmännische Fragestellungen, das Teammitglied aus der technischen Abteilung für technische Verhandlungsgegenstände und der Entwickler für F&E-Fragestellungen innerhalb der Verhandlung verantwortlich ist.

Prozessuale Aufteilung

Wechselnde Verantwortlichkeit

Im Mittelpunkt der prozessualen Aufgaben- und Kompetenzverteilung steht die Frage, ob es das Verhandlungsteam als sinnvoll erachtet, im Zeitablauf wechselnde Verantwortlichkeiten in Bezug auf die Gestaltung des Verhandlungsablaufs zu benennen. Hierbei wird einzelnen Teammitgliedern die Verantwortlichkeit für etwa die Verhandlungsvorbereitung, die Einladung der Gegenpartei, den Einstieg in die Verhandlung, das Ansprechen kritischer Verhandlungspunkte oder den Verhandlungsabschluss übertragen.

Ausrichtung an Fähigkeiten

Ganz abgesehen davon, dass sich vielfach bereits aus der fachlichen Aufteilung eine Prädisposition für die prozessuale Aufgabenverteilung ergibt, sollte die prozessuale Aufgabenteilung ansonsten an den Fähigkeiten und Hintergründen der Teammitglieder ausgerichtet werden. In einer Lieferantenverhandlung ist es naturgemäß etwa originäre Kernaufgabe des Mitglieds aus dem Einkauf, die Lieferanten zur Verhandlung einzuladen oder später den Verhandlungsabschluss anzustreben (vgl. *Brand*, 1972), wohingegen zwischenzeitlich zu diskutierende technische Fragen eher in den Verantwortungsbereich des Teammitglieds aus der Technik oder des technischen Einkaufs fallen (vgl. das Fallbeispiel 12: »Weiterbildungseinkauf«). Verfügt eines der Teammitglieder beispielsweise über persönliche Beziehungen zur Gegenseite, so bietet es sich an, diesem den Verhandlungseinstieg zu überlassen. Im Gegensatz dazu sollten die im Verlauf einer Verhandlung auftauchenden kritischen Verhandlungsgegenstände in der Regel von demjenigen Teammitglied federführend verhandelt werden, in dessen persönlichen Verhandlungsbereich diese Verhandlungsgegenstände am stärksten hineinragen.

FALLBEISPIEL 12

Weiterbildungseinkauf

In vielen Großunternehmen wurde in den vergangenen Jahren der Weiterbildungsbereich restrukturiert. Traditionell war dieser sowohl für die Organisation, wie auch für den Einkauf von Weiterbildungsmaßnahmen verantwortlich. Im Rahmen einer produktmanagementähnlichen Organisation waren die Mitarbeiter des Weiterbildungsbereichs für bestimmte Weiterbildungsfelder vollständig verantwortlich und betreuten die bei den dortigen Veranstaltungen anfallenden Aufgaben. So hatten diese Mitarbeiter Dozenten zu akquirieren, mit diesen die Inhalte der geplanten Veranstaltungen durchzusprechen, die Veranstaltung zu organisieren, die Dozenten vor Ort zu begleiten und die Abrechnung mit den Dozenten vorzunehmen. Allerdings führte diese Organisationsform dazu, dass ein enges Beziehungsgeflecht zwischen externen Dozenten und den Weiterbildungsreferenten entstand. Da die Befürchtung bestand, dass dieses Geflecht einem kostengünstigsten Schulungseinkauf im Wege stand, haben viele Unternehmen diesen Bereich reorganisiert: Es wurde eine Trennung von inhaltlichem und kaufmännischem Einkauf vorgenommen. Dem Mitarbeiter aus der Weiterbildung wurde ein für Fragen des Schulungseinkaufs zuständiger Mitarbeiter an die Seite gestellt, zu dessen Aufgaben es gehört, alle kaufmännischen Vereinbarungen mit den externen Dozenten zu treffen. Hingegen erfolgen inhaltliche und organisatorische Absprachen weiterhin zwischen den externen Dozenten und dem Weiterbildungsmitarbeiter. Durch diese Trennung zwischen technischem Einkauf (Weiterbildungsmitarbeiter) und kaufmännischem Einkauf (Einkaufsmitarbeiter) erhoffen sich die Unternehmen erhebliche Einsparungen im Weiterbildungssektor.

Entscheidungsbezogene Aufteilung

Verantwortlichkeit für finale Entscheidungen

Schließlich ist eine Aufgaben- und Kompetenzverteilung im Verhandlungsteam auch in entscheidungsbezogener und damit zumeist hierarchischer Hinsicht vorzunehmen. Im Vorfeld ist zu klären, welches Teammitglied die letztendliche Entscheidung über Akzeptanz oder Nicht-Akzeptanz gegnerischer Angebote zu treffen hat. Ebenso sollte im Vorfeld festgelegt werden, wer innerhalb des Verhandlungsteams die eigentliche Verhandlungsführung übernimmt. Wird im Vorfeld keine solche entscheidungsbezogene Aufgaben- und Kompetenzverteilung vorgenommen, kann der Fall eintreten, dass es zu einer Schwächung der eigenen Verhandlungsposition kommt, indem es der Gegenseite gelingt, Meinungsverschiedenheiten und »Kompetenzgerangel« innerhalb des Verhandlungsteams hervorzurufen. Das nachfolgende Fallbeispiel zeigt, dass unklare Entscheidungsstrukturen in Verhandlungsteams auch (oder gerade) in unternehmensinternen Verhandlungen auftreten können.

FALLBEISPIEL 13

Folgen unabgestimmten Verhaltens in Verhandlungsteams

Der kaufmännische Geschäftsführer der Flughafen GmbH wollte nicht glauben, was er soeben hörte. Der neben ihm sitzende Mit-Geschäftsführer, der in gleichberechtigter Stellung für technische Fragen innerhalb des Unternehmens zuständig war, lehnte sich gerade sehr weit aus dem Fenster und vertrat in der Gesellschafterversammlung vehement die Auffassung, dass der Flughafen eine zweite Startbahn unbedingt benötigen würde. Aus technischen Gründen, argumentierte der Technik-Geschäftsführer, sei das bisherige Verkehrsaufkommen dauerhaft mit nur einer Startbahn nicht zu bewerkstelligen. Als langjähriger kaufmännischer Geschäftsführer des Unternehmens wusste Stefan Meier allerdings sehr genau, dass sein Kollege damit ein politisch äußerst heißes Eisen anfasste. Denn die in der Gesellschafterversammlung vertretenen Persönlichkeiten, die die Eigentümer, nämlich Land und umliegende Kommunen repräsentierten, waren stets beim Thema »Ausbau des Flughafens« hin und her gerissen. Einerseits sahen sie zwar die wirtschaftliche Notwendigkeit, durch einen leistungsstarken Flughafen zur positiven wirtschaftlichen Entwicklung der in der Region angesiedelten Unternehmen beizutragen; andererseits mussten sie bei einem solchen Ausbau auch stets den möglichen Widerstand der in der Flughafenumgebung lebenden Menschen befürchten. Zwar hatte Meier mit seinem Technik-Kollegen im Vorfeld der Gesellschafterversammlung vereinbart, beim Tagesordnungspunkt »Ausbau des Flughafens« vorsichtig auf einen Ausbau des Flughafens zu drängen, allerdings war damit aus seiner Sicht nicht gemeint gewesen, die anwesenden Gesellschafter mit der Drohung zu überfallen, dass das bisherige Verkehrsvolumen mit der bislang verfügbaren einen Startbahn nicht mehr geschultert werden könne.
Nachdem sich zunächst der Vertreter der Landesregierung und anschließend auch mehrere Bürgermeister von in der Gesellschafterversammlung vertretenen Kommunen kritisch zu einem Flughafenausbau geäußert hatten, ergriff daher Meier beschwichtigend das Wort: »Meine Herren, eines möchte ich klarstellen: Zwar hat mein Kollege mit seiner Einschätzung völlig recht, dass wir dauerhaft mit nur einer Startbahn nicht in der Lage sind, das in den letzten drei Jahren vorhandene Verkehrsvolumen zu realisieren. Allerdings müssen Sie darüber hinaus berücksichtigen, dass wir inzwischen im Flugverkehr von einer insgesamt rückläufigen Passagierzahl für die kommenden Jahre ausgehen. Die sich abschwächende gesamtwirtschaftliche Entwicklung, die gestiegenen Energiekosten für die Airlines sowie die damit verbundene Krise der Billig-Airlines lassen eher einen Rückgang des Verkehrsvolumens auf unserem Flughafen für die kommenden Jahre erwarten.« Mit Erleichterung nahm der Sprecher der Gesellschafterversammlung, ebenfalls ein Vertreter aus dem verant-

wortlichen Ministerium, umgehend den Faden auf: »Vor diesem Hintergrund, meine Herren, stellt sich die Sache natürlich ganz anders dar. Natürlich wollen wir ihre Ausführungen, was die technische Machbarkeit des Verkehrsaufkommens der letzten Jahre angeht, nicht in Frage stellen. Wenn Sie aber zugleich davon ausgehen, dass die Passagierzahlen und damit das Flugverkehrsaufkommen in den kommenden Jahren zurückgeht, wird sich ja eine so technisch angespannte Situation auch nicht mehr einstellen. Daher schlage ich vor, dass wir das Thema »Flughafenausbau« zunächst einmal für die kommende Zeit von der Agenda nehmen. Ich denke, damit ist uns allen am meisten gedient.«

Aufgabenprofile als integrierte Aufgabenverteilung

»FBI-Konzept«

Da die fachliche, prozessuale und entscheidungsbezogene Aufgaben- und Kompetenzverteilung in Verhandlungsteams Überschneidungen und Überlappungen aufweist, können sich Verhandlungsteams keine nebeneinanderstehenden Aufgabenverteilungen geben. Stattdessen wird eine Aufgaben- und Kompetenzverteilung benötigt, die zugleich fachliche, prozessuale und entscheidungsbezogene Zuordnungen enthält. In der Praxis sind hierzu teambezogene Aufgabenprofile entwickelt worden. Einige dieser in der Literatur diskutierten Konzepte für Verhandlungen sind weniger im Umfeld von Unternehmensverhandlungen entstanden, sondern zunächst für Verhandlungen in anderen Bereichen entwickelt und anschließend auf Business-Verhandlungen übertragen worden. Ein Beispiel hierfür stellt das von der FBI-Academy für Verhandlungen zwischen Polizei und Geiselnehmern entwickelte Konzept dar. Bei diesem »FBI-Konzept« wird zwischen dem teambezogenen Aufgabenprofil des

- Negotiators,
- Commanders und
- Decision Makers

Interne vs. externe Ebene

differenziert. Das Konzept basiert dabei auf zwei, auch für Business-Verhandlungen hilfreich erscheinenden Ideen (vgl. Abbildung 21): Erstes Kennzeichen des Konzeptes ist die Tatsache, dass bei der Aufgaben- und Kompetenzverteilung innerhalb des Verhandlungsteams zwischen einer internen Verhandlungsebene und einer externen Entscheidungsebene differenziert wird.

Vorteile der Ebenenzurechnung

Die Grundidee dabei ist es, dass die letztliche Entscheidung über das Akzeptieren oder Nicht-Akzeptieren von Verhandlungsangeboten nicht von denen getroffen werden sollte, die an dem Zustandekommen des vorliegenden Angebotes beteiligt waren. Der Hintergrund hierfür ist in der Tatsache zu sehen, dass davon ausgegangen wird, dass Verhandlungsbeteiligte stets das Gefühl haben, dass die von ihnen ausgehandelte Lösung das maximal Mögliche darstellt. Indem nun die Entscheidung über die Annahme oder Ablehnung einer von anderen ausgehandelten Lösung einem nicht auf der Verhandlungsebene aktiven Dritten überlassen wird, soll die Rationalität des Verhandlungsprozesses vergrößert werden. So ist beim »Decision Maker« nicht zu erwarten, dass dieser ein in Aussicht stehendes Verhandlungsergebnis nur deshalb akzeptiert, um damit nicht seine eigene Verhandlungsleistung in Frage zu stel-

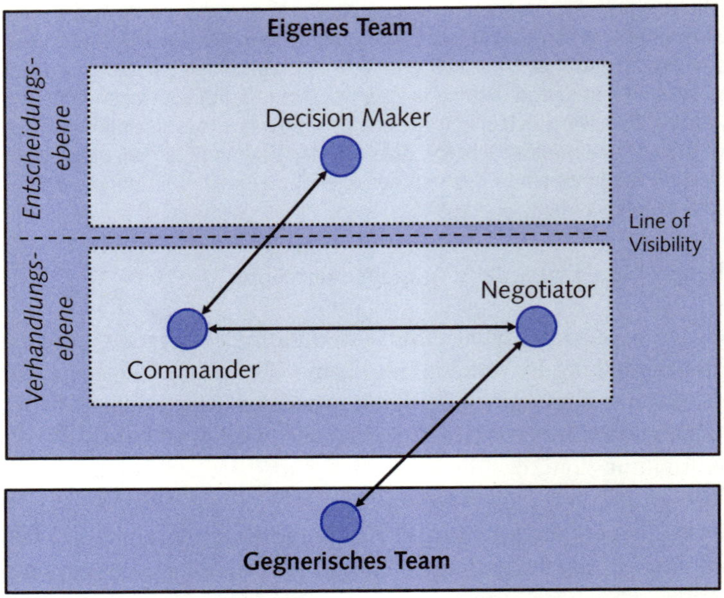

Abb. 21: Aufgabenverteilung beim »FBI-Konzept«

len. Auf der anderen Seite weist die Unterteilung in Entscheidungsebene und Verhandlungsebene jedoch auch Gefahren auf. So ist es ebenfalls vorstellbar, dass der Decision Maker ein bereits greifbares Verhandlungsergebnis ablehnt, weil er die konkreten Verhandlungsschwierigkeiten nicht unmittelbar miterlebt hat und daher ein (noch) besseres Verhandlungsergebnis für möglich erachtet.

FALLBEISPIEL 14

Ablauf von Tarifverhandlungen

In Tarifverhandlungen stehen sich Arbeitgeber- und Arbeitnehmervertreter gegenüber, die Repräsentanten zum Teil sehr heterogener Organisationen sind. So vertreten die Arbeitgeberrepräsentanten sehr unterschiedliche Mitgliedsunternehmen. Beispielsweise zählen zu der zum Verband Gesamtmetall gehörenden Arbeitgeberorganisation Südwestmetall neben Großunternehmen wie Bosch oder Daimler auch viele mittelständische Unternehmen. Ebenso sind die Interessen der Arbeitnehmer nicht einheitlich. Da es einigen Betrieben wirtschaftlich besser als anderen geht, sind auch die Interessen der Beschäftigten voneinander abweichend: Während Beschäftigte in wirtschaftlich bedrohten Firmen eher für moderate Lohnerhöhungen sind, drängen die Beschäftigten aus prosperierenden Unternehmen auf höhere Abschlüsse. Für die Verhandlungsführer bedeutet diese Interessenheterogenität, dass sie gut daran tun, sich alle Zusagen zuvor von übergeordneten Gremien absegnen zu lassen. Dies führt aber naturgemäß zu einer zusätzlichen Komplexität in Tarifverhandlungen. Der folgende Zeitungsbericht über die im November 2008 zwischen der IG Metall und Südwestmetall geführten Tarifverhandlungen verdeutlicht dies:

»[...] Spät am Abend kommen die Gremien ins Spiel, in denen sich die Verhandlungsführer stets vor ihren Entscheidungen absichern. Die Gewerkschaft hält ihre Hintergrundkommission mit 60 Funktionären auf dem Laufenden und konsultiert den Vorstand mit Berthold Huber an der Spitze, der in Schwieberdingen Quartier bezogen hat. Die Führung des Dachverbandes der Arbeitgeber berät sich wenige hundert Meter vom Verhandlungsort entfernt im Hotel Marriott. Auch der Gesamtmetall-Präsident Martin Kannegiesser muss dort Rücksicht auf die vielfältigen Befindlichkeiten im eigenen Lager nehmen.
Die lange Tarifnacht ist da und gegen drei Uhr in der Früh ist noch längst kein Ende in Sicht. Seit neun Stunden haben angeblich keine substanziellen Verhandlungen mehr stattgefunden, allenfalls sporadische Kontakte, wie die Sprecher mitteilen. Das ist aber nur ein Teil des Verwirrspiels, wie sich später herausstellt, denn in kleinster Runde geht es konstruktiv voran. Auch Verhandlungsteilnehmer werden daraus nicht schlau. ›Irrsinnig‹ nennt der Heidelberger Bevollmächtigte Mirko Geiger die Hängepartie. Solch eigenartige Verhandlungen habe er in den letzten 10 bis 15 Jahren nicht erlebt. Die Arbeitgeber ließen keine ernsthafte Bewegung erkennen, was er als Zeichen wertet, dass sie sich intern völlig uneinig seien. [...] Gegen halb fünf in der Früh lässt sich der Südwestmetall-Chef vor dem Marriott zu dem optimistischen Satz hinreißen: »Es dauert nicht mehr lange.« Seine Skepsis sei schon deutlich geringer. In einer halben Stunde werde etwas passieren. Dann werde man erleben, wie Hofmann und er, Roell, dasselbe komplexe Vertragswerk unterschiedlich interpretieren.
Roell ist ein seriöser Unterhändler und kein Freund bewusster Desinformation. Dennoch wird seine Prophezeiung nicht eintreten. Es dauert vielmehr eine weitere Stunde, bis Hofmann vom Vorstand aus Schwieberdingen zurückkehrt und auf die Frage, ob es eine Einigung gebe, barsch antwortet: ›Nein‹. Das hört sich nicht nach Einigung an, im Gegenteil. In den nächsten Stunden tauchen die Verhandlungsführer ab, lassen die Hintergrundgremien und die Berichterstatter den Vormittag über allein mit all den Gerüchten vom Durchbruch, die die Gewerkschaft auf Kompromisskurs drängen sollen. [...]« (*Schiermeyer*, 2008).

Decision Maker	Negotiator	Commander
▪ Er trifft die Entscheidung. ▪ Er trägt die Verantwortung für diese Entscheidung.	▪ Er macht bereits bei der Vorstellung seine Verantwortung für die Verhandlung deutlich. ▪ Er macht bereits zu Beginn der Verhandlung auf übergeordnete Instanzen aufmerksam, beispielsweise weist er darauf hin, dass die Entscheidung über die letztendliche Kaufentscheidung im Vorstand getroffen werden muss. ▪ Wenn er eine Entscheidung nicht treffen kann, dann verweist er aus rechtlichen Gründen auf die höhere Instanz, ohne seine persönliche Kompetenz damit in Abrede zu stellen.	▪ Bei Face-to-Face-Verhandlungen bleibt er nach einer kurzen Vorstellung im Hintergrund. Er hört genau zu, notiert den Verlauf der Verhandlungen mit, greift jedoch nicht in die Verhandlung ein. ▪ Bei gezielten Fragen an ihn bleibt er ungenau und verweist auf die Verantwortung des Negotiator. ▪ Er schreibt die Verhandlung in Stichworten mit. ▪ In Verhandlungspausen sagt er dem Negotiator, was er gehört hat und wie er diese Information interpretiert.

Decision Maker	Negotiator	Commander
		■ Er entwickelt neue Verhandlungsofferten und -strategien und erläutert diese in Verhandlungspausen dem Negotiator. ■ Er unterstützt den Negotiator emotional, indem er ihm beispielsweise durch Nicken in stressigen Verhandlungsphasen Zustimmung signalisiert oder den Negotiator in Verhandlungspausen in seinem Verhalten bestärkt.

(Quelle: *Schranner*, 2007, S. 31f.)

Abb. 22: Aufgabenprofile im »FBI-Konzept«

Negotiator vs. Commander

Ein weiteres Kennzeichen des »FBI-Konzeptes« ist es, auf der Verhandlungsebene zwischen dem »Negotiator« und dem »Commander« zu differenzieren (vgl. Abbildung 21). Während es die Aufgabe des Negotiator ist, die eigentliche Verhandlung mit der Gegenseite zu führen, kann sich der Commander vollständig darauf konzentrieren, die andere Verhandlungsseite zu analysieren und die bislang erreichten Zwischenergebnisse zu bewerten. Hintergrund dieser Aufteilung ist die Überlegung, dass der Negotiator in der Regel zu stark mit der eigentlichen Verhandlungsführung, also dem Vortragen eigener Verhandlungsargumente, beschäftigt ist, als dass er zugleich während der Verhandlung die Argumente der Gegenseite systematisch analysieren und eigene neue Strategien und Argumente entwickeln könnte. Diese Aufgabe übernimmt stattdessen im »FBI-Konzept« der Commander, der innerhalb der Verhandlung im Hintergrund bleibt und den Negotiator – wenn möglich – verdeckt in seiner Verhandlungsführung steuert.

Die wesentlichen teambezogenen Aufgabenprofile, die das »FBI-Konzept« dem Decision Maker, dem Negotiator und dem Commander zuordnet, sind in Abbildung 22 nochmals überblicksartig zusammengestellt worden.

Zusammenfassung »Verhandlungsorganisation«

Die Aufgabe der »Verhandlungsorganisation« umfasst im Verhandlungsmanagement zunächst die Festlegung der Verhandlungsparteien. Bei Verhandlungen mit mehreren Verhandlungsparteien ist dabei festzulegen, ob multilateral, mehrmalig bilateral oder sowohl multi- wie auch bilateral verhandelt werden soll. Während vor allem Zeit- bzw. Aufwand- und Synergiegründe für multilaterale Verhandlungen sprechen, stellt insbesondere die geringere Komplexität den zentralen Vorteil bilateraler Verhandlungen dar.

Anschließend ist im Rahmen der Verhandlungsorganisation das eigene Negotiation Team zu besetzen. In diesem Zusammenhang stellt sich zum einen die Frage, wie groß das Team sein soll. Da zwar einerseits häufig verschiedene Kompetenzen im Negotiation Team benötigt werden, so dass dieses nicht zu klein gewählt werden sollte, andererseits jedoch in zu großen Verhandlungsteams Koordinations- und Kompetenzprobleme auftreten können, sollte eine mittlere, eben angemessene Teamgröße gewählt werden. Zum anderen sind bei der Besetzung des Negotiation Teams geeignete Personen zu identifizieren, die in das aufzubauende Team berufen werden können. Hierbei zeigt sich, dass nicht Jeder für jede Verhandlung eine Idealbesetzung darstellt. Stattdessen ist die individuelle, die verhandlungsbezogene und die teambezogene Eignung zu prüfen. In einem letzten Schritt sollte schließlich noch innerhalb der Verhandlungsorganisation festgelegt werden, welche Aufgaben das einzelne Mitglied des Negotiation Teams innerhalb der Verhandlungsvorbereitung, -führung und -kontrolle übernehmen soll. Eine Aufgabenverteilung hat dabei in fachlicher Hinsicht (»Herr Müller ist im Team für rechtliche Fragen, Frau Maier für kaufmännische Fragen zuständig«), prozessualer Hinsicht (»Erst verhandelt Herr Müller mit der Gegenseite, dann kommt Frau Maier und versucht, nochmals Zugeständnisse zu erwirken«) und entscheidungsbezogener Hinsicht (»Herr Müller hat bei uns das letzte Wort«) zu erfolgen. Die hierbei gefundene Aufteilung kann zu übergreifenden Typisierungen der Teammitglieder (z. B. Negotiator, Commander und Decider) verdichtet werden. Für jedes Teammitglied ist dabei ein konkretes Aufgabenprofil anzufertigen.

Abbildung 23 stellt die Aufgaben, die im Rahmen der Verhandlungsorganisation anfallen, in Form eines Überblicks nochmals abschließend dar.

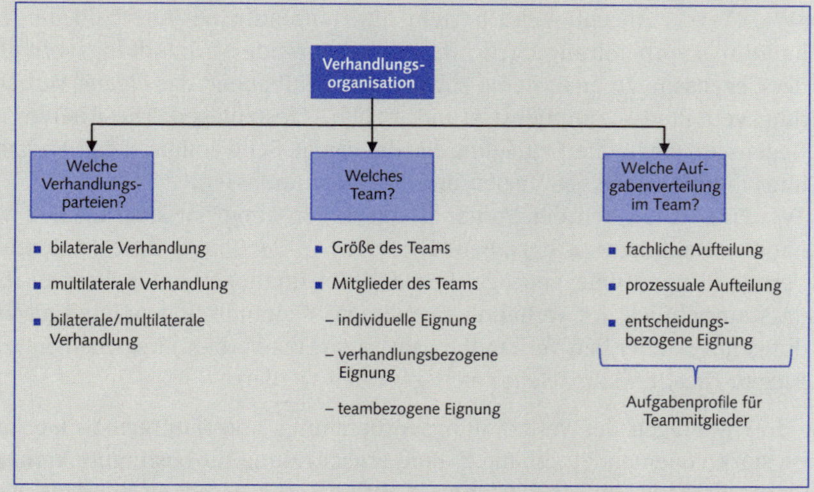

Abb. 23: Überblick zur Verhandlungsorganisation

3. Verhandlungsvorbereitung

3.1 Bereiche der Verhandlungsvorbereitung

»80:20-Regel«

Die Verhandlungsvorbereitung stellt eine, wenn nicht sogar *die* entscheidende Phase des Verhandlungsmanagements dar. Nur wenn eine anschließende Verhandlung zuvor umfassend und detailliert vorbereitet worden ist, sind die Voraussetzungen für einen erfolgreichen Verhandlungsabschluss erfüllt. Gerade weil die Vorbereitung von Verhandlungen in der Praxis oft zu Kurz kommt, hat *Thompson* (2005) die »80:20-Regel« der Verhandlungsvorbereitung postuliert, wonach die Bedeutung der Verhandlungsvorbereitung im Verhältnis zur anschließenden Verhandlungsführung viermal größer ist und daher auch viel Zeit in Anspruch nehmen sollte.

»W-Fragen« der Verhandlungsvorbereitung

Im Rahmen der Verhandlungsvorbereitung sind dabei Antworten auf drei zentrale »W-Fragen« zu geben:

- »Worüber-Frage«: Eine wesentliche Vorbereitungsaufgabe besteht in der Identifikation und Analyse der eigentlichen Verhandlungsgegenstände. Diese sind nach ihrer Ermittlung z. B. daraufhin abzuklopfen, wie konfliktträchtig sie im Einzelnen sind, so dass diesen gegebenenfalls in der Verhandlungsvorbereitung eine besondere Beachtung geschenkt werden kann. Ebenso sollte an dieser Stelle geprüft werden, ob bevorstehende Verhandlungen mit anderen Verhandlungen verknüpft werden können, um durch »Deals« die Verhandlungsposition in der anstehenden Verhandlung zu verbessern.
- »Wie-Frage«: Anschließend besteht die Hauptaufgabe innerhalb der Verhandlungsvorbereitung darin, das zu erwartende Verhandlungsverhalten der Gegenseite zu analysieren sowie darauf aufbauend das eigene Verhandlungsverhalten – zumindest grundsätzlich – festzulegen. Die Analyse der Gegenseite sowie die Festlegung für die eigene Seite sollten dabei Verhandlungsmotive, -ziele, -strategien und -taktiken umfassen.
- »Wo-Frage«: Ein Teil der Verhandlungsvorbereitung hat sich auf den Verhandlungsrahmen zu beziehen. Dieser ist in der Praxis durch zahlreiche Verhandlungsrituale geprägt. Verhandlungsmanagement bedeutet aber, dass hinsichtlich des Verhandlungsrahmens ökonomisch geprägte Entscheidungen z. B. über den Verhandlungsort sowie die Verhandlungsmedien (z. B. Face-to-Face, E-Mail, Telefon etc.) getroffen werden.

Die drei W-Fragen der Verhandlungsvorbereitung sind naturgemäß wechselseitig stark voneinander abhängig. Eine Entscheidung für bestimmte Verhandlungsgegenstände, für ein bestimmtes Verhandlungsverhalten oder für einen bestimmten Verhandlungsrahmen hat automatisch Rückwirkungen auf die übrigen Bereiche.

3.1.1 Verhandlungsgegenstände

3.1.1.1 Identifikation und Analyse der originären Verhandlungsgegenstände

Aufgaben in Bezug auf Verhandlungsvorbereitung

Im Hinblick auf die Verhandlungsgegenstände ist zwischen folgenden Teilaufgaben innerhalb der Verhandlungsvorbereitung zu differenzieren:

- Identifikation von Verhandlungsgegenständen und
- Analyse von Verhandlungsgegenständen.

Identifikationsphase

Festlegung von Präferenzdeterminanten

Am Beginn der Verhandlungsvorbereitung steht die Feststellung, worüber mit dem Verhandlungspartner überhaupt verhandelt werden soll. Gemeint ist hiermit nicht etwa, dass sich Verhandlungsakteure nochmals vor Augen führen, über welches generelle Verhandlungsobjekt (z. B. Kauf eines Autos oder Einstellung eines Mitarbeiters) verhandelt werden soll. Stattdessen geht es um die Identifikation der Verhandlungsbestandteile, über die bei dem meist unstrittigen Verhandlungsobjekt Einigkeit zwischen den Verhandlungspartnern erzielt werden muss (vgl. *Peterson*, 2001). Wird so unter einer Verhandlung ein Prozess der Einigung über Austauschobjekte zwischen Parteien mit zumindest teilweise unterschiedlichen Präferenzen verstanden (vgl. Kapitel A.1), so geht es um die Festlegung relevanter und regelungsbedürftiger Präferenzdeterminanten. Beim Kauf eines Autos beispielsweise werden Käufer und Verkäufer Präferenzen (bevorzugte Zustände) im Hinblick auf Preis, Lieferzeit, Ausstattungsmerkmale oder zusätzliche Garantie-Zusagen haben. Da die parteienspezifischen Präferenzen dabei in Teilen zumindest unterschiedlich sind, werden Käufer und Verkäufer ein Interesse daran haben, Festlegungen bei diesen Präferenzdeterminanten im Vorfeld der Kauf- oder Verkaufsentscheidung zu treffen. Folglich müssen die Verhandlungspartner im Rahmen des Verhandlungsprozesses Einigung über die Zustände des Verhandlungsobjektes bei diesen Präferenzdeterminanten erzielen. Als Verhandlungsgegenstände kommen demnach alle Merkmale eines Verhandlungsobjektes oder eines Transaktionsprozesses in Frage, bei denen zumindest einer der Verhandlungsbeteiligten Wunschausprägungen aufweist oder bestimmte mögliche Ausprägungen ablehnt.

Identifikationsprozess

Nicht immer ist es dabei in Verhandlungen so, dass die in den Verhandlungen zu berührenden Verhandlungsgegenstände vollständig offensichtlich sind. Vielmehr stellen Verhandlungsakteure nicht selten erst bei der intensiven Auseinandersetzung mit dem Verhandlungsobjekt fest, welche Präferenzdeterminanten für sie entscheidend sind und bei welchen sie daher eine Regelung zwischen den Verhandlungsparteien wünschen. So kann dem Käufer eines Autos zwar im Vorfeld klar sein, dass er sich mit dem Verkäufer über Preis oder über Ausstattungsmerkmale einigen muss; zugleich kann ihm allerdings erst innerhalb des Beschaffungsprozesses klar werden, dass er die ansonsten in der Automobilbranche übliche Lieferzeit von 12 Wochen und mehr nicht zu akzeptieren bereit ist. Daher wird der Käufer erst im Rahmen seiner »Verhandlungsvorbereitung« erkennen, dass er zusätzlich eine vertragliche Regelung über den spätesten akzeptierten Lieferzeitpunkt mit dem Verkäufer anstreben will.

Typen von Verhandlungsgegenständen

Werden nun denkbare Verhandlungsgegenstände bei einem Verhandlungsobjekt dahingehend differenziert, ob eine der beteiligten Verhandlungsparteien Präferenzen bei diesen Verhandlungsgegenständen aufweist, so lassen sich drei Typen von Verhandlungsgegenständen bei Verhandlungsobjekten unterscheiden (vgl. Abbildung 24):

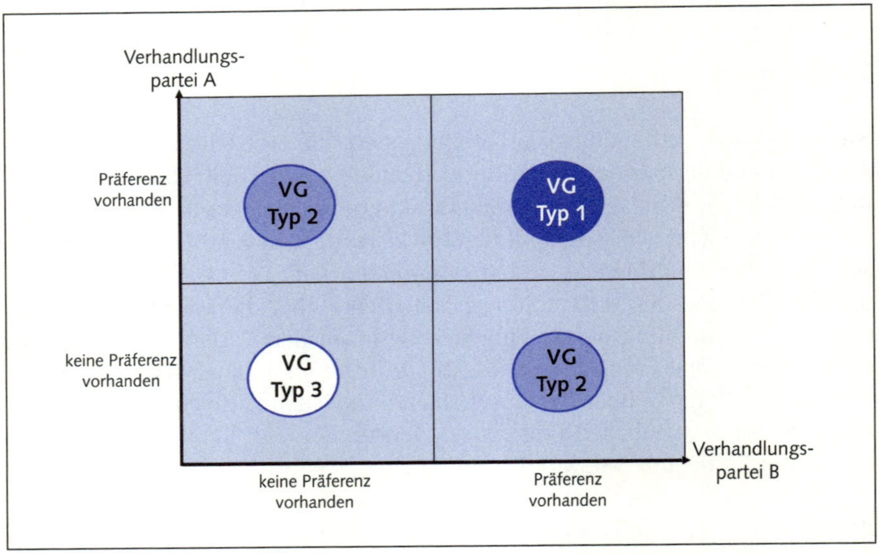

Abb. 24: Identifikation regelungsbedürftiger Verhandlungsgegenstände

Beidseitige Präferenzen

- Verhandlungsgegenstände vom Typ 1 sind dadurch gekennzeichnet, dass – im Zweiparteienfall – beide Verhandlungsparteien bei diesen Verhandlungsgegenständen über eindeutige Präferenzen verfügen. Daher wünschen beide Verhandlungsparteien auch, dass innerhalb der Verhandlung eine Regelung bezüglich der Ausprägung dieser Verhandlungsgegenstände festgeschrieben wird. Im oben angeführten Verhandlungsfall »Kauf eines Autos« stellt beispielsweise der Preis des zu kaufenden bzw. zu verkaufenden Autos einen Verhandlungsgegenstand vom Typ 1 dar. So wünscht der Käufer einen möglichst geringen Preis und der Verkäufer einen möglichst hohen Preis. Da beide Seiten zum Abschluss eines Kauf-/Verkaufvertrages nur dann bereit sein werden, wenn beim Verhandlungsgegenstand Preis ein für sie akzeptables Ergebnis erreicht wird, werden die Verhandlungsparteien beidseitig auf eine definitive Festschreibung des Kauf-/Verkaufpreises bestehen.

Einseitige Präferenzen

- Im Gegensatz dazu sind Verhandlungsgegenstände vom Typ 2 dadurch charakterisiert, dass nur – wiederum im Zweiparteienfall – eine der beiden Verhandlungsparteien über eine Präferenz verfügt. Ob diese Verhandlungspartei auf eine Festlegung bei der entsprechenden Präferenzdeterminante innerhalb des Verhandlungsprozesses drängen wird, hängt dabei von verschiedenen Faktoren ab. Je wichtiger der Verhandlungspartei die entsprechende Präferenzdeterminante ist, desto eher wird sie dazu neigen, dass der von ihr gewünschte Zustand innerhalb der Verhandlungslösung Berücksichtigung findet, obwohl die andere Verhandlungspartei offenbar kein Interesse an einer abweichenden Ausprägung des jeweiligen Verhandlungsgegenstandes hat. Beispielsweise wird der Käufer eines Neuwagens gegebenenfalls darauf drängen, dass im Kaufvertrag festgeschrieben wird, dass der Wagen bei der Auslieferung nicht mehr als 10 Kilometer gefahren sein darf. Hierzu wird andererseits der Autohändler gerne bereit sein, wenn er nicht die Absicht hat, den Neuwagen bereits im Vorfeld auf seinen eigenen Namen zuzulassen. Allerdings birgt das einseitige Drängen um Aufnahme von Präferenzdeterminanten innerhalb der gemeinsamen Verhandlungslösung auch Risiken in sich: Indem eine Verhandlungsseite deutlich macht, dass es ihr bei einem Verhandlungsgegenstand, der für die andere Seite unbedeutend ist, auf bestimmte Ausprägungen ankommt, eröffnet sie der anderen Verhandlungsseite die Möglichkeit, den »Wert« der gewünschten Ausprägung bei diesem Verhandlungsgegenstand an anderer Stelle abzuschöpfen. Besteht etwa der Autohändler im oben beschriebenen Autokauf darauf, dass im Vertrag festgeschrieben wird, dass die Halterung der Nummernschilder für Werbung des Autohändlers verwandt werden darf, so wird der Käufer, der zunächst einmal keine gegenteilige Präferenz bei diesem Verhandlungsgegenstand aufweist, möglicherweise eine Gegenleistung bei einem anderen Verhandlungsgegenstand erwarten.

Keine Präferenzen

- Schließlich liegen Verhandlungsgegenstände vom Typ 3 dann vor, wenn keine der Verhandlungsparteien Präferenzen bei diesen Verhandlungsgegenständen hat. Verhandlungsgegenstände vom Typ 3 werden daher in der Regel nicht zum Gegenstand der Verhandlung gemacht und sind daher kein Bestandteil der Verhandlungslösung.

Präferenzen der Gegenseite

Die Verhandlungsvorbereitung sollte sich im Rahmen der Identifikation von Verhandlungsgegenständen nicht allein auf die Frage konzentrieren, bei welchen möglichen Verhandlungsgegenständen die eigene Partei über Präferenzen verfügt, sondern insbesondere auch der Frage nachgehen, bei welchen Verhandlungsgegenständen die Gegenseite über Präferenzen verfügt (vgl. *Fells*, 1996). Indem bereits im Vorfeld der Verhandlung analysiert wird, welche Verhandlungsgegenstände für den Verhandlungsgegner von Bedeutung sind, werden spätere Überraschungen innerhalb der Verhandlung vermieden. Im obigen Beispiel des Pkw-Kaufs sollte sich so beispielsweise der Käufer vor Augen führen, dass der Autohändler erwarten könnte, dass mit dem seitens des Käufers in Zahlung gegebenen Gebrauchtwagen nach der Schätzung des Gebrauchtwagenwertes keine nennenswerte Strecke mehr zurückgelegt wird. In diesem Fall wäre es dem Käufer möglich, im Vorfeld eine Abschätzung der vermutlich bis zur Auslieferung des Neuwagens zu erwartenden zusätzlichen Kilometerzahl bei seinem bisherigen Pkw vorzunehmen. Indem die von der Gegenseite vermutlich gewünschten Verhandlungsgegenstände im Vorfeld identifiziert werden, wird die Effizienz der späteren Verhandlung demnach gesteigert. Zudem werden bessere Verhandlungslösungen möglich, so dass auch die Effektivität der Verhandlung durch eine auf die andere Verhandlungsseite gerichtete Verhandlungsvorbereitung vergrößert wird.

Analysephase

Arten von Verhandlungsgegenständen

Sind die Verhandlungsgegenstände, über die die eigene Partei, wie auch der Verhandlungsgegner verhandeln möchte, identifiziert, können diese Gegenstände einer genaueren Detailanalyse unterzogen werden. Hierbei ist insbesondere der Charakter der Verhandlungsgegenstände zu untersuchen, wobei auf einer übergeordneten Ebene zwischen

- kompatiblen und
- nicht-kompatiblen

Verhandlungsgegenständen zu unterscheiden ist.

Kompatible Verhandlungsgegenstände

Kompatible Verhandlungsgegenstände liegen immer dann vor, wenn zwar Präferenzen vorhanden sind, zugleich jedoch keine Präferenzunterschiede zwischen den Verhandlungsparteien bestehen. Bei einer Verhandlung zwischen einem potenziellen Mitarbeiter und dessen möglichen zukünftigen Arbeitgeber stellt eventuell der Einstiegszeitpunkt des Mitarbeiters einen kompatiblen Verhandlungsgegenstand dar. Hier wünschen sich in der Regel beide Seiten einen möglichst frühzeitigen Starttermin. Demzufolge sind die Präferenzen von Arbeitgeber und potenziellem Arbeitnehmer bei diesem Verhandlungsgegenstand gleichgerichtet. Es bestehen keine Interessenunterschiede zwischen den Verhandlungsparteien. Bei kompatiblen Verhandlungsgegenständen liegt demnach an sich gar kein Verhandlungsproblem zwischen den Parteien vor. Auf einfache Art und Weise lässt sich die beidseitig gewünschte Ausprägung festschreiben.

Die Praxis zeigt allerdings, dass auch bei kompatiblen Verhandlungsgegenständen ein Verhandlungsproblem entstehen kann. So besteht zwar kein Problem, eine einvernehmliche Regelung in Bezug auf diese Verhandlungsgegenstände innerhalb der Verhandlung zu erzielen; allerdings setzt dies voraus, dass die Kompatibilität der Verhandlungsgegenstände im Vorfeld durch die Verhandlungspartner identifiziert worden ist. In vielen Verhandlungen wird die Kompatibilität von Verhandlungsgegenständen allerdings von den Verhandlungsparteien übersehen. Als Ursache hierfür wird in der Verhandlungsforschung oftmals die so genannte »fixed-pie-assumption« angeführt (vgl. *Thompson*, 1990). Diese besagt, dass Verhandlungsakteure in der Regel von divergierenden Präferenzen zwischen den Verhandlungsparteien ausgehen, so dass die Annahme gleicher Präferenzlagen zunächst in der Regel gar nicht erst in Betracht gezogen wird.

Auch wenn die Kompatibilität gegebenenfalls dann später innerhalb der Verhandlungen festgestellt wird, führt das anfängliche Nicht-Erkennen der Kompatibilität zu Ineffizienzen innerhalb der Verhandlung, gegebenenfalls auch zu nicht-effektiven Verhandlungslösungen. Daher sollte am Beginn der Analyse von Verhandlungsgegenständen stets die Prüfung der Kompatibilität der identifizierten Verhandlungsgegenstände stehen.

Nicht-kompatible Verhandlungsgegenstände

Im Umkehrschluss sind unter nicht-kompatiblen Verhandlungsgegenständen solche Verhandlungsgegenstände zu fassen, bei denen Präferenzunterschiede zwischen den Verhandlungsparteien zu erwarten sind. Bei diesen Verhandlungsgegenständen kann auf einer zweiten Ebene nochmals eine Differenzierung vorgenommen werden. So ist zwischen

- distributiven und
- integrativen

Verhandlungsgegenständen zu differenzieren.

Distributive vs. integrative Gegenstände

Die Unterteilung in distributive und integrative Verhandlungsgegenstände, die in der Literatur einen großen Raum einnimmt, setzt an der Variabilität des Wins-Sets an. Ist das Win-Set bei einem Verhandlungsgegenstand fix, so liegt ein distributiver Verhandlungsgegenstand vor. Hingegen ist das Win-Set bei integrativen Verhandlungsgegenständen variabel. Die Unterteilung lässt sich anschaulich an folgendem, in der Literatur vielfach wiedergegebenen Fallbeispiel verdeutlichen (vgl. *Fisher/Ury*, 1981):

FALLBEISPIEL 15

Besonderheiten distributiver und integrativer Verhandlungen

Zwei Schwestern streiten um eine Orange, die sie in der Küche ihrer Mutter im Kühlschrank gefunden haben. Die ältere der Schwestern argumentiert, dass sie die Orange unbedingt benötige, um damit einen Kuchen zu backen. Die jüngere Schwester will die Orange hingegen für sich haben, weil sie großen Appetit auf Orangen hat und deren Fruchtfleisch gerne verzehren möchte.

Auf den ersten Blick scheint eine distributive Verhandlung vorzuliegen, wenn der Verhandlungsgegenstand »Orange« so aufgefasst wird, dass eine umfassendere Erfüllung der Präferenzen der einen Verhandlungsseite automatisch zu einer geringeren Erfüllung der Präferenzen der anderen Verhandlungsseite führt. Für distributive Verhandlungen wird in der Literatur daher auch parallel das Bild einer »Kuchenaufteilung« verwandt, bei der ein größeres »Kuchenstück« für die eine Verhandlungspartei stets mit einem kleineren Kuchenstück für die andere Verhandlungspartei verbunden ist.

Tatsächlich erkennen die Schwestern im Orangen-Beispiel jedoch im Verlauf ihrer »Verhandlung«, dass der Verhandlungsgegenstand »Orange« im vorliegenden Fall nicht distributiv, sondern integrativ ist. So stellt die ältere Schwester beim Durchgehen des Backrezeptes für den von ihr geplanten Kuchen fest, dass sie von der Orange allein die Schale benötigt. Diese soll von der Orange abgeschabt werden und der Backmischung beigegeben werden. Da es der jüngeren Schwester jedoch allein um das Fruchtfleisch der Orange geht und sie kein Interesse an der weiteren Verwendung der Schale der Orange hat, können die Schwestern eine Verhandlungslösung herbeiführen, die ein besseres Ergebnis als die Alternative distributive Verhandlungslösung (Aufteilung der Orange oder Überlassen der Orange an eine Verhandlungspartei) be-

deutet. So würde bei einer distributiven Verhandlungslösung zumindest eine Verhandlungsseite vom gewünschten Verhandlungsergebnis Abstand nehmen müssen. Im Gegensatz dazu führt die integrative Lösung hier dazu, dass beide Verhandlungsseiten die gewünschte Optimallösung realisieren können: Während die ältere Schwester die benötigte Schale erhält, wird das Fruchtfleisch der jüngeren Schwester überlassen.
In Fortführung des in der Literatur parallel verwandten Kuchen-Bildes liegt eine integrative Verhandlungslösung folglich immer dann vor, wenn die Verhandlungsparteien eine Verhandlungslösung realisieren können, bei der sich die Kuchengröße ausweitet. Während also bei distributiven Verhandlungen das »Win-Set« feststeht, lässt sich dieses bei integrativen Verhandlungen durch entsprechendes Verhandlungsverhalten der Verhandlungsparteien ausweiten.

Verhandlung mit distributiven und integrativen Elementen

Anders als das Orangen-Beispiel auf den ersten Blick nahe legt, ist die Frage des Vorhandenseins von Integrativität nicht für ganze Verhandlungen, sondern zunächst einmal für einzelne Verhandlungsgegenstände zu stellen. Immer dann nämlich wenn – anders als im Orangen-Beispiel – mehr als ein Verhandlungsgegenstand vorliegt, ist der Fall realistisch, dass sich eine Verhandlung sowohl auf distributive wie auch auf integrative Elemente bezieht. In einer Arbeitgeber-Arbeitnehmerverhandlung werden die Verhandlungspartner so beispielsweise nicht nur über den Einstiegstermin des potenziellen neuen Mitarbeiters sprechen. Stattdessen wird zugleich auch etwa über das Jahresgehalt verhandelt. Und da dieser Verhandlungsgegenstand eher distributiven Charakter aufweist, stellt sich die Gesamtverhandlung für die Parteien so dar, dass diese sowohl distributive Verhandlungsgegenstände (z. B. Jahresgehalt) wie auch integrative Verhandlungsgegenstände (z. B. Einstiegstermin) umfasst.

Splitting

Zu beachten ist dabei allerdings, dass auch scheinbar vollständig distributive Verhandlungsgegenstände durch entsprechende »Bearbeitung« in integrative Verhandlungsgegenstände überführt werden können. Vor allem durch Aufteilung einzelner Verhandlungsgegenstände in zwei oder mehr separate Verhandlungsgegenstände (Splitting) kann es gelingen, aus einem distributiven Verhandlungsgegenstand eine Gruppe integrativer Verhandlungsgegenstände zu entwickeln (vgl. *Thompson*, 2005). Ein Beispiel, an dem die Wirkung von Splitting auf den Distributionsgrad von Verhandlungen gut nachvollzogen werden kann, stellt das Jahresgehalt für einen Arbeitnehmer dar. Wird allein über das Jahresgehalt in der Summe verhandelt, ist dieser Verhandlungsgegenstand für Arbeitnehmer und Arbeitgeber distributiv. Wird allerdings der Verhandlungsgegenstand »Jahreseinkommen« aufgespalten in die Verhandlungsgegenstände »fixes Jahresgehalt« und »variable Lohnbestandteile«, so kann aus einer hoch-distributiven Verhandlungssituation eine zumindest in Teilen integrative Verhandlungssituation werden. Wird dem Arbeitnehmer seitens des Arbeitgebers beispielsweise nun alternativ angeboten, entweder ein vollständig fixes Jahresgehalt von 50.000 Euro ohne weitergehende variable Lohnbestandteile oder allein ein fixes Jahresgehalt von 45.000 Euro sowie mögliche variable Lohnbestandteile von 10.000 Euro zu beziehen, so wird aus der distributiven Verhandlung eine (zumindest in Teilen) integrative Verhandlungssituation, da

Arbeitnehmer und Arbeitgeber indirekt weitere Verhandlungsgegenstände in die Verhandlung einbringen: Der Arbeitnehmer wird nun seine Vorstellungen zur »Sicherheit des Jahresgehalts« mit in seine Überlegungen einbeziehen. Ebenso wird der Arbeitgeber den Aspekt der »Mitarbeitermotivation« zusätzlich in der Verhandlung berücksichtigt sehen. Zusammengenommen führt das »Splitting« des Verhandlungsgegenstandes »Jahresgehalt« dazu, dass durch Aufnahme weiterer indirekt wirkender Verhandlungsgegenstände auf Seiten von Arbeitnehmer und Arbeitgeber »Deals« zwischen den Verhandlungsparteien möglich werden. So kann für den Arbeitgeber plötzlich ein insgesamt höheres Jahresgehalt für den Arbeitnehmer attraktiv werden, wenn er zugleich hierdurch die Erfüllung bestimmter Leistungskriterien sichert. Ebenso kann für den Arbeitnehmer ein geringeres fixes Jahressalär akzeptabel sein, wenn er zugleich die Möglichkeit bekommt, bei Erfüllung bestimmter Leistungskriterien eine höhere Gesamtentlohnung zu erreichen.

FALLBEISPIEL 16

Splitting als Instrument zur Einigung in Tarifverhandlungen

Gerade in Tarifverhandlungen stehen sich die Tarifpartner oft distributiv gegenüber. Die Arbeitnehmer fordern höhere Löhne, die Arbeitgeber wollen ihnen diese nicht gewähren. Erst das Splitting des Verhandlungsgegenstandes »höhere Löhne« ermöglicht es den beteiligten Parteien, eine für beide Seiten integrative Lösung aufzufinden. Beispielsweise forderte die IG Metall in der Tarifrunde »Herbst 2008« von den Arbeitgebern Südwestmetall Lohnerhöhungen von 8 Prozent. Diese boten allerdings nur eine Lohnsteigerung von 2,6 Prozent an. Am Ende der Tarifverhandlungen stand folgende Lösung:

- Die Entgelte in der Metallindustrie steigen zum 1. Februar 2009 um 2,1 Prozent und zum 1. Mai 2009 um weitere 2,1 Prozent.
- Die zweite Erhöhung kann in Betrieben, die wirtschaftlich in Not sind, per Betriebsvereinbarung um 7 Monate aufgeschoben werden.
- Alle Arbeitnehmer erhalten für die Monate November 2008 bis Januar 2009 eine Einmalzahlung von 510 Euro.
- Die Ausgleichszahlung wird im Dezember 2008 gezahlt.
- Eine weitere Einmalzahlung wird im September 2009 in Höhe von 0,4 Prozent je Monatsgehalt gezahlt.
- Diese weitere Einmalzahlung kann aber aus wirtschaftlichen Gründen entfallen.
- Für die ersten vier Monate von 2010 wurde eine weitere Entgelterhöhung von 1,6 Prozent vereinbart, die allerdings zur Finanzierung von Altersteilzeit verwandt wird.
- Der Vertrag hat eine Laufzeit von 18 Monaten.

In der Verhandlungsforschung wird ein solches gegenseitiges Unterbreiten von Zugeständnissen im Rahmen von Paketvereinbarungen als »logrolling« bezeichnet (vgl. *Walton/McKersie*, 1965). In der deutschen Übersetzung des Begriffs (Paketvereinbarung) kommt die oben geschilderte Idee der Realisierung von Trade-Off-Aspekten auf anschauliche Weise zum Ausdruck. »Logrolling«

Im Hinblick auf die Analyse der Verhandlungsgegenstände ist jedoch zu beachten, dass sich die Frage, ob ein Verhandlungsgegenstand distributiv oder Verdeckte Integrativität integrativ ist, nicht immer im Vorfeld von Verhandlungen abschließend klären lässt (vgl. *Lewis/Fry*, 1977). Häufig ist es vielmehr so, dass sich erst im Verlauf von Verhandlungen herausstellt, ob ein Verhandlungsgegenstand tatsächlich integrativ oder rein distributiv ist. So stellten auch die beiden Schwestern im obigen Fallbeispiel 15 erst im Rahmen ihrer »Verhandlung« fest, dass der Verhandlungsgegenstand »Orange« nicht, wie ursprünglich vermutet, distributiv ist, sondern einen vollständig integrativen Charakter aufweist. Diese Erkenntnis bedeutet allerdings nicht, dass die Frage der Integrativität oder Distributivität allein als Aufgabenstellung für die Verhandlungsführung aufgefasst werden darf. Stattdessen ist innerhalb der Verhandlungsvorbereitung im Rahmen der Analyse von Verhandlungsgegenständen zu prüfen, bei welchen Verhandlungsgegenständen integratives Potenzial vorliegt. Auch hierzu ist es unumgänglich, dass sich Verhandlungsakteure mit den Präferenzen der anderen Verhandlungsseite beschäftigen. Nur wenn sich Verhandlungsakteure intensiv mit den Prozessen, Umfeldbedingungen und Restriktionen des Verhandlungsgegners auseinandersetzen und die Präferenzen der anderen Verhandlungsseite folglich umfassend analysiert werden, lassen sich Ansatzpunkte für integratives Potenzial bei Verhandlungsgegenständen erkennen. Das nachfolgende Fallbeispiel belegt dies.

FALLBEISPIEL 17

Erkennen integrativen Potenzials bei Verhandlungsgegenständen

Die Umweltdienste GmbH ist die Tochter eines großen deutschen Chemiekonzerns. Sie ist darauf spezialisiert, alle in einem Chemieunternehmen entstehenden Abfälle mit modernsten Anlagen und Verfahren umweltgerecht zu entsorgen. Da das Unternehmen über entsprechende Entsorgungskapazitäten verfügt und zugleich einen exzellenten Ruf im Markt aufweist, wird die Umweltdienste GmbH regelmäßig auch von kleineren Chemieunternehmen, die nicht zum Mutterkonzern der Umweltdienste GmbH gehören, gebeten, die Entsorgung von in diesen Unternehmen auftretenden Chemieabfällen zu übernehmen.

Das Geschäftsmodell der Umweltdienste GmbH sieht dabei vor, dass die zu entsorgenden Abfälle von den externen Kunden an den von der Umweltdienste GmbH betriebenen Anlagen angeliefert werden. Dies ist für die meisten Kundenunternehmen auch kein Problem, da sie über eine entsprechende eigene Logistik verfügen.

Als Anfang Oktober 2008 die Rhinechem AG die Umweltdienste GmbH kontaktierte und die Entsorgung einer überschaubaren Menge von hochgiftigem Chemieabfall anfragte, ging der zuständige Disponent im Hause der Umweltdienste GmbH zunächst davon aus, dass auch hier ein Standardangebot ausreichen würde. Da man bisher mit der Rhinechem AG noch keine großen Geschäfte gemacht hatte, bot der Disponent dem potenziellen Kunden eine Standard-Entsorgung an. Das Angebot enthielt – angesichts des eher geringen Kundenwerts – keine Rabatte vom ansonsten gültigen Listenpreis sowie die Vereinbarung, dass die Anlieferung des Chemieabfalls durch den Kunden zu erfolgen habe. Umso mehr wunderte sich der Disponent, dass der Kunde – obwohl bei ihm im wahrsten Sinne des Wortes die Fässer überzulaufen drohten – das Angebot nicht sofort annahm. So wurde in ersten telefonischen Verhandlungen vom Kunden kritisiert, dass die Entsorgungskosten relativ hoch seien – insbesondere vor dem Hintergrund, dass eine Anlieferung der Chemikalien durch den Kunden erwartet würde. Anfänglich versuchte der Disponent hierauf durch einen moderaten

»Erstkunden-Rabatt« zu reagieren. Als der Kunde allerdings immer noch über zu hohe Kosten klagte, stellte sich im Gespräch mit dem Kunden heraus, dass dieser für die Anlieferung der Chemikalien eine Speziallogistikfirma beauftragen müsse, da er über keine eigenen Logistikmöglichkeiten verfüge. Als der Disponent dem Kunden daraufhin anbot, die Abholung der Chemikalien gegen einen entsprechenden Aufpreis zu übernehmen, war der Kunde umgehend vertragsbereit und verzichtete sogar auf die Einforderung von Rabatten bei den eigentlichen Entsorgungspreisen. Aufbauend auf den Erfahrungen mit diesem Kunden beschloss der Disponent für die Zukunft, bei Kunden stets im Vorfeld zu prüfen, ob diese über entsprechende Logistikmöglichkeiten verfügen. Er hatte erkannt, dass die Logistik offenbar ein Verhandlungsgegenstand mit integrativem Potenzial ist.

3.1.1.2 Erweiterung und Einengung von Verhandlungsgegenständen

Sind die Verhandlungsgegenstände, über die in einer anstehenden Verhandlung Absprachen erfolgen sollen, identifiziert und analysiert, so bedeutet dies nicht, dass über diese bzw. allein über diese verhandelt werden muss. Stattdessen können Unternehmen gezielt eine

- Erweiterung der zunächst betrachteten Verhandlungsgegenstände oder
- Einengung der zu behandelnden Verhandlungsgegenstände

vornehmen.

Erweiterung von Verhandlungsgegenständen: Side Deals

Begriff »Side Deal«

Im Anschluss an die Identifikation und Analyse der originären Verhandlungsgegenstände einer Verhandlung sollte zusätzlich geprüft werden, inwieweit innerhalb einer Verhandlung so genannte »Side Deals« möglich sind. Unter einem Side Deal ist der Versuch zu verstehen, das Ergebnis oder den Prozess einer Verhandlung an das Ergebnis oder den Prozess einer anderen Verhandlung zu knüpfen. Indem parallele Absprachen über Ergebnis und/oder Prozess einer anderen Verhandlung vorgenommen werden, soll die Verhandlungsposition in der eigentlich anstehenden Verhandlung verbessert werden (vgl. auch für ein Beispiel aus der Politik *Conceição-Heldt*, 2007).

Arten von Side Deals

Entsprechend Abbildung 25 sind dabei verschiedene Stoßrichtungen für das Initiieren von Side Deals möglich. So ist zwischen zeitbezogenen, objektbezogenen und partnerbezogenen Deals zu differenzieren.

Zeitbezogene Side Deals

Zukünftige gleichartige Verhandlungen

Bei zeitbezogenen Deals wird die augenblicklich anstehende Verhandlung mit einem Verhandlungspartner über einen bestimmten Verhandlungsgegenstand mit gleichartigen Verhandlungen in der Zukunft verknüpft. Bei den Verhandlungsgegenständen der laufenden Verhandlung soll ein verbessertes Ergebnis erreicht werden, indem Verhalten und/oder Ergebnis bei zukünftigen Verhandlungen als zusätzliche Verhandlungsgegenstände eingebracht werden. Das nachfolgende Fallbeispiel aus der Automobilindustrie verdeutlicht die hohe praktische Relevanz zeitbezogener Deals.

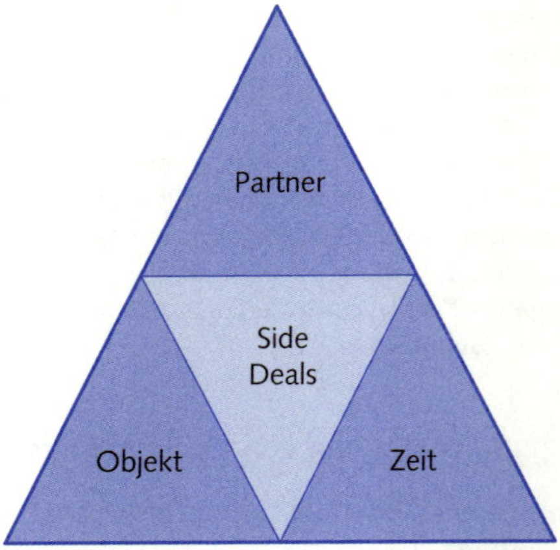

Abb. 25: Grundsätzliche Stoßrichtungen für Side Deals

FALLBEISPIEL 18

Zeitbezogene Side Deals

Ein Automobilhersteller (OEM) verhandelt mit einem Automobilzulieferer über die Lieferung einer Standardkomponente für ein von ihm bereits im Markt etabliertes Pkw-Modell. Der OEM will den Zulieferauftrag für die innerhalb der nächsten 12 Monate benötigten Standardkomponenten vergeben. Innerhalb der Verhandlungen soll es nach Auffassung des OEM vor allem um den Bezugspreis für die Standardkomponente gehen. Der Zulieferer ist sich im Vorfeld der Verhandlung sicher, dass er den hohen Erwartungen des OEM in Bezug auf Preisnachlässe bei der Standardkomponente nicht ausreichend nachkommen kann. Allerdings zeigen die Analysen des Zulieferers, dass er dem OEM weitere zusätzliche Preisnachlässe in Aussicht stellen kann, wenn ihm dieser bereits heute Zusagen in Bezug auf die Zulieferung der Standardkomponente nach Ablauf der eigentlich nur geplanten Vertragslaufzeit von 12 Monaten gibt. Denn in diesem Fall ist es für den Zulieferer möglich, langfristige Beschaffungsverträge mit eigenen Zulieferern einzugehen, so dass sich seine Beschaffungskostensituation verbessert und er diese Verbesserung über weitere Preisnachlässe in Teilen an den OEM weiterreichen kann. Aus diesem Grunde versucht der Zulieferer, in der Verhandlung einen zeitbezogenen Side Deal mit dem OEM einzugehen. Er bemüht sich, zusätzliche Preisnachlässe in der anstehenden Verhandlung an Zusagen in Bezug auf Folgelieferungen zu knüpfen.

Objektbezogene Side Deals

Parallel geführte Verhandlungen

Eine andere Form von Side Deals liegt vor, wenn Verknüpfungen zu anderen Verhandlungsobjekten in Verhandlungen vorgenommen werden. Dies bietet sich immer dann an, wenn mit dem gleichen Verhandlungspartner zur gleichen Zeit über verschiedene Sachverhalte verhandelt wird. In diesem Fall kann es sich als sinnvoll erweisen, wenn Verhandlungspartner ihre bei einem Verhandlungsobjekt bestehende Verhandlungsposition auf eine parallel geführte

Verhandlung bei einem anderen Verhandlungsobjekt übertragen. Dies ist insbesondere dann von Vorteil, wenn man in einer der anstehenden Verhandlungen über eine sehr gute Verhandlungsposition verfügt. Indem diese Verhandlung mit einer Verhandlung bei einem anderen Verhandlungsobjekt verknüpft wird, bei dem die eigene Verhandlungsposition möglicherweise deutlich schlechter ist, wird ein »Transfer von Verhandlungsmacht« beabsichtigt. Auch diese Form von Side Deals findet sich sehr häufig in der Verhandlungspraxis.

FALLBEISPIEL 19

Objektbezogene Side Deals

Das Eingehen objektbezogener Side Deals stellt beispielsweise eine der wesentlichen Aufgaben des Key-Account-Managements dar. Unternehmen, die Kunden eine Vielzahl verschiedener Leistungen anbieten, haben in der Vergangenheit festgestellt, dass sie mit einer produktbezogenen Vertriebsorganisation beim Kunden häufig nicht optimal aufgestellt sind. Insbesondere dann, wenn die verschiedenen, dem Kunden angebotenen Leistungen von einem Zentraleinkauf beschafft werden, birgt eine produktbezogene Vertriebsorganisation die Gefahr in sich, dass sich der Kunde entweder nicht adäquat vom Vertrieb betreut sieht (z. B. weil zu viele Vertriebsmitarbeiter mit jeweils unterschiedlicher Produktverantwortung den Kontakt zum Einkauf suchen) oder der Einkauf die produktbezogenen Vertriebseinheiten gegeneinander ausspielt. Daher haben viele Unternehmen inzwischen parallel zu ihren produktbezogenen (und gegebenenfalls auch regionalen) Vertriebsorganisationen kundenbezogene Vertriebsorganisationen geschaffen. Hierbei werden die besonders wichtigen Kunden zusätzlich durch spezielle Vertriebsmitarbeiter (so genannte Key-Account-Manager) betreut. Dem Key-Account-Manager fällt dabei die Aufgabe zu, die verschiedenen produktbezogenen Beziehungen mit dem Kunden zu koordinieren. Unter anderem ist es dabei auch seine Aufgabe, die Konditionen, die dem Kunden geboten werden, produktübergreifend abzustimmen. Hierbei kann der Key-Account-Manager versuchen, Verhandlungsvorteile, die bei bestimmten Produkten bestehen, in andere Verhandlungen einzubringen. Ist der Kunde beispielsweise auf die Lieferung eines bestimmten Produktes angewiesen, fordert aber zugleich bei einem anderen Produkt, bei dem sich der Anbieter in einem stärkeren Wettbewerb befindet, sehr hohe Preisnachlässe, so kann der Key-Account-Manager versuchen, die Lieferung des kundenseitig unbedingt benötigten ersten Produktes daran zu knüpfen, dass der Kunde auf hohe Preisnachlässe bei dem zweiten Produkt verzichtet.

Partnerbezogene Side Deals

Verhandlungen mit Dritten

Eine dritte Form der Erweiterung von Verhandlungsgegenständen stellen partnerbezogene Side Deals dar. Hierbei wird das Verhalten in einer anstehenden Verhandlung davon abhängig gemacht, wie sich der Verhandlungspartner oder auch die eigene Verhandlungsseite in Verhandlungen mit Dritten verhält. Partnerbezogene Side Deals machen dabei nur dann Sinn, wenn eine »Dreiecksbeziehung« zwischen den Partnern einer augenblicklich anstehenden Verhandlung und einer oder mehreren Drittparteien besteht. Nur wenn eine der beiden in Abbildung 26 dargestellten Konstellationen vorliegt, stellen partnerbezogene Side Deals eine sinnvolle Vorgehensweise zur Erweiterung der Verhandlungsgegenstände dar. Charakteristikum der in Abbildung 26 dargestellten

Verhandlungskonstellationen ist es dabei, dass die nicht an der Drittpartei-Verhandlung beteiligte Verhandlungsseite ein Interesse an dem dabei erzielten Verhandlungsergebnis aufweist.

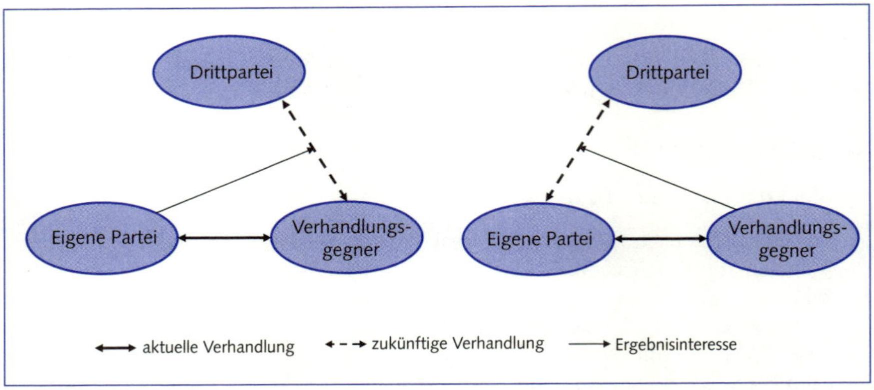

Abb. 26: Mögliche Verhandlungskonstellationen bei partnerbezogenen Side Deals

Verbreitung in der Praxis

Auch wenn die obigen Ausführungen zunächst den Eindruck erwecken, als würde es sich bei partnerbezogenen Side Deals eher um eine theoretische Möglichkeit handeln, stellt diese in der Verhandlungspraxis sehr wohl eine häufig anzutreffende Verhandlungskonstellation dar. Ausschließlichkeitsklauseln beim Einkauf von Leistungen (Nicht-Belieferung von Wettbewerbern) oder das Verknüpfen von Tarifverträgen an Tarifverhandlungsergebnisse mit anderen Gewerkschaften stellen praktische Beispiele für Erscheinungsformen partnerbezogener Side Deals dar.

FALLBEISPIEL 20

Partnerbezogene Side Deals

In Kapitel A dieses Buches wurde als Fallbeispiel bereits die Tarifverhandlung zwischen der Deutschen Bahn AG und der Gewerkschaft der Lokomotivführer (GDL) angeführt. Eine wesentliche Erschwernis dieses Tarifkonflikts bestand 2007 darin, dass der Vorstand der Deutschen Bahn AG in zuvor stattgefundenen Tarifverhandlungen mit anderen Gewerkschaften partnerbezogene Side Deals eingegangen war. So hatte man mit den im Rahmen einer Tarifgemeinschaft operierenden Bahn-Gewerkschaften Transnet sowie der Gewerkschaft der Bahn-Angestellten (GDBA) einen Tarifvertrag geschlossen, der vorsah, dass die dort vereinbarte Lohnsteigerung nur so lange gültig wäre, wie die Bahn nicht mit einer anderen Gewerkschaft (vor allem natürlich mit der GDL) eine höhere Lohnsteigerung vereinbaren würde. Mit diesem partnerbezogenen Side Deal hatten sich Transnet und GDBA absichern wollen, dass die Bahn in späteren Tarifverhandlungen mit der GDL keine höheren als in ihrem Tarifvertrag ausgewiesene Lohnsteigerungen vereinbaren würde.
Der Bahn-Vorstand hatte sich auf diesen partnerbezogenen Side Deal eingelassen, um einerseits einen moderaten Tarifabschluss mit Transnet und GDBA zustande zu bringen und andererseits keine überzogenen Erwartungen für die noch anstehenden Tarifverhandlungen mit den Lokomotivführern der GDL aufkommen zu lassen. Tat-

sächlich erwies sich der partnerbezogene Side Deal allerdings in den späteren Tarifverhandlungen mit der GDL eher als Erschwernis. So hatte der Bahn-Vorstand bei allen, über den mit Transnet und GDBA vereinbarten Lohnsteigerungen zu berücksichtigen, dass diese automatisch den bereits bestehenden Tarifvertrag mit Transnet und GDBA zunichte machen würden. Hierdurch kam es zu einer weiteren Verhärtung der Verhandlungspositionen innerhalb der Tarifverhandlungen mit der GDL.

Komplexität durch Side Deals

Auch wenn zeit-, objekt- oder partnerbezogene Side Deals für Verhandlungsakteure verlockend erscheinen, da diese zusätzliche Optionen innerhalb von Verhandlungen eröffnen, darf nicht übersehen werden, dass Side Deals mit zusätzlicher Komplexität in Verhandlungen verbunden sein können. Da diese auf dem Grundgedanken basieren, eine Erweiterung der bereits vorhandenen Verhandlungsgegenstände vorzunehmen, steigt hierdurch die Verhandlungskomplexität an, da diese von der Anzahl der Verhandlungsgegenstände abhängig ist. Vor diesem Hintergrund sollten Side Deals in der Verhandlungsvorbereitung zwar auf jeden Fall geprüft werden, jedoch stets auch vor dem Hintergrund des Problems der »Verhandlungskomplexität« betrachtet werden.

Einengung der Verhandlungsgegenstände: Excluding

Anwendungsbereiche für Excluding

Ebenso kann es aber auch sinnvoll bzw. notwendig sein, einige der zunächst ins Auge gefassten Verhandlungsgegenstände bewusst aus der Verhandlung auszuschließen (»Excluding«). Hierfür kommen vor allem solche Verhandlungsgegenstände in Frage,

- bei denen große Präferenzunterschiede zu vermuten sind,
- die »abspaltbar« sind, da sie in keinen Wechselbeziehungen zu anderen Verhandlungsgegenständen stehen,
- bei denen Präferenzänderungen bei einer oder mehreren Verhandlungsparteien für die Zukunft nicht ausgeschlossen werden können und
- die für die Verhandelnden insgesamt von nur nachrangiger Bedeutung sind.

Eine Ausgrenzung von Verhandlungsgegenständen und damit möglicherweise das Schaffen der Notwendigkeit zu Folgeverhandlungen erscheint so nur dann sinnvoll, wenn bei den betroffenen Verhandlungsgegenständen große Präferenzunterschiede bestehen, die die Verhandlung erschweren und gegebenenfalls unnötig in die Länge ziehen. Allerdings dürfen solche Verhandlungsgegenstände nur dann ausgeschlossen werden, wenn hierdurch keine negativen Auswirkungen auf andere Verhandlungsgegenstände ausgehen. Dies ist dabei immer dann der Fall, wenn Wechselwirkungen zu anderen Verhandlungsgegenständen bestehen. Hängen also beispielsweise Zusagen beim Verhandlungsgegenstand A von Zusagen der Gegenseite beim Verhandlungsgegenstand B ab, so dürfen weder A noch B aus der anstehenden Verhandlung ausgeschlossen werden, da dies zu Folgeschwierigkeiten bei Absprachen über den verbliebenen Verhandlungsgegenstand führen würde.

Darüber hinaus bietet sich der Ausschluss eines Verhandlungsgegenstands auch dann an, wenn Präferenzänderungen (beispielsweise durch Zurverfügungstellung zusätzlicher Informationen) bei zumindest einem der Verhandlungspartner für die Zukunft zu erwarten sind. Wird einem Einkäufer etwa erst in einigen Wochen eine interne Studie zur Bewertung einer neuen Technologie vorliegen, dann liegt es auf der Hand, dass Einkäufer und Zulieferer die Frage, auf Basis welcher Technologie das Zulieferprodukt gefertigt werden soll, zunächst ausklammern und sich hierüber erst nach Vorliegen der internen Studie einigen.

Schließlich sollte das Excluding allerdings nicht bei wichtigen Verhandlungsgegenständen eingesetzt werden. Denn letztlich würde man bei Anwendung dieser Technik dann allein die eigentlich jetzt anstehende Auseinandersetzung auf einen späteren Zeitpunkt verschieben. Daher sollte das Excluding nur bei weniger wichtigen Verhandlungsgegenständen vorgenommen werden, bei denen die Einigung oder Nicht-Einigung für die Gesamtverhandlung letztlich nicht entscheidend ist.

Claim-Management

Als eine spezielle Form des Excludings kann dabei das so genannte Claim-Management (Nachforderungsmanagement) eingestuft werden. Gemäß DIN 69905 handelt es sich hierbei um die »Überwachung und Beurteilung von Abweichungen bzw. Änderungen und deren wirtschaftlichen Folgen zwecks Ermittlung und Durchsetzung von Ansprüchen«. Ursprünglich kommt die Idee des Claim-Managements dabei aus dem industriellen Anlagengeschäft (zum Begriff vgl. *Köhl*, 2000). Da bei Großanlagen der Zeitpunkt des Vertragsabschlusses häufig lange vor der Auftragsabwicklung liegt, ist es bei solchen Geschäften typisch, dass während des Projektverlaufs Ereignisse eintreten, die zum Zeitpunkt des Vertragsabschlusses noch nicht bekannt waren. Ziel des Claim-Management ist es nun, die beim Vertragsabschluss nicht vorhersehbaren Ereignisse im Projektverlauf in ihren kommerziellen Folgen einvernehmlich zu klären.

Voraussetzung »asymmetrische Informationen«

Besteht zwischen den Verhandlungspartnern jedoch eine asymmetrische Informationsverteilung und liegen einer Verhandlungspartei also mehr verhandlungsrelevante Informationen vor, so kann diese Partei ihren Informationsvorsprung zu ihrem Vorteil nutzen, indem sie etwa die sich aus ihren Zusatzinformationen ergebenden weiteren Verhandlungsgegenstände bzw. Folgen für bestehende Verhandlungsgegenstände in der Verhandlung nicht thematisiert. Der Anbieter einer Bürosoftware etwa, dem aus ähnlichen Projekten der Vergangenheit bekannt ist, dass seine Software eine intensive Schulung der Mitarbeiter von Kundenunternehmen erforderlich macht, wird gegebenenfalls einen Kunden in Verkaufsverhandlungen auf diesen Umstand nicht aufmerksam machen. Stellt der Kunde dann allerdings nach dem Kauf und der Implementierung der Software fest, dass seine Mitarbeiter Schulungen benötigen, wird dieser möglicherweise auf den Softwarehersteller zugehen und bei diesem zusätzliche Schulungsleistungen beziehen. Allerdings dürfen bei Anwendung dieser Form von Claim-Management die Risiken nicht übersehen werden. Erkennt der Verhandlungspartner nämlich ex post die asymmetrische

Informationsverteilung, so wird er auch das unfaire Vorgehen durchschauen und zumindest in Folgeverhandlungen entsprechend reagieren. Daher sollte ein solches Vorgehen eher unterlassen bleiben.

3.1.2 Verhandlungsverhalten

Teilaspekte

Im Vorfeld einer Verhandlung muss das eigene Verhandlungsverhalten sowie das zu erwartende Verhandlungsverhalten der gegnerischen Partei im Hinblick auf unterschiedliche Teilaspekte analysiert werden. Von besonderem Interesse sind dabei

- Verhandlungsmotive,
- Verhandlungsziele,
- Verhandlungsstrategien und
- Verhandlungstaktiken.

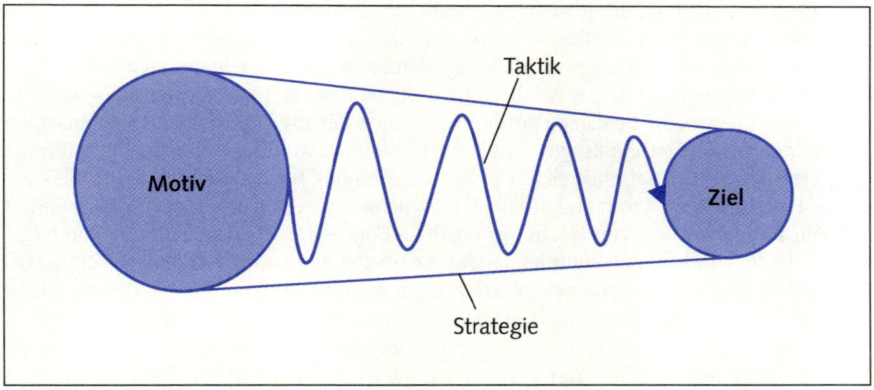

(Quelle: *Schranner*, 2007a, S. 42)

Abb. 27: Zusammenhang zwischen wichtigen Teilaspekten des Verhandlungsverhaltens

Verhandlungsmotive und -ziele

Wie aus Abbildung 27 ersichtlich wird, besteht zwischen diesen Teilaspekten des Verhandlungsverhaltens ein enger gegenseitiger Zusammenhang. Zunächst einmal gilt es somit, Verhandlungsmotive und -ziele voneinander abzugrenzen. Unter Verhandlungsmotiven sind hierbei die generellen Beweggründe für das darauf aufbauende Verhandlungsverhalten zu verstehen. Diese »Hintergrund-Triebkräfte« veranlassen Verhandelnde dazu, bestimmte Ziele in Verhandlungen zu verfolgen. Während das Verhandlungsmotiv damit eine über die einzelne Verhandlung hinausgehende Triebfeder für das Verhalten der Verhandlungsbeteiligten oder der verhandelnden Organisation darstellt, sind Verhandlungsziele gewünschte Ausprägungen bei zu verhandelnden Verhandlungsgegenständen einer bestimmten Verhandlung. Mit anderen Worten stellen Verhandlungsziele Konkretisierungen zu Grunde liegender Motive im Hinblick auf die Verhandlungsgegenstände dar. Das nachfolgende Fallbeispiel zur Abgrenzung von Verhandlungsmotiven und -zielen verdeutlicht dabei auch, dass bei Kenntnis genereller Verhandlungsmotive relativ leicht auf die tatsächlichen Verhandlungsziele des Verhandlungspartners geschlossen werden kann.

FALLBEISPIEL 21

Bedeutung von Motivkenntnissen in Personalgesprächen

Wie in jedem Jahr fanden die Personalgespräche bei der TGG-Unternehmensberatung im Dezember statt. Da in diesem Monat traditionell die wenigsten Kundenprojekte anliefen, viele Projekte kurz vor ihrem Ende standen und sich das Geschäft daher vornehmlich darauf konzentrierte, neues Geschäft für das bald anbrechende neue Jahr zu akquirieren, waren die meisten Berater überwiegend im Office von TGG tätig. Henning von Kretschmer, Partner bei TGG und für die Energiebranche zuständig, hatte an diesem Morgen eines der letzten Personalgespräche mit einem der Berater aus seinem Team vor sich. An den Gesprächen nahm dabei wie üblich auch eine Mitarbeiterin der Personalabteilung der Beratung teil, um im zweiten Teil des Gesprächs mit Berater und vorgesetztem Partner Personalentwicklungsfragen sowie Fragen der Gehaltsentwicklung des jeweiligen Beraters zu diskutieren.
Als von Kretschmer an diesem Morgen an diesen Punkt der Verhandlung gelangte, fragte er zunächst wie gewöhnlich den Berater aus seinem Team nach dessen persönlichen Umständen. Aus Erfahrung wusste er, dass sich hieraus häufig bereits Ansatzpunkte für eine beidseitig zufriedenstellende Lösung innerhalb der sich anschließenden Gehaltsverhandlungen ergaben. Tatsächlich war diese Frage auch in diesem Personalgespräch sehr hilfreich. Der Berater, Henning Böge, berichtete kurz, dass seine Frau und er im kommenden Jahr Nachwuchs erwarten würden und sie sich darauf sehr freuen würden. Auf Nachfrage ergänzte Böge dabei, dass seine Frau nicht beabsichtigen würde, in den kommenden Jahren wieder berufstätig zu werden. Vor diesem Hintergrund verwunderte es von Kretschmer auch nicht, dass Böge in der anstehenden Gehaltsverhandlung großen Wert auf einen entsprechenden Anstieg seiner fixen Einkommensbestandteile legte. Von Kretschmer führte dies darauf zurück, dass Böge angesichts seiner veränderten privaten Ausgangssituation nun vor allem an »sicheren Verhältnissen« interessiert war. Tatsächlich zeigte sich Böge sehr angetan, als ihm bei gleichbleibenden variablen Gehaltsbestandteilen ein allerdings nur geringer Anstieg fixer Einkommensbestandteile zugesagt wurde. Ebenso verständlich war die zwar interessierte, keineswegs jedoch begeisterte Reaktion von Böge auf die Vorschläge der Mitarbeiterin aus der Personalabteilung, Böge im kommenden Jahr einen längerfristigen Aufenthalt in einem der amerikanischen Büros der Beratung zu ermöglichen. Nachdem von Kretschmer sich an dieser Stelle kompromissbereit zeigte und Böge zudem noch anbot, im kommenden Jahr – wenn möglich – Projekte im unmittelbaren regionalen Umfeld zu ermöglichen, war Böge relativ schnell bereit, den vergleichsweise doch eher geringen Gehaltsanstieg zu akzeptieren.

Verhandlungsstrategien und -taktiken

Um die aus den Motiven abgeleiteten Verhandlungsziele erreichen zu können, bedarf es konkreter Verhandlungsstrategien und -taktiken. Während eine Verhandlungsstrategie eine grundsätzliche Stoßrichtung oder Leitlinie für das Verhandlungsverhalten darstellt, um ein angestrebtes Verhandlungsziel zu erreichen, stellt die Verhandlungstaktik einerseits die Umsetzung der zu Grunde liegenden Strategie in konkretes Verhandlungsverhalten dar, anderseits jedoch auch den Versuch eines Verhandelnden, die zu Grunde liegende Verhandlungsstrategie durch entsprechende Verschleierungen nicht unmittelbar sichtbar werden zu lassen. Konkret ist unter Verhandlungstaktiken die Planung des abgestimmten Einsatzes von Verhandlungsargumenten, -angeboten und sonstigen Verhaltensweisen in Bezug auf Verhandlungsablauf und Verhandlungsgegner in Verhandlungen zu verstehen (vgl. *Bacharach/Lawler*, 1981).

Strategiedynamik

Während Verhandlungsstrategien daher globale Prozessbeschreibungen darstellen, wie das erwünschte Ergebnis erreicht werden soll, stellen Taktiken konkrete Verhaltensweisen dar, um den von der Strategie vorgegebenen Handlungsrahmen auszufüllen. Verhandlungsstrategien und -taktiken stehen somit in einer Mittel-Zweck-Beziehung, die jedoch im Verhandlungsablauf an Stärke verliert. Kann eine Strategie zu Beginn der gemeinsamen Interaktion noch relativ gute Anhaltspunkte für das zu wählende Verhalten liefern, nimmt ihre »Richtlinienkompetenz« durch die Wechselseitigkeit der Prozesssteuerung und der damit einhergehenden Nicht-Planbarkeit entsprechender Taktiken ab (vgl. *Kutschker*, 1972). Die Auswahl einer Verhandlungsstrategie bedarf somit einer ständigen Überprüfung an den sich im Zeitablauf möglicherweise verändernden Präferenzen der Verhandlungsparteien.

3.1.2.1 Verhandlungsmotive

Begriff »Verhandlungsmotiv« (»Verhandlungsinteressen«)

Um das eigene Verhandlungsverhalten hinsichtlich der zu verfolgenden Ziele, der zu entwickelnden Strategien sowie der einzusetzenden Taktiken konsistent planen zu können, ist es zunächst erforderlich, sich die eigenen und partnerbezogenen Verhandlungsmotive zu vergegenwärtigen. Unter Verhandlungsmotiven sind dabei – wie bereits oben angedeutet – die Hintergrund-Triebkräfte zu verstehen, die Verhandlungsakteure oder verhandelnde Organisationen steuern. Dieses Verständnis orientiert sich dabei an der in der Psychologie üblichen Begriffsfassung, wonach unter einem Motiv eine relativ stabile Persönlichkeitseigenschaft zu verstehen ist, die erklärt, warum eine Person eine bestimmte Art von Zielen durch ihr gesamtes Handeln hindurch verfolgt (vgl. z. B. *Heckhausen*, 1998; *Fiske*, 2004; *Kroeber-Riel et al.*, 2009). In der Literatur wird alternativ für den Begriff »Verhandlungsmotiv« dabei auch der Begriff »Verhandlungsinteresse« verwendet.

Means-End-Konzept

Nur wenn die eigenen »Triebkräfte« sowie die der Verhandlungsgegenseite mehr oder weniger bekannt sind, lassen sich die Verhandlungsziele der Gegenseite einigermaßen valide prognostizieren und eigene Verhandlungsziele entsprechend festlegen. Problematisch ist allerdings, dass die eigenen Verhandlungsmotive, vor allem aber die Verhandlungsmotive der Gegenseite nicht unmittelbar ersichtlich sind. Daher muss mit Hilfe geeigneter Methoden der Versuch unternommen werden, Verhandlungsmotive erst entsprechend deutlich aufzudecken. Als eine solche Methode kann das Means-End-Konzept eingestuft werden. Dieses aus der Sozialpsychologie hervorgegangene und auf die Arbeiten von *Tolman* (1932) zurückgehende Konzept beruht auf der Grundidee, dass ein Individuum die Beurteilung von Merkmalen einer angebotenen Lösung (z. B. einer Verhandlungslösung) und damit die »Means« dieser Lösung in Bezug auf die im Hintergrund stehenden Wünsche (»End«) vornimmt. Anknüpfend an diesen Gedanken haben *Gutman* (1981) und *Olson/Reynolds* (1983) ein Verfahren entwickelt, das die Möglichkeit bietet, solche Means-End-Beziehungen abzubilden. Bei diesem so genannten »Laddering«-Verfahren werden Kausalketten zwischen den vordergründigen Means und den hintergründigen Ends abgebildet. Durch mehrstufige »Warum«-Fragen wird der Versuch unternommen, von den gewünschten Problemlösungen (Verhandlungslösungen) auf die im Hintergrund wirkenden Motive Rückschlüsse zu ziehen. Den Vorschlag der Ermittlung von Verhandlungsmotiven durch Warum-Fragen machen in der Verhandlungsforschung auch *Lewicki et al.* (1998), ohne allerdings explizit auf das Means-End-Konzept und die Laddering-Methode einzugehen.

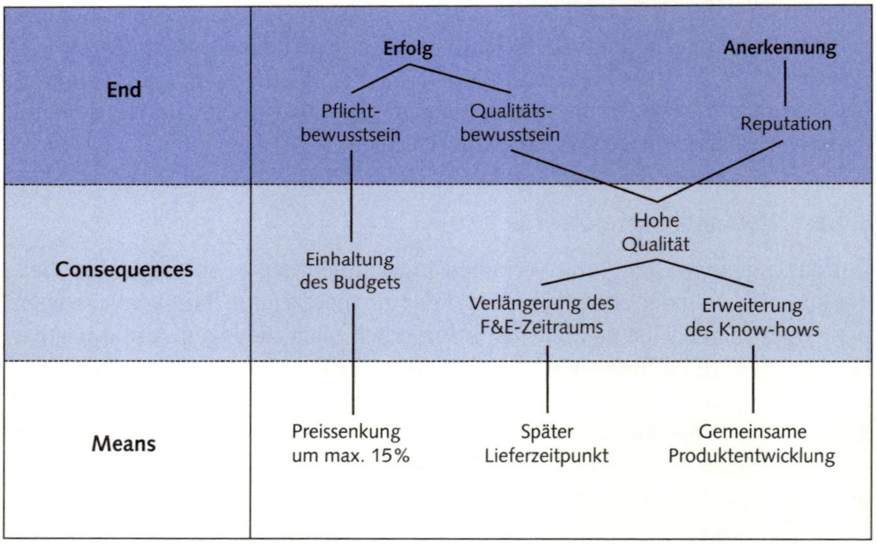

(Quelle: In Anlehnung an *Kroeber-Riel et al.*, 2009)

Abb. 28: Beispielhafte »Hierarchical Value Map« für die Identifikation von Verhandlungsmotiven eines Einkäufers

Laddering-Verfahren

Abbildung 28 stellt eine mit Hilfe des Laddering-Verfahrens erzeugte Kettenstruktur am Beispiel einer Einkaufssituation dar. Es wird deutlich, dass der betrachtete Verhandlungsakteur »Einkäufer« bestimmte Verhandlungslösungen präferiert, da er hierin einen (kleinen) Beitrag zur Erfüllung sehr grundlegender Wünsche sieht. Solche, wie in Abbildungen 28 dargestellte »Hierarchical-Value-Maps« lassen sich erzeugen, wenn in einem regelrechten Frage-Antwort-Spiel so lange Warum-Fragen gestellt werden, bis keine weiteren Antworten gegeben werden können. In diesem Fall sind die zuletzt gegebenen Antworten als Hintergrund-Motive zu bewerten, für die es keine weiteren Hintergrund-Erklärungen gibt.

Einsatzmöglichkeiten

Auch wenn das Means-End-Konzept sowie das zu dessen Umsetzung gedachte Laddering-Verfahren bislang überwiegend in der Kaufverhaltensforschung zur Ermittlung von Kaufmotiven eingesetzt worden sind (vgl. *Kroeber-Riel et al.*, 2009), liegt die Anwendbarkeit von Konzept und Verfahren für die Zwecke der Motivforschung bei Verhandlungen auf der Hand. Der Vorteil ist dabei darin zu sehen, dass das Verfahren methodisch wenig anspruchsvoll ist und daher relativ einfach zur Erforschung der eigenen Verhandlungsmotive aber auch der Verhandlungsmotive der Gegenseite eingesetzt werden kann. Zu bedenken gilt es in diesem Zusammenhang jedoch, dass die Gegenseite in der Regel keine Bereitschaft zeigen wird, im Vorfeld der Verhandlungen ihre Motive Preis zu geben. Alternativ sind daher die im eigenen Unternehmen vorhandenen Schnittstellen (beispielsweise der Vertrieb oder der Einkauf) im Hinblick auf ihre Einschätzung über die Motive der Gegenseite zu befragen (vgl. *Brinkmann*, 2006).

3.1.2.2 Verhandlungsziele

Arten von Verhandlungszielen

Nachdem die Verhandlungsmotive für beide Verhandlungsparteien spezifiziert worden sind, sollten anschließend die Verhandlungsziele der eigenen Verhandlungsseite, aber auch der Gegenseite hieraus abgeleitet und analysiert werden. Bei Verhandlungszielen ist auf einer übergeordneten Ebene zwischen

- Ergebniszielen und
- Prozesszielen

zu differenzieren. Unter Ergebniszielen sind hierbei die Ziele zu verstehen, die sich auf das Erreichen gewünschter Ausprägungen bei einzelnen oder der Gesamtheit der Verhandlungsgegenstände beziehen. Im Gegensatz dazu richten sich die Prozessziele auf die Frage, wie das Ergebnis zustande kommt.

Ergebnisziele

Begriff

Unter dieser Art von Verhandlungszielen sind gewünschte, zumindest aber akzeptierte Ausprägungen bei den zuvor identifizierten Verhandlungsgegenständen (vgl. Kapitel C.3.1.1.1) zu verstehen. Verhandlungsziele sind allerdings nicht allein »parametrisiert« für jeden Verhandlungsgegenstand festzulegen. Darüber hinaus kann auch ein verhandlungsgegenstandübergreifendes Ziel definiert werden, um etwa unterschiedliche Zielerreichungsgrade bei verschiedenen Verhandlungsgegenständen vergleichbar zu machen und auf ein übergeordnetes Ergebnisziel zu beziehen.

Ziele der Gegenseite als eigenes Ziel

Bei Ergebniszielen ist darüber hinaus zu beachten, dass sich diese auch auf die ökonomischen Ergebnisse des Verhandlungspartners beziehen können. So kann es das Ergebnisziel eines Verhandelnden sein, dass die Gegenseite ihre Ziele

- in ausreichendem Maß oder
- nicht in übertriebenem Maß

Verteilungsgerechtigkeit

erreicht. Ersteres erscheint immer dann erforderlich, wenn dem Verhandlungspartner Erwartungen in Bezug auf zukünftiges Verhalten entgegengebracht werden. So erscheint es beispielsweise nur dann möglich, einen Zulieferer zukünftig in eigene Entwicklungsanstrengungen zu integrieren, wenn diesem auch bei augenblicklichen Zulieferungen angemessene Margen zugebilligt werden. Dennoch wird eine übertriebene gegnerische Zielerreichung in der Regel nicht akzeptiert (vgl. *Seigel/Fouraker*, 1960). Viele Verhandlungsführer (nicht immer deren entsendende Organisationen) sind so nur bereit, Verhandlungslösungen zu akzeptieren, wenn diese den eigenen Vorstellungen über »Verteilungsgerechtigkeit« entsprechen. Solche Verhandelnde sind sogar teilweise bereit, eigentlich ökonomisch noch vertretbare Deals scheitern zu lassen, wenn sie das Gefühl haben, dass die Gegenseite einen zu großen Anteil am Win-Set für sich in Anspruch nimmt (vgl. *Guth et al.*, 1982).

Vorhandensein sozialer Nutzenfunktionen

Loewenstein et al. (1989) weisen dieses Phänomen in mehreren unabhängigen Laborexperimenten mit Studierenden nach. Ausgehend von Fallstudien, in denen jeweils eine realistische Verhandlungssituation aus dem Alltag beschrieben wurde, hatten die Probanden ihnen vorgelegte Auszahlungsverteilungen zu bewerten. Zusätzlich wurden die Fallstudien jeweils für das Szenario »positive Beziehung« und für das Szenario »negative Beziehung« der miteinander Verhandelnden manipuliert. Aus diesen Bewertungen errechneten *Loewenstein et al.* (1989) soziale Nutzenfunktionen (vgl. Abbildung 29).

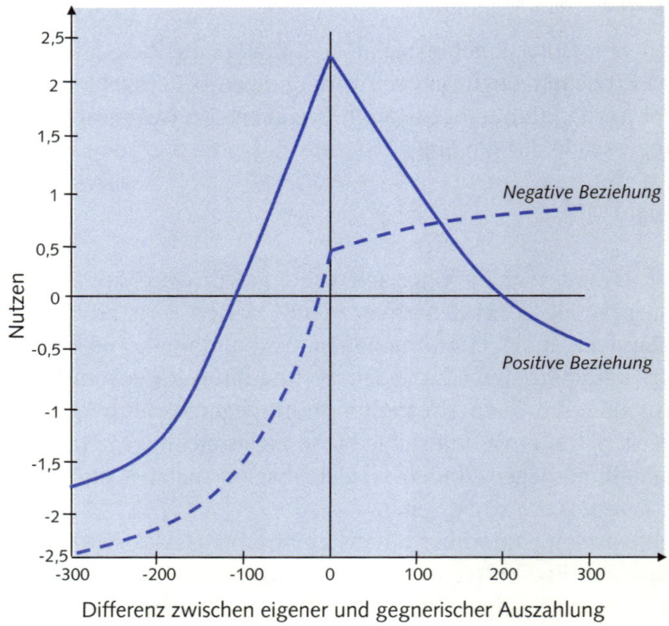

(Quelle: In Anlehnung an *Loewenstein et al.*, 1989, S. 436)

Abb. 29: Wahrgenommener Ergebnisnutzen in Abhängigkeit vom gegnerischen Ergebnis

Für das Szenario einer positiven Beziehung ergibt sich dabei, dass die Verhandelnden eine Gleichverteilung des Win-Sets anstreben. Mit der Abnahme der Benachteiligung (negative Differenz zwischen eigener und gegnerischer Auszahlung) nimmt die soziale Nutzenfunktion konvex zu. Im Fall der positiven Beziehung wird das Nutzenmaximum bei einer Gleichverteilung des Win-Sets zwischen den Verhandlungspartnern erreicht. Interessant ist der weitere Verlauf der sozialen Nutzenfunktion bei einer Bevorteilung (positive Differenz zwischen eigener und gegnerischer Auszahlung). So nimmt der Nutzen bei zu starker Besserstellung gegenüber dem Verhandlungspartner so weit ab, dass er sogar negativ werden kann. Im Fall einer negativen Beziehung zum Verhandlungspartner erzeugt eine größer werdende Bevorteilung jedoch durchweg positiven Nutzen, wenngleich auch mit abnehmendem Grenznutzen (konkaver Verlauf der sozialen Nutzenfunktion bei positiver Differenz zwischen eigener und gegnerischer Auszahlung).

Reservations-/Aspirationslösungen

Begriff »Reservationslösung«

Die Definition der Ergebnisziele ergibt sich durch die Reservationslösungen (Untergrenzen) und die Aspirationslösungen (Wunschergebnisse). Auf der Ebene der Verhandlungsgegenstände stellen Reservationsergebnisse dabei die gerade noch akzeptierten Ausprägungen der Ergebnisse bei den Verhandlungsgegenständen dar (vgl. *Walton/McKersie*, 1965). Werden diese unterschritten, so kommt es zu keiner Einigung und damit zu einem Verhandlungsabbruch. Wichtig ist dabei, dass schon das Unterschreiten der Reservationslösung bei einem Verhandlungsgegenstand ausreicht, um einen Verhandlungsabbruch herbeizuführen. Reservationslösungen stellen demnach so genannte K.O.-Ausprägungen in Verhandlungen dar.

FALLBEISPIEL 22

Ermittlung eigener Reservationslösungen

Ein Zulieferer von Kabelrohren verhandelt mit einem Telekommikationsunternehmen über die Lieferung von Leerrohren für die Verlegung von terrestrischen Telekommunikationsverbindungen in Osteuropa. Es geht in den Verhandlungen um den Preis pro Leerrohr-Meter und um die Frage, wo die Ware übernommen werden soll. Während der Zulieferer beim zweiten Verhandlungsgegenstand die Ware gerne ab Werk übergeben würde – in diesem Fall würde der Telekommunikationscarrier die Logistikkosten übernehmen müssen –, präferiert der Kunde die Übergabe auf der Baustelle in Osteuropa, da die Logistikkosten dann beim Anbieter anfallen würden.
In dieser Situation stellt die Reservationslösung für den Zulieferer beim Preis die durch die Kosten bedingte Preisuntergrenze dar. Kostet den Zulieferer beispielsweise der Leerrohr-Meter einen Betrag von 14 Euro, so wird er (unabhängig von der Frage, wie man sich bei der Logistik einigt) die Verhandlung abbrechen, wenn der Kunde nicht mehr als 14 Euro zu zahlen bereit ist. Hingegen liegt beim zweiten Verhandlungsgegenstand keine verhandlungsgegenstandsbezogene Reservationslösung vor: Denn auch wenn der Zulieferer die Logistik der Rohre lieber beim Kunden sehen würde, wird er gegebenenfalls zur Übernahme dieser Aufgabe bereit sein, wenn der Kunde ihm dafür beim Preis pro Leerrohr-Meter entgegenkommt.

> Schließlich liegt aber sehr wohl eine verhandlungsgegenstandsübergreifende Reservationslösung aus Sicht des Zulieferers vor. So wird dieser das Gesamtpaket (Preis pro Leerrohr-Meter und Logistik-Frage) nur akzeptieren, wenn ihm in der Summe kein Nachteil aus dem Geschäft entsteht, das Geschäft also in der Summe einen Gewinn verspricht.

Begriff »Aspirationslösung«

Im Gegensatz zu den Reservationslösungen stellen die Aspirationslösungen die beabsichtigten Ausprägungen der gegenstandsbezogenen Verhandlungsergebnisse bzw. der gesamten Verhandlung dar (vgl. *Pruitt*, 1981; *Raiffa*, 1982). Je nach Verhandlungstyp bzw. nach Art des einzelnen Verhandlungsgegenstands kann zwischen

- punktueller Aspirationslösung und
- vektorieller Aspirationslösung

unterschieden werden. Während sich der Verhandelnde bei einer »punktuellen Aspirationslösung« eine genaue Ausprägung des Verhandlungsergebnisses wünscht, gibt es bei »vektoriellen Aspirationslösungen« allein eine Zielrichtung. Im obigen Fallbeispiel 22 weist der Preis für den Zulieferer so beispielsweise eine vektorielle Aspirationslösung auf. Der Zulieferer möchte nämlich so viel wie möglich für einen Leerrohr-Meter vom Kunden erhalten. Im Gegensatz dazu ist der Verhandlungsgegenstand »Warenübergabe« durch eine punktuelle Aspirationslösung gekennzeichnet: Hier wünscht sich der Zulieferer genau einen Ergebniszustand, nämlich die Übergabe der Ware ab Werkstor.

Bedingte Aspirationslösungen

Die von den Verhandlungsparteien angestrebten Aspirationslösungen können auch vom Eintritt bestimmter Umweltzustände oder erst später vorliegender Informationen abhängig gemacht werden. In diesem Fall ist von bedingten Aspirationslösungen zu sprechen. Hier ist Verhandlungsparteien bekannt, dass das Win-Set einer Verhandlung von zukünftigen Ereignissen beeinflusst wird und sie daher die von ihnen gewünschten Ausprägungen der Verhandlungsgegenstände im Vorfeld der Verhandlungen nur für alternative zukünftige Ereigniszustände bestimmen können (»Wenn/dann-Ausprägungen«)

Bargaining zone / ZOPA

Die Zielerreichung eines Verhandlungspartners hängt nun davon ab, inwieweit eine Verhandlungslösung seiner Aspirationslösung entspricht. In distributiven Verhandlungssituationen ist hierbei allerdings zu beachten, dass die Zielerreichung der Verhandlungspartner substitutiv ist: Je stärker ein Verhandlungspartner seine Ziele erreicht, desto geringer ist die Zielerreichung der anderen Verhandlungspartei. Damit einhergehend muss die insgesamt zu verteilende Verhandlungsmasse (bargaining zone) verteilt werden. Abbildung 30 verdeutlicht die so genannte »bargaining zone« (vgl. *Walton/McKersie*, 1965) für den Fall einer Einkaufs-/Verkaufsverhandlung, die in der Literatur auch als »Zone of Possible Agreement« (ZOPA) bezeichnet wird (vgl. *Lewicki et al.*, 1999).

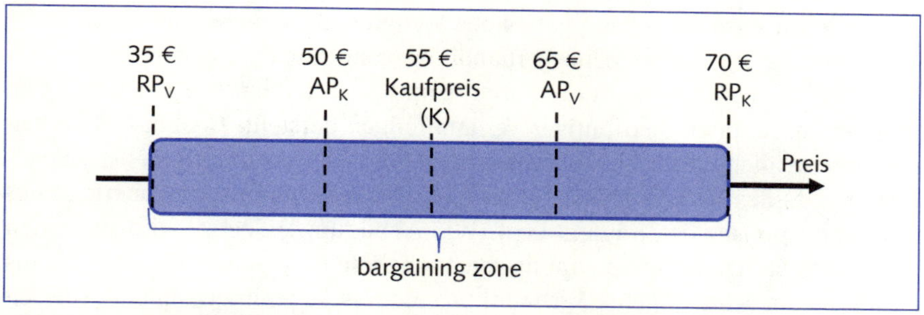

Abb. 30: Verhandlungssituation mit maximaler »bargaining zone«

Maximale bargaining zone

Bei dem im Beispiel dargestellten Fall geht es um den Einkauf bzw. Verkauf eines Produktes. Der Verkäufer (V) würde pro Stück gerne einen Verkaufspreis von 65 Euro (AP = Aspirationspreis) erzielen. Da seine Kosten bei 35 Euro pro Stück liegen, stellt dieser Wert den Reservationspreis (RP) des Verkäufers dar. Entgegengesetzt sieht die Situation beim Käufer (K) aus. Dieser würde das Produkt gerne zu einem Stückpreis von 50 Euro ($AP_K < K$) beziehen. Maximal ist der Käufer bereit, einen Preis von 70 Euro (RP_K) zu zahlen. Angesichts dieser Datenkonstellation wird zunächst einmal deutlich, dass ein Einigungsraum vorhanden ist, also beidseitige Verhandlungslösungen denkbar sind. Da der Reservationspreis des Käufers oberhalb des Reservationspreises des Verkäufers liegt, besteht eine Einigungsmöglichkeit, die für beide Seiten vorteilhaft ist. Die Differenz zwischen den Reservationspreisen (70 Euro – 35 Euro) bildet nun die Verhandlungsmasse (Win-Set). In Abhängigkeit von Ausgangssituation, Verhandlungsverlauf und konkretem Verhandlungsergebnis kommt es nun zu einer Aufteilung dieser Verhandlungsmasse. Einigen sich die beiden Marktseiten beispielsweise auf einen Kaufpreis von 55 Euro, so kann der Verkäufer 20 Euro als Verhandlungsgewinn für sich verbuchen. Im Gegensatz dazu liegt der Verhandlungsgewinn des Käufers mit 15 Euro unterhalb des Verhandlungsgewinns des Verkäufers. Werden allerdings die Aspirationspreise zusätzlich betrachtet, so erscheint das Verhandlungsergebnis für den Käufer besser zu sein als für den Verkäufer. Während der Käufer seinen Aspirationspreis nur um 5 Euro verfehlt – dieser belief sich auf einen Wert von 50 Euro –, bleibt der erzielte Verkaufspreis um 10 Euro unterhalb des Aspirationspreises des Verkäufers. Das in Abbildung 30 dargestellte Beispiel verdeutlicht demnach, dass sich die Erreichung von Verhandlungszielen nicht an der objektiven Verteilung von Verhandlungsmassen orientieren sollte, sondern stets als Erreichungsgrad vorgegebener Verhandlungsziele dargestellt werden muss. Zugleich verdeutlicht das in Abbildung 30 aufgeführte Beispiel allerdings auch die Dependenz der Zielerreichung in distributiven Verhandlungen. Würden sich die Verhandlungspartner beispielsweise anstatt eines Kaufpreises von 55 Euro auf einen Kaufpreis von 60 Euro einigen, so hätte der Verkäufer nun sein Verhandlungsziel (AP_V) allein um 5 Euro verfehlt, wohingegen nun der Käufer um 10 Euro unterhalb seines Verhandlungsziels liegt.

Eingeschränkte bargaining zone

In diesem Zusammenhang gilt es des Weiteren zu berücksichtigen, dass die in Abbildung 30 beschriebene Verhandlungszone nur eine beispielhafte Konstellation der vorliegenden Reservations- und Aspirationspreise der beteiligten Parteien im Rahmen distributiver Verhandlungen darstellt. Denkbar ist so beispielsweise auch, dass der Reservationspreis des Käufers unterhalb des Aspirationspreises des Verkäufers oder aber dass der Reservationspreis oberhalb des Aspirationspreises des Käufers liegt. Wie Abbildung 31 zeigt, wird in beiden Fällen der Verhandlungsspielraum von vorneherein begrenzt. Darüber hinaus ist mit einem schwierigeren Verhandlungsprozess zu rechnen, da entweder eine oder aber beide Parteien von Beginn an in keinem Fall ihr Wunschergebnis erzielen können.

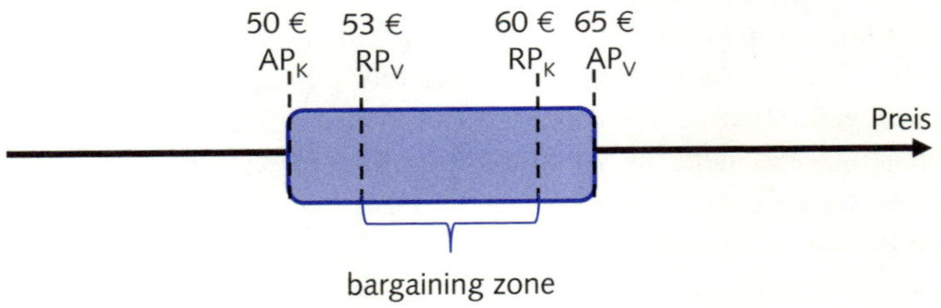

Abb. 31: Verhandlungssituation mit eingeschränkter »bargaining zone«

Keine bargaining zone

Dennoch sind auch hier noch Lösungen denkbar, die beide Seiten vorteilhafter als ohne das Erzielen einer Einigung stellen. Dies liegt daran, dass der Reservationspreis des Käufers oberhalb der des Verkäufers verbleibt. Erst wenn diese Bedingung aufgehoben ist, erscheint eine Einigung beider Parteien ökonomisch nicht mehr sinnvoll. In diesem Zusammenhang ist die bargaining zone negativ, es existiert keine ZOPA (vgl. Abbildung 32).

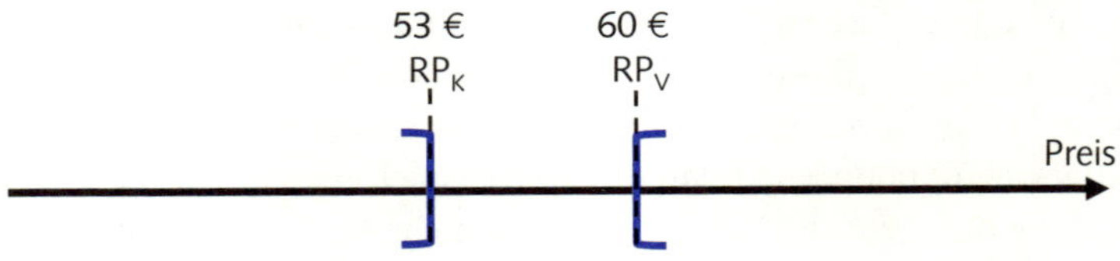

Abb. 32: Verhandlungssituation ohne »bargaining zone«

Ziele von Verhandlungsführern

Eigene Ergebnisziele festzulegen und die Ziele der anderen Verhandlungsseite(n) zu identifizieren, stellt eine große Herausforderung in der Praxis dar. Dies ist in der Verhandlungspraxis schon allein deshalb häufig schwierig, da bei Verhandlungen innerhalb oder zwischen Unternehmen mehrstufige Verhandlungsziele auf Seiten der Verhandlungsbeteiligten bestehen. Da Unternehmen oder Unternehmensbereiche einzelne oder Gruppen von Mitarbeitern mit der Führung von Verhandlungen betrauen, sind neben den Zielen der »Entsendenden« auch die Ziele der »Entsandten« zu betrachten. Dies ist wichtig, da davon auszugehen ist, dass Verhandelnde (»Entsandte«) nicht allein die Ziele ihrer entsendenden Organisation, sondern vor allem auch ihre eigenen Ziele verfolgen (vgl. *Benton/Druckman*, 1974; *Neale/Northcraft*, 1990a; *Thompson*, 2005). Dieses klassische Principal-Agent-Problem tritt dabei insbesondere dann auf, wenn Endsandte und Entsendende keine vollständig gleichgerichteten Ziele aufweisen. Hiervon kann beispielsweise immer dann ausgegangen werden, wenn Verhandelnde verschiedene Aufgaben innerhalb ihrer Organisation wahrzunehmen haben und das für sie geschaffene Incentivierungssystem daher nicht allein die gerade anstehende Verhandlungsaufgabe umfasst. In diesem Fall liegt es nahe, dass der Verhandelnde bei seinem Verhandlungsverhalten eine Abwägung zwischen den Zielen seiner Organisation und seinen eigenen Zielen vornehmen muss. Wird beispielsweise ein Verkäufer umsatzorientiert entlohnt, wohingegen sein Unternehmen Deckungsbeitrags-, Gewinn- und/oder Renditeziele verfolgt, so wird der Verkäufer in Verhandlungen dazu neigen, möglichst umsatzstarke Aufträge zu erlangen. Diese müssen aber nicht immer für die Erreichung der Deckungsbeitrags-, Gewinn- oder Renditeziele seines Unternehmens optimal sein.

BATNA (Best Alternative To Negotiated Agreement)

Begriff »BATNA«

Die Ermittlung der Verhandlungsziele der eigenen Partei, vor allem aber der Gegenseite stellen dabei vor allem auch deshalb eine große Herausforderung innerhalb des Verhandlungsmanagements dar, da diese nicht nur (als Verhandlungsgegenstände) zu identifizieren sind, sondern zugleich auch in ihrer gewünschten und mindestens vorhandenen Ausprägung zu bestimmen sind. Konkret geht es also darum, ziel- und damit verhandlungsgegenstandsbezogen die Aspirations- und Reservationslösungen zu identifizieren. Zur Bestimmung dieser Größen ist es hilfreich, sich das BATNA (Best Alternative To Negotiated Agreement) vor Augen zu führen (vgl. *Fisher et al.*, 2004; *Kim/Fragale*, 2005). Dieses stellt die beste Alternative für den Fall dar, dass sich die Verhandlungsparteien nicht einigen können. In dieser Situation würde jede Verhandlungsseite ihr BATNA wählen. Folglich werden die Verhandlungsparteien die in einer Verhandlung zur Diskussion stehende Lösung jeweils mit dem Nutzen vergleichen, den sie aus ihrer BATNA-Lösung realisieren können.

Arten von BATNAs

BATNAs können dabei auf der Ebene von Verhandlungsgegenständen und auf der Ebene von Gesamtlösungen (Verträgen) auftreten. Ein BATNA auf der Ebene einzelner Verhandlungsgegenstände determiniert in diesem Zusammenhang die Reservationslösungen bei diesen Verhandlungsgegenständen. Ist beispielsweise einem potenziellen Käufer eines Gebrauchtwagens bekannt, dass ein vergleichbares Auto bei einem anderen Autohändler für 10.000 Euro erhältlich ist, so wird er die Attraktivität des Kaufangebotes davon abhängig machen, ob der Angebotspreis oberhalb oder unterhalb dieses verhandlungsgegenstandsbezogenen BATNAs liegt. Die von ihm gewünschte Lösung beim Verhandlungsgegenstand »Preis« wird nach oben begrenzt durch den Preis des vergleichbaren Pkw bei dem anderen Autohändler.

Ein BATNA auf der Ebene der Gesamtlösung – interessanterweise wird der Begriff nur in diesem Sinne in der Literatur verwendet (vgl. *Thompson*, 2005) – stellt hingegen die übergreifende Reservationslösung für einen Verhandelnden dar. So wird der Verhandlungsakteur das ihm insgesamt vorliegende Lösungspaket auch in der Summe mit den ihm zur Verfügung stehenden Alternativen vergleichen. Dabei wird er das gemachte Gesamtangebot nur dann akzeptieren, wenn dieses ihm in der Summe einen größeren Nutzen verspricht als dies bei seinen Alternativen der Fall ist. Im oben angeführten Beispiel eines potenziellen Gebrauchtwagenkäufers wird dieser einen ihm angebotenen Gebrauchtwagen nur dann erwerben, wenn ihm dieses Angebot insgesamt attraktiver erscheint als die Gebrauchtwagenangebote anderer Gebrauchtwagenhändler. Beispielsweise wird er gegebenenfalls auch bereit sein, einen Preis für einen Gebrauchtwagen zu zahlen, der oberhalb von 10.000 Euro liegt, wenn die Ausstattung des Gebrauchtwagens ihm so sehr zusagt, dass ihm dafür ein höherer Preis angemessen erscheint.

Die Kenntnis verhandlungsgegenstandsbezogener BATNAs und des BATNAs auf der Gesamtlösungsebene ist für Verhandlungsakteure von großer Bedeutung. Diese BATNAs sind nämlich für die Formulierung von Verhandlungsstrategien sowie für die Festlegung von Exit-Zeitpunkten maßgeblich. Während die verhandlungsgegenstandsbezogenen BATNAs helfen, Angebote der Gegenseite einschätzen zu können und gegebenenfalls mit entsprechenden Argumenten zurückweisen zu können, legt das BATNA auf der Gesamtlösungsebene den sinnvollen Exit-Zeitpunkt fest. Ist beispielsweise ein Gebrauchtwagenhändler nicht bereit, den Preis für einen Gebrauchtwagen auf einen Wert unterhalb von 12.000 Euro zu reduzieren, so wird der potenzielle Käufer die Verhandlungen über den Kauf dieses Gebrauchtwagens beenden, wenn der weniger gut ausgestattete Gebrauchtwagen bei einem anderen Autohändler nur 10.000 Euro kostet und ihm dieser Wagen in der Summe attraktiver erscheint.

BATNA-Ermittlung durch Marktkenntnisse

Informationen über verhandlungsgegenstands- oder gesamtlösungsbezogene BATNAs liegen Verhandelnden häufig dann vor, wenn sie über entsprechende Marktkenntnisse verfügen. Indem systematisch Kenntnisse über die Angebotsmodalitäten von Wettbewerbern oder sonstige Alternativen gesammelt werden, können die zur BATNA-Bestimmung erforderlichen Informationen zumindest teilweise generiert werden. Zudem stellt auch die gegnerische Verhandlungsseite häufig – allerdings zumeist erst innerhalb der Verhandlung – Informationen zu ihren Alternativen zur Verfügung. Indem beispielsweise der oben angeführte potenzielle Gebrauchtwagenkäufer den Autohändler darauf aufmerksam macht, dass ein ähnlich ausgestatteter Pkw bei einem anderen Händler für 10.000 Euro zu haben ist, versucht er seine Verhandlungsposition zu verbessern. Allerdings sind die vom Verhandlungsgegner über dessen BATNAs zur Verfügung gestellten Informationen mit Vorsicht zu behandeln. Beispielsweise wird der potenzielle Gebrauchtwagenkäufer dem Gebrauchtwagenhändler eher verschweigen, dass der beim Wettbewerber stehende Gebrauchtwagen schlechter ausgestattet ist. Denn nur durch dieses Verschweigen kann der potenzielle Gebrauchtwagenkäufer die Forderung rechtfertigen, dass der Gebrauchtwagenhändler den besser ausgestatteten Gebrauchtwagen zu einem günstigeren Preis anbieten soll.

Asymmetrische BATNA-Konstellation

Schließlich kann es natürlich auch sein, dass sich im Rahmen der Analyse des eigenen BATNAs sowie des BATNAs der Gegenseite herausstellt, dass eine der beiden Seiten über kein BATNA verfügt. Eine solche asymmetrische BATNA-Konstellation determiniert wesentlich die Machtverteilung zwischen den Verhandlungspartnern. So wird die Verhandlungsseite, die keine Alternative aufweist, sehr viel stärker zu Zugeständnissen bereit sein (müssen). Da sich diese Verhandlungsseite allerdings über diesen für sie ungünstigen Sachverhalt im Klaren ist, wird sie im Regelfall versuchen, dem Verhandlungsgegner ein »fiktives« BATNA glaubhaft zu machen. Gerade in transparenten Märkten ist dies allerdings sehr schwierig und gelingt nicht immer.

BATNA-Bedeutung

Die zentrale Bedeutung, die dem Vorhandensein eines BATNAs in Verhandlungen zugeschrieben werden kann, zeigt sich in der Praxis immer wieder z. B. bei Verhandlungen über Unternehmensübernahmen. Sofern das von einer Übernahme bedrohte Unternehmen über kein BATNA verfügt, kann es dem Gebot des Übernahmeinteressenten wenig entgegensetzen. Die feindliche Übernahme ist in diesem Fall zumeist erfolgreich (vgl. Fallbeispiel 23).

Prozessziele

Arten von Prozesszielen

Eine zusätzliche Komplexität ergibt sich schließlich dadurch, dass Verhandlungsziele nicht nur in Bezug auf die Verhandlungsergebnisse, sondern auch hinsichtlich des Verhandlungsprozesses bestehen. Dies liegt daran, dass Verhandlungen per Definition kollektive Entscheidungsprozesse darstellen, deren Lösung im Rahmen einer gemeinsamen Interaktion zwischen den Verhandlungsparteien erfolgt. Im Hinblick auf die Gestaltung dieser Interaktion verfolgen Unternehmen

- prozessbezogene ökonomische Ziele, so genannte Effizienzziele und
- mittelbar ökonomische Ziele.

Effiziente Verhandlungen

Die Effizienzziele können darin gesehen werden, ein Verhandlungsergebnis mit einem möglichst geringen Verhandlungseinsatz zu erreichen. Effiziente Verhandlungen sind z. B. dadurch gekennzeichnet, dass

- nur wenige Mitarbeiter in den Verhandlungsprozess eingebunden werden,
- das Verhandlungsergebnis in relativ kurzer Zeit zustande kommt,
- während des Verhandlungsprozesses nur relativ geringe Verhandlungskosten entstehen oder
- das erzielte Verhandlungsergebnis keine oder nur geringe nachträgliche Prüf- und Kontrollkosten mit sich bringt.

FALLBEISPIEL 23

Continental-Übernahme

Ein Beispiel für Verhandlungen, bei denen ein Übernahmekandidat offensichtlich über kein BATNA verfügte und deshalb am Ende übernommen wurde, stellt die im Juli/August 2008 erfolgte feindliche Übernahme des Hannoveraner Automobilzulieferers Continental durch die Herzogenauracher Schaeffler-Gruppe dar. Eine gute Einschätzung der Verhandlungslage, in der sich die beiden Unternehmen kurz vor Ende der letztlich von Schaeffler erfolgreich beendeten Verhandlungen befanden, gibt folgendes Presseecho.

Ätsch

Von Carsten Knop

Die Nachricht ist nicht, dass der Autozulieferer Continental aus Hannover das Übernahmeangebot des Familienunternehmens Schaeffler abermals abgelehnt hat. Das war zu erwarten. Denn Vorstand und Aufsichtsrat von Continental müssen weiterhin versuchen, das im Interesse ihres Unternehmens beste Verhandlungsergebnis zu erzielen. Deshalb wäre es irrational, sich schon jetzt den Schaefflers in die Arme zu werfen.

Die Nachricht ist vielmehr, dass die Investmentbanken, die Conti zu seiner Verteidigung gegen die zu Beginn unerwünschte Offerte engagiert hat, keine überzeugende Alternative zu Verhandlungen gefunden haben. So viel Getöse zuvor um mögliche Finanzierungsschwierigkeiten der Schaefflers gemacht wurde, so viele Namen von möglichen „Weißen Rittern“ genannt wurden, sosehr über die juristische Zulässigkeit der von Schaeffler gewählten Übernahmetaktik und über die Möglichkeit einer außerordentlichen Hauptversammlung von Continental spekuliert wurde, am Ende gilt: Das war alles nur heiße Luft. Die Regie wurde die ganze Zeit am Schaeffler-Stammsitz in Herzogenaurach geführt. Der Gesprächsfaden zwischen den beteiligten Managern ist ja auch – zumindest schriftlich – nie abgerissen. Für Eingeweihte kam die in Aussicht gestellte Aufstockung des Angebots deshalb nicht völlig überraschend. Dass von diesen Vorgängen nichts Offizielles nach außen dringt, ist hingegen ebenfalls nachvollziehbar. Denn bevor die nun kolportierten 75 Euro je Aktie offiziell werden, wollen beide Seiten die für sie wichtigen Zusagen in der Tasche haben.

Für Schaeffler geht es um die Gewissheit, dass keine Nachforderungen mehr kommen. Continental – und vor allem die Arbeitnehmerseite im Aufsichtsrat – pocht noch auf verlässliche Zusagen zum Erhalt der Arbeitsplätze, der Konzernstruktur, des Hauptsitzes und auch der Börsennotierung. Das wird nun die Nagelprobe. Und es ist ein Treppenwitz, dass ausgerechnet der Conti-Vorstandsvorsitzende Manfred Wennemer nun gemeinsam mit seinen Arbeitnehmern für solche Zusagen streiten muss, die er selbst bei seinen Übernahmen immer als wertlos verworfen hat.

Zum Schluss wird es Garantien geben, die alle Seiten das Gesicht wahren lassen. Wennemer wird sich öffentlich darüber freuen, das Beste herausgeholt zu haben. Aber in Herzogenaurach werden sie sich – eher im Stillen – auf die Schenkel klopfen, sind die Schaefflers doch dank guten Timings unglaublich günstig an ein tolles deutsches Unternehmen gekommen.

(Quelle: FAZ, 14.08.2008 (Nr. 189), S. 11)

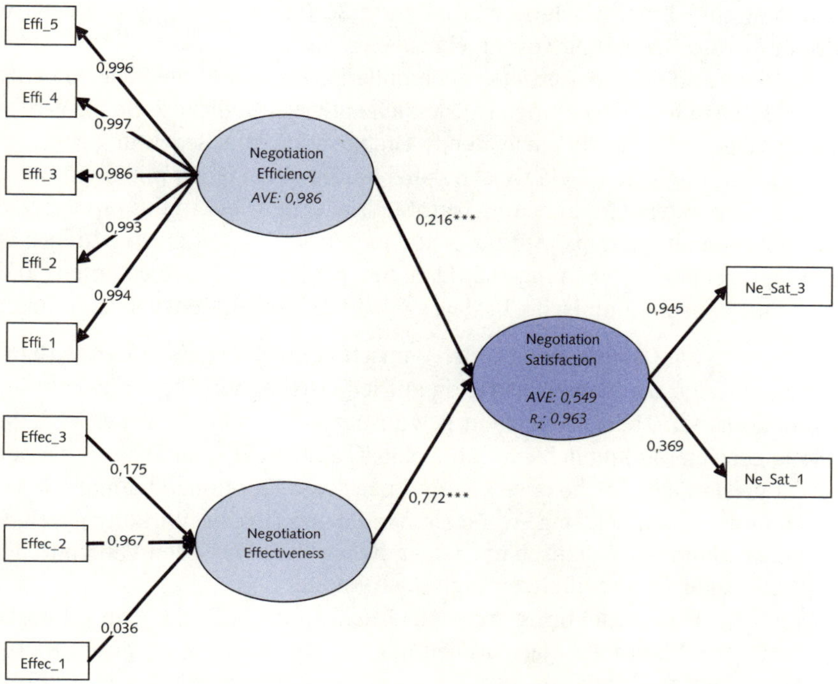

Effi_5: During the negotiation process all activities perfectly corresponded with the aim haunted.

Effi_4: The final negotiation can be classified as target-orientated and well structured to a high degree.

Effi_3: During the final negotiation we met the negotiating party only if it was necessary for the further development of the negotiations.

Effi_2: During the final negotiation we constantly discussed about trifles and returned to a target-orientated path only by the pressure of time.

Effi_1: In the course of the final negotiation we partially discussed details that have to be classified as irrelevant in terms of the negotiation results.

Effec_3: Recapitulating we come to the decision that our natural object of the negotiation could be attained altogether.

Effec_2: During the final negotiation we were only able to enforce aspects of minor importance whereas considerations of major importance had to be adjusted to the interest of the negotiating party.

Effec_1: During the the final negotiation we managed to accomplish our aims that were of capital importance.

Satis_3: Compared with an "ideal" negotiation this negotiation can be rated as good.

Satis_2: All in all the negotiation process went according to plan. [Indicator had to be removed due to a low loading]

Satis_1: All in all we are satisfied with the negotiation.

***p<0,01, **p<0,05, *p<0,1

(Quelle: *Voeth et al.*, 2006)

Abb. 33: Empirische Bedeutung von Ergebniszielen und (ökonomischen) Prozesszielen auf die Verhandlungszufriedenheit

Bedeutung ökonomischer Prozessziele

Dass gerade ökonomische Prozessziele bei Verhandlungen von Bedeutung sind, hat die Verhandlungsforschung auch empirisch belegt. So haben *Voeth et al.* (2006) in einer großzahligen Befragung von Verhandlungsführern in der Praxis die Frage untersucht, welche Bedeutung Ergebnisziele (Effektivitätsziele) und (ökonomische) Prozessziele (Effizienzziele) für die Entstehung von (ex post)

Verhandlungszufriedenheit haben. Wie Abbildung 33 deutlich macht, nehmen (ökonomische) Prozessziele immerhin rund 20 Prozent und damit immerhin ein Fünftel der Bedeutung von Ergebniszielen ein.

Mittelbar ökonomische Ziele

Daneben sind bei Prozesszielen auch mittelbar-ökonomische Ziele zu beachten. So können in Verhandlungen zusätzlich außervertragliche Ziele für Verhandelnde, aber auch für die entsendende Organisation von Bedeutung sein. Solche außervertraglichen Ziele weisen dabei häufig allein einen mittelbar ökonomischen Charakter auf und betreffen großteils eher den Verhandlungsprozess als das Verhandlungsergebnis. Auf Basis umfangreicher Literaturauswertungen sowie empirischer Untersuchungen differenziert *Herbst* (2007) sieben unterschiedliche mittelbar-ökonomische Präferenzen in Unternehmensverhandlungen:

Kooperativität

- Kooperativität: Hierunter wird der Wunsch von einer oder beiden Verhandlungsparteien nach einer beidseitig zufriedenstellenden Lösung gefasst.

Emotionalität

- Emotionalität: Hiermit wird ein gewünschtes Ausmaß an in der Verhandlung gezeigter Freundlichkeit, Fröhlichkeit, aber auch spontanem Ärger oder Wut verstanden. Solche positiven und negativen Emotionen können für Verhandlungen hilfreich sein, wenn sie dazu beitragen, die Wirkung gezeigten Entgegenkommens abzuschätzen oder die wirklich kritischen Verhandlungsgegenstände zu identifizieren (vgl. auch Kapitel C.4.1).

Offenheit

- Offenheit: Dieses Ziel bringt zum Ausdruck, welchen Umfang an Informationsaustausch Verhandlungsparteien in einer Verhandlung erwarten. Hierbei ist keineswegs davon auszugehen, dass ein Mehr an geäußerten Informationen grundsätzlich positiv zu bewerten ist. So hat bereits *Keller* (1966) darauf hingewiesen, dass zu viele in Verhandlungen ausgetauschte Informationen zu mangelnder Struktur- und Zielorientierung der Verhandlungen führen können, so dass erfahrene Verhandlungsführende eher ein Interesse an einer Begrenzung der in einer Verhandlung zur Verfügung gestellten Informationen aufweisen.

Fairness

- Fairness: Unter Fairness ist in Abgrenzung zu der eher die ökonomischen Verhandlungsergebnisse betreffenden Verteilungsgerechtigkeit der Wunsch von Verhandlungsakteuren nach angemessenen und verhältnismäßigen Forderungen der jeweils anderen Verhandlungsseite zu verstehen. Da die Nichteinhaltung von Fairness-Standards Verhandlungen unnötigerweise komplexer und schwieriger macht, kann eine prozessuale Fairness eine wichtige Erfolgsbedingung in betriebswirtschaftlichen Verhandlungen sein.

Ehrlichkeit

- Ehrlichkeit: Während sich Offenheit auf die Menge der ausgetauschten Informationen bezieht, geht es bei der Dimension »Ehrlichkeit« um den Wahrheitsgehalt der in einer Verhandlung zur Verfügung gestellten Informationen. Da »unwahre« Informationen Überprüfungs-, Kontroll- und Überwachungskosten auf Seiten der eigenen Verhandlungspartei erforderlich machen, ist der Wunsch nach Ehrlichkeit auch aus ökonomischen Gründen nachvollziehbar.

Verlässlichkeit

- Verlässlichkeit: Diese liegt vor, wenn einmal geäußerte Aussagen innerhalb des weiteren Verlaufs der Verhandlungen Gültigkeit besitzen und zu einem später en Zeitpunkt nicht mehr in Frage gestellt werden. An der Verlässlichkeit des Verhandlungspartners haben Verhandelnde dabei schon allein deshalb Interesse, da dies einen positiven Einfluss auf die Verhandlungsdauer und die Verhandlungskomplexität hat.

- Benehmen: Schließlich haben Verhandelnde auch ein Interesse an einem angemessenen Benehmen der Akteure der anderen Verhandlungspartei. Hierunter ist beispielsweise zu verstehen, dass dem Verhandlungspartner die Möglichkeit gegeben wird, seine Argumente zusammenhängend vorzutragen oder dass der Verhandlungspartner auf gestellte Fragen in seinem Verhandlungsstatement eingeht.

Benehmen

Da sich die meisten der angeführten mittelbar ökonomischen Verhandlungsziele auf den Verhandlungsprozess beziehen, bezeichnet *Herbst* (2007) diese Verhandlungsziele als »prozessuale Präferenzen« in Verhandlungen. Diese werden allerdings nicht zwangsläufig allein von den Verhandlungsindividuen verfolgt. Stattdessen ist es auch im Interesse der »entsendenden« Unternehmen, dass eine effiziente und nachhaltige Verhandlungsführung sichergestellt wird.

Anforderungen an Verhandlungsziele

SMART-Formel

Bei der Identifikation bzw. Festlegung von Verhandlungszielen der eigenen Partei, aber auch der Gegenseite sind bestimmte Anforderungen zu erfüllen. In der Praxis werden für die konkrete Festlegung von Verhandlungszielen verschiedene »Faustformeln« angewandt. *Schranner* (2007a) empfiehlt beispielsweise die so genannte SMART-Formel, welche für die Auswahl von Verhandlungszielen und die Festlegung des gewünschten bzw. mindestens erforderlichen Ausmaßes der Verhandlungsziele herangezogen werden kann. SMART steht dabei für »Specific«, »Measurable«, »Acceptability«, »Realistic« und »Tough« (vgl. Abbildung 34).

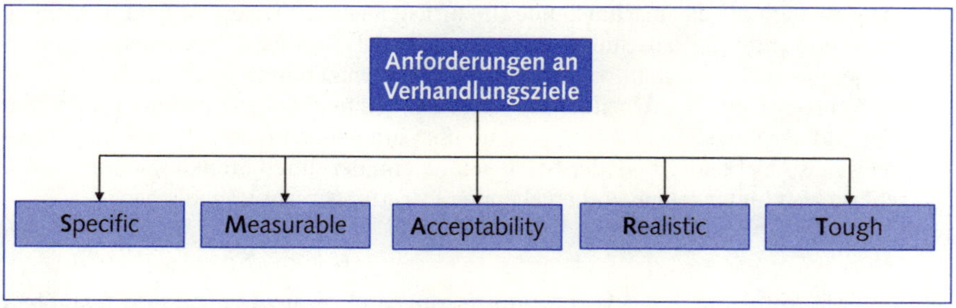

Abb. 34: SMART-Anforderungen an Verhandlungsziele

»Specific« meint dabei, dass Verhandlungsziele so detailliert beschrieben werden müssen, dass sie von Dritten nachvollzogen werden können. Hingegen steht »Measurable« dafür, dass Verhandlungsziele messbar sein müssen. Nur so lässt sich im Anschluss an Verhandlungen prüfen, inwieweit Verhandlungsziele auch tatsächlich erreicht worden sind. »Acceptability« setzt an der Diskrepanz der Verhandlungsziele von entsendender Organisation und entsandten Verhandlungsführern in betriebswirtschaftlichen Verhandlungen an. So tritt bei Verhandlungen innerhalb und zwischen Unternehmen wie oben dargestellt durchaus häufiger die Situation ein, dass die vom Verhandlungsführer verfolgten Verhandlungsziele nicht zwangsläufig mit den Verhandlungszielen der entsendenden Unternehmung übereinstimmen müssen. Für diesen Fall ist bei der Festlegung von Verhandlungszielen durch den Verhandlungsführer zu prüfen, inwieweit die von ihm verfolgten Verhandlungsziele von seinem Unternehmen mitgetragen werden. Die Anforderung »Realistic« stellt hingegen auf das Ausmaß des angestrebten Zielerreichungsgrades ab. Bei der Festlegung von Aspirationslösungen bei Verhandlungszielen ist so zu beachten, dass diese auch zumindest ein gewisses Maß an Erreichungswahrscheinlichkeit aufweisen sollten. Ansonsten droht innerhalb der Verhandlung die Gefahr, dass durch überzogene Forderungen oder unrealistische Gebote die Verhandlung unnötigerweise komplizierter gemacht wird und zudem anschließend ein wenig aussagekräftiger Zielerreichungsgrad ausgewiesen wird. Dieser ist dann allein deshalb sehr gering, weil übertriebene Erwartungen hinsichtlich des gewünschten Verhandlungsergebnisses zuvor benannt worden sind.

FALLBEISPIEL 24

Unrealistische Forderungen in Tarifverhandlungen

Gegen die Zielanforderung »Realistic« wird regelmäßig in Tarifverhandlungen verstoßen. So gehen die Verhandlungspartner häufig mit sehr weitreichenden Forderungen in die Verhandlungen hinein. Während die Arbeitnehmerseite mit einer sehr hohen Lohnforderung startet, ist es auf der Arbeitgeberseite üblich, eine »0 Prozent«-Runde zu fordern. Beide Seiten machen dies (unter anderem), um ihre jeweilige Klientel zu motivieren, sich für die Forderungen in der Tarifauseinandersetzung einzusetzen. Andererseits ist dieses Vorgehen aber auch gefährlich, da die überzogenen Forderungen zugleich auch für die anschließende Unzufriedenheit der Lager mit dem tatsächlich später erreichten Tarifabschluss verantwortlich sind. Dies führt aber wiederum zu einer geringeren Bereitschaft bei zukünftigen Tarifverhandlungen, sich für die jeweilige Seite einzusetzen. Der Arbeitnehmer, der beim letzten Mal gestreikt hat (und damit während der Streikzeit Einkommenseinbußen hinnehmen musste), wird hierzu beispielsweise nicht sofort wieder bereit sein, wenn der durch Streik erzwungene Abschluss weit hinter seinen vorhergehenden Erwartungen zurückgeblieben ist.

Schließlich sollte für jedes Verhandlungsziel auch eine Ausprägung festgelegt werden, die »Tough« ist. So soll zwar die Forderung »Realistic« vermeiden, dass »Mondforderungen« in Verhandlungen gestellt werden, zugleich bedeutet dies jedoch nicht, dass sich Verhandlungsakteure keine ambitionierten Ziele setzen sollten. So zeigen Experimente der Verhandlungsforschung, dass das in Verhandlungen erreichte Verhandlungsergebnis auch von der Ambitioniertheit der zuvor selbst gesetzten Verhandlungsziele abhängt.

Zielniveau

Mit der Frage, welcher Einfluss von der Ambitioniertheit vorgegebener Verhandlungsziele auf Verhandlungsergebnisse ausgeht, haben sich unter anderem *Huber/Neale* (1986) in experimentellen Studien beschäftigt. Zum Prinzip wurden in einer Marktsimulation den Teilnehmern eines Verhandlungsexperiments die Rollen von Käufern oder Verkäufern zugewiesen. In einer einmaligen Verhandlungssituation war über Lieferpreis, Lieferzeitpunkt und Finanzierungsbedingungen zu verhandeln. Während dem Verkäufer dabei jeweils nur das Ziel vorgegeben wurde, so viel wie möglich »rauszuholen«, wurden die Käufer in vier Gruppen mit jeweils unterschiedlichen Verhandlungszielen eingeteilt:

- Gruppe 1 wurde ein unspezifisches Verhandlungsziel vorgegeben. Auch diese Teilnehmer wurden aufgefordert, so viel wie möglich in der Verhandlung für ihre Partei »rauszuholen«.
- Gruppe 2 wurde ein moderates Verhandlungsziel vorgegeben. Diese Gruppe sollte bei der anstehenden Verhandlung einen Mindestgewinn von 4.000 US-Dollar erzielen.
- Gruppe 3 wurde ein mittel-schweres Verhandlungsziel vorgegeben. Diese Käufer sollten in der Verhandlung mindestens einen Gewinn von 4.600 US-Dollar erzielen.
- Gruppe 4 schließlich wurde ein schweres Verhandlungsziel mit auf den Weg gegeben. Käufer dieser Gruppe sollten einen Mindestgewinn von 5.400 US-Dollar innerhalb der Verhandlung erreichen.

Wie Abbildung 35 deutlich macht, erreichten die Käufer der verschiedenen Gruppen unterschiedliche Verhandlungsergebnisse. Während der durchschnittliche Käufergewinn in der Käufergruppe ohne spezifisches Verhandlungsziel (Gruppe 1) am geringsten war, stieg dieser mit Zunahme des vorgegebenen Verhandlungsziels an (vgl. für eine ähnliche Studie *Cohen*, 2003). Daher sollten sich Verhandlungsakteure zwar realistische, zugleich jedoch auch möglichst ambitionierte Verhandlungsziele geben. Dies verhindert, dass Lösungen akzeptiert werden, die weit entfernt von den Reservationslösungen der Gegenpartei liegen.

Verhandlungsgewinn Verkäufer	**Verhandlungsziel des Käufers**			
	unspezifisch	**leicht**	**mittel**	**schwierig**
Verkäufer mit unspez. Ziel	4.729 $	4.839 $	5.237 $	5.530 $

Abb. 35: Durchschnittliche Käufergewinne im Verhandlungsexperiment von *Huber/Neale* (1986)

Vergleich der Verhandlungsziele

Vergleichsnotwendigkeit

Schließlich ist in Bezug auf die Verhandlungsziele in einem letzten Schritt ein Vergleich der verhandlungsgegenstandsbezogenen Verhandlungsziele vorzunehmen. Dies ist deshalb erforderlich, da in Verhandlungen nicht davon auszugehen ist, dass bei allen Verhandlungsgegenständen die im Rahmen der Zielfestlegung ermittelten Aspirationslösungen realisiert werden können. Stattdessen ist eher davon auszugehen, dass die Zielerreichung bei den verschiedenen Verhandlungsgegenständen sehr unterschiedlich sein wird. Während beispielsweise die Verhandlungsgegenseite bei einigen Verhandlungsgegenständen zu einem stärkeren Entgegenkommen bereit sein wird, weil ihr diese Verhandlungsgegenstände möglicherweise nicht so wichtig sind, wird die andere Verhandlungspartei bei anderen, ihr wichtigeren Verhandlungsgegenständen wesentlich härter verhandeln und zu keinem derartig umfassenden Entgegenkommen bereit sein. Daher müssen sich Verhandlungsakteure im Vorfeld von Verhandlungen zusätzlich fragen, wie wichtig ihnen die Verhandlungsgegenstände im Vergleich miteinander sind. Idealtypischerweise sollte die Bestimmung der Wichtigkeit der Verhandlungsziele dabei dazu führen, dass im Anschluss ausgedrückt werden kann, wie stark die zusätzliche Zielerreichung bei einem Verhandlungsziel A sein muss, um eine geringfügige Verschlechterung der Zielerreichung bei einem Verhandlungsgegenstand B auszugleichen.

Solche Vergleiche von Verhandlungszielen sind dabei vor allem dann erforderlich, wenn die bestehenden Verhandlungsziele nicht in einheitlichen ökonomischen Größen vorliegen. Wird beispielsweise bei einer Einkaufsverhandlung parallel über den Preis sowie die technische Funktionalität einer Anlage verhandelt, so besteht für den Einkäufer das Problem darin, dass er Preiszugeständnisse bzw. zusätzliche Preisforderungen des Zulieferers nicht ohne weiteres mit damit verbundenen technischen Leistungsreduktionen bzw. zusätzlicher technischer Performance vergleichen kann. Deshalb wird er zunächst versuchen müssen, den Wert zusätzlicher technischer Leistungsfähigkeit bei der Anlage ökonomisch zu bewerten. Nicht immer ist dies allerdings ohne weiteres möglich. Daher kann es für ihn unumgänglich sein, die Verhandlungsgegenstände »Preis« und »technische Leistungsfähigkeit« zunächst auf einer einheitlichen abstrakten Skala zu beurteilen und damit auf einem höheren aggregierten Niveau miteinander vergleichbar zu machen.

Zielvergleiche in der Negotiation Analysis

Einer der ersten Verhandlungsforscher, der dieser Grundüberlegung folgte, ist *Raiffa* (1982). In seiner so genannten »Negotiation Analysis« (vgl. Kapitel B.2.1.3) schlägt er vor, alle denkbaren Lösungen bei Verhandlungsgegenständen einer Verhandlung mit Bewertungen auf einer übergeordneten Nutzenskala zu versehen (vgl. das Beispiel in Abbildung 36). Liegen solche Nutzenbewertungen für alle Lösungen der Verhandlungsgegenstände vor, lassen sich alternative Angebote von Verhandlungspartnern sehr einfach miteinander vergleichen. So zeigt sich bei Vergleich der in Abbildung 36 dargestellten vier Angebote, die ein Maschinenzulieferer einem Einkäufer nacheinander gemacht hat, dass diese für den im Beispiel betrachteten Einkäufer zunächst attraktiver

Verhandlungsziele	Mögliche Lösungen	Nutzenwerte auf einer Skala von »0 = kein Nutzen« bis »100 = sehr hoher Nutzen«	Angebot 1 vom 4. April 2008	Angebot 2 vom 12. April 2008	Angebot 3 vom 3. Mai 2008	Angebot 4 vom 16. Mai 2008
Preis	50.000 €	100				
	54.000 €	80				
	58.000 €	60				x
	62.000 €	40			x	
	66.000 €	20		x		
	70.000 €	0	x			
Zahlungsziel	Zahlung bei Lieferung	0		x	x	x
	1 Monat	3				
	3 Monate	9	x			
	12 Monate	25				
Wartung	kostenfrei	40				
	nach Aufwand	0	x	x	x	x
Technische Leistungsfähigkeit	100 ppm	10				
	110 ppm	30				x
	120 ppm	50	x	x	x	
Entsorgung der Altmaschine	durch Zulieferer kostenfrei	10	x	x		
	durch Zulieferer gegen Aufwandsberechnung	5			x	x
	durch Kunde	0				
Garantie	3 Jahre	10	x			x
	5 Jahre	20		x	x	
	7 Jahre	30				
Montage	inklusive	50	x	x	x	x
	exklusive	0				
Einführung des Maschinenführers	ja	10	x	x	x	x
	nein	0				
		Angebotsbewertung	**139**	**160**	**175**	**165**

Abb. 36: Beispiel zur Nutzenbewertung von Verhandlungsangeboten

werden. Anschließend werden die Angebote (Angebot 4) jedoch wieder unattraktiver. Angebot 4 fällt so hinter das Niveau von Angebot 3 zurück.

Probleme direkter Nutzenschätzung

Auch wenn das in der »Negotiation Analysis« vorgeschlagene Vorgehen, die innerhalb einer Verhandlung verfolgten Verhandlungsziele auf einer gemeinsamen, einheitlichen Nutzenskala abzubilden, zunächst plausibel und hilfreich erscheint, hängt die Einsatzmöglichkeit dieses Vorgehens in der Verhandlungspraxis vor allem davon ab, inwieweit es gelingt, eine valide Abschätzung der Nutzenwerte für die verschiedenen Lösungen bei den Verhandlungsgegenständen vorzunehmen. So würde man bei der Beurteilung der Angebote in Abbildung 36 beispielsweise bereits dann zu anderen Urteilen gelangen, wenn die der Angebotsbeurteilung zu Grunde liegenden Nutzenwerte nur geringfügig vom wirklichen ökonomischen Nutzen der verschiedenen Lösungen bei den Verhandlungsgegenständen abweichen.

Individuelle Nutzenschätzung mit der Conjoint-Analyse

Daher kommt der Ermittlung der Nutzenwerte für mögliche Lösungen bei Verhandlungsgegenständen eine zentrale Bedeutung zu. Es ist zu fragen, mit welchen Methoden sich der Nutzen bei Verhandlungsgegenständen valide ermitteln lässt. Hierbei kann auf die Ergebnisse der Kaufverhaltensforschung des Marketings zurückgegriffen werden, da sich dieses Forschungsgebiet intensiv mit der Messung von (Kunden-)Nutzen beschäftigt hat (vgl. *Voeth*, 2000). Eine wesentliche Erkenntnis der Kaufverhaltensforschung im Zusammenhang mit Nutzenmessungen ist dabei, dass Methoden der direkten Nutzenermittlung häufig zu wenig validen Ergebnissen führen. Wird der Nutzen etwa bestimmt, indem (wie im Beispiel von Abbildung 36) alternativen Lösungen bei Verhandlungsgegenständen auf einfache Art und Weise Punktwerte einer zu Grunde liegenden Nutzenskala zugeordnet werden, so führt dies schon allein deshalb in der Regel zu wenig aussagekräftigen Ergebnissen, da die Werte nicht im Vergleich von Lösungen verschiedener Verhandlungsgegenstände (»Ist mir ein Entgegenkommen beim Preis von 58.000 Euro lieber als ein Entgegenkommen beim Zahlungsziel von einem Monat?«), sondern (wenn überhaupt) allein im Vergleich verschiedener Lösungen einzelner Verhandlungsgegenstände (»Um wie viel ist mir ein Preis von 58.000 Euro lieber als ein Preis von 62.000 Euro?«) vergeben werden. Eine solche Messung ist allerdings (zu) stark vereinfachend, da Angebote in der Realität im Hinblick auf die Ausprägungen aller Verhandlungsgegenstände simultan beurteilt werden. Eine Methodengruppe, die den die tatsächliche Bewertung von Verhandlungsangeboten kennzeichnenden Trade-off abzubilden in der Lage ist, stellt vor allem die Gruppe der Conjoint-Analysen dar (vgl. *Luce/Turkey*, 1963; *Green/Rao*, 1971; *Backhaus et al.*, 2008). Hierbei handelt es sich um eine Gruppe von dekompositionellen Verfahren, bei denen der Nutzen von Objekten, die durch Ausprägungen verschiedener Beschreibungsmerkmale gekennzeichnet sind, zunächst ganzheitlich empirisch ermittelt wird. Erst anschließend wird dann mittels eines zumeist linear-additiven Nutzenmodells auf den Bedeutungsbeitrag der zur Beschreibung der Objekte herangezogenen Merkmalsausprägungen und Merkmale geschlossen. Das nachfolgende Fallbeispiel zeigt, wie sich mit Hilfe einer Conjoint-Analyse, Nutzenwerte für die in der obigen Abbildung 36 differenzierten Lösungen für die dort aufgeführten Verhandlungsgegenstände ermitteln lassen.

FALLBEISPIEL 25

Nutzenermittlung mittels Conjoint-Analyse

Abbildung 38 enthält das Ergebnis einer exemplarischen Conjoint-Analyse zur Ermittlung von Nutzenwerten des bereits betrachteten Einkäufers für die verschiedenen Lösungen bei Verhandlungsgegenständen. Als relevante Beschreibungsmerkmale für die Vertragsangebote des Zulieferers wurden die in der obigen Abbildung 36 vorgestellten Verhandlungsgegenstände verwandt. Charakteristisch für Conjoint-Analysen ist es dabei, dass aus den denkbaren Lösungen bei diesen Objektbeschreibungsmerkmalen zunächst fiktive Gesamtlösungen konstruiert werden. Hierzu werden die verschiedenen Lösungen bei den Verhandlungsgegenständen systematisch variiert, so dass sich jedes fiktive Verhandlungsangebot durch eine individuelle Kombination von Lösungen bei den verschiedenen Verhandlungsgegenständen auszeichnet. Abbildung 37 zeigt Beispiele für solche Kombinationsangebote, die realen Angeboten gleichen sollen.

Angebot 1	**Angebot 2**		**Angebot 3**
Preis: 58.000 €	*Preis*: 66.000 €		*Preis*: 50.000 €
Zahlungsziel: 3 Monate	*Zahlungsziel*: 12 Monate		*Zahlungsziel*: Zahlung bei Lieferung
Wartung: nach Aufwand	*Wartung*: kostenfrei		*Wartung*: nach Aufwand
Techn. Leistung: 110 ppm	*Techn. Leistung*: 120 ppm	...	*Techn. Leistung*: 100 ppm
Entsorgung der Altm.: durch Kunde	*Entsorgung der Altm.*: Zulieferer (kostenfrei)		*Entsorgung der Altm.*: durch Kunde
Garantie: 7 Jahre	*Garantie*: 3 Jahre		*Garantie*: 3 Jahre
Montage: inklusive	*Montage*: inklusive		*Montage*: exklusive
Einführung des MF: ja	*Einführung des MF*: nein		*Einführung des MF*: nein

Abb. 37: Beispielhafte Conjoint-Karten

Die auf diese Weise konstruierten Verhandlungsangebote werden dem Verhandlungsakteur, hier dem Einkäufer, anschließend zur ganzheitlichen Bewertung vorgelegt. Beispielsweise wird der Einkäufer aufgefordert, die ihm vorgelegten fiktiven Vertragsangebote entsprechend seinen Gesamtpräferenzen auf einer Skala von »1 = sehr schlecht« bis »10 = sehr gut« zu beurteilen. Anhand der so vom Einkäufer vorgenommenen Bewertungen kann anschließend der Nutzenbeitrag der verschiedenen Lösungen der Verhandlungsgegenstände rechnerisch ermittelt werden. Hierzu werden Schätzwerte für den Nutzen der verschiedenen Lösungen der Verhandlungsgegenstände so abgeleitet, dass durch Addition der jeweiligen Schätzwerte die empirisch vorgegebenen Gesamtbeurteilungen des Einkäufers möglichst gut »reproduziert« werden.

Die Nutzenschätzungen bei der Conjoint-Analyse werden dabei so vorgenommen, dass für jede Lösungsalternative eines Verhandlungsgegenstandes ermittelt wird, wie fiktive Vertragsangebote, die durch diese Lösungsalternative gekennzeichnet waren, im Vergleich zum Beurteilungsdurchschnitt aller fiktiven Vertragsangebote abgeschnitten haben. Da die einzelnen Nutzenschätzungen damit stets als Abweichungen vom Gesamtdurchschnitt aufzufassen sind, addieren sich diese Werte über alle Lösungsmöglichkeiten eines Verhandlungsgegenstandes zu Null auf (vgl. Abbildung 38).

Da die den einzelnen Lösungsalternativen der Verhandlungsgegenstände zugeordneten Nutzenwerte bei der Conjoint-Analyse auf Basis von Trade-offs zwischen ganz-

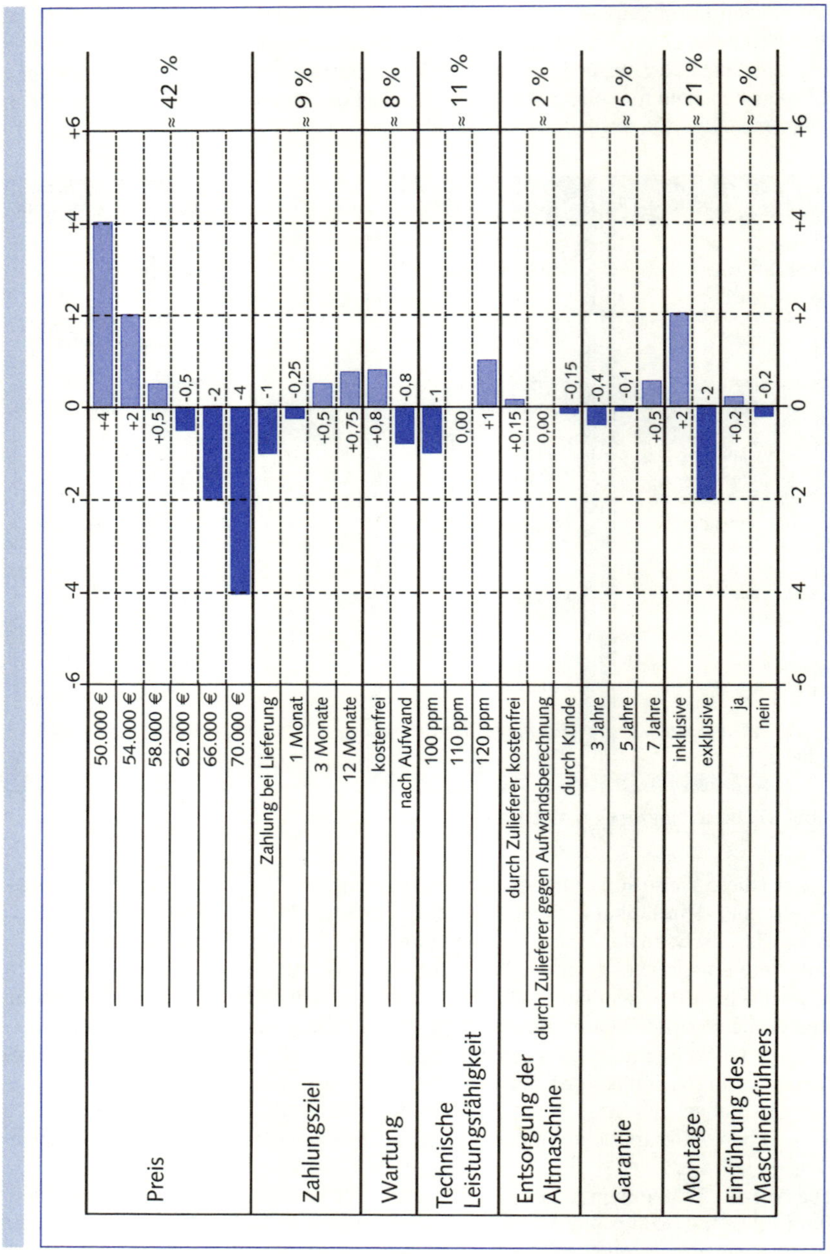

Abb. 38: Beispiel zur Nutzenermittlung mittels Conjoint-Analyse

heitlich beschriebenen Vertragsangeboten zustande gekommen sind, zeigen empirische Studien, dass diese Werte relativ valide sind. Zudem lassen sich aus diesen Nutzenschätzungen auch Informationen über die »Wichtigkeit« der Verhandlungsgegenstände gewinnen. So ist ein Verhandlungsgegenstand dann für eine Verhandlung wichtig, wenn relativ große Nutzenunterschiede bei den alternativen Lösungen dieses Verhandlungsgegenstandes zu beobachten sind. In dem in Abbildung 38 wiedergegebenen Ergebnis einer beispielhaften Conjoint-Analyse ist dem Verhandlungsgegenstand Preis so eine deutlich größere Wichtigkeit als dem Merkmal Zahlungsziel zuzuschreiben. Während nämlich die Spanne zwischen der besten Lösung und der schlechtesten Lösung beim Preis zu einem Nutzenunterschied von 8 (Differenz zwischen -4 und +4) führt, nimmt diese Spanne beim Merkmal »Zahlungsziel« allein einen Wert von 1,75 (Differenz zwischen -1 und +0,75) ein. Soll die Wichtigkeit der Merkmale dabei als Gesamtnutzenanteil ausgedrückt werden, so gelangt man zu diesem Ergebnis, wenn die Nutzenspanne zwischen bester und schlechtester Lösung bei einem Verhandlungsgegenstand ins Verhältnis zur Summe der entsprechenden Spannen aller Verhandlungsgegenstände gesetzt wird. Entsprechend Abbildung 38 ergibt sich hierbei für den Preis eine prozentuale Wichtigkeit von 42,2 Prozent. Damit kommt diesem Verhandlungsgegenstand die mit Abstand größte Bedeutung zu.

Validität dekompositioneller Nutzenschätzungen

Interessanterweise haben *Greenhalgh/Neslin* bereits im Jahr 1981 und damit ein Jahr vor der Veröffentlichung der »Negotiation Analysis« den Einsatz der Conjoint-Analyse als Alternative zu der von *Raiffa* (1982) entwickelten Vorgehensweise vorgeschlagen. Anders als in dem oben gewählten Beispiel bildete ein realer tarifpolitischer Fall in den Vereinigten Staaten, in dem sich Gewerkschaftsmitglieder über den Vertragsabschluss ihrer Vertreter mit den Arbeitgebern unzufrieden zeigten, den Anlass ihrer Studie. Für den Einsatz des Verfahrens legten *Greenhalgh/Neslin* (1981) ausgewählten Gewerkschaftsmitgliedern insgesamt 16 verschiedene Vertragsszenarien zur Beurteilung vor, die anhand von fünf Gegenständen mit jeweils zwei unterschiedlichen Lösungen gekennzeichnet waren. Die dekompositionelle Berechnung der relativen Wichtigkeiten und Nutzenwerte führte nach Angabe der Autoren zu einer hohen Validität. Anschließende Befragungen der Gewerkschaftsvertreter ergaben, dass die ermittelten Wichtigkeiten als sehr hilfreich für zukünftige Verhandlungen erachtet wurden, sowohl was die Konzentration auf wichtige eigene Standpunkte betraf als auch um mögliche Kompromisse zu gestalten. Trotz der beschriebenen Potenziale ist das conjoint-analytische Vorgehen von der Negotiation Analysis erstaunlicherweise nicht aufgegriffen worden.

Zielanalyse der Gegenpartei mit Conjoint

Vielversprechend ist der Einsatz von Conjoint-Analysen im Rahmen der Verhandlungsvorbereitung darüber hinaus vor allem deshalb, da sie nicht nur für die Ermittlung eigener Nutzenvorstellungen, sondern auch für die Analyse der Verhandlungsziele der Gegenpartei eingesetzt werden können. Da der Verhandlungsgegner allerdings im Regelfall kaum bereit sein dürfte, im Vorfeld einer Verhandlung die entsprechenden Einschätzungen seinem Verhandlungsgegner preiszugeben, sollte die Beurteilung der fiktiven Vertragsangebote stellvertretend vom eigenen Negotiation Team vorgenommen werden. Hierzu sollte die Perspektive des Verhandlungspartners eingenommen werden und aus dessen Sicht eine Beurteilung der vorliegenden fiktiven Conjoint-Angebote vorgenommen werden. Falls den Mitglieder des Negotiation Teams selbst zu wenig Informationen über die Gegnerseite vorliegt, so dass der bewusst eingenommene Perspektivenwechsel schwer fällt, so ist nach weiteren Personen innerhalb des eigenen Unternehmens Ausschau zu halten, die gegebenenfalls über einen intensiveren Kontakt und damit einhergehend mehr Informationen verfügen. Dies erscheint lohnenswert, da Einschätzungen »interner Experten« durchaus valide zu sein scheinen. In diesem Zusammenhang ist nochmals auf die Studie von *Brinkmann* (2006) zu verweisen, die zu der Erkenntnis kam, dass Informationsträger im eigenen Unternehmen sehr gut in der Lage sind, die Präferenzstrukturen von Geschäftspartnern wiederzugeben. »Sehr gut« bedeutet dabei, dass keine signifikanten Unterschiede zwischen den Angaben des eigenen Informationslieferanten und der tatsächlichen Präferenzbesitzer feststellbar waren. Einschränkend ist in diesem Zusammenhang jedoch darauf hinzuweisen, dass die jeweiligen Informationslieferanten in der Regel in einem sehr intensiven Austausch zu der jeweils nachzustellenden Gegnerpartei stehen müssen.

3.1.2.3 Verhandlungsstrategien

Weite Begriffsfassung in Literatur

Im Anschluss an die Festlegung eigener und die Identifikation gegnerischer Verhandlungsmotive und -ziele sind die eigenen Verhandlungsstrategien zu konkretisieren. Diese müssen dabei natürlich auch vor dem Hintergrund der erwarteten gegnerischen Strategien formuliert werden. Verhandlungsstrategien stellen in der Literatur ein äußerst schillerndes Thema dar (vgl. *Lewicki et al.*, 1998). So werden unter diesem Schlagwort viele Instrumente, Tools und Konzepte der Verhandlungssteuerung diskutiert. Beispielsweise wird die Empfehlung, stets in einer Verhandlung das erste Angebot zu machen, mitunter ebenso als »Verhandlungsstrategie« bezeichnet, wie etwa die Erkenntnis zur Strategie erhoben wird, dass ein erfolgreicher Verhandlungsabschluss voraussetzt, dass der Verhandlungsgegenseite eine »Gesichtswahrung« ermöglicht wird. Entsprechend unserer oben eingeführten Differenzierung zwischen Strategien und Taktiken ist der überwiegende Teil der in der Literatur diskutierten so genannten »Verhandlungsstrategien« aus unserer Sicht allerdings eher als kurzfristig wirkende Taktiken zu bezeichnen.

Engere Begriffsfassung

Wird demnach an den Begriff »Verhandlungsstrategie« ein grundsätzlicherer Anspruch erhoben und folglich nur das als Verhandlungsstrategie bezeichnet, was tatsächlich eine generelle Leitlinie für das Verhandlungsverhalten darstellt, so reduzieren sich die im Bereich von Verhandlungsstrategien zu diskutierenden Überlegungen auf zwei grundsätzliche Fragen. Diese reflektieren zugleich die zuvor diskutierten Verhandlungsziele:

Strategiearten

- Zum einen bedarf eine Verhandlung einer Leitlinie in Bezug auf das angestrebte Ergebnis. Verhandelnde müssen sich in diesem Zusammenhang fragen, in welchem Ausmaß sie ihre eigenen Verhandlungsinteressen, gegebenenfalls auch zu Lasten der Interessen der Gegenseite, innerhalb der Verhandlung durchsetzen wollen (Ergebnisstrategie).

- Zum anderen ist eine Leitlinie in Bezug auf den Verhandlungsprozess erforderlich. So ist vor dem Hintergrund der zuvor festgelegten ergebnisbezogenen Strategie auch grundsätzlich festzulegen, wie der Verhandlungsprozess gestaltet werden soll. Vor allem ist hierbei eine Festlegung vorzunehmen, wie stark der Verhandlungsprozess durch die eigene Verhandlungspartei geprägt werden soll (Prozessstrategie).

Abbildung 39 gibt einen Überblick über die verschiedenen Verhandlungsstrategiealternativen, die in der Verhandlungsvorbereitung zur Verfügung stehen.

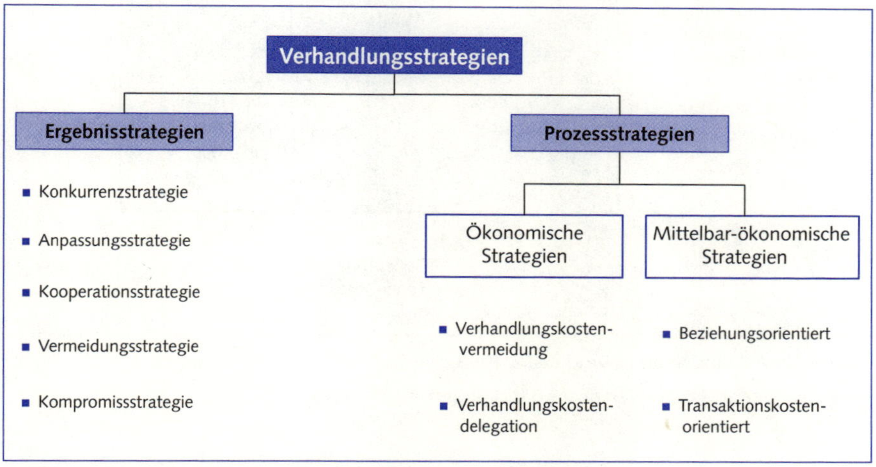

Abb. 39: Alternative Verhandlungsstrategien

Ergebnisstrategien

Arten von Ergebnisstrategien

Da die Identifikation eigener Verhandlungsziele und der Verhandlungsziele der Gegenseite in der Regel Präferenzunterschiede bei einzelnen oder allen Verhandlungsgegenständen aufgedeckt hat, stellt sich strategisch für Verhandelnde die Frage, wie mit diesen Präferenzunterschieden innerhalb der Verhandlung umgegangen werden soll. Vor allem ist eine Festlegung vorzunehmen, in welchem Ausmaß eigene Präferenzen auf Kosten der Gegenseite umgesetzt werden sollen. Entsprechend Abbildung 40 unterscheiden *Lewicki et al.* (1998) fünf Basisstrategien im Hinblick auf das Verhandlungsergebnis. Sie unterscheiden zwischen der

- Konkurrenzstrategie,
- Anpassungsstrategie,
- Kooperationsstrategie,
- Vermeidungsstrategie und
- Kompromissstrategie.

Diese Strategien unterscheiden sich entsprechend Abbildung 40 darin, dass jeweils eine andere Mischung im Hinblick auf die Durchsetzung eigener und gegnerischer Interessen angestrebt wird.

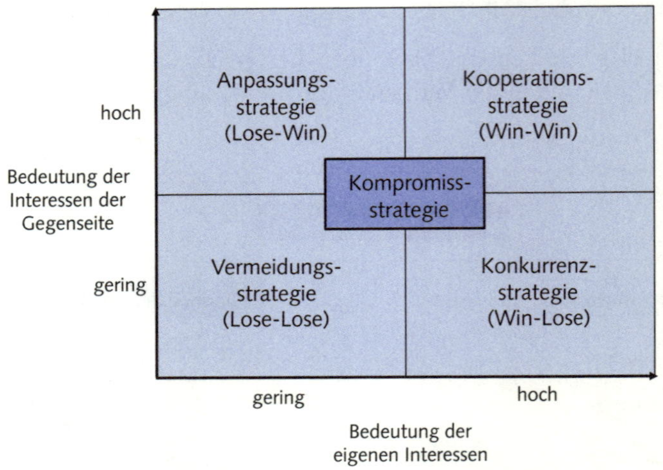

(Quelle: In Anlehnung an *Lewicki et al.*, 1998, S. 64)

Abb. 40: Ergebnisstrategien in Verhandlungen

Konkurrenz-strategie

Die bei Verhandlungen zunächst naheliegendste Ergebnisstrategie stellt dabei die Konkurrenzstrategie dar. So wird häufig das Verhandeln schlechthin mit dem Verfolgen einer Konkurrenzstrategie gleichgesetzt. Merkmal dieser Strategie ist es, innerhalb der Verhandlung allein oder ganz überwiegend die eigenen Ergebnisinteressen zu verfolgen. *Lewicki et al.* (1998) fassen die Konkurrenzstrategie daher auch unter dem Motto »Gewinn um jeden Preis« zusammen. Das Denken und Handeln bei dieser Strategie ist allein auf die augenblicklich anstehende Verhandlung gerichtet. Langfristige Konsequenzen, wie etwa die Auswirkungen des Verfolgens dieser Strategie auf die Verhandlungsposition und -situation in späteren Verhandlungen, bleiben dabei unberücksichtigt. Stattdessen geht es ausschließlich darum, ein möglichst gutes Verhandlungsergebnis in der bevorstehenden einzelnen Verhandlung zu erreichen. Folgerichtig bietet sich eine Konkurrenzstrategie immer dann an, wenn keine dauerhafte Beziehung zum Verhandlungsgegner besteht und es sich bei der anstehenden Verhandlung um eine vermutlich einmalige Verhandlungssituation handelt. Ebenso kann die Wahl einer Konkurrenzstrategie dann sinnvoll sein, wenn innerhalb einer Verhandlung vom Verhandlungsgegner das Verfolgen einer Konkurrenzstrategie erwartet werden kann. In diesem Fall dient das Verfolgen der Konkurrenzstrategie letztlich allein Verteidigungszwecken gegen das erwartete Verhandlungsverhalten der Gegenseite.

Anpassungsstrategie

Eine genau entgegengesetzte Interessenlage liegt bei einer Anpassungsstrategie vor. Hier versucht ein Verhandelnder, möglichst weitreichend den Interessen des Verhandlungspartners entgegen zu kommen. Zwar handelt der Verhandelnde bei dieser Strategie seinen eigenen Interessen nicht unbedingt zuwider, es geht ihm allerdings vornehmlich um die Erfüllung der Interessen des Verhandlungspartners. Ähnlich wie bei der Konkurrenzstrategie hängt die Zweckmäßigkeit dieser Strategie vor allem von der Beziehungskonstellation ab, in der man sich mit dem Verhandlungspartner befindet. Während bei der Konkurrenzstrategie die Beziehung unbedeutend ist, steht sie bei der Anpassungsstrategie im Mittelpunkt. Sich möglichst vollständig in einer Verhandlung auf die Interessen der Gegenseite einzulassen, macht so allein dann Sinn, wenn man sich hierdurch für zukünftige Verhandlungen mit dem gleichen Verhandlungspartner Vorteile verspricht. So kann es beispielsweise für einen Automobilzulieferer sinnvoll sein, bei einem ersten kleineren Projekt mit einem Automobilhersteller (OEM) eine Anpassungsstrategie zu verfolgen. Indem der Automobilzulieferer dem OEM innerhalb der Verhandlung zu diesem Projekt signalisiert, dass er sich sehr stark um die Interessen des OEM bemüht, erhofft er sich eine verbesserte Ausgangssituation für zukünftige, größere und damit für den Automobilzulieferer auch ökonomisch interessantere Folgeprojekte. In diesen Folgeverhandlungen wird der Automobilzulieferer dann allerdings nicht mehr zwangsläufig erneut eine Anpassungsstrategie verfolgen (müssen). Hat allerdings der OEM aus vergangenen Verhandlungen den Eindruck gewonnen, dass der Zulieferer sehr stark an der Erfüllung der Interessen des Automobilherstellers interessiert ist, wird er in diesen späteren Verhandlungen möglicherweise eher bereit sein, erneut von dieser Annahme auszugehen, und daher diesem den Auftrag erteilen oder einen Vertrag zu günstigeren Konditionen anbieten.

Kooperationsstrategie

Eine dritte Ergebnisstrategie in Verhandlungen stellt die Kooperationsstrategie dar. Bei dieser verfolgt der Verhandlungsakteur die Absicht, für beide Verhandlungsseiten möglichst günstige Verhandlungsergebnisse zu erzielen. Dies setzt allerdings voraus, dass zumindest bei einem Teil der Verhandlungsgegenstände integratives Potenzial (vgl. Kapitel C.3.1.1) besteht. Denn nur wenn keine rein distributive Verhandlung vorliegt, besteht die Möglichkeit, erfolgreich eine Kooperationsstrategie einzusetzen. Am Beispiel des Verfolgens einer Kooperationsstrategie lässt sich nun auch zeigen, dass die gewählte Ergebnisstrategie anschließend auch konsequent in entsprechendes Verhandlungsverhalten umgesetzt werden muss. So lässt sich eine Kooperationsstrategie in Verhandlungen nur dann erfolgreich anwenden, wenn innerhalb der eigentlichen Verhandlungen nicht sukzessiv über die Verhandlungsgegenstände verhandelt wird. Stattdessen bedarf es des parallelen Verhandelns über mehrere Verhandlungsgegenstände, um das integrative Potenzial, das bei einzelnen Verhandlungsgegenständen besteht, zu realisieren. Daher wird in der Literatur auch für das Verfolgen einer Kooperationsstrategie empfohlen, in Verhandlungen mit »Paketofferten« zu arbeiten, d. h. die Technik des »logrolling« (vgl. Kapitel C.3.1.1.1) anzuwenden. Denn nur das parallele Angebot bei verschiedenen

Verhandlungsgegenständen ermöglicht es, bestehende Präferenzunterschiede so auszunutzen, dass es zu einer »Kuchenvergrößerung« kommt. Das nachfolgende Beispiel verdeutlicht, dass nur mit Hilfe von Paketofferten integratives Potenzial realisiert werden kann.

FALLBEISPIEL 26

Paketofferten

Verhandelt ein Unternehmen der Chemieindustrie mit einem Kunden über die Lieferung einer Basischemikalie, so muss nicht nur eine Einigung über den Tonnenpreis, sondern zugleich auch über die Lieferbedingungen erreicht werden. Geht man nun davon aus, dass die Übernahme der Logistik für den Kunden mit Kosten in Höhe von 500.000 Euro verbunden ist, wohingegen die Übernahme für das Chemieunternehmen (z. B. aufgrund skalenbedingt günstigerer Kostenstrukturen) allein zu Kosten von 250.000 Euro führt, so besteht integratives Potenzial, da der Kunde weniger hohe Preiszugeständnisse fordern kann, wenn der Anbieter zugleich zusichert, die Logistik zu übernehmen. Wird allerdings über die beiden Verhandlungsgegenstände sukzessiv verhandelt, nehmen sich die Verhandlungspartner die Möglichkeit, dieses bei den Logistikkosten bestehende integrative Potenzial zu realisieren. So werden Kunde und Anbieter beide nicht bereit sein, die Logistik zu übernehmen. Denn ganz unabhängig davon, dass die Logistik für den Anbieter mit »nur« 250.000 Euro an Kosten verbunden ist, würde die Nicht-Übernahme für ihn in jedem Fall günstiger sein. Hingegen lässt sich das integrative Potenzial realisieren, wenn der Anbieter dem Kunden beispielsweise folgende alternative Offerten macht (Annahme einer Gesamtabsatzmenge des Kunden von 10.000 Tonnen):

- Angebot A: Tonnenpreis von 160 Euro und Übernahme der Logistik durch den Anbieter
- Angebot B: Tonnenpreis von 125 Euro und Übernahme der Logistik durch den Kunden

Während der Kunde bei Angebot A für die 10.000 Tonnen Kosten von 1,6 Mio. Euro (inkl. Logistik) aufwenden muss, fallen für ihn bei Angebot B 1,75 Mio. Euro an. Der Kunde würde demnach das Angebot A dem Angebot B vorziehen. Dieses Angebot ist allerdings auch für den Anbieter günstiger. Wird so von variablen Kosten von 100 Euro pro Tonne ausgegangen, so realisiert der Anbieter bei Angebot A einen Deckungsbeitrag von 350.000 Euro. Hingegen beläuft sich der Deckungsbeitrag bei Angebot B allein auf 250.000 Euro.

Problem bei Kooperationsstrategien

Auch wenn Kooperationsstrategien in jedem Fall erstrebenswert erscheinen, darf nicht übersehen werden, dass auch eine solche Strategie nicht immer erfolgreich ist. Probleme bei Anwendung einer Kooperationsstrategie treten beispielsweise dann auf, wenn die Gegenseite das kooperative Potenzial in der Verhandlung nicht erkennt und sich daher den Kooperationsbemühungen des Verhandlungspartners verschließt. Ebenso ist das Verfolgen einer Kooperationsstrategie dann schwierig, wenn der Verhandlungsgegner parallel eine Konkurrenzstrategie verfolgt. Auch ist der Erfolg dieser Strategie dann fraglich, wenn der Verhandlungspartner nur vordergründig eine Kooperationsstrategie verfolgt, tatsächlich aber vor allem die Optimierung der eigenen Interessenlage im Auge hat. So könnte beispielsweise im obigen Fallbeispiel eine der

Verhandlungsseiten versuchen, die eigene Verhandlungsposition dadurch zu verbessern, dass sie die tatsächlichen Logistikkosten verschleiert oder sogar verfälscht angibt, um auf diese Weise den Verhandlungspartner bei einem anderen Verhandlungsgegenstand zu größeren Zugeständnissen zu bewegen. Würde beispielsweise das Chemieunternehmen behaupten, dass die eigenen Logistikkosten anstatt bei 250.000 Euro bei 350.000 Euro liegen, so würde der Kunde möglicherweise bereit sein, einen oberhalb von 160 Euro liegenden Tonnenpreis zu akzeptieren. Im Vergleich der Angebote A und B wäre das Angebot A überlegen, so lange der Tonnenpreis unterhalb von 175 Euro liegen würde. Durch Angabe überzogener Logistikkosten könnte es also (beispielsweise) dem Anbieter gelingen, sich einen größeren Teil vom realisierten integrativen Potenzial zu sichern.

Vermeidungsstrategie

Eine weitere Ergebnisstrategie stellt die Vermeidungsstrategie dar. Bei dieser versucht ein Verhandelnder, weder die eigenen Interessen noch die Interessen der Gegenseite innerhalb der Verhandlung zu fördern. Ein solches »destruktives« Verhandlungsverhalten erscheint immer dann sinnvoll, wenn die Verhandlungen für die Verhandlungspartei unbedeutend sind und kein wirkliches Einigungsinteresse besteht. Da Verhandlungen allerdings für Unternehmen nicht kostenlos sind, scheint ein solches Verhalten auf den ersten Blick ineffizient zu sein. Zunächst eine Verhandlung aufzunehmen, dann jedoch die Verhandlung als so unbedeutend einzustufen, dass kein Interesse an einem Abschluss besteht, erscheint so wenig sinnvoll. In der Praxis treten derartige Konstellationen allerdings sehr wohl auf. Erklärbar wird das, wenn die Prinzipal-Agenten-Beziehung zwischen der verhandelnden Organisation und dem entsandten Verhandlungsakteur berücksichtigt wird. So ist es durchaus kein Einzelfall, dass in einem Unternehmen beschlossen wird, mit etwa einem potenziellen Zulieferer in Verhandlungen zu treten und demnach der Einkauf beauftragt wird, Verhandlungen mit diesem Zulieferer zu führen. Wenn jedoch der Einkauf bereits seit Jahren mit Konkurrenten dieses Zulieferers erfolgreich zusammenarbeitet, kann der Fall auftreten, dass die Verhandlungen mit dem potenziellen weiteren Zulieferer vom Einkauf nicht ernsthaft geführt werden. Die unterschiedlichen Interessen von »Prinzipal« und »Agent« führen in diesem Fall dazu, dass seitens des verhandelnden Einkaufs eine Vermeidungsstrategie verfolgt wird. Indem eine möglichst unattraktive Lösung für beide Verhandlungspartner angestrebt wird, soll ein erfolgloser Verhandlungsausgang herbeigeführt werden.

FALLBEISPIEL 27

Vermeidungsstrategie

Eine Vermeidungsstrategie erscheint beispielsweise für den Fall sinnvoll, dass sich die Volkshochschule einer kleinen Gemeinde an eine renommierte Strategieberatung wendet, um ein Angebot über die Erstellung einer Kundenzufriedenheitsstudie einzuholen. Da es zur Unternehmensphilosophie einer professionellen Beratung gehört, keine Kundenanfrage von vorneherein auszuschlagen, zugleich der für den Fall verantwortliche Mitarbeiter aber von Beginn an weiß, dass der Volkshochschule nicht das entsprechende Budget zur Verfügung steht, um das Beratungshonorar zu übernehmen, ist er gut beraten, ein möglichst kurzes, dabei wenig auf die Erwartungen der Volkshochschule eingehendes Angebot zu unterbreiten. Wenn die Beratung zusätzlich für die Erstellung dieses Angebot eine Vielzahl von hochdotierten Manntagen vorsieht, kann sie sicher davon ausgehen, dass ihr Angebot abgelehnt wird.

Kompromiss-strategie

Schließlich stellt die Kompromissstrategie eine Mischung der verschiedenen bisher vorgestellten Ergebnisstrategien dar. Bei dieser werden teilweise stärker die eigenen Interessen und teilweise stärker die Interessen der Gegenseite verfolgt. Schließlich wird bei Verhandlungsgegenständen, die für beide Verhandlungsparteien offensichtlich integratives Potenzial aufweisen, der Versuch unternommen, Lösungen zu finden, die »den Kuchen größer werden lassen«. Das Verfolgen einer Kompromissstrategie führt im Ergebnis zumeist dazu, dass bei bestimmten Verhandlungsgegenständen den eigenen Interessen stärker und bei anderen weniger stark entsprochen wird. Beispielsweise wird ein Unternehmen, dem es zurzeit wirtschaftlich nicht gut geht, in Tarifverhandlungen versuchen, möglichst moderate Lohnerhöhungen mit den Gewerkschaften zu vereinbaren. Im Gegensatz dazu streben die Gewerkschaften zwar für ihre Mitglieder nach möglichst großen Lohnerhöhungen, wünschen sich aber zugleich einen Verzicht auf betriebsbedingte Kündigungen. In den Tarifverhandlungen wird aber keine der Verhandlungsparteien die eigenen Interessen vollständig durchsetzen können. Stattdessen werden sich die Gewerkschaften möglicherweise mit einer kleinen Lohnerhöhung zufrieden geben, wenn sie als Ausgleich dafür die Zusicherung erhalten, dass auf betriebsbedingte Kündigungen verzichtet wird.

Verhandlungsakteure sollten immer dann von Beginn an eine Kompromissstrategie verfolgen, wenn kooperative Strategien nicht möglich erscheinen und zudem auch ein ausgeglichenes Machtverhältnis zwischen den Verhandlungsparteien vermuten lässt, dass eine Konkurrenzstrategie wenig erfolgreich sein wird. Für diesen Fall liegt es dann allerdings auch auf der Hand, dass von Beginn an in der Verhandlung klar sein muss, dass keine Verhandlungspartei bei allen Verhandlungsgegenständen ihre Aspirationslösungen realisieren kann.

Konzessions-planung

Das Verfolgen einer Kompromissstrategie – aber auch anderer Ergebnisstrategien – bedeutet zugleich auch, dass bereits im Vorfeld eine Planung der innerhalb der Verhandlung notwendigen »Konzessionen« durchgeführt wird. Bei der Konzessionsplanung ist dabei eine grundsätzliche Entscheidung darüber zu treffen,

- bei welchen Verhandlungsgegenständen zunächst Entgegenkommen gezeigt werden soll und
- in welcher Abfolge Konzessionen bei diesen Verhandlungsgegenständen gemacht werden sollen.

Gegenstands-ranking

Für den ersten Teil der Konzessionsplanung ist häufig bereits ein einfaches Ranking der Verhandlungsgegenstände sehr hilfreich. Dieses sollte sich zum einen an der z. B. conjoint-analytisch ermittelten Gewichtung der Verhandlungsgegenstände (vgl. Kapitel C.3.1.2.2) orientieren. So sollten Konzessionen zunächst bei solchen Verhandlungsgegenständen gemacht werden, deren Zielerreichung für die eigene Verhandlungspartei nicht so entscheidend ist. Zum anderen sollte beim Ranking jedoch auch die (vermutliche) Zielgewichtung des Verhandlungspartners Berücksichtigung finden. Dies bedeutet dabei nicht zwangsläufig, dass die Konzessionen zunächst bei den für den Verhandlungspartner besonders bedeutsamen Verhandlungsgegenständen vorgenommen werden sollten. Stattdessen kann es durchaus sinnvoll sein, diesem zunächst bei weniger bedeutsamen Verhandlungsgegenständen Zugeständnisse zu signalisieren, um damit Zugeständnisse bei für die eigene Verhandlungspartei wichtigen Verhandlungsgegenständen zu »erkaufen«. Folgerichtig würde man in einem solchen Fall dem Verhandlungspartner bei den für ihn wichtigen Verhandlungsgegenständen erst zu einem späteren Zeitpunkt Entgegenkommen signalisieren, um hiermit entweder weitere Zugeständnisse zu erzwingen oder einen endgültigen Verhandlungsabschluss möglich zu machen.

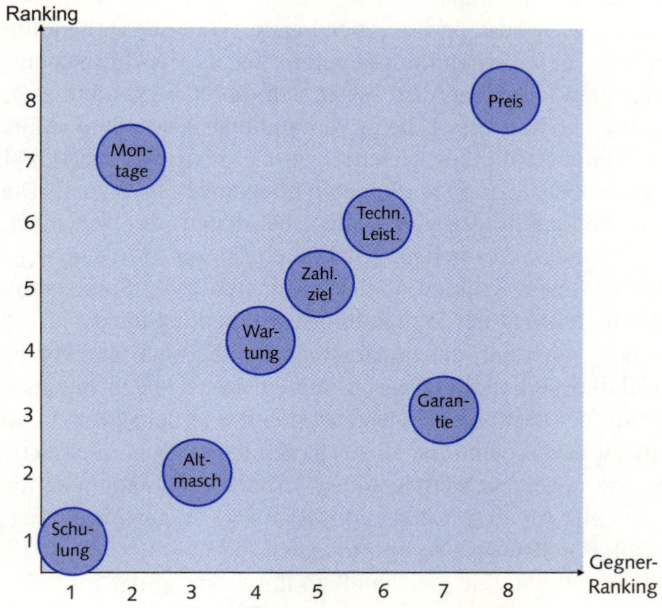

Abb. 41: Ranking von Verhandlungsgegenständen als Teil der Konzessionsplanung (gemäß Bereitschaft zu Abweichungen von Aspirationslösungen)

Beidseitiges Ranking

Insgesamt erscheint es hilfreich, Rankings innerhalb der Konzessionsplanung aus Sicht der eigenen Verhandlungspartei sowie aus der Sicht des Verhandlungsgegners zu entwickeln (vgl. *Pruitt/Lewis*, 1975). Durch Abgleich dieser Rankings lässt sich dann ermitteln, bei welchen Verhandlungsgegenständen dem Verhandlungspartner früher und bei welchen Verhandlungsgegenständen eher später Konzessionen gemacht werden sollten.

Abbildung 41 zeigt die Rankings der innerhalb des Conjoint-Analyse-Beispiels von Kapitel C.3.1.2.2 verwandten Verhandlungsgegenstände aus Sicht der eigenen Verhandlungspartei sowie aus Sicht des Verhandlungsgegners. Hier ist davon auszugehen, dass in diesem Beispiel die Schulung ein Thema ist, bei dem beide Verhandlungsparteien am Beginn zu Konzessionen bereit sein dürften. Im Gegensatz dazu stellt der Preis – im Conjoint-Analyse-Beispiel war dies das wichtigste Kriterium für die eigene Verhandlungspartei – für beide Verhandlungsseiten den Verhandlungsgegenstand dar, bei dem nur ungern Konzessionen gemacht werden. Das in Abbildung 41 dargestellte Beispiel verdeutlicht aber auch, dass bei Garantien und Montage sehr unterschiedliche Vorstellungen auf Seiten der Verhandlungsparteien vorhanden sind. Während bei der Montage die eigene Verhandlungspartei erst spät zu Konzessionen bereit ist, stellt dieser Verhandlungsgegenstand für den Verhandlungsgegner keinen kritischen Verhandlungsgegenstand dar. Bei diesem ist zu erwarten, dass relativ einfach Konzessionen zu erwirken sind. Zu eigenen Konzessionen wäre die betrachtete Verhandlungspartei im Beispiel von Abbildung 41 hingegen beim Verhandlungsgegenstand Garantien bereit. Da dieser Verhandlungsgegenstand jedoch für den Verhandlungsgegner eher zu den kritischen Verhandlungsgegenständen zu rechnen ist, bietet sich dieser Verhandlungsgegenstand als »Gegenpart« zur Konzession beim Verhandlungsgegenstand »Montage« an.

Letztlich führen Ranking-Abgleiche, wie sie in Abbildung 41 beispielhaft dargestellt sind, ebenso zum Identifizieren integrativen Potenzials. Durch Identifikation von Verhandlungsgegenständen, bei denen unterschiedliche Bereitschaft zu Konzessionen bestehen, wird Potenzial zur »Kuchenvergrößerung« ermittelt. Daher stellen Ranking-Abgleiche innerhalb der Konzessionsplanung ein wichtiges Instrument der Verhandlungsvorbereitung dar.

Konzessionsabfolge

Schließlich ist innerhalb der Konzessionsplanung auch die Abfolge der bei den ausgewählten Verhandlungsgegenständen notwendigen Konzessionen zu planen. Gerade bei Verhandlungsgegenständen wie dem Preis in Abbildung 41, die metrisch skaliert sind, ist so zusätzlich festzulegen, in welchen Schritten Konzessionen gemacht werden sollen. Grundsätzlich kommen hierbei verschiedene Modelle für den Konzessionsablauf in Frage. Abbildung 42 zeigt einige der grundsätzlich denkbaren Modelle.

Konzessionsmodelle

Während Modell (1) eine gleichmäßige Entwicklung der im Zeitablauf gegebenen Konzessionen beinhaltet, zielt Modell (2) darauf ab, dass dem Verhandlungspartner zunächst relativ große Konzessionen, später dann allerdings kaum noch Konzessionen gemacht werden. Modell (3) stellt hierzu das entgegengesetzte Vorgehen dar. Hier werden dem Verhandlungspartner zunächst lange Zeit keine Konzessionen, dann allerdings relativ große Zugeständnisse gemacht. Eine Mischung der Modelle (2) und (3) stellen schließlich die in Abbildung 42 dargestellten Modelle (4) und (5) dar. Bei Modell (4) wird am Anfang und am Ende dem Verhandlungspartner ein kleines, im mittleren Verhandlungsteil hingegen ein großes Zugeständnis gemacht. Hingegen baut Modell (5) auf dem Ansatz auf, Zugeständnisphasen und Beharrungsphasen abwechselnd einzusetzen.

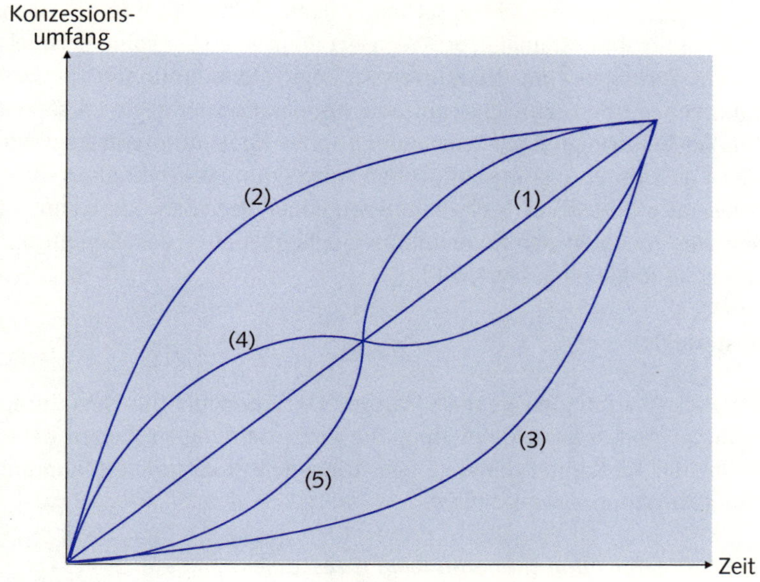

Abb. 42: Modelle zum Konzessionsablauf

Je nach Einschätzung, wie der Verhandlungspartner selber agieren wird und welche Art des Konzessionsablaufs beim Verhandlungsgegner besonders große Akzeptanz erzeugt, sollte ein entsprechendes Modell für den Konzessionsablauf festgelegt werden (vgl. *Pruitt/Drews*, 1969). Nicht unbedingt ist hierbei davon auszugehen, dass allein späte Konzessionen von Vorteil sind (vgl. *Yukl*, 1974). Zwar besteht bei den Modellen (1) und (2) sowie teilweise auch bei den Modellen (4) und (5) das Problem, dass durch das Einräumen frühzeitiger Konzessionen die eigene Verhandlungsseite später zu weiteren Zugeständnissen – z. B. bei anderen Verhandlungsgegenständen – gezwungen wird, zugleich ist hierbei jedoch zu berücksichtigen, dass auch das zu späte Einräumen von Konzessionen mit Gefahren verbunden ist. So ist bei Modell (3) zu befürchten, dass die Verhandlung unnötig verhärtet wird und gegebenenfalls sogar ein Verhandlungsabbruch drohen könnte. Ebenso kann sich ein erst spätes Entgegenkommen negativ auf die Verhandlungseffizienz auswirken, da die Verhandlung unnötig verlängert wird.

Auswahl der Ergebnisstrategie

Bei der Auswahl einer geeignet erscheinenden Ergebnisstrategie (Konkurrenzstrategie, Anpassungsstrategie, Kooperationsstrategie, Vermeidungsstrategie und Kompromissstrategie) sind Verhandelnde nicht immer vollständig frei. So können sie angesichts der Charakteristika der anstehenden Verhandlung, der Marktsituation, in der sich die Verhandlungsakteure befinden, oder der ihnen vorgegebenen Zielsetzung für die Verhandlung gezwungen sein, bestimmte Ergebnisstrategien zu verfolgen oder andere Ergebnisstrategien ausschließen zu müssen. Ebenso kann es sich in Verhandlungen als zielführend erweisen, die vorgestellten Ergebnisstrategien im Wechsel einzusetzen. So sollte beispielsweise vor dem Verfolgen einer Konkurrenzstrategie stets zumindest der Versuch unternommen werden, zunächst auf eine Kooperationsstrategie zu setzen. Da das Win-Set bei erfolgreicher Anwendung einer Kooperationsstrategie größer wird, lässt sich durch erst anschließende Anwendung einer Konkurrenzstrategie insgesamt ein besseres Verhandlungsergebnis erreichen, als wenn – ohne vorgelagertes Ausloten der Kooperationsmöglichkeiten – von Beginn an eine Konkurrenzstrategie eingesetzt wird.

Prozessstrategien

Bei den Prozessstrategien geht es darum, Leitlinien für die Gestaltung des Verhandlungsprozesses zu definieren. Die Prozessstrategien dienen dabei der Umsetzung der im Kapitel C.3.1.2.2 beschriebenen Prozessziele (ökonomische und mittelbar-ökonomische Ziele).

Strategien zur Erreichung ökonomischer Prozessziele

Ökonomische Prozessstrategien

Zum einen ist so festzulegen, wie der Verhandlungsprozess möglichst effizient und damit kostengünstig gestaltet werden kann (ökonomische Prozessziele). Zu unterscheiden ist hierbei zwischen der

- Strategie der Verhandlungskostenvermeidung sowie
- Strategie der Verhandlungskostendelegation.

Verhandlungskostenvermeidung

Bei der Strategie der Verhandlungskostenvermeidung wird im Vorfeld einer Verhandlung nach Möglichkeiten gesucht, die insgesamt anfallenden Verhandlungskosten möglichst gering zu halten (vgl. *Monroe et al.*, 1973; *Kesner/Shapiro*, 1991). Durch eine entsprechende Wahl des Verhandlungsrahmens, eine auf Effizienz gerichtete Gestaltung der eigentlichen Verhandlungen, sowie eine auf die Minimierung von Überwachungs- und Kontrollkosten gerichtete Vertragsgestaltung, sollen die Verhandlungskosten, die über beide Verhandlungsseiten betrachtet anfallen, minimiert werden. Im Gegensatz dazu geht es bei der Strategie der Verhandlungskostendelegation nicht um eine Minimierung der gesamten Verhandlungskosten, sondern allein um eine Optimierung der auf der eigenen Verhandlungsseite anfallenden Verhandlungskosten. Bei dieser Strategie versucht man, alle im Zusammenhang mit der Verhandlung anfallenden Kosten soweit wie möglich von der anderen Verhandlungsseite tragen zu lassen. Indem beispielsweise Verhandlungen stets in den eigenen Räumlichkeiten stattfinden und daher Reisetätigkeiten dem Verhandlungspartner aufgebürdet werden oder die mit der Organisation der Verhandlung verbundenen Aktivitäten (z. B. Protokollierung von Verhandlungsergebnissen, Entwicklung von Vertragsentwürfen etc.) stets der Gegenseite übertragen werden, sollen die eigenen Verhandlungskosten – gegebenenfalls zu Lasten der Gegenseite – minimiert werden. Ebenso gehört es zu dieser Strategie, alle aufwendigen Planungs- und Recherchetätigkeiten, die sich im Verhandlungsablauf ergeben, auf den Verhandlungspartner abzuwälzen.

Verhandlungskostendelegation

Je stärker das Machtungleichgewicht in einer Verhandlungskonstellation zu den eigenen Gunsten ausfällt, desto eher neigen Unternehmen dazu, bei den Prozessstrategien die Strategie der Verhandlungskostendelegation zu verfolgen. So ist es in Anbieter-Zulieferer-Beziehungen üblich, dass soweit wie möglich alle Verhandlungskosten vom Kunden auf den Zulieferer abgewälzt werden, da sich der Kunde in der eindeutig mächtigeren Verhandlungsposition sieht. Aus ökonomischen Gründen sollten allerdings die oben genannten Strategien – auch in solchen Fällen – stets in Kombination eingesetzt werden. So sollte auch bei der Strategie der Verhandlungskostendelegation parallel bzw. zunächst eine Verhandlungskostenminimierung die Strategie beider Verhandlungsseiten sein. Denn selbstverständlich wird etwa der Zulieferer die von ihm übernommenen Verhandlungskosten – zumindest in Teilen – über beispielsweise den auszuhandelnden Preis für die zu liefernde Komponente indirekt wieder dem Kunden in Rechnung setzen.

Strategien zur Erreichung mittelbar-ökonomischer Prozessziele

Mittelbar-ökonomische Prozessstrategien

Zum anderen sind Strategien hinsichtlich der mittelbar-ökonomischen Prozessziele zu entwickeln. Zu den mittelbar-ökonomischen Zielen wurden im Kapitel C.3.1.2.2 prozessuale Präferenzen wie Kooperativität, Emotionalität oder Offenheit gezählt. Je nachdem, in welchem Umfang solche Präferenzen innerhalb einer anstehenden Verhandlung von Bedeutung sein sollen, lassen sich (grob) folgende Strategien differenzieren:

- beziehungsorientierte Prozessstrategie,
- transaktionsorientierte Prozessstrategie.

Beziehungs- und transaktionsorientierte Prozessstrategie

Bei der beziehungsorientierten Prozessstrategie spielen die in Abbildung 43 zusammengestellten mittelbar-ökonomischen Präferenzen durchgängig eine große Rolle. So wird in der Verhandlung versucht, möglichst kooperativ, emotional oder offen zu agieren (vgl. *Crosby et al.*, 1990; *Alexander et al.*, 1994; *Doney/Cannon*, 1997). Hingegen ist Kennzeichen der transaktionsorientierten Prozessstrategie (vgl. Abbildung 43), dass auf Aspekte wie Kooperativität, Emotionalität oder Offenheit kein großer Wert gelegt wird (vgl. *Sandstede/Voeth*, 2008). Da bei der transaktionsorientierten Strategie allein die augenblickliche Transaktion und weniger die mit dem Verhandlungspartner bestehende Beziehung im Mittelpunkt steht, wird bei der Prozessgestaltung auf solche Aspekte nur dann Wert gelegt, wenn dies die Transaktionsbedingungen für die eigene Verhandlungsseite verbessert.

Gerade die Wahl einer beziehungsorientierten oder transaktionsorientierten Strategie macht dabei wiederum die Bedeutung der vermuteten Strategiewahl der Verhandlungsgegenseite deutlich. So erscheint das Verfolgen einer beziehungsorientierten Strategie immer dann problematisch, wenn von der Gegenseite eine transaktionsorientierte Strategie zu erwarten ist. Allerdings kann es auch ein Bestandteil der beziehungsorientierten Strategie sein, am Verhandlungsbeginn dem Verhandlungspartner die Vorteile eines beziehungsorien-

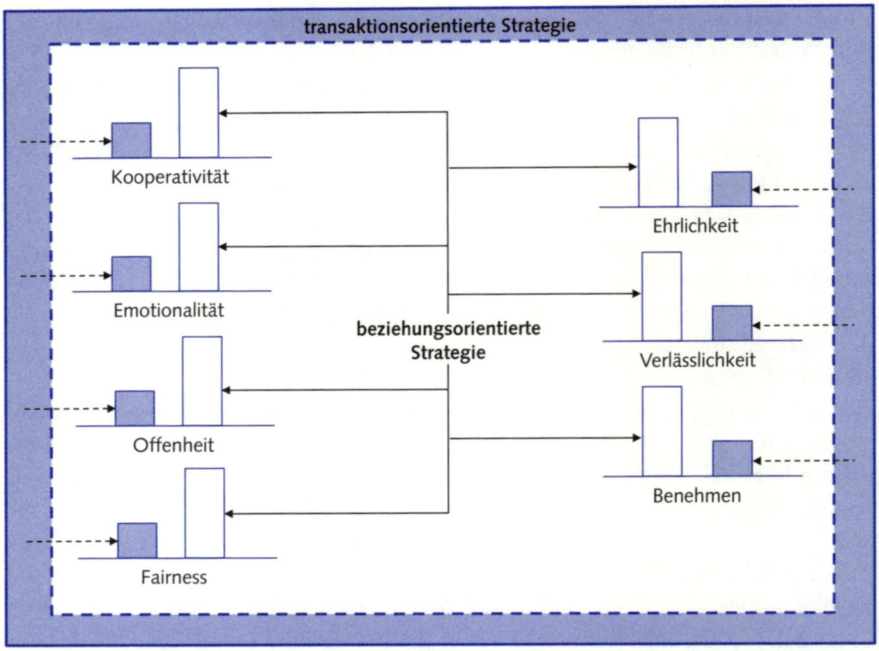

Abb. 43: Beziehungs- vs. transaktionsorientierte Prozessstrategie

tierten prozessualen Vorgehens zu verdeutlichen, um diesen gegebenenfalls zu einem Wechsel von der eigentlich von ihm geplanten transaktionsorientierten Strategie zu einer beziehungsorientierten Strategie zu bewegen.

3.1.2.4 Verhandlungstaktiken

Taktik-Arten

In Abhängigkeit von der festgelegten Verhandlungsstrategie sollten in der Vorbereitungsphase auch erste Überlegungen zu den später in der Verhandlung einzusetzenden Verhandlungstaktiken angestellt werden (vgl. *Håkansson et al.*, 1977; *Bacharach/Lawler*, 1981). Da die Verhandlungsstrategien den Handlungsrahmen für die spätere Verhandlungsführung vorgeben und dort – wie auch bei Verhandlungszielen – zwischen ergebnis- und prozessbezogenen Aspekten differenziert wurde, liegt es vor diesem Hintergrund nahe, dass zwischen

- ergebnisbezogenen Taktiken und
- prozessbezogenen Taktiken

differenziert wird.

Überblick über Techniken

Aus der Vielzahl der in der Praxis üblichen und in der Literatur diskutierten Verhandlungstaktiken sind in Abbildung 44 ausgewählte Taktiken diesen zwei Bereichen zugeordnet worden. Dabei sei darauf hingewiesen, dass eine derartige Zuordnung nicht überschneidungsfrei vorgenommen werden kann. Dies liegt daran, dass Taktiken, die auf die Beeinflussung des Verhandlungsprozesses abzielen, zugleich eine – wenn auch nur mittelbare – Auswirkung auf das Verhandlungsergebnis aufweisen. Gleichermaßen wird sich jeder Versuch einer Ergebnisbeeinflussung auch auf die Interaktion zwischen den Verhandlungsparteien und damit den Verhandlungsprozess auswirken.

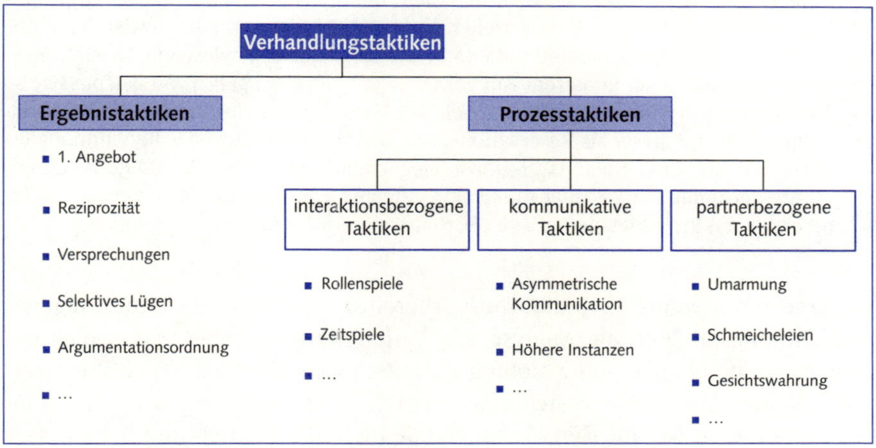

Abb. 44: Beispiele für Verhandlungstaktiken

Ergebnisbezogene Taktiken

Bei ergebnisbezogenen Taktiken geht es um die Umsetzung der vorgegebenen Ergebnisstrategien. Vor allem sollen durch einen geschickten Verhandlungsansatz die eigene Verhandlungsposition gestärkt und die verfolgten Ergebnisstrategien realisiert werden. Als Beispiele für ergebnisbezogene Taktiken können die »Taktik des ersten Angebotes«, die »Reziprozitätstaktik«, die »Versprechungen-Taktik«, die »Taktik des selektiven Lügens« sowie die »Taktik des Setzens einer bestimmten Argumentationsordnung« angeführt werden.

Erstes Angebot

Verhalten der Verhandlungspraxis

Im Bereich der »ergebnisbezogenen Taktiken« spielt die Taktik des »ersten Angebotes« eine besondere Bedeutung (vgl. *Hamner/Yukl,* 1975; *Raiffa,* 1982; *Pruit/Carnevale,* 1993). Die Beobachtung empirischen Verhandlungsverhaltens zeigt dabei, dass unerfahrene Verhandlungsakteure dazu neigen, die Abgabe eines eigenen ersten Angebotes in Bezug auf einzelne Verhandlungsgegenstände oder die Gesamtheit aller Verhandlungsgegenstände so lange wie möglich heraus zu zögern. Ursächlich hierfür ist zumeist mangelnde Vorbereitung, insbesondere in Bezug auf die Verhandlungssituation oder Verhandlungsziele und -strategien der Gegenseite. Denn dem Herauszögern des eigenen ersten Angebotes liegt zumeist die Befürchtung zugrunde, mit dem eigenen ersten Angebot dem Verhandlungsziel der Gegenseite bereits weitgehend entgegen zu kommen. Das nachfolgende Beispiel verdeutlicht dies.

FALLBEISPIEL 28

Angebotszurückhaltung und mangelnde Verhandlungsvorbereitung

Der am Kauf einer Immobilie interessierte Kunde, der sich auf eine Zeitungsannonce, die keinen Hinweis auf den Verkaufspreis enthielt, für den Kauf einer 3-Zimmer Wohnung beim Verkäufer meldet, wird sich dann mit der Abgabe eines ersten Angebotes zurückhalten, wenn er sich im Vorfeld nicht darüber informiert hat, wie der derzeitige Marktpreis für eine Immobilie mit den in der Anzeige ausgewiesenen Ausstattungsmerkmalen ist. Denn in diesem Fall würde er mit einem Angebot von beispielsweise 165.000 Euro eventuell bereits erheblich den Vorstellungen des Verkäufers entgegenkommen. Wenn dieser als Reservationspreis allein 150.000 Euro für die Wohnung erzielen will und über einen Aspirationspreis (Wunschpreis) von 170.000 Euro verfügt, würde der potenzielle Käufer durch sein Angebot von 165.000 Euro dem Verkäufer bereits einen Preis bieten, der weit oberhalb von dessen Reservationspreis liegt.

Kein Preisgeben von Verhandlungsmasse

Da eine umfassende Verhandlungsvorbereitung vor der Festlegung eigener Verhandlungstaktiken die Analyse von Verhandlungsmotiven und -zielen der Gegenseite beinhalten sollte, sollten zum Zeitpunkt der Taktikauswahl Reservations- und Aspirationsvorstellungen der Gegenseite allerdings schon bekannt sein. Für diesen Fall müssen Verhandelnde nicht die Befürchtung haben, dass sie mit ihrem Einstiegsgebot bereits einen Teil der für sie möglichen Verhandlungsmasse Preis geben. Im oben angeführten Fallbeispiel würde beispielsweise der potenzielle Käufer bei entsprechender Vorbereitung der anstehenden Verhandlung zu der Erkenntnis gelangt sein, dass Immobilien mit den in der Anzeige ausgewiesenen Ausstattungsmerkmalen zurzeit im Markt mit einem Durchschnittspreis von 155.000 Euro gehandelt werden. Geht der potenzielle Käufer davon aus, dass diese Information auch der Gegenseite vorliegt, so lässt sich leicht schlussfolgern, dass der Reservationspreis des Verkäufers sicherlich nicht oberhalb, sondern eher leicht unterhalb dieser allgemein zugänglichen Preisinformation liegen dürfte. Würde der potenzielle Käufer nun ein erstes Angebot bei beispielsweise 147.000 Euro abgeben, so kann er relativ sicher davon ausgehen, dass dieser Wert unterhalb des Reservationspreises des Verkäufers liegt und damit keinen wesentlichen Teil der für ihn möglichen Verhandlungsmasse preisgibt.

Vorteile des ersten Angebots

Ganz unabhängig davon, dass folgerichtig bei entsprechender Verhandlungsvorbereitung die Abgabe eines ersten Angebotes keine Risiken aufweist, ist die Abgabe des ersten Angebotes in vielen Fällen sogar vorteilhaft (dies lässt sich auch bereits aus dem Rubinsteinspiel ableiten, das in Kapitel A.2.1.1 vorgestellt wurde). So stellt das erste Angebot bei einem Verhandlungsgegenstand in einer Verhandlung einen so genannten »kognitiven Anker« dar. Hiervon ist auszugehen, da die Verhandlungsgegenseite bei Vorliegen eines ersten Angebotes gezwungen ist, sich bei ihren weiteren eigenen Angeboten sowie ihrer Argumentationsführung an dem bereits vorliegenden Angebot zu orientieren. Dass die Abgabe des ersten Angebotes Einfluss auf das erzielte Verhandlungsergebnis hat, konnte die Verhandlungsforschung empirisch nachweisen. *Mussweiler et al.* (2000) haben in einem Experiment die Wirkungen kognitiver Anker in Verhandlungen überprüft. So haben sie 60 Autospezialisten (44 Mechaniker, 16 Händler) mit jeweils mehr als fünf Jahren Berufserfahrung ein zum Untersuchungszeitpunkt zehn Jahre altes Auto (Opel Kadett E) zum Kauf angeboten, wobei die Spezialisten die Möglichkeit hatten, den Wagen in Augenschein zu nehmen und alle wichtigen Daten wie Kilometerstand, Baujahr etc. einzusehen. Der Hälfte der Experten wurde für den Wagen, den ein unabhängiger Experte auf einen Händler-Ankaufswert von 3.300 DM und einen Händler-Verkaufswert von 4.500 DM geschätzt hatte, ein niedriger kognitiver Anker und der anderen Hälfte ein hoher kognitiver Anker präsentiert. Der ersten Hälfte der Experten wurde so im Rahmen des Interviews zu Beginn die Information gegeben, dass der potenzielle Verkäufer den Wert des Wagens auf 2.800 DM schätze. Hingegen wurde der anderen Hälfte der Experten die Information gegeben, dass der Verkäufer den Wert des Wagens bei 5.000 DM sehe. Alle Experten wurden anschließend gebeten, den Händler-Einkaufswert zu benennen. Während die Gruppe mit dem niedrigen kognitiven Anker den Händler-Einkaufswert auf durchschnittlich 2.520 DM schätzte, lag dieser Wert in der Gruppe mit dem hohen kognitiven Anker bei durchschnittlich 3.563 DM. Das von *Mussweiler et al.* (2000) publizierte Experiment zeigt, dass ganz offensichtlich kognitiven Ankern in Verhandlungen eine große Bedeutung zukommt. Daher sollten (gut vorbereitete) Verhandelnde die Gelegenheit nicht auslassen, bei einzelnen Verhandlungsgegenständen oder bei der Gesamtheit der Verhandlungsgegenstände durch ein frühzeitiges erstes Angebot einen kognitiven Anker zu setzen.

Gegenanker

Da allerdings in Verhandlungen naturgemäß immer nur eine Verhandlungspartei das erste Angebot machen kann, stellt sich die Frage, wie die andere Verhandlungspartei hierauf reagieren sollte. In diesem Zusammenhang haben Studien der Verhandlungsforschung festgestellt (vgl. *Galinsky/Mussweiler*, 2001; *Raiffa*, 1982), dass die Partei, der es nicht gelungen ist, das erste Angebot zu machen, umgehend ein Gegenangebot machen sollte. Durch das sofortige Abgeben eines solchen Gegenangebotes wird die Wirkung des ersten Angebotes reduziert. So wird dem ersten kognitiven Anker quasi ein »Gegenanker« entgegengebracht. Folgerichtig dreht sich die dann folgende Verhandlung nicht mehr allein um das erste Angebot, sondern um das erste und zweite Angebot.

Reziprozität

Eine andere ergebnisbezogene Verhandlungstaktik stellt die »Reziprozität« dar (vgl. *Putnam/Jones*, 1982). Hierunter ist zu verstehen, dass in Verhandlungen stets »Geben und Nehmen« wechselseitig erfolgen sollten. Jedes Abweichen von diesem grundsätzlichen Angebot des Vorgehens in Verhandlungen birgt Gefahren für den Verhandlungserfolg in sich:

Gefahren beim »Dauer-Nehmenden«

- Gefahren beim »Dauer-Nehmenden«: Verhandelnde, die zu keinen Zugeständnissen bereit sind und allein auf Zugeständnisse der Gegenseite setzen, um die am Beginn der Verhandlung weit auseinanderliegenden Vorstellungen der Verhandlungsparteien zur Einigung zu bringen, setzen sich der Gefahr aus, dass die Gegenseite bereits nach kurzer Zeit den Glauben an eine Einigungsmöglichkeit verliert und die Verhandlung abbricht. Diese Gefahr wird zumeist auch nicht dadurch reduziert, dass bereits das Einstiegsangebot mit dem Hinweis versehen wird, dass dieses bereits ein extremes Entgegenkommen beinhaltet und daher keine nachträglichen Anpassungen ermöglichen würde. Da der Einstieg in eine Verhandlung mit einem Reservationsangebot üblichen Verhandlungsverhalten widerspricht, ist dies für den Verhandlungspartner zumeist wenig glaubwürdig. Auch bei einer solchen argumentativen Vorgehensweise besteht daher die Gefahr, dass es zu keiner Einigung kommt.

Gefahren beim »Dauer-Gebenden«

- Gefahren beim »Dauer-Gebenden«: Ebenso stellt aber auch ein permanentes Entgegenkommen eine Gefahr für den Verhandlungserfolg dar. Durch mehrmaliges, aufeinanderfolgendes Nachgeben wird die Glaubwürdigkeit der eigenen Angebote in Frage gestellt. Der Verhandlungspartner gelangt zu dem Eindruck, dass auch jedes weitere Angebot in der Verhandlung noch keineswegs die Reservationslösung für den Verhandlungsgegner darstellt.

FALLBEISPIEL 29

Verhandlungstaktik auf dem Basar

Eine typische Situation, in der die Gefahren des Dauer-Gebens sehr deutlich zu Tage treten, stellt das Verhandlungsverhalten von »Fliegenden Händlern« auf Basaren in Urlaubsländern dar. Ein Händler, der in der Dominikanischen Republik Touristen »naive Malerei«-Produkte in unmittelbarer Nähe der dortigen Strandhotels anbietet, steigt in aller Regel mit astronomisch hohen Preisforderungen ein. Für ein Landschaftsbild aus der Karibik wird dabei häufig bis zu 1.000 US-Dollar und mehr verlangt. Zeigt sich der touristische Besucher dann allerdings wenig interessiert, fällt der Preis ohne zwischenzeitliches Entgegenkommen des potenziellen Käufers schnell über beispielsweise 800, 600, 200, 100 und 80 US-Dollar auf 50 US-Dollar und weniger. Selbst bei dieser, möglicherweise erstmals realistischen, Preisforderung geht der Kunde allerdings nun noch immer davon aus, dass weitere signifikante Preiszugeständnisse des fliegenden Händlers möglich sind. Allzu schnell ist dieser von der Ausgangspreisforderung von 1.000 US-Dollar auf 50 US-Dollar und damit auf 5 Prozent der Ausgangspreisforderung zurückgegangen. Und selbst wenn der Tourist aus Fairnessgründen das Bild letztendlich für 15 US-Dollar dem Händler abnimmt, verbleibt beim Kunden das Gefühl, den Preis eher aus karitativen Motiven gezahlt zu haben. Aus Händlersicht ist aber bemerkenswert, dass dieser möglicherweise einen sehr viel höheren Preis hätte erzielen können, wenn er mit einem weniger astronomischen Preis in die Verhandlung eingestiegen wäre und beispielsweise von einer Einstiegsforderung von 50 US-Dollar nur dann deutlich abgewichen wäre, wenn auch der potenzielle Kunde zugleich zu Preiszugeständnissen bereit gewesen wäre. Hätte der Kunde beispielsweise als erstes eigenes Angebot 10 US-Dollar geboten, so wäre bei einem reziproken Verhandlungsverhalten möglicherweise am Ende ein Preis von 20 bis 30 US-Dollar möglich gewesen.

Warten auf Gegenangebot

Vor dem Hintergrund der gezeigten Gefahren des Dauer-Nehmens und Dauer-Gebens sollte in Verhandlungen stets bei eigenem Entgegenkommen auf ein Entgegenkommen der Gegenseite gewartet werden. Ebenso sollte ein Entgegenkommen des Verhandlungspartners mit einem eigenen Entgegenkommen beantwortet werden.

Versprechungen

Abhängigkeit von Glaubwürdigkeit

Eine ebenso verbreitete Verhandlungstaktik stellt die »Versprechungen-Taktik« dar (vgl. *Schweitzer et al.*, 2006). Bei dieser werden Zugeständnisse bei Verhandlungsgegenständen in laufenden Verhandlungen mit Zusagen (Versprechungen) über Zugeständnisse bei zukünftigen Verhandlungen oder hinsichtlich zukünftigen Verhaltens zu erreichen versucht. Je nach Verhandlungssituation stellen Versprechungen dabei ein mehr oder weniger glaubwürdiges Werkzeug innerhalb von Verhandlungen dar. Die Glaubwürdigkeit hängt dabei insbesondere davon ab, wie konkret und belastbar die gemachten Versprechungen sind. Wird beispielsweise in wiederkehrenden Verhandlungen versprochen, ein heutiges Zugeständnis der Gegenseite mit einem eigenen Entgegenkommen bei späteren Verhandlungen zu »belohnen«, so wird die Gegenseite möglicherweise darauf eingehen, da sie ein Nicht-Einhalten des Versprechens Sanktionen in Folgeverhandlungen ergreifen kann.

FALLBEISPIEL 30

Wirkung von Versprechungen in Verhandlungen

Bei einer Verhandlung zwischen Buchverlag und Buchautor über die Ausstattung einer Erstauflage fordert ein Autor vom Verlag, dass sein Buch in möglichst aufwendiger Ausstattung vom Verlag publiziert wird. Der Verlag ist hingegen an einer möglichst kostengünstigen Variante interessiert, um die eigenen wirtschaftlichen Risiken in Grenzen zu halten. Hinsichtlich der Druckfarbe wird beispielsweise der Autor einen Zweifarbendruck bevorzugen, wohingegen der Verlag auf einen sehr viel günstigeren schwarz/weiß-Druck drängen wird. Eine mögliche Verhandlungstaktik des Verlags kann nun darin bestehen, Versprechungen für Folgeauflagen zu geben. Wird dem Autor etwa versprochen, dass bei Folgeauflagen ein Zweifarbendruck in Frage kommt, da dann der Markt für das Buchthema besser überschaubar sei, dann wird sich der Autor hierauf gegebenenfalls einlassen, da er die Erfüllung dieses Versprechens beim Anstehen der zweiten Auflage vom Verlag einfordern kann. Hingegen hilft ihm ein solches Versprechen für die Erfüllung des Ziels einer möglichst guten Ausstattung des Buches dann nicht weiter, wenn er keine Folgeauflagen für das Buch erwartet oder plant.

Selektives Lügen

Arten von Lügen

Auch wenn es die »Compliance« von Unternehmen (Einhaltung von Gesetzen und Richtlinien, aber auch freiwilliger Kodizes in Unternehmen) im Regelfall verbietet, stellen

- das bewusste Zurückhalten von Informationen (»Hätten wir der Gegenseite gesagt, dass die spätere Wartung nur von Spezialisten unseres Hauses ausgeführt werden kann, hätte der Kunde die Maschine nie und nimmer gekauft!«),
- die Verfremdung von Informationen (»Wir weisen unsere Preise immer sehr differenziert aus, damit der Kunde nicht vom Gesamtpreis abgeschreckt wird!«) oder
- das Einbringen von Unwahrheiten (»Uns liegen aber bessere Angebote von Ihren Konkurrenten vor!«)

in der Verhandlungspraxis gängige Vorgehensweisen dar. Dass dies häufig so ist, liegt nicht nur daran, dass Verhandlungen von Menschen geführt werden, die naturgemäß über Schwächen verfügen und daher allzu leicht zum »selektiven Lügen« in Verhandlungen neigen. Ebenfalls ist eine oft gebrauchte Rechtfertigung für den Einsatz dieser Taktik der Hinweis, dass ja auch die Gegenseite diese Taktik anwenden würde und es daher fahrlässig sei, auf diese Vorgehensweise zu verzichten.

Gefahren

Ganz unabhängig von der moralischen Bewertung selektiven Lügens in Verhandlungen ist dieses Vorgehen in jedem Fall dort kritisch, wo die Gegenseite innerhalb der Verhandlung oder im Anschluss daran die Gelegenheit erhält, die Lügen aufzudecken. Wird beispielsweise in einer (Tarif-)Verhandlung behauptet, dass der Gewinn des Unternehmens im laufenden Jahr ganz sicher nicht das Ausmaß des Vorjahrsgewinns annehmen werde, so ist hier der Einsatz selektiven Lügens gefährlich, da die Arbeitnehmervertreter spätestens am Ende des Jahres feststellen können, ob diese Information richtig gewesen ist. Und auch wenn die Tarifverhandlung zu diesem Zeitpunkt schon abgeschlossen sein wird, erweist sich diese Taktik als gefährlich, da ähnliche Argumente in Folgeverhandlungen nicht mehr akzeptiert werden, auch wenn sie dann gerechtfertigt sind. Zudem ist dann eine harte Folgeverhandlung zu erwarten.

Aus dem Tarifverhandlungsbeispiel lässt sich daher zusätzlich schlussfolgern, dass selektives Lügen auch dann kritisch einzuschätzen ist, wenn es sich um wiederkehrende Verhandlungen zwischen den gleichen Verhandlungspartnern handelt. In diesem Fall sollten sich die Verhandlungspartner klar machen, dass ihr Verhalten in der augenblicklichen Verhandlung Auswirkungen auf das Verhandlungsergebnis späterer Verhandlungen haben wird.

Argumentationsordnung

Absteigende Bedeutungsrangfolge

Die letzte hier angeführte Ergebnistaktik sieht vor, die eigenen Argumente in der Verhandlung in einer bestimmten Reihenfolge vorzubringen (vgl. *Osterkamp et al.*, 2000). Sofern den eigenen Argumenten dabei unterschiedliches Gewicht zufällt, kann es vorteilhaft sein, die Argumente in der Reihenfolge absteigender oder aufsteigender Bedeutung vorzutragen. Da zu erwarten ist, dass das Entgegenkommen der Gegenseite von dem Gewicht der vorgetragenen Argumente abhängt, sollten die eigenen Argumente dabei im Regelfall in absteigender Bedeutungsrangfolge vorgetragen werden (vgl. *Schranner*, 2007b).

»Primacy-Effekt« / »Recency-Effekt«

So ist gemäß dem so genannten »Primacy-Effekt« davon auszugehen, dass die erste Information bzw. das erste Argument stärker prägt als die folgenden Informationen bzw. Argumente. Allerdings ist dem »Primacy-Effekt« keine Allgemeingültigkeit beizumessen. Vielmehr wird davon ausgegangen, dass in bestimmten Situationen genau der Gegeneffekt eintrifft: Der letzte Eindruck zählt. Dieser Effekt wird analog als »Recency-Effekt« bezeichnet (vgl. *Atkinson/Shiffrin*, 1968). Daher ist im Einzelfall zu prüfen, ob eher von einem »Primacy-Effekt« ausgegangen werden kann. Welcher dieser Effekte zu erwarten ist, hängt dabei vom jeweiligen Verhandlungsgegenstand, der Dauer der Verhandlung, der Verhandlungshistorie etc. ab.

Ebenso ist hinsichtlich der Argumentationsordnung eine inhaltliche Strukturierung vorzunehmen (vgl. *Schranner*, 2007a). In Einkaufs- oder Vertriebsverhandlungen richtet sich beispielsweise ein Teil der Argumente auf technische Fragen und ein anderer Teil auf kaufmännische Aspekte. In diesem Fall ist im Vorfeld eine Entscheidung zu treffen, welche der sehr unterschiedlichen Argumente zuerst vorgetragen werden sollten. Aus Vertriebssicht würde man in der beschriebenen Situation dabei zumeist zunächst die technischen und dann erst die kaufmännischen Argumente vortragen, da erstere die Frage der Leistung und letztere die Frage der davon abhängenden Gegenleistung betreffen.

Inhaltliche Strukturierung

Prozessbezogene Taktiken

Prozessbezogene Taktiken beziehen sich hauptsächlich auf den Ablauf von Verhandlungen. Hier ist zusätzlich zwischen interaktionsbezogenen, kommunikativen und partnerbezogenen Taktiken zu unterscheiden. Exemplarisch für interaktionsbezogene Taktiken können »Rollenspiele« und »Zeitspiele« differenziert werden. Bei kommunikativen Taktiken sind vor allem der Einsatz »asymmetrischer Kommunikation« oder auch das Verweisen auf »höhere Instanzen« zu nennen. Darüber hinaus können sich prozessbezogene Strategien auch auf das Zusammenspiel der Verhandlungsparteien und damit einhergehend auf den Umgang mit den Verhandelnden der Gegenseite beziehen (partnerbezogene Taktiken). Dies liegt daran, dass die auf der Gegenseite befindlichen Verhandlungsakteure in der Regel eigene Interessen und Emotionen haben, die nicht unbedingt in Übereinstimmung mit den Zielen der entsendenden Organisation stehen müssen (Principal-Agenten-Phänomen). Daher kann es hilfreich sein, Taktiken einzusetzen, die darauf gerichtet sind, sich die Verhandelnden der Gegenseite gewogen zu machen bzw. ein zumindest neutrales Verhältnis zu etablieren (vgl. *Graham*, 1986; *Campbell et al.*, 1988; *Lewicki et al.*, 1994). Exemplarisch hierfür werden Umarmungstaktiken, Schmeicheltaktiken oder die Taktik der »Gesichtswahrung« dargestellt.

Arten

Rollenspiele

Eine in der Praxis weit verbreitete prozessbezogene Taktik stellt das Rollenspiel dar. Hierbei richten die Mitglieder eines Verhandlungsteams ihr Verhalten an speziellen Rollen aus, die sie sich allein für die Zwecke der anstehenden Verhandlung zusätzlich geben. Im Unterschied zu den im Rahmen der Verhandlungsorganisation differenzierten aufgabenbezogenen (Negotiator, Commander etc.) oder erwartungsbedingten Rollenkonzepten (Decider, Organizer etc.) handelt es sich bei den aus taktischen Gründen eingenommenen Rollen allein um gespielte Rollen. Im Kern wird damit eine weitere Prozessebene zwischen den Verhandlungsparteien geschaffen. Zusätzlich zur eigentlichen Verhandlungsebene wird quasi eine Spielebene entwickelt. Diese wird aufgebaut, um die auf der Spielebene erzielten »Ergebnisse« für die Erreichung von Vorteilen auf der eigentlich relevanten Verhandlungsebene zu verwenden.

Verhandlungsebene vs. Spielebene

»Good guy/bad guy-Spiel«

Ein beliebtes Rollenspiel bei Verhandlungen, das von Verhandlungsteams regelmäßig »aufgeführt« wird, stellt das »good guy/bad guy-Spiel« dar (vgl. *Dawson*, 1995; *Peterson*, 2001). Hierbei nehmen die verschiedenen Mitglieder eines Verhandlungsteams bewusst die Rollen des dem Verhandlungspartner stark zugewandten Verhandlungsbeteiligten (»good guy«) und des dem Verhandlungspartner gegenüber eher negativ eingestellten Beteiligten (»bad guy«) ein. Zielsetzung ist es dabei, dass die andere Verhandlungsseite die Rollen des »good guy« und des »bad guy« im Laufe der Verhandlung erlernt und diese auch auf gemachte Zugeständnisse überträgt. Wird so etwa gegen Ende der Verhandlung ein Angebot vom »good guy« gemacht, so besteht bei einer vorhergehenden Verinnerlichung der gespielten Rolle Grund zur Vermutung, dass das vorgetragene Angebot allein deshalb positiv bewertet wird, weil dieses von dem der anderen Verhandlungsseite zugewandten Verhandlungsbeteiligten gemacht worden ist. Die Einschätzung auf der Spiel-Ebene prägt also die Beurteilung auf der Verhandlungsebene.

Gefahren

Bei der Rollenspiel-Taktik ist allerdings zu beachten, dass die mit Rollenspielen verfolgten Absichten von erfahrenen Verhandlungsakteuren schnell durchschaut werden und dann eher negativ wirken. Daher sollte diese Taktik nur mit äußerster Vorsicht eingesetzt werden.

Zeitspiele

Machtverteilung

Eine andere Form prozessbezogener Verhandlungstaktiken stellen Zeitspiele dar. Hier wird bewusst mit der innerhalb von Verhandlungen zur Verfügung stehenden Zeit »gespielt«, indem diese als Gestaltungsparameter in Verhandlungen genutzt wird. Ähnlich wie bei der Rollenspiel-Taktik sollen Vorteile auf der (Zeit-)Spielebene in Vorteile auf der eigentlich relevanten Verhandlungsebene überführt werden. Denn den Zeitrahmen für eine Verhandlung vorzugeben oder diesen nach eigenen Vorstellungen gestalten zu können, stellt ohne Zweifel einen Vorteil in Verhandlungen dar. Indem die zur Verfügung stehende Verhandlungszeit nach eigenen Vorstellungen auf Verhandlungsgegenstände aufgeteilt wird, der Zeitpunkt für eine möglicherweise notwendige Vertagung bestimmt wird oder gar die Länge der Verhandlung festgelegt werden kann, kann ein deutlicher Verhandlungsvorteil aufgebaut werden. Ob sich eine Verhandlungspartei den Zeitvorgaben der anderen Verhandlungspartei dabei entziehen oder sogar eigene zeitliche Vorstellungen festschreiben kann, hängt wesentlich von der Machtverteilung zwischen den Verhandlungsparteien im Vorfeld der Verhandlungen ab. Diejenige Verhandlungspartei, die sich in der vermeintlich stärkeren Verhandlungsposition befindet, sollte daher die ihr offenstehenden Gestaltungsmöglichkeiten für die Verhandlungszeit als eine Form der Verhandlungstaktik zumindest in Erwägung ziehen.

Arten von Zeitspielen

Exemplarische Ausprägungen von Zeitspielen in Verhandlungen können den nachfolgenden Beispielen entnommen werden:

- Der Zeitpunkt, an dem die Verhandlung stattfinden soll, wird sehr kurzfristig angesetzt, um dem Verhandlungspartner keine umfassende Verhandlungsvorbereitung möglich zu machen. Diese Taktik macht nur dann Sinn, wenn die eigene Vorbereitung bereits zum Zeitpunkt der Terminplanung weitgehend abgeschlossen ist.

- Die Verhandlungszeit, die für die Durchführung der Verhandlung zur Verfügung steht, wird bewusst knapp kalkuliert, um dem Verhandlungspartner gar nicht erst die Gelegenheit zu geben, zeitintensive Argumentationslinien aufzubauen.
- Die zur Verfügung stehende Verhandlungszeit wird so auf die Verhandlungsgegenstände aufgeteilt, dass für Verhandlungsgegenstände, bei denen Entgegenkommen der Gegenseite notwendig bzw. erwartbar ist, größere Zeiträume vorgesehen sind. Hingegen für andere Verhandlungsgegenstände, bei denen die eigene Position ein Entgegenkommen notwendig machen könnte, wird kein vergleichbarer Zeitrahmen eingeplant.
- Innerhalb der Verhandlung wird künstlich Zeitdruck aufgebaut, indem die Verhandlungszeit nicht gleichmäßig genutzt wird. Dies macht immer dann Sinn, wenn die »Zeitsensibilität« der beiden Verhandlungsseiten nicht identisch ist und der Zeitdruck daher unterschiedlich empfunden wird. In diesem Fall besteht die Hoffnung darin, dass die Gegenseite angesichts des als stärker und bedeutsamer empfundenen Zeitdrucks gegen Ende der Verhandlung zu ansonsten nicht erwartbaren Zugeständnissen bereit ist.

FALLBEISPIEL 31

Zeitdruck in Verhandlungen

Mitarbeiter eines Automobilzulieferers besuchten einen chinesischen Kunden, um mit diesem über den Einbau eines bestimmten Zulieferteils dieses Automobilzulieferers in die Autos eines bestimmten Modells des chinesischen Automobilherstellers zu verhandeln. Da die Vorgespräche bereits abgeschlossen waren, diente der erneute Besuch bei diesem Kunden der abschließenden Festlegung von vor allem Lieferpreisen und -mengen. Die Mitarbeiter des chinesischen Automobilherstellers erfragten gleich am Beginn der Verhandlungen, wann sich die Deutschen spätestens auf den Weg zum Flughafen machen müssten, um die bereits gebuchten Rückflüge nach Deutschland noch zu erreichen. Nachdem sie diese Auskunft erhalten hatten, verspürten die Chinesen keinerlei zeitlichen Druck mehr. Anstatt gleich zu Beginn über relevante Vertragsbestandteile zu verhandeln, »vergeudeten« die chinesischen Verhandlungspartner einen Großteil der zur Verfügung stehenden Verhandlungszeit mit der Diskussion grundlegender technischer Trends in der Automobilindustrie. Erst kurz vor Erreichen des seitens der Deutschen benannten spätmöglichen Endzeitpunktes für die Verhandlung wechselten die Chinesen abrupt den Gesprächsgegenstand und versuchten, in der verbleibenden, sehr kurzen Zeit weitreichende Zugeständnisse von den deutschen Verhandlungspartnern zu bekommen. Sie hofften dabei darauf, dass die Mitarbeiter des deutschen Automobilzulieferers – angesichts der Gefahr, entweder die Reise umsonst angetreten zu haben oder die gebuchten Rückflüge zu verpassen – zu mehr Eingeständnissen bereit sein würden, als wenn man von Beginn an über die noch offenen und strittigen Fragen verhandelt hätte.

Gefahren

Auch wenn »Zeitspiele« in der Praxis durchaus verbreitet sind, muss vor deren Einsatz auch gewarnt werden. So kann etwa das Ausüben zu starken Zeitdrucks dazu führen, dass Verhandlungen abgebrochen, vertagt oder verhärtet geführt werden. Daher sollte auch diese Taktik nicht exzessiv eingesetzt werden (vgl. *Pruitt/Drews*, 1969; *Carnevale/Lawler* 1986; *De Dreu*, 2003).

Asymmetrische Kommunikation

Generieren von Informationsvorteilen

Fragen kommt in Verhandlungen eine zentrale Bedeutung zu, da durch sie das Verhandlungsgespräch wesentlich gelenkt wird (vgl. *Troczynski/Limbeck*, 2006). Sie erleichtern es – gegenüber anderen Aussagen – oftmals, beim Verhandlungspartner eine Zustimmung zu erreichen. Schließlich lässt man dem Verhandlungspartner zumindest formal eine Wahlfreiheit (vgl. *Erbacher*, 2009). Die wichtigste Aufgabe von Fragen in Verhandlungen ist allerdings darin zu sehen, dass sich mit ihrer Hilfe asymmetrische Informationsverteilungen herbeiführen lassen. Und da das Verfügen über Informationen Vorteile in Verhandlungen verspricht, stellt das bewusste Fragen-Stellen eine wichtige Prozesstaktik dar.

Fragetechniken

Ziel muss es dabei sein, möglichst viele wichtige Informationen vom Verhandlungspartner abzugreifen und durch geschicktes Fragen ihm mehr Informationen zu entlocken als man selbst preisgibt (»asymmetrische Kommunikation«). Durch eine gute Fragetechnik können wertvolle Informationen für die Verhandlung – im Besonderen über die tatsächlichen Motive und Präferenzen des Verhandlungspartners – generiert werden. Besondere Bedeutung kommt hierbei der Auswahl der richtigen Fragetypen zu. Mögliche Fragetypen sind dabei folgende:

- Offene Fragen (»Worin sind die Vorteile Ihres Produktes gegenüber dem des Wettbewerbers zu sehen?«),
- Geschlossene Fragen (»Sind Sie mit einem Preisnachlass von 5 Prozent einverstanden?«),
- Rhetorische Fragen (»Wer will die Vorteile einer guten Geschäftsbeziehung abstreiten?«),
- Suggestivfragen (»Sie stimmen mir gewiss zu, dass die Qualität der Wettbewerbsprodukte nicht schlechter ist?«),
- Alternativfragen (»Übernehmen Sie die Logistikkosten oder gehen Sie lieber 3 Prozent im Preis herunter?«),
- Gegenfragen/Rückfragen (A: »Können Sie uns im Preis entgegenkommen?«; B: »An welche Höhe haben Sie dabei gedacht?«),
- Motivierende Fragen (»Was sagen Sie als Experte dazu?«),
- Informationsfragen (»Welche Energieeinsparung kann mit Ihrem Produkt erzielt werden?«).

Offene Fragen sind dabei im Besonderen am Verhandlungsbeginn einzusetzen, da durch sie der Verhandlungsgegner zur Preisgabe von Informationen animiert wird. Hat man sich hingegen im Laufe der Verhandlung ein umfassendes Bild über den Verhandlungspartner und seine Präferenzen verschafft, so kommen nun eher geschlossene Fragen oder Alternativfragen, Gegenfragen/Rückfragen oder auch Informationsfragen zum Einsatz. Geschlossene Fragen, die z. B. mit ja oder nein beantwortet werden können, sind konkretisierend und werden oftmals zur Zusammenfassung zentraler Punkte verwendet. Rhetorische Fragen sind Fragen, die vom Fragenden im Prinzip selbst beantwortet werden. Diese sollen einer Aussage zu stärkerer Aufmerksamkeit verhelfen. Kommt die Verhandlung ins Stocken, so können Motivationsfragen helfen, durch die dem Verhandlungsgegner gegebenenfalls geschmeichelt wird und eine positive Verhandlungsatmosphäre geschaffen werden soll. Alternativfragen kommen insbesondere gegen Ende der Verhandlung und damit mit zunehmender Nähe eines möglichen Verhandlungsabschlusses zum Einsatz. Hier werden dem Verhandlungspartner in der Regel zwei oder mehr Alternativen – z. B. zwei alternative abschließende Angebote – unterbreitet. Suggestivfragen schließlich sind mit besonderer Vorsicht zu verwenden. Bei dieser Fragetechnik wird bereits implizit vorausgesetzt, dass man in seiner Meinung bestätigt wird, was unter Umständen zur Verärgerung des Verhandlungspartners führen kann. Darüber hinaus sollten zu direkte Fragen vermieden werden. Auch mit Gegenfragen/Rückfragen sollte vorsichtig umgegangen werden, da sich der Verhandlungspartner bei zu vielen Gegen- und Rückfragen eventuell nicht verstanden und ernst genommen fühlt.

Höhere Instanzen

Grundüberlegung

Eine interessante Prozesstaktik stellt auch das argumentative Bezugnehmen auf höhere Instanzen dar. Hierbei versucht der Verhandelnde, die vorgetragenen eigenen Argumente zu verstärken oder die der Gegenseite abzuschwächen, indem er die wirkliche oder auch nur vermutete Meinung Dritter bzw. deren Statements in seine Argumentation einbaut. Beispielsweise kann das Verhandlungsteam eines Zulieferers in Verkaufsverhandlungen öffentlich getätigte Aussagen von Führungskräften der einkaufenden Unternehmung in die Verhandlung einbauen, um die eigene Position zu stärken (»Ihr Chef hat dies kürzlich übrigens genauso gesehen«).

Ebenso kann sich der Bezug auf höhere Instanzen im eigenen Unternehmen als hilfreich erweisen, um Forderungen nach weiteren Zugeständnissen abzuwehren. In diesem Fall wird argumentiert, dass für weitere Zugeständnisse das Einverständnis übergeordneter Hierarchieebenen erforderlich sei. Der Verhandlungspartner steht nun vor der Alternative, entweder das schlechtere Angebot sofort anzunehmen oder aber eine Vertagung der Verhandlung in Kauf nehmen zu müssen, da die Gegenseite weitere Zugeständnisse erst mit Vorgesetzten abstimmen muss.

Eignung »höherer« Instanzen

Als höhere Instanzen eignen sich insgesamt allerdings nur solche Dritte, die vom Verhandlungspartner auch als übergeordnete Ebene akzeptiert werden oder bei denen zumindest nachvollziehbar ist, dass das eigene Verhandlungsteam hierin eine übergeordnete Ebene sieht (z. B. eigener Vorgesetzter). Als höhere Instanzen können so Vorgesetzte, Kunden, anerkannte Fachexperten, Verbände, Gerichte oder gegebenenfalls auch andere gesellschaftlich anerkannte Organisationen wie Kirchen oder Umweltorganisationen eingestuft werden.

Gefahren

Ganz unabhängig von der konkreten Art, wie der Bezug auf höhere Instanzen erfolgt, ist es auf jeden Fall wichtig, diese Taktik nur vereinzelt einzusetzen. Mit dem Bezug auf höhere Instanzen ist so immer auch ein Verlust eigener Verhandlungskompetenz verbunden. Daher sollte der Einsatz dieser Taktik allein auf solche Verhandlungsaspekte oder -situationen beschränkt werden, in denen keine anderen Argumente mehr verfügbar sind und zudem der Verlust von Verhandlungskompetenz »verschmerzt« werden kann.

Umarmung

Aufbau von Abhängigkeiten

Im Bereich der partnerbezogenen Prozesstaktiken ist zunächst die »Umarmungstaktik« zu nennen. Diese sieht vor, dass das Harmoniebedürfnis von Verhandlungspartnern gezielt ausgenutzt wird. Indem bewusst soziale Bindungen und Abhängigkeiten geschaffen werden, sollen Verhandlungspartner bei den eigentlich interessierenden Verhandlungsgegenständen zu Zugeständnissen veranlasst werden. Im einfachsten Fall wird versucht, ein freundschaftliches Verhältnis mit den Verhandlungspartnern zu entwickeln (vgl. *o.V.*, 2007). Bei Anwendung der Umarmungstaktik sind allerdings unbedingt die Grenzen, die durch die unternehmenseigene Compliance gesetzt werden, zu beachten. Insbesondere darf die Umarmung – zumindest bei deutschen Unternehmen – nicht durch »nützliche Aufwendungen« angestrebt werden. In anderen Kulturkreisen und Wirtschaftssystemen sind solche Formen der Umarmungstaktik allerdings weiterhin gebräuchlich, was die Wettbewerbschancen deutscher Unternehmen, die »nützliche Aufwendungen« seit 1999 nicht mehr einsetzen dürfen, nachhaltig erschwert. Dies macht auch das nachfolgende Zitat eines Wirtschaftsjournalisten deutlich:

»Nützliche Aufwendungen«

»In manchen Branchen – längst nicht nur in der Bauindustrie mit ihren Großprojekten – ist Bakschisch so verbreitet, dass ehrenhafte Geschäftsleute wirtschaftlich unter Druck geraten. […] Öffentlich sagen lässt sich das jedoch nur schwer, weil niemand in den Ruch geraten will, solche Praktiken zu rechtfertigen. Noch schwieriger wird es bei Geschäften mit dem Ausland. In vielen Regionen dieser Welt – beispielsweise in Teilen Lateinamerikas und Afrikas, aber auch im ehemaligen Ostblock – gehört die »offene Hand« schlicht zum kulturellen Alltag. Für unterbezahlte Staatsdiener zählen dort solche Zugaben schlicht zum Existenzlohn wie hierzulande das Trinkgeld für Kellner oder Friseurin. Wenn ein Unternehmen dennoch einen Auftrag erhalten oder gar eine Niederlassung gründen will, kommt es an diesen Gepflogenheiten kaum vorbei. Wer eine weiße Weste fordert, muss fairerweise einräumen, dass er damit in manchen Ländern praktisch ein Tätigkeitsverbot verhängt.« (*Jahn*, 2006).

Schmeicheleien

Ansprechen nicht-ökonomischer Präferenzen

Ebenso häufig beobachtet man in Verhandlungen den Versuch, durch gezieltes Ansprechen nicht-ökonomischer Präferenzen von Verhandlungsführenden der Gegenseite, Zugeständnisse bei (ökonomischen) Vertragsbestandteilen und damit den eigentlich relevanten Verhandlungsgegenständen zu erreichen. Indem eine solche »Schmeicheleien-Taktik« angewandt wird, wird an der menschlichen Komponente von Verhandlungen angesetzt. Dies geschieht, indem Anerkennung ausgesprochen, Lob gezollt oder Kompetenz bestätigt wird. Die Schmeicheleien müssen sich dabei nicht unmittelbar auf die Person des

Verhandlungsführenden beziehen (»Ihr Fachwissen hätte ich auch gerne!«). Ebenso können diese auch mittelbar und damit suggestiver gestaltet werden. Indem beispielsweise an den Produkten des Unternehmens des Verhandlungsgegners angesetzt wird (»Über Ihre Werkzeugmaschine MB 3713 hört man ja auch wirklich nur Gutes im Markt!«) oder das gesamte Unternehmen des Verhandlungsgegenübers gelobt wird (»Als Weltmarktführer und Technologiekonzern will man bei Ihnen ja sicherlich...«), wird dem Verhandlungsführenden nur indirekt geschmeichelt, was im Regelfall allerdings wirkungsvoller als eine unmittelbare und daher auch nicht selten zu direkte Ansprache sein dürfte.

Wirkungen

Mit Schmeicheleien der beschriebenen Art wird die Hoffnung verfolgt, dass der Verhandlungspartner die Schmeicheleien unbewusst mit einer weniger konsequenten Verhandlungsführung bei den eigentlich interessierenden Verhandlungsgegenständen belohnt. Mit anderen Worten wird durch Schmeicheleien versucht, Wohlwollen aufzubauen und positive Emotionalität zu wecken. Gerade in asiatischen Ländern spielt diese positive Emotionalität eine besondere Rolle. So legen z. B. Japaner besonderen Wert auf die richtige emotionale Basis. »In their eyes, emotion is often more important than cold facts in decision making.« (*van Zandt*, 1970, S. 51). So sind Japaner in aller Regel nicht bereit, mit arroganten, unaufrichtigen und ihnen unangenehmen Personen Geschäfte abzuschließen. Die entscheidende Frage, die sich z. B. japanische Kunden in einer Vertriebssituation stellen, lautet dabei: »Can I get along with these people and their company, and do I want to [...] buy their products? (*Mayfield et al.*, 1997, S. 91). Ob es allerdings im Einzelfall tatsächlich gelingt, durch Schmeicheleien eine positive emotionale Basis zum Verhandlungspartner aufzubauen, hängt nicht nur vom Verhandlungspartner ab, sondern vor allem auch von der Art und Weise, wie die Schmeicheleien vorgetragen werden. Grundsätzlich gilt dabei das Motto, dass sich die Wirkung sicherlich dann nicht einstellen wird, wenn die Schmeicheleien zu direkt und zu umfangreich vorgetragen werden. In diesem Fall verpufft ihre Wirkung, da der Gegenüber die beabsichtigte Wirkung der Taktik schnell durchschaut und daher noch konsequenter bei den eigentlich relevanten Verhandlungsgegenständen agiert (»Reaktanz«).

Gesichtswahrung

»Loss of face«

Im Bereich der partnerbezogenen Prozesstaktiken ist schließlich noch die Taktik der »Gesichtswahrung« zu nennen. Diese ist darauf gerichtet, den eigenen, vor allem aber den Gesichtsverlust (»loss of face«) des Verhandlungspartners zu vermeiden. Von einem Gesichtsverlust ist in einer Verhandlung dabei immer dann zu sprechen, wenn eine der Verhandlungsparteien während eines Informationsaustauschprozesses aufgrund von Fehlinformationen oder aufgrund von Fehlinterpretation von Informationen nicht mehr in der Lage ist, ihre Glaubwürdigkeit sich selber, dem Verhandlungspartner oder Dritten gegenüber aufrecht zu erhalten. Am gefährlichsten ist dabei bei einer Verhandlung der Gesichtsverlust des Verhandlungspartners gegenüber dessen Kollegen oder Vorgesetzten. Ein solcher Gesichtsverlust tritt ein, wenn dem Verhandlungspartner Schwächen oder Fehler nachgewiesen oder diese zweifelsfrei aufgezeigt werden.

»Suicied by cop«

In diesem Fall wird der Verhandlungspartner negativ reagieren und gegebenenfalls sogar das so genannte »suicied by cop« anstreben. Dieses Phänomen stammt aus der Verhandlungssprache von Polizeiorganen und beschreibt in Verhandlungen mit Geiselnehmern den Versuch des Straftäters, »ehrenvoll« sterben zu dürfen (vgl. *Schranner*, 2007a). Hat sich ein Geiselnehmer etwa durch seine Forderungen in eine Sackgasse manövriert und kommt aus dieser Sackgasse ohne Gesichtsverlust nicht mehr heraus, so neigt er gegebenenfalls dazu, sich gegenüber der Polizei in eine Position zu bringen, in der diese ihn erschießen muss. Beispielsweise kann er dies erreichen, indem er droht, eine Geisel zu erschießen und damit die Polizei veranlasst, einen finalen Todesschuss zu setzen. Auf Business-Verhandlungen bezogen bedeutet »suicied by cop«, dass ein Verhandlungspartner, der einen Gesichtsverlust zu befürchten hat oder diesen erlitten hat, danach streben wird, einen Verhandlungsabbruch zu erzwingen. Durch unrealistische Forderungen, das in Fragestellen bereits erreichter Verhandlungszwischenziele oder durch bewusstes Provozieren der anderen Verhandlungsseite wird ein solcher Verhandlungspartner sich alle Mühe geben, die Verhandlung möglichst schnell zum Abbruch zu bringen.

Vermeidungsmöglichkeiten für »Loss of face«

Auch wenn eine solche extreme Reaktion nicht immer eintreten muss, ist in Verhandlungen jede Form von Gesichtsverlust zu vermeiden. Durch Wechseln des Kommunikationsgegenstandes, im Raum stehen lassen von offensichtlich falschen Argumenten der Gegenseite oder das gezielte Einlegen von Verhandlungsgegnern kann ein drohender Gesichtsverlust des Verhandlungsgegners vermieden werden. Gesichtsverluste können aber auch auf der eigenen Verhandlungsseite entstehen, wie folgendes Fallbeispiel deutlich macht:

FALLBEISPIEL 32

Präsentation beim Kunden

In Unternehmensberatungen ist es gängiges Geschäft, dass Detailanalysen von Beratern niedriger Hierarchiestufen durchgeführt werden. Während also die (Associate) Consultants für das »number crunching« und die Visualisierung von Ergebnissen zuständig sind, werden die Zwischen- und Abschlusspräsentationen in den jeweiligen Steuerungskreisen beim Kunden in der Mehrzahl der Fälle von Projektleitern oder gar Partnern übernommen.

So verfuhr auch die Strategieberatung CDH. Aufgrund seiner zahlreichen Unternehmenskontakte auf hohen Hierarchieebenen, betreute Partner Claus Arnold parallel fünf wichtige Projekte der Beratung. Daneben war er als Partner auch noch für die Neuakquisition und Pflege wichtiger Bestandskunden zuständig. Klar konnte er so nicht den vollen Überblick über jedes Detail haben. Angesichts seiner enormen Arbeitsbelastung war es notwendig, sich voll und ganz auf seine Projektmitarbeiter beim Kunden vor Ort zu verlassen. So war es eher Regel als Ausnahme, dass er sich erst kurz vorher mit den Präsentationen beschäftigen konnte, die er dann vor dem Kunden zu halten hatte. Durch seine jahrelange Beratungserfahrung hatte er sich allerdings ein gehöriges Maß an Eloquenz »erarbeitet«, so dass er bislang noch jede Situation gemeistert hatte. Dieses Mal kam es jedoch anders: Auf einer Folie präsentierte er eine Darstellung der Umsatz- und Kostenprognosen für den Mandanten, ei-

> nen europaweit agierenden Hersteller von Solarpanelen. Arnolds Pech war, dass der zuständige Chief Finance Officer (CFO) ebenfalls unter den Zuhörern war, sich vom Namen »CDH« und der Anwesenheit Arnolds nicht blenden ließ und unversehens begann, jede einzelne Zahl kritisch zu hinterfragen. Dabei wurde sehr schnell klar, dass Arnolds Projektteam vollkommen falsche Annahmen und sogar peinliche Rechenfehler begangen hatte. »Ich muss hier weg«, dachte Arnold panisch. Doch ihm blieb nichts anderes übrig, als zu versuchen, sich mit Floskeln und einem kleinlauten »Wir liefern das nach!« aus der Affäre zu ziehen. Er hatte sein Gesicht verloren. Auf das eigentlich von ihm angedachte Anschieben eines Folgeprojektes während des folgenden Abendessens verzichtete er freiwillig.

Wirkung von Taktiken

Die Wirkung der oben beispielhaft angeführten Verhandlungstaktiken kann nicht pauschal beurteilt werden. So hängt die Wirkung der angeführten Taktiken von einer Vielzahl unterschiedlicher Kriterien ab. Auf der Hand liegend ist dabei, dass sich diese Taktiken durch mehrfachen Einsatz in Verhandlungen mit gleichen Verhandlungspartnern abnutzen. Ebenso hängt die Wirkung von der jeweils konkreten Umsetzung ab. So kann etwa der Einsatz von Zeitspielen bei geschickter Anwendung durchaus für Vorteile in einer Verhandlungssituation sorgen. Wird allerdings zu großer Zeitdruck über Zeit-Taktiken auf die Gegenpartei ausgeübt, so wird dies eher kontraproduktiv sein, da Sanktionen der Gegenseite – bis zum Verhandlungsabbruch – möglich bzw. wahrscheinlich sind.

3.1.3 Verhandlungsrahmen

Im Hinblick auf die Frage, wo (Verhandlungsort) und auf welche Weise (Verhandlungsablauf und Verhandlungsdauer) verhandelt werden soll, bestehen in der Praxis zahlreiche Rituale. Diese sind als Rahmenbedingungen, teilweise aber auch als zusätzliche Schwierigkeit zu beachten, wenn betriebswirtschaftlich geprägte Entscheidungen zu den oben angeführten Fragen herbeigeführt werden sollen.

3.1.3.1 Verhandlungsrituale

Begriff »Ritual«

In Bezug auf den Verhandlungsrahmen, also vor allem die Festlegung von Verhandlungsort, -ablauf und -dauer, bestehen in Unternehmen und Branchen häufig etablierte Muster, denen nicht selten der Status von »Verhandlungsritualen« zukommt. Rituale, also nach vorgegebenen Regeln ablaufende Handlungen, bilden sich zumeist überall dort, wo entweder Handlungen einen hohen Symbolgehalt aufweisen oder aber Handlungsunsicherheit besteht. Dass bei Verhandlungen in der Praxis relativ viele Rituale zu finden sind, ist dabei sicher darauf zurückzuführen, dass bei Verhandlungen in der Regel eine relativ große Unsicherheit seitens der Verhandlungsparteien empfunden wird, so dass auf einmal bewährte Mechanismen gerne immer wieder zurückgegriffen wird (vgl. *Salewski*, 2008).

Arten

In der Praxis lassen sich solche Rituale in Bezug auf praktisch alle Bestandteile des Verhandlungsrahmens beobachten. So bestehen konkrete Muster u.a hinsichtlich

- des Verhandlungsorts,
- des Verhandlungsablaufs und
- der Verhandlungsdauer.

Die zu diesen Aspekten etablierten Muster sind dabei in keinem Unternehmen fest- oder vorgeschrieben. Trotzdem werden diese Mechanismen nicht nur von Verhandelnden einzelner Unternehmen, sondern unternehmensübergreifend von vielen Verhandlungsführenden befolgt, da sie sich eben als »erprobte Vorgehensweisen« erwiesen haben.

Rituale beim Verhandlungsort

Verhandeln beim Mächtigeren

Hinsichtlich des Verhandlungsorts ist ein sehr häufig anzutreffendes Ritual darin zu sehen, dass weitverbreitet die Auffassung vorherrscht, der Verhandlungsort müsse das Machtverhältnis zwischen den Verhandlungsparteien widerspiegeln (vgl. *Pfetsch*, 2006). Daher sollten Verhandlungen stets beim »Mächtigeren« stattfinden. Fühlt sich beispielsweise der Einkäufer in einer Einkaufs-/Verkaufsverhandlung in der dominanten Position, so wird er von den Zulieferern erwarten, dass diese akzeptieren, dass die Verhandlungen in den Räumlichkeiten des einkaufenden Unternehmens stattfinden. Im Kern folgt dieses Ritual dem Wunsch, bereits vor der eigentlichen Verhandlung die Machtpositionen für die anschließende Verhandlung deutlich zu machen. Indem der Zulieferer akzeptiert, dass die Verhandlung beim Hersteller stattfindet, erkennt er die bessere Position der anderen Verhandlungspartei an. Der Einkäufer verspricht sich hieraus, dass der Verkäufer diese durch die Wahl des Verhandlungsorts zum Ausdruck gekommene Machtverteilung auch in der anschließenden Verhandlung berücksichtigt und den Forderungen des Einkäufers umfassender entgegenkommt. Zudem spart er den Aufwand ein, den eine Verhandlung außerhalb seiner eigenen Räumlichkeiten mit sich bringt, was für ihn ebenfalls positiv ist.

Zweckmäßigkeit des Rituals

Nicht immer ist das Befolgen dieses Rituals allerdings für den dominanten Verhandlungspartner der richtige Weg. Wird die Verhandlung stets im Hause des dominanten Verhandlungspartners durchgeführt, so unterbleibt zumindest die Prüfung, ob es nicht für den dominanten Partner sehr wohl auch Vorteile mit sich bringen kann, wenn er gegebenenfalls in den Räumlichkeiten der Gegenseite verhandelt. Zwar kann er in diesem Fall die Rahmenbedingungen der Verhandlung im Vorfeld nicht kontrollieren, zugleich aber erhält er die Möglichkeit, zusätzliche Erkenntnisse über den Verhandlungspartner zu gewinnen.

FALLBEISPIEL 33

Wahl des Verhandlungsorts

Die Universitäten in Deutschland befinden sich seit einigen Jahren in einem grundlegenden Wandel. Die seit Ende der 1990er Jahre bestehende Befürchtung, dass deutsche Universitäten insbesondere im Vergleich zu angelsächsischen Universitäten in Lehre und Forschung zurückfallen würden, hat zu grundlegenden organisatorischen

Änderungen in den Universitäten geführt. Schrittweise sind dabei auch die Freiräume beschnitten worden, die zuvor den Teilinstitutionen einer Universität wie Fakultäten, Instituten oder Lehrstühlen gewährt wurden. Dies ist nicht ohne Auswirkung auf die Personalpolitik von Universitäten geblieben. Obwohl beispielsweise Professoren an deutschen Universitäten zumeist noch im Beamtenstatus beschäftigt werden, hat man auch hier eine leistungsbezogenere Vergütung und damit Steuerung implementiert. So enthält die seit einigen Jahren bestehende so genannte W-Besoldung im Vergleich zu der bis dato gültigen C-Besoldung ein deutlich geringeres Grundgehalt für neu berufene Professoren, bietet aber zugleich die Möglichkeit, durch Leistungszulagen Einkommensverbesserungen zu realisieren.

Die Umsetzung der W-Besoldung führt nun auch dazu, dass Universitätsleitungen die Aufgabe zufällt, nicht mehr allein die Arbeitsbedingungen von Professoren, sondern nun auch deren Einkommen festlegen bzw. aushandeln zu müssen. Bei Neuberufungen, drohenden Wegberufungen oder der Übernahme spezieller Verpflichtungen oder Ämter durch bestehende Professoren sind Verhandlungen zwischen Universitätsleitungen und Professoren über Arbeitsbedingungen und/oder Einkommenszulagen erforderlich.

Professoren können ihre Arbeits- und Einkommensbedingungen insbesondere dann verbessern, wenn sie Rufe anderer Universitäten erhalten und die heimische Universität daher eine Wegberufung befürchten muss. In solchen Fällen führen Universitätsleitungen und die »berufenen« Professoren so genannte Bleibeverhandlungen. Im Rahmen dieser Verhandlungen werden Verbesserungen der bestehenden Arbeitsbedingungen sowie zusätzliche Einkommenszulagen geregelt. Traditionell lädt hierzu ein Mitglied der Universitätsleitung (z. B. der Rektor oder Präsident einer Universität) den jeweiligen Professor ein. Üblich ist dabei, dass die Verhandlungen im Dienstzimmer des Mitglieds der Universitätsleitung bzw. in einem der Universitätsleitung zur Verfügung stehenden Konferenzzimmer stattfinden. Da allerdings in Bleibeverhandlungen vor allem auch die zukünftigen Arbeitsbedingungen, also z. B. die zur Verfügung gestellten Räumlichkeiten, die Laborausstattung, die apparative Ausstattung etc. verhandelt werden, ist ein Verhandlungsort in den Räumlichkeiten der Universitätsleitung nicht immer für die Interessen der Universität optimal. So würde ein Verhandeln in den Räumlichkeiten des »gerufenen« Professors dem Mitglied der Universitätsleitung die Möglichkeit eröffnen, die augenblicklichen Arbeitsbedingungen des Forschers unmittelbar in Augenschein nehmen zu können und sich selber einen Eindruck von den Arbeitsbedingungen zu machen, die innerhalb der von dem Professor geleiteten Forschergruppe bestehen.

Neutraler Ort

Bei annähernd gleich verteilter Macht zwischen den Verhandlungsparteien ist es hingegen Ritual, dass die Verhandlungen an einem neutralen Ort stattfinden oder aber – sofern mehrere Verhandlungsrunden zu erwarten sind – wechselnd in den Räumlichkeiten der Verhandlungsparteien stattfinden. Auch dies ist nicht immer ideal. So besteht bei Verhandlungen an neutralen Orten mitunter das Problem, dass solche Orte wie Hotels oder Konferenzzentren nicht immer optimale Bedingungen für Verhandlungen aufweisen. Ebenso kann der Wechsel des Verhandlungsortes für die Effizienz, aber auch Effektivität von Verhandlungen suboptimal sein. Allerdings gilt zu bedenken, dass manchmal keine Alternative zu dem Treffen an einem alternativen Ort besteht. Dies gilt immer dann, wenn die Verhandlungen unter Geheimhaltung stattfinden und somit ein Treffen an einem der Standorte der Verhandlungsparteien zu ungewollten Auffälligkeiten führen könnte.

Stellplan

Schließlich haben sich Rituale auch in Bezug auf die Gestaltung des eigentlichen Verhandlungsraums herausgebildet. Hinsichtlich des »Stellplans« (»Wie sind die Tische im Verhandlungsraum aufgestellt worden? Wer sitzt an den Tischen auf welchem Platz? Wie ist der Verhandlungsort einrichtungs- oder beleuchtungstechnisch gestaltet?«) ist noch immer in Verhandlungen sehr häufig ein Gegenübersitzen für die Verhandelnden vorgesehen. Tatsächlich wird hierdurch jedoch Distanz zwischen den Verhandlungsparteien geschaffen (vgl. *Salewski*, 2008). Dies ist in Verhandlungen mit sehr unterschiedlichen Interessen, die zudem sehr distributiv sind, möglicherweise gewünscht und sinnvoll. Hingegen stellt ein solcher Stellplan für weniger konfrontative Verhandlungen eher keine geeignete Sitzordnung dar.

Rituale beim Verhandlungsablauf

Agenda

Ebenso wie hinsichtlich des Verhandlungsortes bestehen in der Praxis zahlreiche Rituale in Bezug auf den Ablauf der Verhandlung. Ein besonders verbreitetes und zugleich gewichtiges Ritual stellt dabei die »Agenda« dar (vgl. *Salewski*, 2008). Eine solche Tagesordnung eines Verhandlungstreffens soll eine inhaltliche Strukturierung des Ablaufs der Verhandlung gewährleisten. Ganz abgesehen davon, dass eine solche Strukturierung natürlich auch Vorteile aufweist, da sie der Verhandlung einen inhaltlichen Rahmen gibt, allen Beteiligten eine entsprechende Vorbereitung ermöglicht und zudem sicherstellt, dass keine wichtigen Gesprächspunkte übersehen werden, engt sie die Verhandelnden allerdings auch ein. So steht sie etwa neuen Ideen z. B. in Bezug auf alternative Verhandlungsgegenstände im Wege und regelt bereits im Vorfeld, welche inhaltlichen Fragen im Zusammenhang diskutiert werden sollen, so dass dadurch eventuell bestehende Querverbindungen zwischen verschiedenen Verhandlungsgegenständen unbeachtet bleiben (vgl. *Schranner*, 2007b). Gleichermaßen gilt zu bedenken, dass die Vorgabe eines strukturellen Ablaufs – analog zur Festsetzung des Verhandlungsortes – die eine oder andere Partei begünstigen kann. In diesem Zusammenhang merken *Lewicki et al.* (1998) an, dass die Parteien, die den Ablaufplan der Verhandlung vorgeben, mehr Kontrolle über den Verhandlungsprozess haben und daher durchschnittlich höhere Gewinne erzielen.

Rituale in Bezug auf die Verhandlungsdauer

Langwierigkeit als Ritual

Auch die Verhandlungsdauer ist bei vielen Verhandlungsarten ritualisiert. So herrscht allgemein die Vorstellung vor, dass langwierige und ausführliche Verhandlungen den Eindruck erwecken, dass die Beteiligten mit hohem Einsatz um ein Ergebnis gekämpft haben (vgl. *Salewski*, 2008). Zu diesem Eindruck kann man zumindest in Bezug auf Tarifverhandlungen gelangen, da sich hier noch zusätzlich das Ritual eingebürgert hat, dass die Verhandlungen häufig erst mitten in der Nacht abgeschlossen werden oder erst nach einer »durchverhandelten« Nacht beendet werden.

FALLBEISPIEL 34

»Die Macht der Nacht«

Die »Nacht« hat für Tarifverhandlungen eine geradezu mystische Bedeutung. So wird kaum eine Tarifverhandlung zu Ende gebracht, bevor nicht Mitternacht erreicht oder eine ganze Nacht verhandelt worden ist. Die Ursachen hierfür sind vielfältig: Zum einen zeigen die Verhandlungsparteien, dass sie alles für das Erreichen ihrer Verhandlungsziele gegeben haben, wenn sie bis weit in den Abend oder sogar eine ganze Nacht »durchverhandelt« haben. Darüber hinaus fällt der »Nacht« aber auch eine verhandlungsinterne Aufgabe zu: Sie soll dazu beitragen, Widerstände zu brechen und – vor dem Hintergrund aufkommender Erschöpfung – Einigungen möglich zu machen. Zudem stellt die Nacht den Teil des Tages dar, der nicht bereits mit anderen Tätigkeiten verplant ist. Daher können sich die Verhandelnden ganz ihrer Verhandlungsaufgabe widmen, ohne durch verhandlungsexterne Termine gestört zu werden. Angesichts der Bedeutung der Nacht für Tarifverhandlungen werden diese häufig schon so terminiert, dass eine Nachtverhandlung gleich mit eingeplant wird. Bei der bereits im Kapitel C.2.3 als Beispiel betrachteten Tarifverhandlung zwischen der IG Metall und Südwestmetall aus dem Herbst 2008 begann die abschließende Verhandlung so beispielsweise am 11. November 2008 nachmittags um 15 Uhr und endete am darauffolgenden Tag um 14.00 Uhr. Sie dauerte damit 23 Stunden an.

Stellvertreter-Verhandlungen

Da es bei Ritualen, die sich auf die Verhandlungsdauer beziehen, vor allem darum geht, Wirkung auf Dritte auszuüben, finden sie sich insbesondere bei »Stellvertreter-Verhandlungen«. Dort kommt es darauf an, entsprechende Signale an Dritte auszusenden. Bei Verhandlungen, die von Betroffenen selber durchgeführt werden und keine Wirkung auf Dritte aufweisen, sind diese Rituale eher untypisch.

3.1.3.2 Gestaltung des Verhandlungsrahmens

Infragestellung von Ritualen

Angesichts der aufgezeigten großen Zahl von Ritualen, die sich im Zusammenhang mit Verhandlungen in Unternehmen und Branchen hinsichtlich Ort, Ablauf und Dauer gebildet haben, besteht eine wichtige Aufgabe des Verhandlungsmanagements darin, diese Rituale in Frage zu stellen. Denn solche Rituale ersetzen regelmäßig Managemententscheidungen, da an einmal etablierten Mechanismen hinsichtlich der Gestaltung von Verhandlungsrahmen festgehalten wird, ohne dass diese auch tatsächlich stets optimale Lösungen darstellen müssen (vgl. *Jäggi*, 2009). Daher sollte im Rahmen der Verhandlungsvorbereitung eines betriebswirtschaftlichen Verhandlungsmanagementsystems eine bewusste Entscheidung über Rahmenbedingungen wie Ort, Ablauf und Dauer der anstehenden Verhandlung getroffen werden. Der Verhandlungsrahmen sollte dabei so gestaltet werden, dass die zuvor festgelegten Verhandlungsziele und -strategien bestmöglich unterstützt werden.

Gestaltungsfrage »Verhandlungsort«

Damit ergeben sich für die Wahl des Verhandlungsorts, die Festlegung des Verhandlungsablaufs sowie die Planung der Verhandlungsdauer konkrete Gestaltungsfragen. So ist beispielsweise in Bezug auf den Verhandlungsort zu fragen, wo die anstehende Verhandlung unter Kosten- und Nutzengesichtspunkten idealerweise stattfinden soll. Je nach verfolgter Prozessstrategie (Strategie der Verhandlungskostenvermeidung oder Strategie der Verhandlungskostendelegation), aber auch vor dem Hintergrund der gewählten Ergebnisstrategie ist eine Entscheidung darüber herbeizuführen, ob Verhandlungen beim Verhandlungspartner, in den eigenen Räumlichkeiten oder an dritter Stelle stattfinden sollten. Ebenso ist in diesem Zusammenhang auch unter Effizienzpunkten die Abwicklungsform der Verhandlung (vgl. Kapitel A.1) zu planen, da sich durch die Substitution von Face-to-Face-Verhandlungen etwa über den Einsatz elektronischer Unterstützungssysteme Verhandlungskosten reduzieren und die Effektivität von Verhandlungen gegebenenfalls vergrößern lässt (vgl. *Köhne*, 2007; *Schoop*, 2008). Auch wenn am Beginn und am Ende von Verhandlungen zumeist ein persönlicher Face-to-Face-Kontakt zwischen den Verhandlungsparteien erforderlich bleibt, können gegebenenfalls zeitlich dazwischen liegende Verhandlungsbestandteile telefonisch, per Mail oder mit Hilfe von Softwareunterstützung abgewickelt werden.

Elektronische Verhandlungsplattformen

Gerade neuere Entwicklungen im Bereich der elektronischen Verhandlungsplattformen, wie z. B. das Verhandlungssystem Negoisst, sind dabei neben Effizienzsteigerungen auch zu Effektivitätssteigerungen in der Lage. Dies liegt daran, dass sie neben der Bereitstellung einer elektronischen Verhandlungsplattform zugleich Tools zur Bewertung gegnerischer Angebote als auch zur Entwicklung eigener Angebote enthalten (vgl. *Schoop et al.*, 2003).

FALLBEISPIEL 35

Negoisst

Viele Verhandlungen werden heute (zumindest teilweise) elektronisch geführt. Daher wurden bereits unmittelbar mit Aufkommen neuer Medien in den 1980er Jahren auch elektronische Verhandlungssysteme entwickelt (vgl. z. B. *Jarke et al.*, 1987). Während diese allerdings als reine Entscheidungsunterstützungssysteme ausgelegt waren, sollen die heutigen, sehr viel komplexeren elektronischen Verhandlungssysteme zusätzlich auch prozessorientierte Verhandlungsunterstützung gewähren und darüber hinaus Kommunikations- und Interaktionsprozesse vereinfachen.
Ein solches System stellt das Verhandlungsunterstützungssystem »Negoisst« dar (vgl. *Schoop et al.*, 2003; *Schoop et al.*, 2004). Dieses System liefert Kommunikations-, Prozess- und Entscheidungsunterstützung, da alle Verhandlungsbestandteile abgewickelt werden können. Dabei kann die Kommunikation optimiert werden, da verschiedene Kommunikationsinstrumente zum Einsatz kommen können, der Prozess kann effizienter gestaltet werden, da das System hilft, Missverständnisse zwischen den Verhandlungsparteien zu vermeiden, und schließlich enthält das System auch ein Entscheidungsunterstützungstool, da es – analog zum Vorgehen der »Negotiation Analysis« – Angebotsbewertungen auf Basis vorgegebener Bewertungen einzelner Verhandlungslösungsalternativen erlaubt. Abbildung 45 zeigt einen Screenshot aus dem Negoisst-System.

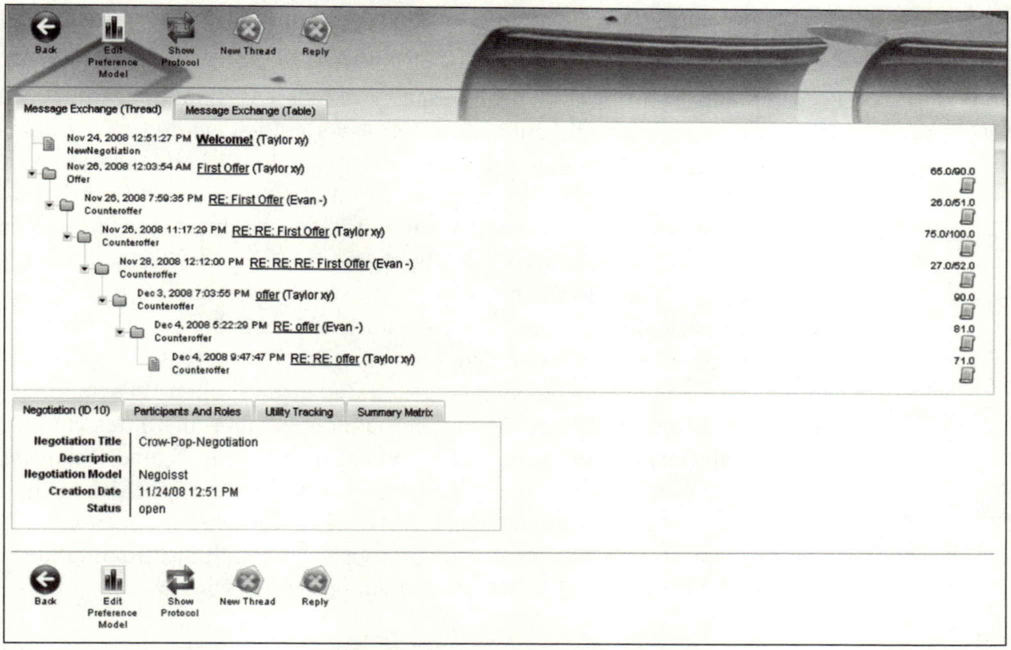

Abb. 45: Screenshot aus dem Verhandlungssystem Negoisst

Gestaltungsfrage »Verhandlungsablauf«

Ebenso ist im Hinblick auf den einzelnen Verhandlungsbestandteil unter Gestaltungsgesichtspunkten zu fragen, wie dieser inhaltlich strukturiert werden kann. Ob tatsächlich dabei im Hinblick auf den Verhandlungsablauf formale Koordinationsmechanismen wie etwa die oben angesprochene »Agenda« zum Einsatz kommen sollen und wie detailliert eine solche Agenda gegebenenfalls auszugestalten ist, sollte verhandlungs(teil)spezifisch entschieden werden.

Gestaltungsfrage »Verhandlungsdauer«

Schließlich sollten sich Verhandlungsakteure auch im Vorfeld von Verhandlungen über die vermutlich benötigte Verhandlungszeit Gedanken machen. Da zusätzliche Verhandlungszeit mit zusätzlichen Kosten für die verhandelnden Parteien verbunden ist (vgl. *Bird et al.*, 1973), sollte im Vorfeld der Verhandlung eine Abschätzung der für die Verhandlung angemessen erscheinenden Verhandlungszeit vorgenommen werden. Die Verhandlungszeit sollte dabei an der Bedeutung der Verhandlung, der Komplexität des Verhandlungsgegenstands, der Unterschiedlichkeit der Verhandlungspräferenzen der Verhandlungsparteien sowie den Erfahrungen mit dem Verhandlungspartner aus der Vergangenheit ausgerichtet werden. Vorteilhaft an einer frühzeitigen Planung der vermutlich benötigten Verhandlungszeit ist dabei, dass

- der Verhandlungsbeginn entsprechend terminiert werden kann,
- den möglicherweise separierbaren Verhandlungsbestandteilen entsprechende Zeitfenster zugeordnet werden können oder

- die zur Verfügung stehende Zeit dem Verhandlungspartner kommuniziert werden kann.

Problem bei Abkehr von Ritualen

Zusammenfassend lässt sich im Hinblick auf den Verhandlungsrahmen und damit die Fragen, wo und auf welche Weise verhandelt werden soll, festhalten, dass dieser ebenfalls Bestandteil des betriebswirtschaftlichen Verhandlungsmanagements sein sollte und nicht allein an unternehmens- und branchenbezogenen Rituale ausgerichtet werden sollte. Problematisch ist allerdings an einer Abweichung von etablierten Verhandlungsmechanismen in Bezug auf den Verhandlungsrahmen, dass solche Abweichungen gegebenenfalls innerhalb der eigenen Organisation, aber auch gegenüber dem Verhandlungspartner begründet werden müssen. So wird ein Orientieren an etablierten Verhandlungsritualen in der Regel von allen Beteiligten der eigenen und gegnerischen Verhandlungspartei ohne weiteres akzeptiert. Wollen Verhandlungsführer allerdings von diesen Ritualen abweichen, so müssen sie hierbei zunächst die eigene Organisation und anschließend den Verhandlungspartner von der Zweckmäßigkeit des abweichenden Vorgehens überzeugen. Trotz dieser Einschränkungen sollte dies allerdings zumindest geprüft werden, da viele Verhandlungsrituale unter Effizienz- und Effektivitätsgesichtspunkten suboptimal erscheinen.

3.2 Reporting der Verhandlungsvorbereitung

Vorteile von Reporting

Zum Abschluss der Verhandlungsvorbereitung sollte ein Report über die Festlegungen, die innerhalb der Verhandlungsvorbereitung getroffen worden sind, erstellt werden. Dieser Report sollte alle Teilbereiche der Verhandlungsvorbereitung umfassen und alle Einschätzungen und Festlegungen beinhalten, die innerhalb der Verhandlungsvorbereitung abgeleitet worden sind (vgl. *Kuthe*, 2005). Einen solchen Report am Ende der Verhandlungsvorbereitung von Verhandlungsführern erstellen zu lassen, erscheint aus verschiedenen Gründen sinnvoll und vorteilhaft:

- Zunächst einmal werden die Verhandlungsakteure durch die Verpflichtung, am Ende der Verhandlungsvorbereitung einen Report über ihre Vorbereitungsaktivitäten anfertigen zu müssen, gezwungen, Einschätzungen für alle Bereiche der Verhandlungsvorbereitung entwickeln zu müssen. Die die Verhandelnden entsendende Organisation erhält durch das Einfordern eines Vorbereitungsreports Sicherheit darüber, dass sich die Verhandlungsakteure entsprechend umfassend auf die anstehende Verhandlung vorbereitet haben.
- Darüber hinaus kann der Vorbereitungsreport den Verhandlungsakteuren innerhalb der Verhandlung als »Navigator« für die Verhandlungsführung dienen. Indem sich die Verhandlungsführer innerhalb der Verhandlung anhand des Vorbereitungsreports zentrale Festlegungen der Verhandlungsvorbereitung nochmals vor Augen führen, wird ein situationsbedingtes Abweichen von der ursprünglich geplanten Verhandlungsführung verhindert. Damit

stellt der Verhandlungsreport auch eine Möglichkeit zur Begrenzung des beschriebenen Prinzipal-Agenten-Problems dar.

- Ein weiterer Vorteil eines Vorbereitungsreports ist darin zu sehen, dass dieser zur Akzeptanz der in anschließenden Verhandlungen erzielten Verhandlungsergebnisse beitragen kann. Werden die innerhalb des Vorbereitungsreports enthaltenen Feststellungen und Einschätzungen innerhalb der Organisation abgesichert, indem beispielsweise Vorgesetzte diese Einschätzungen »absegnen«, so werden die tatsächlich erzielten Verhandlungsergebnisse von der Organisation anschließend auch akzeptiert, wenn sie innerhalb des im Vorbereitungsreport ausgewiesenen Korridors liegen. Insofern gibt der Verhandlungsreport auch den Verhandlungsführern Sicherheit.
- Schließlich ist der Vorbereitungsreport auch für die Zwecke des Verhandlungscontrollings relevant, welches das Verhandlungsmanagement abschließt. Durch Vergleich der tatsächlich erreichten Verhandlungsergebnisse oder des tatsächlichen Verhandlungsprozesses mit den im Vorbereitungsreport ausgewiesenen Zielsetzungen lassen sich Soll/Ist-Abweichungen für Verhandlungen ermitteln. Damit wird der Vorbereitungsreport zu einem wichtigen Hilfsmittel für die Erfolgsbeurteilung von Verhandlungen sowie für die Ermittlung individueller Verhandlungsperformance.

Standard-Formblätter

Um den mit der Erstellung eines Vorbereitungsreports verbundenen Aufwand möglichst gering zu halten, sollten Unternehmen Standard-Formblätter für Vorbereitungsreports entwickeln und Verhandlungsführern bzw. Verhandlungsteams zur Verfügung stellen. Diese helfen zugleich die Akzeptanz seitens der Mitarbeiter zu steigern. Abbildung 46 zeigt ein Beispiel für ein solches standardisiertes Formblatt. Dieses orientiert sich an den in den voranstehenden Abschnitten des Kapitels C.3.1 enthaltenen Teilfragestellungen der Verhandlungsvorbereitung (ohne Angaben zum Verhandlungsrahmen).

Reportumfang

Wie Abbildung 46 allerdings auch deutlich macht, sollte sich der Verhandlungsvorbereitungsreport nicht nur auf die eigene Verhandlungsseite beschränken. Stattdessen sollten die vermutlich für die Gegenseite relevanten Verhandlungsgegenstände, deren Verhandlungsmotive, -ziele, -strategien und -taktiken ebenfalls in den Verhandlungsvorbereitungsreport aufgenommen werden. Nur so stellt dieser einen vollständigen Bericht über die innerhalb der Verhandlungsvorbereitung notwendigen Einschätzungen und Feststellungen dar.

Verantwortlichkeit

Aus naheliegenden Gründen sollte der Verhandlungsreport von dem Negotiation Team gemeinschaftlich erarbeitet werden. Nur wenn allen Akteuren innerhalb eines Verhandlungsteams bekannt ist, welche Motive, Ziele und Strategien die eigene Verhandlungspartei verfolgt und auf der Seite der Verhandlungsgegner erwartet werden, können alle Mitglieder des Negotiation Teams konsequent an dem Erreichen der eigenen Verhandlungsziele mitarbeiten. Die letztliche Verantwortlichkeit für die Anfertigung des Verhandlungsvorbereitungsreports liegt allerdings beim Verhandlungsführer, also dem Mitglied des Negotiation Teams, der die Hauptverantwortung für den gesamten Verhandlungsprozess sowie das erreichte Verhandlungsergebnis trägt.

Verhandlungsvorbereitungsreport

Verhandlungspartner:

Verhandlungsobjekt:

Verhandlungsgegenstände:

Eigene Partei	Art* k d i	Andere Partei (erwartete)	Art* k d i
1. ______	☐ ☐ ☐	1. ______	☐ ☐ ☐
2. ______	☐ ☐ ☐	2. ______	☐ ☐ ☐
3. ______	☐ ☐ ☐	3. ______	☐ ☐ ☐
4. ______	☐ ☐ ☐	4. ______	☐ ☐ ☐
.... ______	☐ ☐ ☐	.... ______	☐ ☐ ☐

k = kompatibel d = distributiv i = integrativ

Side Deals:

Eigene Partei	Andere Partei (erwartete)
☐ ja ☐ evtl. ☐ nein	☐ ja ☐ evtl. ☐ nein
______	______

Verhandlungsmotive:

Eigene Partei		Andere Partei (erwartete)	
Organisation	Team	Organisation	Team
1. ______	1. ______	1. ______	1. ______
2. ______	2. ______	2. ______	2. ______
3. ______	3. ______	3. ______	3. ______
... ______	... ______	... ______	... ______

Verhandlungsziele:

Eigene Partei		Andere Partei (erwartete)	
Ergebnisziele	Aspirations-/ Reservationslösung	Ergebnisziele	Aspirations-/ Reservationslösung
1. ______	______	1. ______	______
2. ______	______	2. ______	______
3. ______	______	3. ______	______
... ______	______	... ______	______
Prozessziele Organisation	Prozessziele Team	Prozessziele Organisation	Prozessziele Team
1. ______	1. ______	1. ______	1. ______
2. ______	2. ______	2. ______	2. ______
3. ______	3. ______	3. ______	3. ______
... ______	... ______	... ______	... ______

Verhandlungsstrategien:

Eigene Partei		Andere Partei (erwartete)	
Ergebnisstrategie	Prozessstrategie	Ergebnisstrategie	Prozessstrategie
Konkurrenz ☐	Verhandlungskosten-	Konkurrenz ☐	Verhandlungskosten-
Anpassung ☐	-vermeidung ☐	Anpassung ☐	-vermeidung ☐
Kooperation ☐	-delegation ☐	Kooperation ☐	-delegation ☐
Vermeidung ☐		Vermeidung ☐	
Kompromiss ☐	Beziehung ☐	Kompromiss ☐	Beziehung ☐
	Transaktion ☐		Transaktion ☐

Verhandlungstaktiken:

Eigene Partei		Andere Partei (erwartete)	
Kommunikation:	______	Kommunikation:	______
Ergebnis:	______	Ergebnis:	______
Prozess:	______	Prozess:	______
Partner:	______	Partner:	

Abb. 46: Formblatt für einen Verhandlungsvorbereitungsreport

Zusammenfassung »Verhandlungsvorbereitung«

Innerhalb der Verhandlungsvorbereitung sollte sich das Verhandlungsteam zunächst mit den Verhandlungsgegenständen einer anstehenden Verhandlung beschäftigen. Eine erste Aufgabe besteht dabei darin, die einigungsbedürftigen Verhandlungsgegenstände zu identifizieren. Einigungsbedürftigkeit liegt dabei vor, wenn zumindest eine Verhandlungsseite Präferenzen in Bezug auf die denkbaren Ausprägungen eines Verhandlungsgegenstandes aufweist. Anschließend sind die ermittelten Verhandlungsgegenstände genauer zu untersuchen. Vor allem ist deren Kompatibilitätsgrad (gleiche Präferenzrichtung der Verhandlungsseiten?) sowie deren Integrativitätsgrad (abweichende Präferenzintensität?) zu analysieren. Auch ist in Bezug auf die Verhandlungsgegenstände der Frage nachzugehen, ob sich der Kompatibilitätsgrad, insbesondere aber der Integrativitätsgrad eines Verhandlungsgegenstandes durch »Splitting« in mehrere, separate Verhandlungsgegenstände verändern lässt. Ein letzter Schritt im Zusammenhang mit den Verhandlungsgegenständen besteht schließlich darin, Side Deals oder das Excluding von Verhandlungsgegenständen zu prüfen. Während bei Ersterem zusätzliche Verhandlungsgegenstände aus anderen Verhandlungen gezielt in eine Verhandlung integriert werden, entschließen sich die Verhandelnden beim Excluding dazu, bestimmte Verhandlungsgegenstände innerhalb einer anstehenden Verhandlung – wenn möglich – auszuklammern und gegebenenfalls erst in einer Folgeverhandlung zu regeln.
Eine weitere Aufgabe des Verhandlungsteams besteht in der Verhandlungsvorbereitungsphase im Identifizieren eigener und gegnerischer Verhandlungsmotive, -ziele, -strategien und -taktiken. Die Verhandlungsmotive stellen dabei »Hintergrund-Triebkräfte« von verhandelnden Organisationen, aber auch entsandten Verhandlungsführern dar, die für das Verfolgen bestimmter Verhandlungsziele, -strategien und -taktiken ursächlich sind. Diese bei sich selber, aber vor allem auch bei Verhandlungspartnern zu erkennen, kann für den Verhandlungserfolg entscheidend sein, da sich hieraus zukünftiges Verhalten ableiten lässt.
Bei Verhandlungszielen handelt es sich um »gewünschte« Zustände in Verhandlungen. Bei ihnen ist zwischen Ergebniszielen (»gewünschte« oder »gerade noch akzeptierte« Ausprägungen bei den Verhandlungsgegenständen) und Prozesszielen (»gewünschtes« Zustandekommen des Verhandlungsergebnisses) zu unterscheiden. Bei den Ergebniszielen sind dabei im Vorfeld der Verhandlung zum einen Reservations- (gerade noch akzeptierte Ausprägungen) und Aspirationslösungen (gewünschte Ausprägungen) zu ermitteln. Die Reservationslösung auf der Gesamtverhandlungsebene wird dabei durch die Alternativen determiniert, über die die Verhandlungsparteien (BATNAs) verfügen, so dass die Analyse von BATNAs für die Bestimmung von Reservationslösungen herangezogen werden kann. Im Gegensatz dazu richten sich die Prozessziele auf die Effizienz von Verhandlungen (ein Ergebnis soll mit dem geringstmöglichen Aufwand erreicht werden). Daneben sind hier aber auch mittelbar-ökonomische Prozessziele zu beachten. Diese sind darin zu sehen, dass verhandelnde Organisationen sowie entsandte Verhandelnde auch auf Aspekte wie »Fairness«, »Offenheit« oder »Kooperativität« achten.
Bei der Festlegung von Verhandlungszielen ist nicht nur zu berücksichtigen, dass diese weder zu ambitioniert, noch zu zurückhaltend festgelegt werden. Vielmehr ist auch eine zielübergreifende Gewichtung vorzunehmen. Verhandelnde müssen so im Vorfeld von Verhandlungen definieren, wie wichtig die verschiedenen Ziele im Vergleich zueinander sind und damit auch festlegen, welche zusätzliche

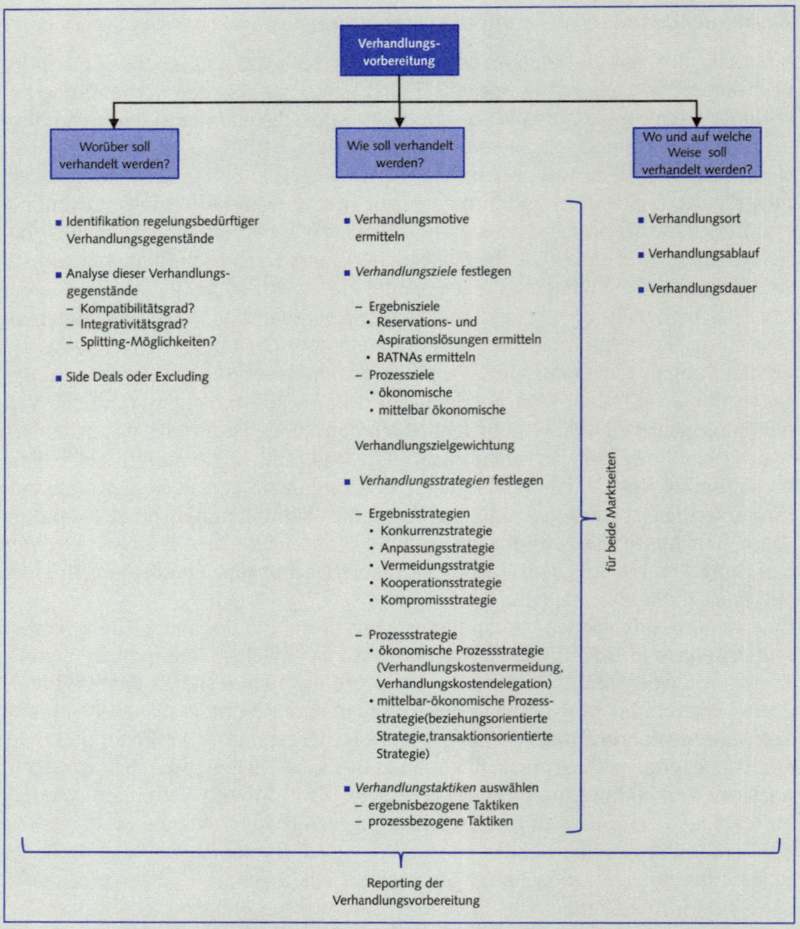

Abb. 47: Überblick zur Verhandlungsvorbereitung

Zielerreichung bei bestimmten Zielen erforderlich ist, um eine weniger umfassende Zielerreichung bei anderen Zielen akzeptieren zu können.
Für die zuvor ermittelten und gewichteten Verhandlungsziele sind anschließend konkrete Verhandlungsstrategien abzuleiten. Hierunter sind grundsätzliche Leitlinien für das Verhandlungsverhalten zu verstehen. Analog zu den Verhandlungszielen kann zwischen Ergebnis- und Prozessstrategien differenziert werden. Bei den Ergebnisstrategien steht in Abhängigkeit von der Bedeutung, die den eigenen und gegnerischen Verhandlungsinteressen zugebilligt wird, mit der Konkurrenz-, Anpassungs-, Vermeidungs-, Kooperations- und Kompromissstrategie eine Vielzahl alternativer Vorgehensweisen zur Verfügung. Passend zu der gewählten Ergebnisstrategie sollte auch die Prozessstrategie festgelegt werden, bei der im Hinblick auf das übergeordnete Effizienzziel zwischen der Verhandlungskostenvermeidungs- und Verhandlungskostendelegationsstrategie unterschieden werden kann. Schließlich ist hinsichtlich der mittelbar-ökonomischen

Prozessziele zwischen der beziehungsorientierten und transaktionsorientierten Strategie zu differenzieren.
Auf einer letzten Konkretisierungsebene ist der Einsatz von Verhandlungstaktiken festzulegen. Wird hierunter die Planung des abgestimmten Einsatzes von Verhandlungsargumenten, -angeboten und sonstigen Verhaltensweisen in Bezug auf Verhandlungsablauf und Verhandlungsgegner verstanden, dann lassen sich auch hier ergebnis- (z. B. Reziprozitätstaktik) und prozessbezogene Taktiken (z. B. Zeitspiele) unterscheiden. Die Taktiken sollten dabei so ausgewählt werden, dass sie der Umsetzung der übergeordneten Strategien dienen.
Ein dritter Schritt der Verhandlungsvorbereitung ist auf die Gestaltung des Verhandlungsrahmens gerichtet. Hinsichtlich des Verhandlungsorts, der Verhandlungsdauer und des Verhandlungsablaufs sind dabei die häufig in der Praxis bestehenden Verhandlungsrituale kritisch zu hinterfragen und stattdessen konkrete Gestaltungsentscheidungen zu treffen.
Das Ende der Verhandlungsvorbereitung bildet schließlich das Reporting der gesamten Verhandlungsvorbereitung. Indem Verhandlungsteams angehalten werden, alle o.g. Festlegungen und Annahmen über Verhandlungsgegenstände, -verhalten und -rahmen im Vorfeld der eigentlichen Verhandlungen festzuhalten, wird eine wirklich umfassende Verhandlungsvorbereitung erst sichergestellt und zudem die Möglichkeit eröffnet, die anschließend erzielten Verhandlungsergebnisse und -prozesse ex post zu analysieren.
Abbildung 47 stellt die Aufgaben, die im Rahmen der Verhandlungsvorbereitung anfallen, in Form eines Überblicks nochmals abschließend dar.

4. Verhandlungsführung

Abhängigkeit von Einflussfaktoren

Die Art, wie Verhandlungen von Unternehmen bzw. von deren Vertretern geführt werden, wird durch unterschiedliche zentrale Faktoren geprägt. So hängt die Führung von Verhandlungen in und zwischen Unternehmen an grundsätzlichen Faktoren wie der jeweiligen Verhandlungskultur und dem in oder zwischen Unternehmen vorherrschenden Verhandlungsstil. Schließlich wird die Verhandlungsführung auch dadurch geprägt, in welchem Stadium sich eine Verhandlung befindet. So lassen sich Verhandlungen in unterschiedliche Prozessphasen unterteilen.

4.1 Verhandlungskultur und -stil

Situative vs. grundsätzliche Einflussfaktoren

Wie das einzelne Unternehmen oder deren Vertreter Verhandlungen konkret führen, hängt naturgemäß von einer Vielzahl von Einflussfaktoren ab. Bei einer Einkaufsverhandlung wird beispielsweise das konkrete Verhalten in einer Verhandlung von der strategischen Bedeutung des Beschaffungsobjektes, der Einschätzung der Machtposition gegenüber dem potenziellen Zulieferer, der grundsätzlichen wirtschaftlichen Lage, in dem sich das beschaffende Unternehmen befindet, den Erfahrungen mit dem jeweiligen Zulieferer oder von den persönlichen Zielvereinbarungen der Mitglieder des Einkaufsteams abhängen. Neben diesen zumeist eher situativen Faktoren wird das von Verhandelnden an den Tag gelegte Verhandlungsverhalten darüber hinaus auch durch grundsätzlichere Einflussfaktoren determiniert. Vor allem spielt für das Verhandlungsverhalten die in einem Unternehmen übliche Verhandlungskultur sowie der Unternehmen prägende Verhandlungsstil eine besondere Rolle.

Verhandlungskultur

Begriff

In Analogie zum Begriff der Organisationskultur (vgl. *McLean/Marshall*, 1985) stellt die Verhandlungskultur eine Sammlung von Traditionen, Werten, Regeln, Glaubenssätzen und Haltungen dar, die einen durchgehenden Kontext für alles bilden, was mit einer Verhandlung eines Unternehmens zu tun hat. Die so verstandene Verhandlungskultur eines Unternehmens stellt dabei eine auf den Aufgabenbereich von Verhandlungen bezogene Konkretisierung der zu Grunde liegenden Unternehmenskultur dar. Wie auch die im Hintergrund stehende Unternehmenskultur ist auch die daraus abgeleitete Verhandlungskultur in der Regel nicht kodifiziert oder explizit beschrieben. Stattdessen handelt es sich bei der Verhandlungskultur um eine implizite Übereinstimmung (mehr oder weniger) aller Organisationsmitglieder, wie Verhandlungen zu führen sind bzw. welche Regeln bei Verhandlungen einzuhalten sind.

Abhängigkeit von Gesellschaftskultur

Wie Abbildung 48 deutlich macht, wird die Verhandlungskultur allerdings nicht nur von der unmittelbaren Unternehmenskultur beeinflusst. Darüber hinaus wird die Verhandlungskultur eines Unternehmens auch durch die im Hintergrund der Unternehmenskultur liegende allgemeine Gesellschaftskultur geprägt (vgl. *Dupont*, 2002). Ein in Russland angesiedeltes Unternehmen weist so beispielsweise nicht nur eine zumindest in Teilen spezifische Unternehmenskultur auf. Darüber hinaus werden auch die im Unternehmen tätigen Menschen durch die allgemeine gesellschaftliche Kultur des Landes geprägt. Daher hängt die Verhandlungskultur neben dem Faktor »Unternehmenskultur« auch direkt von der Gesellschaftskultur im Allgemeinen ab. Diese Differenzierung ist dabei insofern bedeutsam, da sie erklärt, warum das Verhandlungsverhalten von Menschen aus verschiedenen Kulturkreisen – ganz unabhängig von der Herkunft des Unternehmens, für welches sie tätig sind – mitunter stark unterschiedlich ist. So wird ein russisches Unternehmen, das in Deutschland eine Niederlassung gründet, zwar versuchen können, seinen deutschen Beschäftigten eine für russische Unternehmen typische Unternehmenskultur zu vermitteln, zugleich wird das Verhandlungsverhalten der aus Deutschland stammenden Mitarbeiter jedoch nie ganz dem Verhandlungsverhalten russischer Mitarbeiter entsprechen. Denn ein Teil der Verhandlungskultur, an der sich die deutschen Mitarbeiter orientieren, hängt eben von der abweichenden gesamtgesellschaftlichen Kultur in Deutschland bzw. Westeuropa ab.

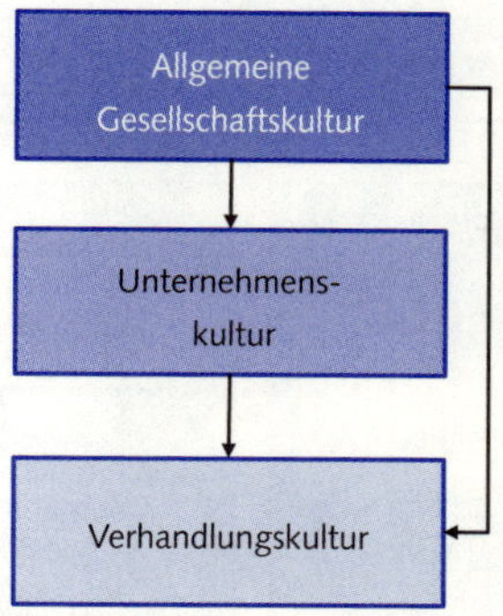

Abb. 48: Zusammenhang zwischen Verhandlungskultur, Unternehmenskultur und Gesellschaftskultur

Verhandlungsstil

Begriff und Arten

Die Verhandlungskultur findet ihre Umsetzung in dem in einem Unternehmen üblichen Verhandlungsstil (vgl. *Mintu-Wimsatt*, 2002). Als Verhandlungsstil ist dabei die charakteristische Art der Ausführung von Verhandlungen zu verstehen. Ob Verhandlungen formell oder informell, hart oder kompromissbereit bzw. emotional oder nicht-emotional geführt werden, hängt so nicht nur von der jeweiligen Verhandlungssituation, sondern darüber hinaus auch vom grundsätzlichen Verhandlungsstil eines Unternehmens ab. Da Verhandlungen jedoch von Menschen geführt und damit gelebt werden, ist zwischen dem Verhandlungsstil eines Unternehmens und dem individuellen Verhandlungsstil eines Verhandelnden zu differenzieren. Während der Verhandlungsstil eines Unternehmens die charakteristische Art der Verhandlungsführung darstellt, wie Mitarbeiter in diesem Unternehmen üblicherweise verhandeln, stellt der individuelle Verhandlungsstil die für einen einzelnen Verhandelnden typische Verhandlungsart dar. Diese wird nun einerseits durch den Verhandlungsstil des entsendenden Unternehmens geprägt, andererseits jedoch auch durch die Persönlichkeit des Verhandelnden. Der in Abbildung 49 aufgezeigte Zusammenhang zwischen unternehmensbezogenem Verhandlungsstil, Persönlichkeit des Verhandelnden und individuellem Verhandlungsstil erklärt dabei die große Bedeutung des Individuums in Verhandlungen. So hängt die Frage, wie ein Unternehmen in Verhandlungen auftritt, immer auch vor allem vom entsandten Mitarbeiter ab. Zwar kann versucht werden, dessen Verhandlungsverhalten durch die unternehmensbezogene Verhandlungskultur und den daraus erwachsenden unternehmensbezogenen Verhandlungsstil zu prägen; vollständig wird dies allerdings nicht gelingen, da das Verhandlungsverhalten des entsandten Mitarbeiters immer auch von dessen Persönlichkeitsstrukturen abhängt. Nicht zuletzt aus diesem Grunde stellt die bewusste Besetzung von Verhandlungsteams (vgl. Kapitel C.2.1.2) eine wichtige Aufgabe innerhalb des Verhandlungsmanagements dar.

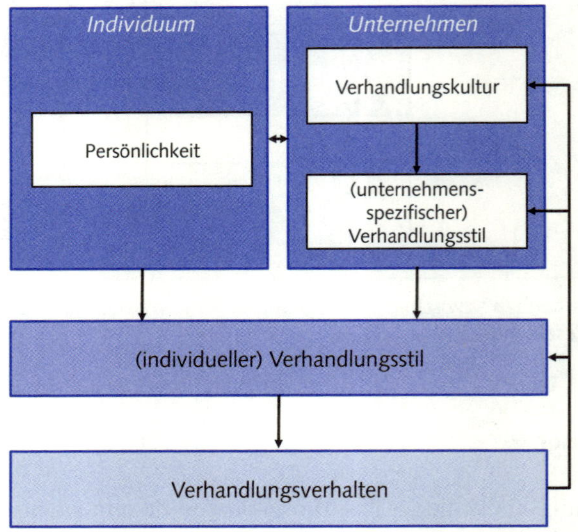

Abb. 49: Individueller vs. unternehmensbezogener Verhandlungsstil

Stildimensionen

Wie bereits angeführt, lässt sich der Verhandlungsstil eines Individuums oder eines Unternehmens anhand verschiedener Dimensionen beschreiben. Eine besondere Aufmerksamkeit widmet die Literatur bei der Beschreibung von Verhandlungsstilen dabei den Fragen,

- welche Bedeutung die Erfüllung von Interessen des Verhandlungspartners für das eigene Verhandlungsverhalten hat (vgl. *Fisher/Ury*, 1981),
- durch welches Ausmaß an Emotionalität der Verhandlungsstil gekennzeichnet sein sollte (vgl. *Der Foo et al.*, 2004; *Druckman/Olekalns*, 2008).

Interessen des Verhandlungspartners

Vier Verhandlungsstile

Im Hinblick auf die erste Frage wird mehr oder weniger explizit an den im Kapitel C.3.1.2.3 differenzierten Ergebnisstrategien von Verhandelnden angeknüpft. In Analogie zur gewählten Verhandlungs(ergebnis)strategie unterscheiden beispielsweise *Knapp/Novak* (2006) zwischen folgenden vier Verhandlungsstilen (vgl. auch Abbildung 50):

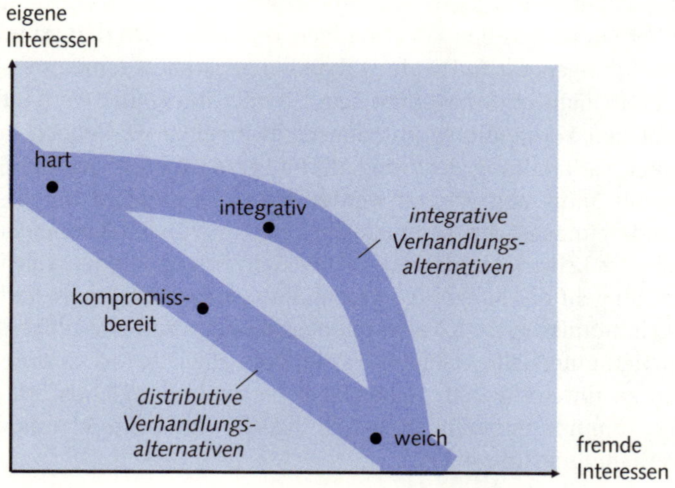

(Quelle: In Anlehnung an *Knapp/Novak*, 2006, S. 92)

Abb. 50: Alternative Verhandlungsstile im Überblick

- Harter Verhandlungsstil: Hier verfolgt der Verhandelnde ausschließlich die eigenen Interessen. Er versucht, die eigenen Interessen ohne Rücksicht auf die Interessen der Gegenseite einseitig durchzusetzen. Ein solcher Verhandlungsstil erscheint vor allem bei einer Konkurrenzstrategie passend.

Harter Verhandlungsstil

- Weicher Verhandlungsstil: Im Gegensatz dazu stehen beim weichen Verhandlungsstil, der beim Verfolgen einer Anpassungsstrategie angemessen erscheint, die Interessen der Gegenseite im Vordergrund. Der Verhandelnde ist bereit, auf die Realisierung eigener Interessen dann zu verzichten, wenn hierdurch die Interessen der Gegenseite umfassender umgesetzt werden können.

Weicher Verhandlungsstil

- Kompromissbereiter Verhandlungsstil: Bei diesem Verhandlungsstil, der typischerweise bei Kompromissstrategien Verwendung findet, wird ein Ausgleich zwischen eigenen und gegnerischen Interessen gesucht. Weder versucht der Verhandelnde, allein die eigenen Interessen durchzusetzen, noch ist es sein Bestreben, vor allem die Interessen der Gegenseite zu realisieren.

Kompromissbereiter Verhandlungsstil

- Integrativer Verhandlungsstil: Auch beim integrativen Verhandlungsstil – *Knapp/Nowak* (2006) bezeichnen diesen Verhandlungsstil als effizienten Verhandlungsstil – werden die Interessen der eigenen und der gegnerischen Seite beachtet. Im Gegensatz allerdings zum kompromissbereiten Verhandlungsstil versucht der Verhandelnde, nicht nur eine den Interessen beider Verhandlungsparteien entgegenkommende Aufteilung des bestehenden »Kuchens« herbeizuführen, sondern parallel hierzu nach Möglichkeiten zu suchen, um den »Kuchen« zu vergrößern und damit zusätzlich im Interesse beider Verhandlungsparteien zu handeln (siehe auch Kooperationsstrategie).

Integrativer Verhandlungsstil

Dynamische Stilanpassung

Wie die Vorstellung der vier verschiedenen Verhandlungsstile bereits deutlich macht, stellen der harte, weiche und kompromissbereite Verhandlungsstil mögliche Verhandlungsstile in distributiven Verhandlungen dar. Da in distributiven Verhandlungen der für beide Verhandlungsparteien gemeinsam realisierbare »Kuchen« nicht größer werden kann, ist der integrative Verhandlungsstil in einer solchen Verhandlungssituation nicht möglich. Da jedoch häufig vor Beginn einer Verhandlung der Integrativitätsgrad einer Verhandlungssituation nicht vollständig abgeschätzt werden kann, ist es nicht untypisch, dass Verhandelnde zunächst einen integrativen Verhandlungsstil verfolgen, bis sie feststellen, dass keinerlei integratives Potenzial vorhanden oder realisierbar ist. In diesem Fall geht der integrative Verhandlungsstil im Laufe der Verhandlung in einen kompromissbereiten Verhandlungsstil über. Wird ein solches Verhandlungsverhalten unterstellt, erscheint es sinnvoll, allein zwischen drei Verhandlungsstilen zu unterscheiden. Neben dem harten und weichen Stil stellt der integrative/kompromissbereite Verhandlungsstil eine dritte charakteristische Art der Verhandlungsführung dar.

Emotionalität

»Sachgerechtes« Verhandeln

Hinsichtlich der Frage der Emotionalität in Verhandlungen wurde dabei von der Verhandlungsforschung lange Zeit die Notwendigkeit propagiert, in Verhandlungen ausschließlich rational agieren zu müssen. Emotionale Aspekte sollten dabei weitestgehend ausgeblendet werden (vgl. *Fisher et al.*, 2004), da sie einem »sachgerechten« Verhandeln im Wege stehen würden. Inzwischen geht die Verhandlungsforschung jedoch davon aus, dass Verhandelnde ihre Emotionen nicht einfach ausblenden oder ignorieren können, da diese die kognitiven Prozesse eines Verhandelnden maßgeblich beeinflussen und somit in jedem Fall eine direkte Auswirkung auf das jeweilige Verhandlungsverhalten eines Verhandelnden haben. Verhandlungen werden folglich also in der Realität nicht nur rational, sondern auch emotional ausgetragen (vgl. *van Kleef et al.*, 2004). Für die Steigerung der Effektivität und Effizienz von Verhandlungen ist es für Verhandelnde demnach wichtig, sowohl die eigenen Emotionen, als auch die des Gegenübers wahrnehmen und interpretieren zu können (vgl. *Shapiro/Fisher*, 2005). Bei der Emotionalität der Verhandelnden unterscheidet man dabei zwischen

- der generellen emotionalen Veranlagung der Verhandelnden, die in der Persönlichkeit der Verhandelnden verankert ist, und
- den situativen Emotionen, die durch den jeweiligen Verhandlungskontext ausgelöst werden.

»Habituelle Emotionsneigung« vs. »situativ-ausgelöste Emotionen«

Während die generelle bzw. »habituelle Emotionsneigung« der Verhandelnden eine konstante und eher berechenbare Größe darstellt (sofern man den Verhandlungspartner kennt bzw. Informationen über dessen Persönlichkeit hat), ist dies bei »situativ-ausgelösten Emotionen« nicht der Fall. Diese entstehen durch den dynamischen Interaktionsprozess der Verhandlung und werden von Kontext-bedingten Größen, wie etwa der relativen Bedeutung der jeweiligen

Verhandlung, den Reaktionen der Verhandelnden auf Angebote/Gegenangebote der anderen Partei, den persönlichen Beziehungen der Verhandelnden zueinander und dem unterschiedlichen Umgang mit Emotionalität bestimmt. Dabei erlaubt die Kenntnis der habituellen Emotionsneigung Rückschlüsse auf die Intensität der situativ-ausgelösten Emotionen. So ist es wahrscheinlich, dass ein Verhandelnder, für den eine ruhige und ausgeglichene Art charakteristisch ist, auch in der Verhandlung nicht »aus der Rolle fällt«, wohingegen bei einem Verhandelnden mit einer eher emotional instabilen Persönlichkeit zu vermuten ist, dass dieser die emotionale Komponente seiner Reaktionen eher offen und intensiv ausleben wird. Den zuletzt angeführten Verhandlungstypen fällt es auch deutlich schwerer, ihre Emotionalität in den Griff zu bekommen bzw. ihre impulsiven Emotionen zu unterdrücken, was unter Umständen gravierende Folgen für den Verhandlungsprozess und das Verhandlungsergebnis haben kann. So sind vermeintliche Einwände oftmals emotionsgeladene Vorwände, die ein weiteres Verhandeln unmöglich machen, sofern es nicht gelingt, die unterschwelligen, emotional-belegten Probleme zu lösen (vgl. *Matthews et al.*, 1998).

Bezug zur Gesellschaftskultur

Die habituell verankerte Emotionsprägung der Verhandelnden wird dabei nicht nur durch deren Persönlichkeit bestimmt, sondern selbstverständlich auch durch die allgemeine Gesellschaftskultur des Landes. So herrschen beispielsweise in asiatischen Ländern wie China ganz andere Normen über die Akzeptanz emotionalen Verhaltens als in lateinamerikanischen Ländern vor. Das hat insbesondere Auswirkungen auf die Intensität der in den Verhandlungen ausgelösten Emotionen. Während es in China gesellschaftlich unerwünscht ist, Emotionen zu zeigen, spielen Emotionen in lateinamerikanischen Ländern eine wichtige Rolle bei menschlichen Interaktionen und werden deshalb auch offen von den Menschen gezeigt. Damit ist jedoch nicht gemeint, dass Menschen aus unterschiedlichen Ländern in ähnlichen Situationen zwangsläufig unterschiedliche Emotionen haben. Stattdessen liegen oftmals kulturübergreifend gleiche emotionale Reaktionen vor. Allerdings sind die Ausdrucksstärke und Intensität der gezeigten Emotionen z. T. stark unterschiedlich (vgl. *Kumar*, 2004).

Positive und negative Emotionen

In der Verhandlungsforschung, die sich dem Thema »Emotionen« in letzter Zeit verstärkt zugewandt hat, geht man inzwischen davon aus, dass Emotionen Verhandlungen sowohl positiv, als auch negativ beeinflussen können. Daher wird bei Emotionen zwischen positiven und negativen Emotionen unterschieden. Besonders intensiv sind dabei die Auswirkungen von den zwei Grundemotionen »Freude« (positive Emotion) und »Wut« (negative Emotion) auf den Verhandlungsprozess und das Verhandlungsergebnis untersucht worden (vgl. *Druckman/Olekalns*, 2008). Hierbei konnte gezeigt werden, dass die gleichen Emotionen nicht immer die gleiche Reaktion beim Verhandlungspartner hervorrufen. Stattdessen sind Ursachen und Bezugsobjekt der Emotion entscheidend. Ist die Wut eines Verhandlungsakteurs beispielsweise gegen ein Angebot gerichtet, kann das die Wahrscheinlichkeit erhöhen, dass der Verhandelnde Zugeständnisse von der anderen Partei erhält. Richtet sich die Wut des Verhandelnden jedoch gegen die Person des Verhandlungspartners, so hat das zumeist den gegenteiligen Effekt und kann im schlimmsten Fall sogar zum Abbruch der Verhandlung führen (vgl. *Van Dijk et al.*, 2008).

Wirkung von Emotionen

Fisher/Shapiro (2005) betonen diesbezüglich auch, dass positive Emotionen negativen Emotionen generell vorzuziehen sind, da sich positive Emotionen langfristig vorteilhafter auf den Verhandlungsprozess und das Verhandlungsergebnis auswirken. So steigt bei positiven Emotionen die Bereitschaft der Verhandelnden, nach integrativen Problemlösungen zu suchen und die Beziehung der Verhandelnden zueinander zu verbessern bzw. langfristig zu stabilisieren.

Zusammenfassend lässt sich also festhalten, dass ein Verhandlungsstil durchaus auch emotional gefärbt sein darf. Allerdings kann Emotionalität immer nur eine Nebenrolle einnehmen und einen in erster Linie sachbezogenen Verhandlungsstil ergänzen. Zudem sollte sich ein emotionaler Verhandlungsstil vor allem durch eine starke Objektbezogenheit auszeichnen.

4.2 Verhandlungsprozess

Dynamische Kommunikationsinhalte

Wird eine Verhandlung als Kommunikations- und Interaktionsprozess verstanden, so liegt es nahe, dass sich Kommunikationsinhalte und Interaktionsaufgaben im Laufe einer Verhandlung ändern. Während am Beginn die Kommunikations- und Interaktionsaufgabe darin besteht, den Verhandlungspartner kennenzulernen, die Verhandlungsgegenstände zu benennen und gegebenenfalls die Ausgangspositionen der Verhandlungsparteien anzudeuten, richten sich Kommunikation und Interaktion anschließend darauf, Einigung bei solchen Verhandlungsgegenständen zu erreichen, bei denen offensichtliche Präferenzunterschiede zwischen den Verhandlungsparteien bestehen.

Ausnutzung von Verhandlungszeit

Obwohl sich somit für die gesamte Verhandlungsdauer umfangreiche Aufgabenstellungen für die Verhandelnden identifizieren lassen, zeigen empirische Studien, dass die zur Verfügung stehende Verhandlungszeit von Verhandlungsakteuren tendenziell nicht gleichmäßig ausgenutzt wird. So ist es in Verhandlungen ein verbreitetes Vorgehen, dass wesentliche Verhandlungsfragen erst gegen Ende der zur Verfügung stehenden Verhandlungszeit diskutiert werden und der überwiegende Teil der Verhandlungszeit mit »um den Brei herumreden« vergeudet wird.

Empirische Studie

Voeth/Weißbacher (2005) haben beispielsweise für elektronische Verhandlungen untersucht, wie Verhandelnde die zur Verfügung stehende Verhandlungszeit nutzen. Konkret wurde betrachtet, wie häufig verschiedene Arten von Verhandlungsstatements in verschiedenen Verhandlungsphasen eingesetzt werden. Unter anderem wurde die zeitliche Verteilung von »Messages«, »Proposals« und »Concessions« untersucht. Geprüft wurde dabei, ob diese Statements hinsichtlich ihrer zeitlichen Verteilung den von *Lim/Murningham* (1994) differenzierten Modellverläufen

- »Constant action«,
- »Constantly increasing«,

- »Two-Phases« oder
- »Deadline«

entsprechen, deren unterschiedliche Verlaufsannahmen Abbildung 51 illustriert.

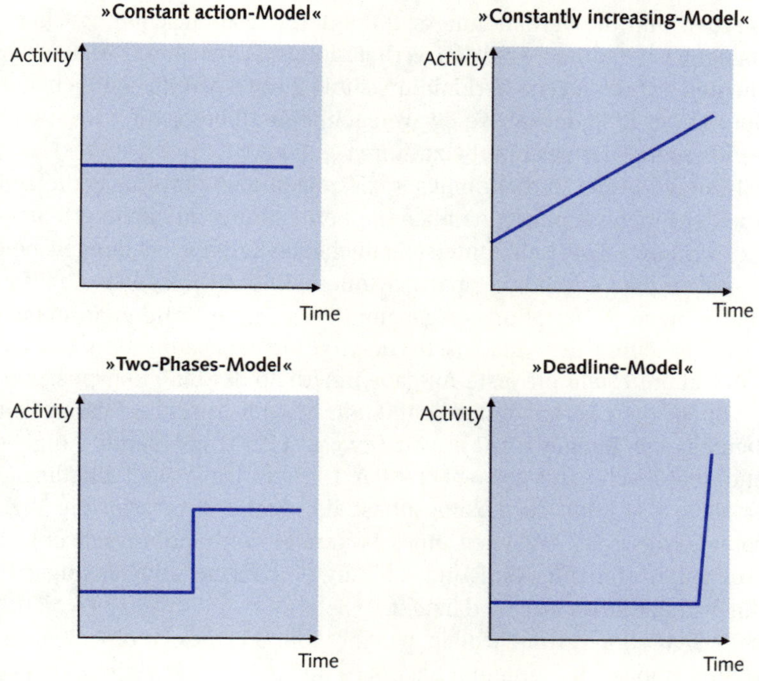

(Quelle: *Lim/Murningham*, 1994)

Abb. 51: Alternative Verhandlungsprozess-Verläufe

Die von *Voeth/Weißbacher* (2005) durchgeführte Untersuchung zeigt dabei, dass der Austausch von Nachrichten (»Messages«) dem »Constantly increasing«-Modell folgt. Hingegen entspricht der Verlauf bei »Proposals« und »Concessions« eindeutig dem »Deadline«-Modell. Die Studie belegt damit einerseits, dass die Verhandlungsintensität im zeitlichen Verlauf zunimmt. Andererseits zeigt sie damit aber auch, dass bei Angeboten und Zugeständnissen die zur Verfügung stehende Verhandlungszeit nicht gleichmäßig ausgenutzt wird.

Phasenansatz von *Douglas*

Gerade vor dem Hintergrund solcher empirischer Studien ist auch ein Management der Verhandlungsführung erforderlich. So ist darauf Einfluss zu nehmen, dass der gesamte Zeitraum der Verhandlung »produktiv« ausgenutzt wird. Mit dieser Frage hat sich auch die Verhandlungsforschung beschäftigt. Sie beschreibt dabei die sich im Verhandlungsprozess verändernde Kommunikations- und Interaktionsaufgabe traditionell durch Phasenansätze. Einer der bekanntesten Phasenansätze für Verhandlungen aus der Verhandlungsforschung (vgl. zu anderen Ansätzen Kapitel A.2.1.2) stammt dabei von *Douglas* (1962). Sie unterteilt Face-to-Face-Verhandlungsprozesse in die Einstiegsphase, die Dialogphase sowie die Einigungsphase. *Voeth/Herbst* (2005) konnten zeigen, dass sich diese Phasen auch bei Online-Verhandlungen differenzieren lassen. Während es in der Einstiegsphase darum geht, den Verhandlungspartner kennenzulernen und die Verhandlungsstandpunkte auszutauschen, zeichnet sich die Dialogphase dadurch aus, den Verhandlungspartner durch Austausch von Argumenten auf die eigene Verhandlungslinie zu bringen. Schließlich steht im Mittelpunkt der Einigungsphase der Versuch, eine Übereinstimmung zwischen den Verhandlungspartnern herbeizuführen.

Erfahrungen in der Verhandlungspraxis zeigen allerdings, dass die zentrale Aufgabe der Einigungsphase, nämlich die Verhandlung zu einem erfolgreichen Ende zu bringen, zwei sehr unterschiedliche Teilaufgabenstellungen beinhaltet: So stellen die Verhandlungspartner innerhalb der Dialogphase häufig fest, dass bei einigen Verhandlungsgegenständen größere Präferenzunterschiede bestehen, die durch den Austausch von Argumenten kaum reduziert werden können. Daher besteht die erste Aufgabe innerhalb der Einigungsphase in dem Lösen von solchen Verhandlungskonflikten. Erst im Anschluss daran kann an die ebenfalls zur Einigungsphase von *Douglas* (1962) gehörende Aufgabe des Verhandlungsabschlusses gedacht werden. Diese Aufgabe stellt allerdings nicht immer allein das Ende der Lösungsphase dar. Stattdessen zeigt die Verhandlungspraxis, dass das Erzeugen eines konkreten Verhandlungsabschlusses – trotz (beinahe) erreichter Einigung – häufig eine eigenständige Aufgabenstellung im Verhandlungsprozess darstellt.

Verhandlungsphasen

Vor diesem Hintergrund wollen wir die von *Douglas* (1962) identifizierte Verhandlungsphase der Einigung nochmals aufspalten und zwischen Lösungsphase und Abschlussphase differenzieren. Insgesamt lässt sich ein Verhandlungsprozess somit in vier Phasen unterteilen:

- Einstiegsphase,
- Dialogphase,
- Lösungsphase und
- Abschlussphase.

Verhandlungsphasen vs. Verhandlungsepisoden

Die obigen Verhandlungsphasen dürfen dabei nicht mit Verhandlungsepisoden verwechselt werden. Unter einer Verhandlungsepisode versteht man das Aufeinandertreffen oder die einseitige Kontaktaufnahme von Verhandlungsbeteiligten zum Zwecke der Fortführung des Verhandlungsprozesses. So besteht eine Verhandlung nicht selten aus einer Vielzahl einzelner Verhandlungsepisoden. Die Verhandlungsparteien treffen sich beispielsweise mehrfach zu Verhandlungen, treiben den Verhandlungsprozess zwischen den Treffen durch Telefonate oder E-Mail-Verkehr weiter voran oder informieren die andere Verhandlungsseite durch die Übersendung zusätzlicher Unterlagen auf schriftlichem Wege. Wie Abbildung 52 deutlich macht, kann jede der oben genannten Verhandlungsphasen entweder in Form einzelner oder mehrerer solcher Verhandlungsepisoden abgewickelt werden. So wird im Beispiel in Abbildung 52 etwa nur ein Teil der ersten Verhandlungsepisode (Treffen der Verhandlungspartner am 16.09.) auf den Einstieg verwandt. Im Gegensatz dazu sind der Dialog- und Lösungsphase jeweils mehrere separate Verhandlungsepisoden zuzuordnen. Auch wenn tendenziell dabei die in Abbildung 52 dargestellte Situation, wonach die Dialog- und Lösungsphase aus einer größeren Zahl an Verhandlungsepisoden als die Einstiegs- und Abschlussphase gebildet wird, in der Verhandlungspraxis der Regelfall sein dürfte, kann im Einzelfall auch die genau gegenteilige Situation anzutreffen sein. Trotz aller Effizienzbemühungen der Verhandlungsparteien kann es so gerade bei erstmalig geführten Verhandlungen zwischen Verhandlungspartnern relativ lange Einstiegs- und Abschlussphasen geben.

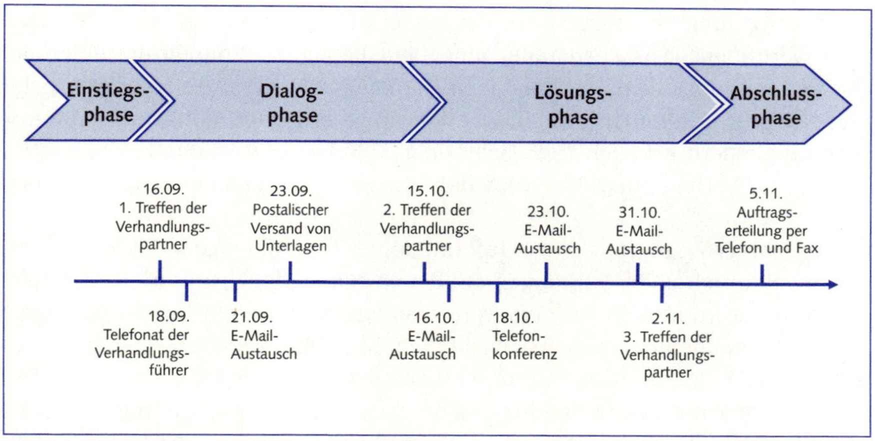

Abb. 52: Verhandlungsphasen und -episoden

4.2.1 Einstiegsphase

Aufgaben beim Einstieg

In der Einstiegsphase, die mit der Aufnahme von Verhandlungen beginnt und mit der Darlegung der Verhandlungspositionen der Verhandlungsbeteiligten endet, steht

- das gegenseitige Kennenlernen der Verhandlungspartner sowie
- die Vorstellung der Verhandlungspositionen der Beteiligten

im Vordergrund.

Beide Aufgaben sollten unbedingt in der Einstiegsphase erfüllt werden, da der Verlauf der anschließenden Phasen des Verhandlungsprozesses wesentlich von der »Qualität« der gegenseitigen, auf die Erfüllung dieser Aufgaben gerichteten Bemühungen in der Einstiegsphase abhängt (vgl. *Erbacher*, 2009).

Gegenseitiges Kennenlernen

Vertrauensbildung

Das »gegenseitige Kennenlernen« ist aus verschiedenen Gründen nicht nur wünschenswert, sondern unter Effektivitäts- und Effizienzgesichtspunkten unbedingt erforderlich. Zum einen bildet das Bemühen, der anderen Verhandlungsseite Informationen über die Beteiligten der eigenen Verhandlungsseite sowie deren Hintergrund zur Verfügung zu stellen, und gleichzeitig Interesse an den spiegelbildlichen Informationen über die Verhandlungsgegenseite zu zeigen, die Grundlage für das Herausbilden von Vertrauen zwischen den Verhandlungsparteien. Vertrauen bildet die Basis für effektives Verhandeln, da dieses beispielsweise unbedingt benötigt wird, um integratives Potenzial zu identifizieren und durch entsprechende Vereinbarungen zu realisieren. Zum anderen können Verhandlungen effizienter geführt werden, wenn die an einer Verhandlung Beteiligten einander besser bekannt sind und zumindest eine erste Vertrauensbasis zueinander aufgebaut haben. So können die innerhalb der Verhandlungsteams vorhandenen Kompetenzen dann besser abgeschätzt werden und gegebenenfalls direkte Kontakte zwischen den Verhandlungsteammitgliedern erfolgen (vgl. *Schranner*, 2007a). Diese Kontakte helfen im Verlauf der Verhandlung, Missverständnisse zwischen den Parteien zu vermeiden.

Bestandteile des Kennenlernens

Das Zurverfügungstellen von Informationen über die eigene Verhandlungspartei sollte sich dabei zum einen auf die entsendende Organisation beziehen. Sofern diese Informationen dem Verhandlungspartner nicht bereits vorliegen, sollten Verhandelnde zunächst wichtige Schlüsselinformationen über die sie entsendende Organisation (Unternehmen, Bereich, Abteilung etc.) dem Verhandlungspartner zur Verfügung stellen. Zum anderen sollten aber auch die an der Verhandlung teilnehmenden Akteure vorgestellt und ihr fachlicher sowie verhandlungsbezogener Hintergrund erläutert werden. Selbstverständlich sollten dabei nur die Informationen über die eigenen Verhandlungsakteure angeführt werden, die nicht anschließend die eigene Verhandlungsposition schwächen. Soll beispielsweise bewusst gegenüber dem Verhandlungspartner der Eindruck erweckt werden, dass die Rolle des »Deciders« im eigenen Verhandlungsteam nicht besetzt ist, sollte am Beginn der Verhandlung auf die Darstellung der organisatorischen Einordnung der Verhandlungsakteure verzichtet werden. Ansonsten könnte der Verhandlungsgegner erkennen, welches Teammitglied die höchste hierarchische Position einnimmt und daher am ehesten in der Decider-Rolle zu sehen ist (vgl. *Salewski*, 2008).

Vorstellung der Verhandlungspositionen

Nach dem Austausch von Informationen über die Verhandlungsteams dient ein zweiter Teil der Einführungsphase dazu, sich gegenseitig über die vorhandenen Verhandlungspositionen zu informieren. Eine Verhandlungsposition sollte eine Verhandlungspartei dabei im Hinblick auf

- das (gemeinsame) Verhandlungsziel,
- daraus abgeleitete Verhandlungsgegenstände sowie
- die gewünschten Ausprägungen bei diesen Verhandlungsgegenständen

einnehmen.

Bestandteile einer Verhandlungsposition

Verhandlungsziel

Am Beginn der Darstellung der eigenen Verhandlungsposition sollte der Hinweis stehen, worin das eigentliche Ziel der Verhandlung gesehen wird (vgl. *Salewski*, 2008). Indem eine Verhandlungspartei ihre Sicht auf das zu fokussierende Verhandlungsziel nochmals deutlich macht, trägt sie zum einen zur Vermeidung von Missverständnissen zwischen den Verhandlungspartnern bei. So wird beispielsweise ein potenzieller Pkw-Käufer beim Einstieg in die von ihm gewünschte Verhandlung mit einem Autohändler gut daran tun, zunächst deutlich zu machen, ob er an einem Gebrauchtwagen, einem Neuwagen oder an beidem Interesse hat. Ohne einen solchen Einstieg in die Verhandlung läuft der potenzielle Pkw-Käufer Gefahr, dass die Verhandlung gleich von Beginn an ineffizient startet. Beispielsweise könnte der Autohändler zunächst versuchen, dem potenziellen Pkw-Käufer einen Neuwagen näher zu bringen, obwohl es diesem tatsächlich ausschließlich um den Kauf eines Gebrauchtwagens geht.

Verhandlungsgegenstände

Darüber hinaus sollte sich die Darlegung der eigenen Verhandlungsposition auf die aus dem zuvor benannten Verhandlungsziel ableitbaren Verhandlungsgegenstände beziehen. Auch wenn es unter taktischen Gesichtspunkten nicht immer empfehlenswert ist, gleich am Beginn einer Verhandlung alle aus der eigenen Perspektive regelungsbedürftigen Verhandlungsgegenstände zu benennen, sollten am Beginn von Verhandlungen zumindest einige (erste) Verhandlungsgegenstände benannt werden. Nur hierdurch wird es möglich, anschließend konkrete Positionsangaben zu den gewünschten Ausprägungen dieser Verhandlungsgegenstände – quasi als Eröffnungsgebot – zu benennen, um in der anschließenden Dialogphase mit dem Verhandlungspartner die gegebenenfalls vorhandenen Spielräume bei diesen Gegenständen auszuloten.

Gewünschte Verhandlungsergebnisse benennen

Schließlich gehört zu der eigenen Verhandlungsposition auch, dass bei den eingeführten Verhandlungsgegenständen entweder gewünschte Ausprägungen konkret oder zumindest in ihrer Tendenz benannt werden. Die ersten Angebote müssen dabei entsprechend den zuvor festgelegten Verhandlungszielen, -strategien und -taktiken präsentiert werden. Dies ist sowohl unter Effektivitäts- als auch unter Effizienzgesichtspunkten erforderlich. So haben die Ausführungen zu Verhandlungstaktiken (vgl. Kapitel C.3.1.2.4) deutlich gemacht, dass die frühzeitige Abgabe eines konkreten Verhandlungsangebots (»Erstes Angebot«) im Regelfall zumindest nicht schädlich ist. Ebenso ist dies aus Effizienzgründen hilfreich, da so vermieden wird, dass die Verhandlung unnötig in die Länge gezogen wird.

4.2.2 Dialogphase

Positionsunterschiede

Nachdem beide Verhandlungsparteien in der Einstiegsphase ihre Verhandlungspositionen im Hinblick auf das angestrebte gemeinsame Verhandlungsziel, die hieraus sich ergebenden Verhandlungsgegenstände sowie die diesbezüglich gewünschten Ausprägungen dargelegt haben, werden Gemeinsamkeiten und Positionsunterschiede deutlich. Über diese haben sich die Verhandlungsparteien in der sich anschließenden Dialogphase inhaltlich auszutauschen.

Aufgaben in der Dialogphase

Der Ablauf der Dialogphase ist dabei naturgemäß in hohem Maße situationsabhängig. Da ein Dialog aus Aktionen und Reaktionen besteht, hängt das eigene Agieren hier insbesondere vom Verhalten des Verhandlungspartners ab (vgl. *Schranner,* 2007a). Trotz dieser Einschränkung lässt sich eine grundsätzliche Strukturierung eines für die Dialogphase angemessen erscheinenden Vorgehens anhand der Aufgaben vornehmen, die von den Verhandlungsparteien in der Dialogphase erfüllt werden müssen.

- So sind in einem ersten Schritt potenzielle Missverständnisse im Hinblick auf die zuvor seitens der Verhandlungspartner vorgetragenen Verhandlungspositionen auszuschließen (»Fakten klären«).
- Anschließend sollten die Verhandlungsparteien deutlich machen, welche Verhandlungsgegenstände ihnen besonders bedeutsam erscheinen (»Präferenzen deutlich machen«).
- In einem dritten Schritt sollte der Dialog auf die strittigen Verhandlungsgegenstände gelenkt werden. Hier sollten von den Verhandlungspartnern Angebote und Gegenangebote gemacht werden (»Angebote machen«).

Fakten klären

Ausschaltung von Verständnisschwierigkeiten

Im Hinblick auf die vorgetragenen Verhandlungspositionen (vgl. Kapitel C.4.2.1) ist es wichtig, dass diese von der jeweils anderen Verhandlungsseite vollständig erfasst worden sind und zudem auf nachvollziehbaren Annahmen beruhen. Um dies sicher zu stellen, sollten sich die Verhandlungspartner am Beginn der Dialogphase darum bemühen, die zuvor von der Gegenseite vorgetragene Verhandlungsposition im Detail nachzuvollziehen. Ein erster Teil des Dialogs sollte demnach darauf gerichtet sein, durch Nachfragen oder eigene verbale Zusammenfassungen sicher zu stellen, dass man die anfänglichen Einlassungen der Gegenseite richtig verstanden hat. Hierbei stellt sich dann gegebenenfalls heraus, an welchen Stellen Verständnisschwierigkeiten bestanden haben und wo gegebenenfalls eine Verhandlungspartei ihre zuvor vorgetragene Verhandlungsposition nochmals erläutern muss. Ein solches Vorgehen gewährleistet, dass anschließende Dialog- und Einigungsbemühungen nicht schon allein dadurch erschwert werden, dass Missverständnisse zwischen den Verhandlungsparteien vorliegen.

Hinterfragen von Verhandlungsprämissen

Ebenso gehört es zur Aufgabe »Fakten klären« die Prämissen zu hinterfragen, auf denen die gegnerische Verhandlungsposition basiert. So kann das

Aufgreifen bestimmter Verhandlungsgegenstände oder die von der Gegenseite gewünschte Lösung bei Verhandlungsgegenständen gegebenenfalls auf grundlegenden Annahmen basieren, die möglicherweise aber nicht zutreffend sind. Indem in der Dialogphase der Versuch unternommen wird, die zu Grunde liegenden Prämissen zu identifizieren und auch zu hinterfragen, wird vermieden, dass eine der Verhandlungsseiten nur deshalb an Positionen festhält oder bei diesen zu keinem Nachgeben bereit ist, weil ihr keine ausreichenden Hintergrundinformationen zur Verfügung stehen bzw. Fakten fehlerhaft interpretiert werden (vgl. *Fisher et al.*, 2004).

Erlangung von Deutungshoheit

Selbstverständlich bietet dabei bereits das Identifizieren und Bewerten solcher Verhandlungsprämissen große Interpretationsspielräume. So versuchen die Verhandlungspartner in der Dialogphase naturgemäß, »Deutungshoheit« für wesentliche Verhandlungsprämissen zu erlangen. Dass sich Verhandlungsprämissen dabei nicht immer eindeutig und zwischen den Verhandlungspartnern unstrittig identifizieren und bewerten lassen, ist einerseits auf die in der Regel zwischen den Verhandlungspartnern bestehende »asymmetrische Informationsverteilung« sowie – bei Vorliegen gleicher Informationen – anderseits auf unklare Wirkungszusammenhänge zwischen Prämissen und Verhandlungsgegenständen zurückzuführen. Das nachfolgende Beispiel einer Verhandlung zwischen dem Vorstand und dem Betriebsrat eines Automobilkonzerns über die Vergabe einer Modellproduktion an einen der Konzernproduktionsstandorte zeigt, dass die Bewertung von Verhandlungsprämissen häufig schon allein deshalb schwierig ist, da diese von zukünftigen Ereignissen abhängt.

FALLBEISPIEL 36

Bewertung von Verhandlungsprämissen

Die meisten Automobilkonzerne verfügen weltweit über verschiedene Produktionsstandorte. Ganz abgesehen davon, dass hierdurch länderübergreifende Know-how- und Lohnkostenunterschiede genutzt werden können, werden auch Logistikkosten eingespart und in einigen Weltmarktregionen bestehende Mindestanforderungen für Local-Content-Anteile erfüllt. Angesichts verschiedener Produktionsstandorte können die Automobilhersteller bei der Planung neuer Automobilmodelle folglich auch zwischen verschiedenen Produktionsstandortalternativen innerhalb ihres eigenen Konzerns wählen. Üblich ist es dabei, die Entscheidung auch davon abhängig zu machen, in welchem Ausmaß die Belegschaften vor Ort bereit sind, Zugeständnisse für die Zusicherung zu machen, dass die geplanten neuen Modelle an ihrem Standort – und eben nicht an einem der innerbetrieblichen Konkurrenzstandorte – gefertigt werden. Die durch ihre Betriebsräte vertretenen Belegschaften werden dabei immer dann zu größeren Zugeständnissen bereit sein, wenn ohne die Produktionszusage für die neuen Modelle keine ausreichende Auslastung der betroffenen Produktionsstandorte sicher gestellt ist. Werden an den Produktionsstandorten jedoch zum Entscheidungszeitpunkt noch andere Modelle gefertigt, so hängt die Folge einer »Nicht-Vergabe« vor allem davon ab, welche Produktionskapazität zukünftig für die augenblicklich gefertigten Modelle benötigt wird. Geht man hierbei davon aus, dass es sich bei den bislang gefertigten Modellen um auch weiterhin im Markt angebotene Pkw handelt, so hängt die zukünftige Auslastung und damit auch die wesentliche Verhandlungsprämisse für den Umfang der von der Belegschaft erwartbaren Zugeständnisse vor allem von der zukünftigen Marktentwicklung ab. Verkauft sich beispielsweise das bislang gefertigte Modell gut, so ist mit eher weniger gravierenden Folgen einer »Nicht-Vergabe« zu rechnen. Daher ist die Belegschaft gut beraten, keine weitreichenden Zugeständnisse zu machen. Hingegen sollte sie zu solchen Zugeständnissen bereit sein, wenn von einem Rückgang der Auslastung durch die bislang gefertigten Modelle auszugehen ist. Ganz abgesehen davon, dass die zukünftigen Marktchancen des bislang gefertigten Modells auch von den Entscheidungen des Vorstands des Automobilkonzerns in anderen Bereichen abhängt (z. B. Marketing-Aufwendungen) und zudem von asymmetrischer Information zwischen den Verhandlungsparteien auszugehen ist, wenn dem Vorstand bereits verlässliche Informationen über die zukünftige Marktentwicklung bei diesem Modell vorliegen, ist diese entscheidende Verhandlungsprämisse letztlich zum Verhandlungszeitpunkt nicht abschließend zu bewerten: So bleibt unsicher, wie sich der Automobilmarkt zukünftig entwickeln wird, wie daher die Abverkaufszahlen des bislang gefertigten Modells aussehen werden und welche Kapazität daher für die Produktion dieses Modells in dem entsprechenden Werk benötigt wird.

Präferenzen deutlich machen

Benennung kritischer Verhandlungsgegenstände

Nachdem sicher gestellt ist, dass beide Verhandlungspartner die jeweils andere Verhandlungsposition verstanden haben und zudem wichtige Verhandlungsprämissen diskutiert worden sind, sollten die Verhandlungspartner in einem zweiten Teil der Dialogphase ihr Bemühen darauf richten, ihre verhandlungsgegenstandsübergreifenden Präferenzen zum Ausdruck zu bringen (vgl. *Herbst*, 2007). Ist in der Verhandlung Einigung über mehrere Verhandlungsgegenstände zu erreichen und ist zudem zu vermuten, dass den Verhandlungspartnern nicht alle Verhandlungsgegenstände gleich bedeutsam erscheinen, so sollte die Dialogphase genutzt werden, um dem Verhandlungspartner Informationen über die besonders »kritischen« Verhandlungsgegenstände zu übermitteln. Insbesondere dann, wenn die Planung der eigenen Ergebnisstrategie im Rahmen der Verhandlungsvorbereitung (vgl. Kapitel C.3.1.2.3) ergeben haben sollte, dass von einem unterschiedlichen Bedeutungsranking der Verhandlungsgegenstände bei den Verhandlungspartnern auszugehen ist, kann das Aufzeigen eigener Präferenzen hilfreich sein, um spätere Einigungsspielräume auszuloten. Sind nämlich die für die eigene Verhandlungsseite »kritischen« Verhandlungsgegenstände für den Verhandlungspartner von geringerer Bedeutung und gilt dies auch in umgekehrter Weise für die kritischen Verhandlungsgegenstände der Gegenseite, so kann das – anfänglich vorsichtige, später aber zunehmend offene – Benennen von eigenen Verhandlungspräferenzen dazu führen, Verhandlungsgegenstände zu identifizieren, bei denen unproblematisch Einigkeit erzielt werden kann.

Bewertung von Gegnerinformationen

Aus nahe liegenden Gründen sollten die von der Gegenpartei zu ihren Präferenzen zur Verfügung gestellten Informationen allerdings kritisch beleuchtet werden. Insbesondere sind diese Informationen mit den innerhalb der Verhandlungsvorbereitung erarbeiteten Vorstellungen über die Verhandlungsziele, -motive, -strategien und -taktiken der Gegenseite zu vergleichen. So kann es etwa Bestandteil der gegnerischen Verhandlungstaktik sein, eine Verschleierung der eigenen Verhandlungspräferenzen innerhalb der Dialogphase anzustreben. Indem die tatsächlich wichtigen Verhandlungsgegenstände unbenannt bleiben, zugleich aber weniger wichtige Verhandlungsgegenstände als besonders kritisch eingestuft werden, soll etwa ein Zugeständnis bei den tatsächlich wichtigen Verhandlungsgegenständen ohne eine »Gegenleistung« bei anderen Verhandlungsgegenständen erwirkt werden.

Trotz dieser Einschränkung stellt das Deutlichmachen von Präferenzen eine wichtige Aufgabe innerhalb der Dialogphase dar. Nur wenn dem Verhandlungspartner klar gemacht worden ist, bei welchen Verhandlungsgegenständen Zugeständnisse Schwierigkeiten bereiten, kann eine effektive und effiziente Gestaltung der späteren Lösungs- und Abschlussphase sicher gestellt werden.

Angebote machen

Wechselseitige Konzessionen

Schließlich sollte die Dialogphase auch dazu dienen, erste Annäherungsversuche im Hinblick auf die eingangs unterschiedlichen Verhandlungspositionen vorzunehmen. Entsprechend der zuvor festgelegten Ergebnis- und Prozessstrategien (vgl. Kapitel C.3.1.2.3) sollten Konzessionsabfolgen in Gang gebracht werden oder – beispielsweise beim Verfolgen einer Konkurrenzstrategie – Konzessionen der Gegenseite eingefordert werden. Wichtig ist dabei, dass Angebote und Gegengebote ebenfalls im Dialog erfolgen (siehe »Reziprozitätstaktik« im Kapitel C.3.1.2.4). Sollte etwa der Verhandlungspartner trotz eigener Angebote auf Gegengebote verzichten, sind diese vom Verhandlungspartner einzufordern. Führt auch dies nicht zu der Abgabe von Gegengeboten, sollte der Verhandlungsprozess zum Verhandlungsgegenstand gemacht werden. Dies bedeutet, dass mit dem Verhandlungspartner über die Effektivität und Effizienz des vorliegenden Verhandlungsprozesses gesprochen werden sollte. Ist dem Verhandlungspartner dabei nicht verständlich zu machen, dass Verhandlungen nur durch Abfolgen von Angeboten und Gegenangeboten effektiv und effizient gestaltet werden können, muss über einen gegebenenfalls zwischenzeitlichen Verhandlungsabbruch nachgedacht werden.

»Deadlock«

Im Regelfall führt das Abgeben von eigenen Angeboten und der Erhalt gegnerischer Angebote dazu, dass es zu einer Annäherung der Verhandlungspositionen, nicht aber bereits zu einer Einigung kommt. Dieses ist darauf zurückzuführen, dass keine Verhandlungspartei etwas in der Verhandlung »verschenken« will. So wollen beide Verhandlungsparteien zunächst ausloten, ob nicht durch Beharren auf eigenen Verhandlungspositionen stärkeres Entgegenkommen bei der anderen Verhandlungspartei zu erreichen ist. Daher kommt es in Verhandlungen zumeist nach einer ersten Phase gegenseitiger Angebote zu einem Annäherungsstillstand (»deadlock«). Keine Partei ist zunächst einmal zu weiteren Zugeständnissen bereit. Stattdessen werden bereits gemachte Angebote wiederholt und mit immer neuen Argumenten zu begründen versucht. Dieser Zeitpunkt ist als Ende der Dialogphase aufzufassen.

4.2.3 Lösungsphase

Verschleppungsgefahr

Da am Ende der Dialogphase ein Verhandlungsstillstand eingetreten ist, ist für die Verhandlungsparteien ersichtlich, dass sie auf dem bislang eingeschlagenen Weg keine endgültige Einigung innerhalb der Verhandlung erzielen werden (vgl. *Davis et al.*, 1976). Beiden Verhandlungsparteien ist zwar klar, dass bereits eine gewisse Einigung bei den strittigen Verhandlungsgegenständen erzielt worden ist, zugleich sind sie allerdings zu weiteren Zugeständnissen nicht bereit. Da aber die Einigung weiterhin das Ziel der Verhandlungsparteien ist, sind sie gezwungen, den bislang eingeschlagenen Verhandlungsweg zu verlassen und – zumindest in Teilen – neue Verhandlungswege zu entwickeln. Da dies aber nur möglich ist, wenn beide Parteien erkennen, dass ein Beharren zu keiner Lösung führt, droht die Verhandlung in dieser Phase ins Stocken zu geraten. Insbesondere droht diese Gefahr, wenn die Verhandlungsparteien hoffen, dass die andere Seite eher den Dialog wieder aufnimmt und als erste zu weiteren Zugeständnissen bereit ist. Hierdurch drohen Verhandlungen künstlich verschleppt zu werden, so dass gegebenenfalls der gesamte Verhandlungsabschluss fraglich wird.

FALLBEISPIEL 37

Gefahren bei einer Verhandlungsverschleppung

Die Magnetschwebebahn Transrapid ist ein deutsches Technologieprodukt, das von den Unternehmen Siemens und ThyssenKrupp weltweit vermarktet wird. Trotz intensiver Bemühungen ist es bis heute allerdings nur gelungen, einen Antrag für den Bau einer Transrapidstrecke zu erlangen: Seit April 2004 verbindet der Transrapid in Shanghai den Bahnhof »Long Yang Road Station« mit dem »Pudong International Airport« der Stadt. Auf dieser 30 Kilometer langen Strecke werden die Fahrgäste mit einer Fahrgeschwindigkeit von bis zu 430 km/h transportiert.

(Quelle: Transrapid International, 2008)

Abb. 53: Erweiterungsplanungen für die Transrapidstrecke in Shanghai

Seit einiger Zeit wird zwischen dem chinesischen Kunden und dem Transrapid-Konsortium über eine Verlängerung der bereits bestehenden Transrapid-Strecke verhandelt. Zum einen geht es um eine Anbindung des alten Flughafens »Hong Qiao Airport« an die Innenstadt, zum anderen um eine Langstrecke nach Hangzhou (vgl. Abbildung 53). Nachdem die Verhandlungen anfänglich gut angelaufen waren, kamen sie später ins Stocken. Vor allem konnte man sich bei den Punkten »Preis für die Technik« sowie »Schutz des Know-hows« nicht annähern. Die Verhandlungen drohten zu scheitern, da beide Seiten auf ihren Positionen beharrten.

Unverständnis erntete der chinesische Projektleiter Wu Xiangming mit seinem Vorwurf, dass die Deutschen ihr Geld, das sie seit den 1960er Jahren in ihre teure Magnetbahntechnologie gesteckt haben, auch noch zurückhaben wollten: »Wenn die deutsche Industrie meint, sie habe so viel Geld bezahlt, müsste alles wieder bekommen und noch hohe Profite machen, dann wird die Strecke nicht entstehen«, hatte er damals gedroht. Er war verärgert, nachdem schon Bundeskanzlerin Angela Merkel bei ihrem Besuch im Mai 2006 in Shanghai betont hatte, die Deutschen hätten beim Verkauf von Spitzentechnologie wie dem Transrapid »nichts zu verschenken«. Der Schutz des technischen »Kern-Know-hows« gehöre zur Sicherung des Wohlstandes in Deutschland, lautete ihre Botschaft in Shanghai. Zuvor hatte die chinesische Seite vergeblich versucht, bei dem Besuch der Kanzlerin Konzessionen zu erreichen – mehr Technologietransfer, niedrigere Preise und eventuell billige Regierungskredite. Am liebsten wollte China die Transrapid-Technologie geschenkt haben und Deutschland sollte am Ende sogar noch Geld drauflegen. Dass deswegen die Verhandlungen ins Stocken geraten sind, erschien Beobachtern in Peking damals wenig verwunderlich.

Die Rechnung war aber nicht aufgegangen, da die Deutschen nicht bereit waren, von ihrer Position abzurücken. Insbesondere setzte man auf deutscher Seite darauf, dass die Zeit gegen die chinesische Verhandlungsseite arbeitet. So war ja bekannt, dass die Chinesen die Ausbaustrecke zum alten Shanghaier-Airport sowie nach Hangzhou bis zur Weltausstellung in Shanghai im Jahr 2010 benötigen, um Millionen chinesischer Besucher zum Messegelände in Shanghai zu bringen. Als die deutsche Seite aber nicht nachgab, argumentierte die chinesische Seite plötzlich, dass die geplante rund 170 Kilometer lange Strecke in die Nachbarstadt Hangzhou sowie zum alten Airport gar nicht gebaut werden müsse. Der Vizedirektor der zuständigen Reform- und Entwicklungskommission der Provinz Zhejiang, Chai Xianlong, betonte so, die Magnetbahn wäre verzichtbar und kein bisschen eilig. Dabei hatte es vorher geheißen, die Strecke müsse unbedingt bis 2010 zur Weltausstellung in Shanghai fertig werden. Beide Seiten hatten immer argumentiert, der Bau müsse frühzeitig beginnen, sonst werde es eng. Doch nachdem die Parteien auf ihren Positionen verharrten, wurde erst einmal gepokert.

Die deutschen Vorschläge lagen seit Ende des Jahres 2005 auf dem Tisch. Nachdem es im bisherigen Verhandlungsverlauf Fortschritte gab, zeigte sich das Transrapid-Konsortium unbeirrt und demonstrativ optimistisch, dass es weitergeht. »Die Verhandlungen seien keineswegs unterbrochen, sondern laufen weiter«, wurde damals argumentiert. Dem Konsortium war dabei sehr wohl bewusst, dass eine 200 Kilometer lange Transrapid-Strecke in China in der Zukunft ein gutes Verkaufsargument für die deutsche Spitzentechnologie sein würde. Doch das Konsortium wollte keinen »Verlustauftrag« abschließen und erst recht sicherstellen, dass die Technologie auch in Zukunft in deutschen Händen bleibt und nicht »Made in China« wird.

Da beide Seiten allerdings von ihrer Position nicht abrücken wollten, wurde die gesamte Verhandlung verschleppt. Auch im Herbst 2008 und damit Jahre später war der Verhandlungsprozess noch immer nicht abgeschlossen.

Formen neuer Lösungen

Die Entwicklung anderer Lösungsansätze kann in unterschiedlicher Weise vollzogen werden. Stets geht es dabei darum, »Neues« in die Verhandlung einzubringen. Ganz generell ist zwischen

- neuen Verhandelnden,
- neuen Verhandlungsgegenständen,
- neuen Verhandlungsausprägungen,
- neuen Informationen und
- neuen Rahmenbedingungen

zu unterscheiden.

Neue Verhandelnde

Wechsel in der Verhandlungsführung

Ein Weg, eine am Ende der Dialogphase »festgefahrene« Verhandlung zu einer Einigung zu bringen, kann in einer Veränderung der Verhandlungsbeteiligten gesehen werden. Zum einen kann es sich als zielführend erweisen, einen personellen Wechsel in der Verhandlungsführung vorzunehmen. So haben sich die Verhandlungsführer häufig in der Dialogphase auf einen bestimmten individuellen Verhandlungsweg begeben, der zwar zu einer gewissen Annäherung, nicht aber zu einer Einigung geführt hat. Zugleich hat dieser eingeschlagene Verhandlungsweg auch eine Bindewirkung für die verantwortlichen Verhandlungsführer. So sind sie möglicherweise nicht mehr in der Lage, von dem bislang verfolgten Verhandlungsweg Abstand zu nehmen. In einer solchen Situation kann der Austausch eines Verhandlungsführers oder eine Rollenumverteilung im Verhandlungsteam für einen Wechsel des zwar zwischenzeitlich hilfreichen, letztlich aber nicht erfolgreichen Verhandlungsweges notwendig sein. Zwar wird auf einen solchen Führungswechsel in praktischen Verhandlungssituationen häufig verzichtet, da man dem Verhandlungsführer keinen Gesichtsverlust zufügen will, sehr wohl notwendig und auch aus Unternehmensperspektive angemessen ist ein solcher Führungswechsel jedoch häufig schon. Insbesondere dann, wenn der Wechsel nur eine Rollenumverteilung im Verhandlungsteam bewirkt, lässt sich eine solche Maßnahme auch ohne Degradierung des bislang Verantwortlichen durchführen.

Integration von Drittparteien

Zum anderen kann der Wechsel der Verhandlungsbeteiligten auch darin bestehen, Schlichter oder neutrale Drittparteien in den Verhandlungsprozess einzuführen (vgl. *Pruitt*, 1981). Diesen fällt die Aufgabe zu, die bisherige Verhandlungshistorie zu analysieren, vorgetragene Verhandlungsargumente zu bewerten und gegebenenfalls Kompromissvorschläge zu entwickeln. Die Neutralität von Schlichter oder Drittpartei führt dabei dazu, dass der vorgeschlagene Kompromiss eine große Einigungschance beinhaltet. Insbesondere weist dieser den Vorteil auf, dass keine der Verhandlungsparteien den Vorschlag zum Anlass nehmen kann, um auf dessen Basis noch weitergehende Zugeständnisse zu verlangen.

FALLBEISPIEL 38

Neue Verhandelnde

Das Geschäftsleben in China ist in höherem Maße personenbezogen als in Deutschland. So besitzen Aussagen, Vereinbarungen und sogar Verträge in den Augen vieler Chinesen lediglich in Verbindung mit einem bestimmten Menschen Gültigkeit. Diese kulturelle Besonderheit kann in Verhandlungen einen enormen Einfluss haben. Ein potenzieller Nachfolger in einer (Verhandlungs-)Position wird sich so an Zusagen seines Vorgängers unter Umständen nicht gebunden fühlen. Der Austausch des Verhandlungsführers wird so in Verhandlungen in China gelegentlich als taktisches Instrument eingesetzt, wenn Verhandlungen in einer Sackgasse stecken. Dies ist dann ein klares Signal: Bisher Gesagtes hat keine Gültigkeit mehr und dem Nachfolger bietet sich somit die Möglichkeit, unbelastet von früheren Zusagen neue Vorschläge zu unterbreiten und unter Umständen einen Richtungswechsel einzuschlagen (vgl. *Vermeer*, 1998).

Neue Verhandlungsgegenstände

Eine andere Möglichkeit, den Verhandlungsstillstand zu überwinden, ist in der Einführung oder Entwicklung anderer Verhandlungsgegenstände zu sehen. Hierbei ist zwischen

- der Verringerung der bisherigen Verhandlungsgegenstände,
- dem Austausch von Verhandlungsgegenständen und
- der Einführung zusätzlicher Verhandlungsgegenstände

zu unterscheiden.

Verringerung der Anzahl bisheriger Verhandlungsgegenstände

Eine Verringerung der Anzahl bisheriger Verhandlungsgegenstände liegt dann vor, wenn sich die Verhandlungspartner darauf verständigen, besonders strittige Verhandlungsgegenstände aus der angestrebten Lösung auszuschließen (»Excluding«). Beispielsweise kann es hilfreich sein, bei besonders strittigen Verhandlungsgegenständen nach einer Einigung im Rahmen einer separaten Verhandlung zu suchen. Zwar nehmen sich die Verhandlungsparteien bei der Abspaltung von Verhandlungsgegenständen die Möglichkeit, verhandlungsgegenstandsübergreifendes integratives Potenzial im Hinblick auf diese abgespalteten Gegenstände zu realisieren, zugleich jedoch ermöglichen sie hierbei eine Einigung bei den übrigen, weniger strittigen Verhandlungsgegenständen. Auch wenn ein solches Vorgehen nur bei Verhandlungen möglich ist, wo über verschiedene, separierbare Verhandlungsgegenstände zugleich verhandelt wird, sollte diese komplexitätsreduzierende und zumeist effizienzsteigernde Lösungsmaßnahme zumindest geprüft werden. Zu beachten sind dabei jedoch die im Rahmen des Excluding (vgl. Kapitel C.3.1.1.2) angeführten (weiteren) Risiken, die mit der Reduzierung der Anzahl von Verhandlungsgegenständen einher geht.

Austausch von Verhandlungsgegenständen

Neben der Verringerung der Anzahl der Verhandlungsgegenstände kann auch ein Austausch von Verhandlungsgegenständen eine Möglichkeit darstellen. Hierunter wird eine Abänderung des zunächst ins Auge gefassten Verhandlungsgegenstandes verstanden. Ein sehr strittiger und möglicherweise nicht einigungsfähiger Verhandlungsgegenstand wird hierbei durch einen »Ersatzverhandlungsgegenstand« substituiert. Möchte beispielsweise ein Unternehmen die Teilnahme eines Mitarbeiters an einem Weiterbildungsseminar absagen, der Seminaranbieter ist jedoch nicht bereit, die bereits bezahlte Teilnahmegebühr zurück zu erstatten, so kann die Lösung darin bestehen, dem Mitarbeiter die Teilnahme an einem anderen Seminar des Anbieters zu ermöglichen. In diesem Fall wird der strittige Verhandlungsgegenstand »Rückerstattung der Teilnahmegebühr« ersetzt durch den Verhandlungsgegenstand »Teilnahme an einem anderen Seminar«.

Zusätzliche Verhandlungsgegenstände

Schließlich kann eine Einigung in einer Verhandlung auch dadurch möglich werden, dass zusätzliche Verhandlungsgegenstände in die Verhandlung eingeführt werden (vgl. *Salewski*, 2008). Insbesondere sollte über den bereits innerhalb der Verhandlungsvorbereitung geprüften Abschluss von »Side Deals« (vgl. Kapitel C.3.1.1.2) nachgedacht werden. Indem dem Verhandlungspartner angeboten wird, nicht allein im Hinblick auf die ursprünglich angedachten Verhandlungsgegenstände, sondern nun auch zusätzlich in Bezug auf andere Verhandlungsobjekte parallele Absprachen vorzunehmen, wird ein erweiterter Lösungsraum geschaffen, der neue Chancen der Einigung mit sich bringt. Können sich beispielsweise ein potenzieller Käufer eines Pkw und ein Autohändler nicht über die Konditionen für den Kauf eines Neuwagens einigen, da die Preisvorstellungen von potenziellem Käufer und Autohändler – trotz gegenseitigen Entgegenkommens – noch auseinander klaffen, können Side Deals erst eine Einigung möglich machen. Beispielsweise kann der Autohändler dem potenziellen Autokäufer anbieten, die ansonsten kostenpflichtige 15.000 km-Inspektion kostenlos zu übernehmen, wenn der potenzielle Käufer – quasi als Gegenleistung – den vom Autohändler geforderten Preis akzeptiert.

Gerade angesichts der Tatsache, dass häufig erst Side Deals festgefahrene Verhandlungen zur Einigung bringen, sollten Verhandelnde diesen Aspekt nicht nur innerhalb der Verhandlungsvorbereitung sehr ernst nehmen. Ebenso kann vor diesem Hintergrund ein Einführen zusätzlicher Verhandlungsgegenstände innerhalb der Lösungsphase ein wirkungsvolles Instrument sein.

Neue Ausprägungen bisheriger Verhandlungsgegenstände

Einbringen alternativer Lösungsvorschläge

Mit neuen Ausprägungen ist gemeint, dass bei bestehenden Verhandlungsgegenständen neue Lösungsalternativen in die Verhandlung eingebracht werden. Verhandeln beispielsweise zwei Unternehmen über die Lieferung von Chemikalien und können sich die Unternehmen hinsichtlich der Übernahme der Logistikleistungen nicht einigen, da die Anlieferung für das Chemieunternehmen zu aufwendig und für den Kunden – angesichts fehlender Erfahrung – zu risikoreich ist, kann erst die Einführung der neuen Ausprägung »Logistik durch Dritte« einen Lösungsweg aufzeigen (vgl. Fallbeispiel 17 in Kapitel C.3.1.1.1). Indem ein auf den Transport von Chemikalien spezialisierter Logistikanbieter mit der Auslieferung beauftragt wird und sich die Verhandlungspartner die hierbei entstehenden Kosten teilen, wird eine Verhandlungslösung erreicht, die anfänglich von beiden Verhandlungspartnern möglicherweise nicht bedacht bzw. nicht ins Auge gefasst worden war.

Die Identifikation neuer Ausprägungen bei Verhandlungsgegenständen bedeutet dabei nicht unbedingt, dass sich die Verhandlungsparteien zuvor nicht ausreichend vorbereitet haben. Stattdessen ist es vielmehr häufig so, dass erst der Dialog zwischen den Verhandlungspartnern Ansatzpunkte für neue, von den einzelnen Verhandlungspartnern vorher nicht bedachte Verhandlungsgegenstände aufzeigt.

Neue Informationen

Neue Lösungsmöglichkeiten, aber auch gegebenenfalls -notwendigkeiten bieten sich in Verhandlungen auch dann, wenn der festgefahrene Verhandlungsprozess durch neue, bislang nicht vorliegende Informationen wieder in Gang gebracht wird oder entscheidend verändert wird (vgl. *Salewski*, 2008). Die Zusatzinformationen können dazu führen, dass

Folgen von Zusatzinformationen

- bislang unterstellte Verhandlungsprämissen so nicht mehr aufrecht erhalten werden können,
- bestimmte Verhandlungsgegenstände obsolet werden oder zusätzlich zu verhandeln sind,
- Ausprägungen bei Verhandlungsgegenständen neu zu bewerten sind oder
- eine veränderte Machtkonstellation zwischen den Verhandlungspartnern eintritt, die eine der Parteien zu weitergehenden Zugeständnissen veranlasst.

In dem in Kapitel C.4.2.2 vorgestellten Fallbeispiel 35 aus der Automobilindustrie könnte beispielsweise die zwischenzeitliche Veröffentlichung neuester Zulassungszahlen die Argumentationslinie von Vorstand und/oder Betriebsrat stark verändern. Während beispielsweise der Vorstand anfänglich möglicherweise argumentiert hat, dass das bislang am Standort produzierte Pkw-Modell rückläufige Absatzzahlen aufweist und die Belegschaft daher darauf angewiesen sei, große Zugeständnisse für die Zusage des Baus eines Folgemodells zu geben, wird diese Argumentationslinie kaum noch aufrecht zu erhalten sein, wenn innerhalb der Verhandlung neueste Zulassungszahlen belegen, dass das bislang produzierte Modell wieder stark im Markt nachgefragt wird.

Management von Zusatzinformationen

Für das Management von Verhandlungen ergibt sich hieraus, dass innerhalb von Verhandlungen permanent nach Zusatzinformationen Ausschau gehalten werden sollte, die die eigene Verhandlungsposition unterstützen und die Verhandlungsargumente der Gegenseite in einem für diese Seite weniger günstigen Licht erscheinen lassen. Da durch relevante, zusätzliche Informationen Verhandlungspositionen verändert und Verhandlungsprozesse im eigenen Sinne gesteuert werden können, kann auch ein anfänglich bewusstes Zurückhalten von Informationen Teil der informationsbezogenen Verhandlungstaktik sein. Indem bestimmte Informationen erst im Anschluss an die Dialogphase zur Verfügung gestellt werden, kann die Verhandlungsposition der Gegenseite geschwächt werden und zusätzliches Entgegenkommen bewirkt werden.

Ignorieren von Zusatzinformationen

Auf der anderen Seite bedeuten neue Informationen, die die Verhandlungspartner erst während einer Verhandlung erhalten, aber auch, dass diese nicht ignoriert werden können. Denn wenn sie bewusst übergangen werden, weil sie etwa die eigene Verhandlungsposition schwächen, wird dies die eigene Verhandlungsposition zusätzlich (und zwar vermutlich stärker als bei aktivem Aufgreifen) schwächen, weil der Verhandlungspartner insgesamt unglaubwürdig wird. Das nachfolgende Beispiel verdeutlicht dies.

FALLBEISPIEL 39

Gefahren des Ignorierens von Zusatzinformationen in Verhandlungen

Da es der deutschen Metall- und Elektroindustrie bis zum Sommer 2008 wirtschaftlich sehr gut gegangen war, startete die Gewerkschaft IG Metall im September 2008 mit der höchsten Lohnforderung seit 2000 in die Tarifverhandlungen. Die geforderten 8 Prozent Lohnsteigerungen wurden mit der guten wirtschaftlichen Situation der Branche begründet. Im Oktober 2008 brach allerdings die Finanzkrise auf den Weltmärkten und damit auch in Deutschland aus, in deren Folge zunächst Banken, dann aber auch z. B. Automobilhersteller, Zulieferer und viele andere Branchen in große wirtschaftliche Schwierigkeiten gerieten. Obwohl sich damit die Ausgangssituation der Tarifverhandlungen völlig verändert hatte, hielt die Gewerkschaft an ihrer 8 Prozent-Forderung fest. Wie dem in Abbildung 54 dargestellten Presseecho zu entnehmen ist, wusste man dies allerdings kaum mit Sachargumenten zu begründen. Stattdessen bemühte man – mangels argumentativer Alternativen – klassische Allgemeinplätze wie etwa die Aussage, dass Arbeitnehmer »Anspruch auf gerechten Lohn« hätten. Letztlich tat sich die Gewerkschaft mit diesem Vorgehen aber keinen Gefallen. So untergrub sie mit diesem Vorgehen bereits am Beginn der Tarifrunde ihre Glaubwürdigkeit. Da die Gewerkschaft ansonsten ihre Lohnforderungen stets mit der wirtschaftlich positiven Lage begründet hatte, war das Festhalten an der höchsten Lohnsteigerung seit 8 Jahren angesichts der aufziehenden Wirtschaftskrise kaum nachvollziehbar und wirkte sich eher negativ auf die Glaubwürdigkeit der Verhandlungsposition der Gewerkschaft(en) aus. Zudem belastete das Festhalten an der vor dem Hintergrund einer noch positiven wirtschaftlichen Gesamtlage aufgestellten Forderung auch das Verhandlungsklima. Der Gesamtmetallvorsitzende sprach etwa öffentlich davon, dass die IG Metall angesichts ihrer Forderung »nicht alle Tassen im Schrank« habe.

Gewerkschaften halten an Lohnforderungen fest

Trotz der Finanzkrise wollen die Gewerkschaften an ihren Lohnforderungen festhalten. Die Arbeitnehmer dürften nicht für die Fehler der Banken zahlen, so die Arbeitnehmervertreter.

Trotz Finanzkrise und konjunktureller Unsicherheiten halten führende Gewerkschafter an den Lohnforderungen der Arbeitnehmerorganisationen fest. Der Chef des Deutschen Gewerkschaftsbundes (DGB), Michael Sommer, erklärte am Montag: "Wenn Milliardenbeträge für Banken vorhanden sind, dann ist auch Geld für die Arbeitnehmer da."

Sommer sagte der "Berliner Zeitung": "Forderungen an die Beschäftigten, den Gürtel enger zu schnallen, sind falsch." Auch in der Finanzkrise müssten Arbeitnehmer ihre Interessen wahren. Die Forderung der IG Metall nach acht Prozent mehr Lohn sei realistisch. "Außerhalb der Finanzmärkte ist die wirtschaftliche Lage nicht schlecht", sagte Sommer. "Und die Metallindustrie in Deutschland gehört zu den produktivsten Europas. Deshalb haben die Beschäftigten Anspruch auf gerechten Lohn."

(Quelle: Rey, 2008)

Abb. 54: Presseecho zum Festhalten an unrealistischen Lohnforderungen in einer Tarifverhandlung

> Auch wenn natürlich ex post nicht absehbar ist, ob durch dieses Verhalten der Gewerkschaft ein besseres oder schlechteres Ergebnis (vgl. zum tatsächlichen Ergebnis dieser Tarifverhandlungen das Fallbeispiel 16 »Splitting als Instrument zur Einigung in Tarifverhandlungen« im Kapitel C.3.1.1.1) erreicht worden ist, hat die Gewerkschaft mit diesem Verhalten zumindest ihre Glaubwürdigkeit – möglicherweise auch über die betroffene Tarifrunde hinaus – untergraben.

Neue Rahmenbedingungen

Vertragsrechtliche Variation

Schließlich kann auch eine Veränderung von Rahmenbedingungen erst eine Lösung des Verhandlungskonflikts möglich machen. Hierbei ist vor allem an vertragsrechtliche Fragen zu denken. Indem beispielsweise Vertragspartner gewechselt werden (z. B. Beschäftigung eines Mitarbeiters bei einer Tochtergesellschaft anstatt im Mutterkonzern), der Vertragsort geändert wird (und damit der gemeinsame Vertrag auch anderen rechtlichen Bestimmungen unterworfen wird) oder die Vertragslaufzeit variiert wird (z. B. Vorverlegung des Vertragsbeginns), werden mitunter erst Einigungen in Verhandlungen möglich.

»Conditional contracts«

Ebenso kann das Angebot von »conditional contracts« eine Möglichkeit darstellen, eine Einigung zu erzielen. Unter conditional contracts sind Verträge zu verstehen, bei denen die vereinbarte Lösung bei Verhandlungsgegenständen an den Eintritt bestimmter zukünftiger Ereignisse geknüpft wird. So kann etwa bei Verhandlungen zwischen zwei Fußballturnieren über den Wechsel eines bestimmten Fußballspielers vereinbart werden, dass dann ein »Nachschlag« bei der Ablösesumme fällig wird, wenn der Spieler in der nachfolgenden Saison bei seinem neuen Fußballverein eine Mindestanzahl an Toren erzielt.

4.2.4 Abschlussphase

Das Ziel einer Verhandlung ist der Verhandlungsabschluss. Diese eigentlich banale Erkenntnis ist wichtig, da sich Verhandelnde immer vor Augen führen sollten, dass beide Verhandlungsseiten ihr Verhandlungsziel nur dann erreichen können, wenn es auch tatsächlich zu einem Verhandlungsabschluss kommt. Mit anderen Worten steht in einer Verhandlung nicht das grundsätzliche »Ob«, sondern eher das »Wann« und das »Wie« zur Diskussion. Diese Überlegung deutet bereits an, dass der Zeitpunkt des Verhandlungsabschlusses eine wichtige Komponente erfolgreichen Verhandelns ist. Und gerade mit dieser Komponente tut sich die Praxis in Verhandlungen oft schwer. Schwierigkeiten bestehen dabei entweder darin,

- die Bereitschaft der anderen Verhandlungsseite zum Verhandlungsabschluss zeitlich richtig einzuschätzen oder
- auf Techniken zur Beeinflussung des Zeitpunkts des Verhandlungsabschlusses zu verzichten.

Richtiger Abschlusszeitpunkt

Den Zeitpunkt, zu dem der Verhandlungspartner die Verhandlung beenden möchte, richtig einzuschätzen, zählt zu den schwierigsten Aufgaben innerhalb der Verhandlungsführung. So stellt dieser Zeitpunkt zugleich auch den Punkt innerhalb der Verhandlung dar, an dem die gegnerische Seite zu einem letzten finalen Zugeständnis bereit ist, da aus Sicht des Verhandlungspartners eine ausreichende Annäherung erfolgt und damit der richtige Zeitpunkt für eine Einigung erreicht ist. Sofern dieser Zeitpunkt tatsächlich gekommen ist, lässt sich mit einem letzten möglicherweise in der Mitte angesiedelten Entgegenkommen ein spiegelbildliches Entgegenkommen des Verhandlungspartners und damit eine Einigung realisieren. Allerdings führt eine Fehleinschätzung dieses Zeitpunktes zu einer Verschlechterung der eigenen Verhandlungsposition. Das nachfolgende einfache Beispiel illustriert dies.

FALLBEISPIEL 40

Folgen einer fehlerhaften Abschätzung des Einigungszeitpunkts

Haben sich ein Gebrauchtwagenhändler und ein potenzieller Kunde über den Preis eines zum Verkauf stehenden Gebrauchtwagens insofern angenähert, dass ausgehend von einer ursprünglichen Preisforderung des Gebrauchtwagenhändlers von 5.000 Euro und einem Einstiegsgebot des potenziellen Kunden von 3.000 Euro die Verhandlungspositionen auf 4.200 Euro auf Seiten des Gebrauchtwagenhändlers und 3.800 Euro auf Seiten des potenziellen Kunden angenähert haben, so könnte der Gebrauchtwagenhändler in der nun erreichten Position dem potenziellen Kunden anbieten, einen Kaufabschluss für 4.000 Euro zu tätigen, wenn er zu der Einschätzung gelangt ist, dass auf Seiten des Kunden der Zeitpunkt zum Verhandlungsabschluss gekommen ist. Schätzt er diesen Zeitpunkt jedoch falsch ein und der potenzielle Kunde beharrt auf seinem Preisgebot von 3.800 Euro, so hat sich die Verhandlungsposition des Gebrauchtwagenhändlers durch die Fehleinschätzung des Kundenwunsches zum Verhandlungsabschluss verschlechtert. Nun stehen sich nämlich als Gebote die Forderung von 4.000 Euro auf Seiten des Gebrauchtwagenhändlers und 3.800 Euro auf Seiten des potenziellen Kunden entgegen. Der Gebrauchtwagenhändler muss befürchten, dass eine Einigung nur durch weitere Zugeständnisse erreicht werden kann.

Prüfung des Abschlusszeitpunktes

Um demnach die Risiken eines zu frühen »finalen« Angebotes zu vermeiden, sollten Verhandlungsführer im Vorfeld dieser Angebotsabgabe die Bereitschaft der anderen Verhandlungsseite zu einer Beendigung der Verhandlung prüfen. Durch Fragen wie z. B. »Meinen Sie nicht auch, dass wir uns irgendwann einigen sollten?« oder durch Hinweise wie »Kann ich Ihnen sonst noch weitere Informationen geben, um unsere Position zu erläutern?« kann getestet werden, wie stark der Verhandlungsabschluss-Wunsch der Gegenseite ist. Wird so etwa die Notwendigkeit zum zeitnahen Abschluss nicht bestätigt oder eine erneute Diskussion von bislang ausgetauschten Argumenten gewünscht, so kann hieraus geschlussfolgert werden, dass beim Verhandlungspartner noch kein ausreichend großer Einigungswunsch besteht. Im Gegensatz dazu kann bei gegenteiligen Signalen darauf geschlossen werden, dass auch der Verhandlungspartner die Verhandlung zu Ende bringen will, so dass ein finales Einigungsangebot in Frage kommt.

Auslassen von Zeitdruck

Eine andere Schwierigkeit im Zusammenhang mit der Bestimmung des Zeitpunktes des Verhandlungsabschlusses ist im Auslassen von Zeitdruck zu sehen. Häufig glauben Verhandlungsführer, bessere Verhandlungsergebnisse erzielen zu können, wenn Zeitdruck auf die andere Verhandlungsseite in der Abschlussphase ausgeübt wird. Dieses sehr häufig eingesetzte Vorgehen basiert dabei auf der Hoffnung, dass die andere Verhandlungsseite zu vorschnellem Einlenken durch Zeitdruck bewegt werden kann. Zeitdruck kann dabei zum einen durch »Drängeln« hervorgerufen werden. Durch Hinweise wie »Nun kommen Sie schon! Irgendwann müssen wir doch mal die Verhandlung zu Ende bringen.«, oder »Nun müssen Sie sich aber entscheiden. Mehr kann ich Ihnen nicht bieten. Und ich kann Ihnen auch nicht zusagen, dass ich Ihnen ein so gutes Angebot später nochmal machen kann.«, soll der Verhandlungsprozess abgekürzt und die Gegenseite zur Annahme des bisherigen eigenen Angebotes bewegt werden. Auf der anderen Seite kann Zeitdruck aber auch durch Setzen oder Ausnutzen vorgegebener zeitlicher Fixpunkte für das Verhandlungsende generiert werden (»Dieses Angebot gilt nur noch bis zum 30.11.«).

Konsequenz von Zeitdruck

Das bewusste Ausüben oder die Inkaufnahme von Zeitdruck in Verhandlungen erzeugt jedoch nicht selten den genau gegenteiligen Effekt. Anstatt zusätzliche Zugeständnisse zu erreichen, führt der Zeitdruck oftmals dazu, dass der unter Druck gesetzte Verhandlungspartner überhaupt keine Zugeständnisse macht und es daher auch zu keiner Einigung kommt. Da allerdings ja beide Verhandlungsseiten an einer erfolgreichen Beendigung der Verhandlung Interesse haben, ist eine solche zusätzliche Verzögerung oder sogar Nichteinigung im Verhandlungsprozess auch für die Verhandlungsseite negativ, die den Zeitdruck verursacht hat. Jedoch gilt es auch in diesem Zusammenhang zu bedenken, dass das Herauszögern einer Einigung von der anderen Seite strategisch eingesetzt werden kann, um den Verhandlungspartner »weich zu kochen«. In diesem Fall ist die eigene Absicht, schnell zu einem Verhandlungsabschluss zu kommen, durchaus zum Ausdruck zu bringen. Typischerweise wird hierfür in der Praxis die Taktik des »letzten Angebotes« verwandt. Dieses drückt aus, dass keine weiteren Zugeständnisse gemacht werden und es dem Verhandlungspartner überlassen bleibt, dieses »letzte Angebot« anzunehmen oder nicht. Aus Glaubwürdigkeitsgründen sollte das letzte Angebot allerdings auch wirklich das letzte Angebot sein. So führt ein mehrmaliges Deklarieren von Angeboten als »letztes Angebot« dazu, dass der Verhandlungspartner den Eindruck erlangt, noch weitere Zugeständnisse erwarten zu dürfen.

Letztes Angebot

Nachverhandlungen

Ist es den Verhandlungsparteien in der Abschlussphase gelungen, eine Einigung herbeizuführen, dann ist die Verhandlung (zunächst einmal) beendet, so dass ggf. ein Vertrag über die Verhandlungsergebnisse aufgesetzt werden kann. Während des Zeitraums zwischen Verhandlungs- und Vertragsabschluss kommt es allerdings nicht selten noch zu sogenannten Nachverhandlungen. Diese werden dann erforderlich, wenn sich für zumindest einen Verhandlungspartner relevante Rahmenbedingungen verändern, so dass das ursprüngliche Verhandlungsergebnis nicht mehr akzeptabel erscheint.

Zusammenfassung »Verhandlungsführung«

Wie Verhandlungen konkret geführt werden, hängt nicht nur von den zu Grunde liegenden Motiven, Zielen, Strategien und Taktiken und auch nicht allein vom Verhandlungsgegner ab, sondern vor allem auch von der Verhandlungskultur und dem Verhandlungsstil, durch den Unternehmen bzw. Verhandlungsführende geprägt sind. Unter der Verhandlungskultur eines Unternehmens ist dabei eine Sammlung von Traditionen, Werten, Regeln, Glaubenssätzen und Haltungen zu verstehen, die einen durchgehenden Kontext für alles bilden, was mit einer Verhandlung eines Unternehmens zu tun hat. Hierauf aufbauend entwickelt sich in Unternehmen bzw. durch Verhandlungsführende eine charakteristische Art der Durchführung von Verhandlungen. Insofern stellt der Verhandlungsstil die verhandlungsbezogene, aber auch personenbezogene Umsetzung der Verhandlungskultur dar.

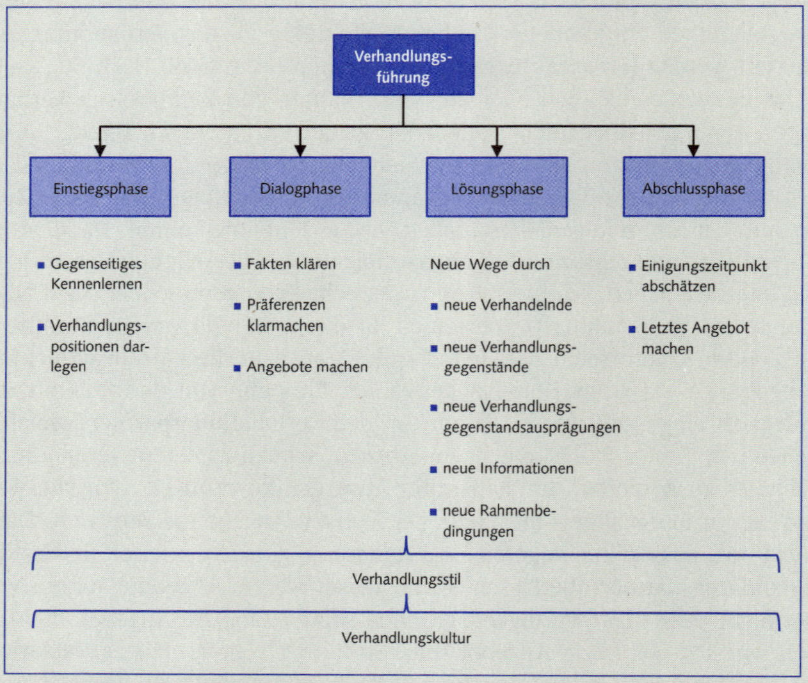

Abb. 55: Überblick zur Verhandlungsführung

Verhandlungskultur und Verhandlungsstil prägen dabei die Verhandlungsführung, bei der aus Sicht des Verhandlungsmanagements phasenspezifisch vorgegangen werden sollte, da sich in den unterschiedlichen Phasen einer Verhandlung verschiedenartige Aufgaben den Verhandlungsführenden stellen:
In der »Einstiegsphase« geht es um das gegenseitige Kennenlernen sowie das Übermitteln der Verhandlungspositionen der Verhandlungsparteien.

- In der »Dialogphase« sollte zunächst geprüft werden, ob man die Verhandlungsposition der Gegenseite richtig aufgefasst hat und die eigene Position der Gegenseite korrekt übermittelt wurde. Anschließend sollten die Verhandlungsparteien ihre Präferenzen deutlich machen, um Chancen für gegenseitiges Entgegenkommen auszuloten. Schließlich gehört es auch zur Dialogphase, dass die Parteien gegenseitige Angebote machen und sich aufeinander zu bewegen.

- Da am Ende der Dialogphase ein so genannter »deadlock« eingetreten ist, muss in der »Lösungsphase« nach neuen Wegen der Annäherung gesucht werden. Diese können darin bestehen, dass neue Verhandelnde, neue Verhandlungsgegenstände oder -ausprägungen bzw. neue Informationen und Rahmenbedingungen ins Spiel gebracht werden.
- In der »Abschlussphase« gilt es schließlich, eine Einigung mit dem Verhandlungspartner herbeizuführen. Dies setzt allerdings voraus, den Einigungszeitpunkt richtig abzuschätzen und zu diesem Zeitpunkt ein angemessenes »letztes Angebot« zu machen.

Abbildung 55 stellt die Aufgaben, die im Rahmen der Verhandlungsführung anfallen, in Form eines Überblicks nochmals abschließend dar.

5. Verhandlungscontrolling

5.1 Der Grundansatz des Verhandlungscontrollings

Zielsetzung

Der letzte Schritt im Verhandlungsmanagement-Ansatz stellt das Verhandlungscontrolling dar. Wird unter Controlling im Allgemeinen die »Beschaffung, Aufbereitung und Analyse von Daten zur Vorbereitung zielsetzungsgerechter Entscheidungen« (*Berens et al.*, 1996, S. V) verstanden, so geht es bei diesem Führungssubsystem vor allem darum, aus den in einem Unternehmen vorhandenen oder beschaffbaren Informationen über vergangene Geschäftstätigkeiten Entscheidungsunterstützung für zukünftige Geschäftsaktivitäten zu generieren. Wird dieser Grundgedanke des Controllings auf den Bereich von Verhandlungen übertragen, so wird mit dem Verhandlungscontrolling das Ziel verfolgt, aus Informationen über vergangene Verhandlungen Hilfestellung für die Gestaltung zukünftiger Verhandlungen abzuleiten.

Aufgabenstellung

Um dieser zentralen Aufgabe des Verhandlungscontrollings gerecht zu werden, müssen vor allem Informationen über die Umsetzung der im Vorfeld von Verhandlungen geplanten Ziele, Strategien und Taktiken generiert werden. Da Strategien und Taktiken letztlich nichts anderes als »Mittel zum Zweck« (Verhandlungsziel) sind, steht die Analyse von Verhandlungszielen naturgemäß im Mittelpunkt des Verhandlungscontrollings. Im Hinblick auf diese Verhandlungsziele widmet sich das Verhandlungscontrolling folgenden aufeinander aufbauenden Fragestellungen:

- Analyse des Erreichungsgrades von Verhandlungszielen,
- Untersuchung von Ursachen bei Soll/Ist-Abweichungen und
- Ableitungen von Implikationen für zukünftige Verhandlungsaktivitäten.

»KVP« (kontinuierlicher Verbesserungsprozess)

Nur wenn innerhalb des Verhandlungscontrollings alle drei aufeinander aufbauenden Teilfragestellungen systematisch bearbeitet werden, lässt sich aus den Ergebnissen des Verhandlungscontrollings ein »KVP« (kontinuierlicher Verbesserungsprozess) für Verhandlungen generieren. Ein solcher Prozess, mit dem die Verhandlungsperformance eines Unternehmens stetig vergrößert werden soll, stellt das vornehmliche Ziel des Verhandlungscontrollings dar. Weniger geht es hierbei also um die Kontrolle von Verhandelnden oder die Identifikation von Schwachpunkten innerhalb von Verhandlungen. Vielmehr sollen die Erfahrungen, die Unternehmen innerhalb von bereits getätigten Verhandlungen machen konnten, nutzenbringend für die Gestaltung zukünftiger Verhandlungen eingesetzt werden.

Mögliche Widerstände

Das vornehmliche Ziel eines KVPs – anstatt der Kontrolle und gegebenenfalls sogar Sanktionierung von Verhandelnden – muss vom Verhandlungscontrolling seinen Adressaten (Verhandelnde und Management) aktiv vermittelt werden. Ansonsten werden den Aktivitäten des Verhandlungscontrollings regelmäßig Widerstände entgegengebracht. Vor allem die in einem Unternehmen Verhandelnden werden das Verhandlungscontrolling dann nicht unterstützen, wenn sie den Eindruck haben, dass das Verhandlungscontrolling vor allem darauf gerichtet ist, ihnen Fehlverhalten und mangelnde Performance nachzuweisen (vgl. auch Kapitel D).

5.2 Analyseebenen im Verhandlungscontrolling

5.2.1 Analyse der Zielerreichung

Die zentrale Aufgabe des Verhandlungscontrollings besteht darin, die Zielerreichung bei geführten Verhandlungen zu überprüfen und demnach systematisch Zielerreichungsgrade bei Verhandlungen abzubilden. Für jede Verhandlung sollte dabei konkret untersucht werden, inwieweit die im Rahmen der Verhandlungsvorbereitung für diese Verhandlung gesetzten Verhandlungsziele (vgl. Kapitel C.3.1.2.1) innerhalb der anschließenden Verhandlungen tatsächlich auch erreicht worden sind. Die Basis für die Analyse von Zielerreichungsgraden stellt folglich

- die Zielplanung (Soll) und
- das Verhandlungsergebnis (Ist)

Soll/Ist-Vergleiche

dar. Aus diesen Größen sind Soll/Ist-Vergleiche für einzelne Verhandlungen und für Gruppen von Verhandlungen vorzunehmen.

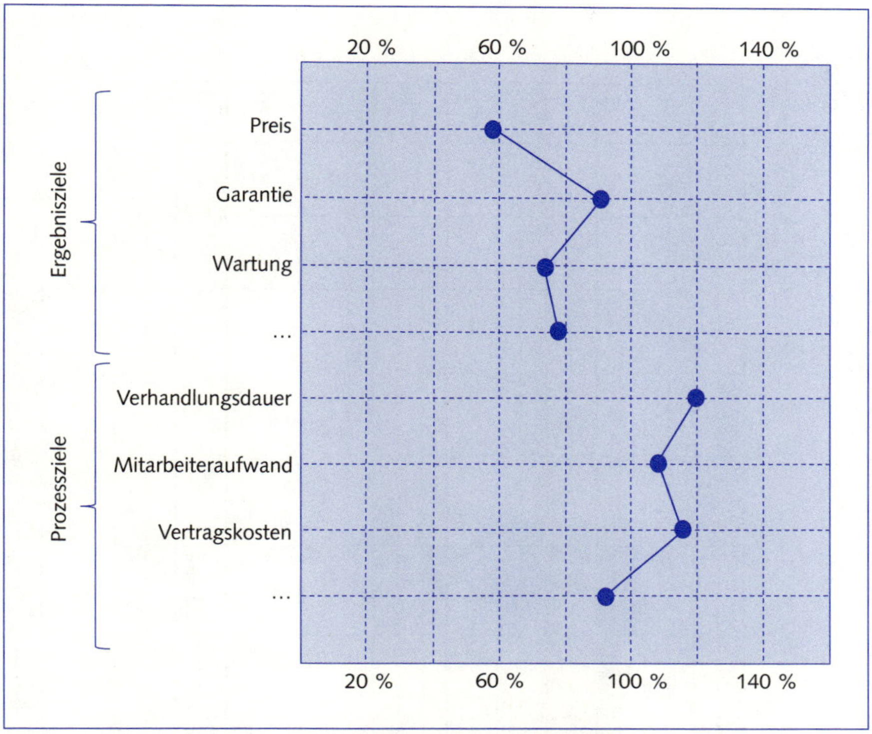

Abb. 56: Disaggregierte Soll/Ist-Zielerreichungsgrade in Verhandlungen

Disaggregierte Ebene

Soll/Ist-Vergleiche müssen sich dabei nicht zwangsläufig auf das Gesamtziel einer Verhandlung richten. Ebenso können differenziertere Zielerreichungsgrade für die Ergebnisziele und die Prozessziele oder sogar für einzelne Ergebnis- und Prozessziele ermittelt werden. In diesem Fall stellen differenzierte Soll/Ist-Profile das Ergebnis der Zielanalyse dar (vgl. das Beispiel in Abbildung 56). Diese ermöglichen eine genauere Betrachtung der Zielerreichung. So wird aus diesen Soll/Ist-Profilen im Detail deutlich, bei welchen einzelnen Verhandlungszielen ein hoher und bei welchen ein eher geringer Erreichungsgrad realisiert worden ist. So deutet beispielsweise das in Abbildung 56 dargestellte Ergebnis an, dass in der zu Grunde liegenden Verhandlung die Prozessziele umfassender als die Ergebnisziele erreicht worden sind.

Aggregierte Ebene

Sollen Verhandlungen allerdings untereinander verglichen werden, um weniger erfolgreiche, aber auch erfolgreichere Verhandlungen zu identifizieren, so ist ein aggregierter Soll/Ist-Zielerreichungsgrad für Verhandlungen zu ermitteln. Dieser soll zum Ausdruck bringen, wie erfolgreich eine Verhandlung insgesamt im Vergleich zu anderen Verhandlungen abgelaufen ist. Um allerdings einen solchen aggregierten Zielerreichungsgrad bilden zu können, müssen die gegebenenfalls auf unterschiedlichen Skalen gemessenen Teilziele einer Verhandlung verdichtet werden. Hierbei sieht sich das Verhandlungscontrolling

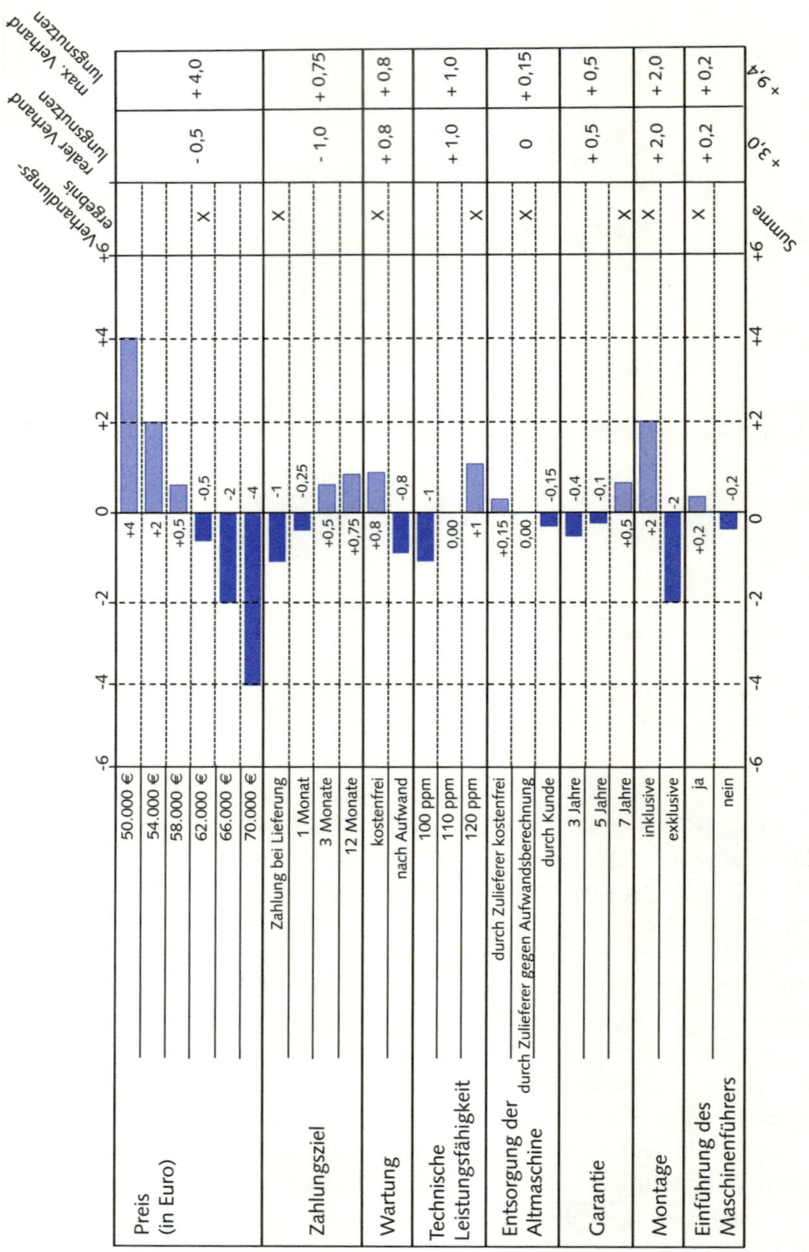

Abb. 57: Ermittlung eines aggregierten Zielerreichungsgrades für Verhandlungen auf Basis von Conjoint-Daten

einer ähnlichen Fragestellung gegenüber, wie sie bereits im Kapitel C.3.1.2.1 im Zusammenhang mit dem Vergleich unterschiedlicher Verhandlungsziele diskutiert worden ist. Um auf verschiedenen Skalen gemessene und daher unterschiedliche Verhandlungsziele miteinander vergleichen zu können, wurde innerhalb der Verhandlungsvorbereitung vorgeschlagen, Verhandlungsziele auf einer übergreifenden Nutzenskala vergleichbar zu machen. Methodisch wurde hierzu bei der Diskussion von Verhandlungszielen die multivariate Methode der Conjoint-Analyse (vgl. *Backhaus et al.*, 2008) vorgeschlagen. Diese wurde als geeignet eingestuft, um Vergleiche von Verhandlungszielen durchzuführen.

Nutzung von Conjoint-Informationen

Liegen daher am Ende der Verhandlungsvorbereitung conjointanalytisch ermittelte Nutzenwerte für die verschiedenen Ausprägungen der als relevant eingestuften Verhandlungsziele vor, so lassen sich an diesen Nutzenwerten auch die innerhalb einer Verhandlung erzielten Resultate beurteilen. Zu messen ist dabei, welcher Nutzen durch ein Verhandlungsergebnis entsteht und wie sich dieser Nutzen zum maximal möglichen Nutzen einer Verhandlungssituation verhält. Dieses Vorgehen setzt dabei natürlich immer voraus, dass die erzielten Ergebnisse auch messbar sind. Wird beispielsweise die gemeinsame Zusammenarbeit zweier Unternehmen insbesondere vor dem Hintergrund möglicherweise realisierbarer Synergieeffekte im Bereich der F&E angestrebt und können sich die Unternehmen im Rahmen der Verhandlungen auf gemeinsame Kooperationspunkte einigen, so kann man den letztendlich resultierenden Nutzen dieses Ergebnisses erst im Verlauf der Zusammenarbeit bemessen. Erst wenn sich zeigt, ob die angestrebten Synergieeffekte wirklich auftreten, wird deutlich, ob die Verhandlungsziele erreicht worden sind.

Beispiel

Um die Vorgehensweise zur Ermittlung von globalen Zielerreichungsgraden auf Basis von Conjoint-Ergebnissen zu verdeutlichen, wird im Folgenden auf das Fallbeispiel 25 »Nutzenermittlung mittels Conjoint-Analyse« aus Kapitel C.3.1.2.1 zurückgegriffen. Zwar wurden in diesem Fallbeispiel allein Nutzenwerte für Ausprägungen von Ergebniszielen conjointanalytisch ermittelt, ohne Weiteres lässt sich dieses Vorgehen allerdings auch auf Prozessziele übertragen (vgl. beispielsweise die empirische Studie von *Herbst*, 2007).

Der linke Teil von Abbildung 57 zeigt die im Fallbeispiel »Nutzenermittlung mittels Conjoint-Analyse« exemplarisch angenommenen Nutzenwerte für die Ausprägungen verschiedener als relevant eingestufter Verhandlungsgegenstände. Aus dem Vergleich der Nutzenwerte der Ausprägungen einzelner Verhandlungsziele lässt sich nun nicht nur ablesen, welche Ausprägungen von dem Verhandelnden präferiert werden. Ebenso lässt sich aus der bei einem Merkmal auftretenden Nutzenspanne (höchster Nutzenwert abzüglich des geringsten Nutzenwertes) ermitteln, wie bedeutsam die Zielerreichung bei dem entsprechenden Verhandlungsziel eingeschätzt wird. So wird beispielsweise deutlich, dass dem Preisziel das stärkste Gewicht zufällt (im Kapitel C.3.1.2.1 wurde aus den Daten für das Verhandlungsziel »Preis« ein Bedeutungsgewicht von 42 Prozent errechnet). Demnach kommt es hier besonders darauf an, das gesetzte Preisziel erreicht zu haben.

Tatsächlicher Zielerreichungsgrad

Um nun zu ermitteln, wie groß der Zielerreichungsgrad tatsächlich ist, der durch ein konkretes, innerhalb der Verhandlung erzieltes Ergebnis sowie den der Verhandlung zu Grunde liegenden Verhandlungsprozess determiniert wird, können die durch eine Verhandlung erreichten Ziel-Nutzenwerte ins Verhältnis zu den Nutzenwerten der Aspirationslösungen bei den jeweiligen Verhandlungszielen gesetzt werden.

Für das in Abbildung 57 dargestellte Beispiel wird deutlich, dass der verhandelnde Einkäufer nicht bei allen Verhandlungszielen seine im Vorfeld festgelegte Aspirationslösung realisieren konnte. Beispielsweise wurde mit dem Verhandlungspartner ein Preis von 62.000 Euro vereinbart, der beim Einkäufer mit einem negativen Nutzenwert von -0,5 verbunden war. Werden die Nutzenwerte der mit der anderen Partei vereinbarten Lösung über alle Verhandlungsziele summiert, so ergibt sich ein Gesamtnutzenwert von 3,0. Wird nun dieser zur Summe der Nutzenwerte der verschiedenen Aspirationslösungen der unterschiedlichen Verhandlungsziele (9,4) ins Verhältnis gesetzt, so ergibt sich ein Zielerreichungsgrad von 32 Prozent. Dieser ist relativ gering, da sich der Einkäufer bei den finanziellen Zielen (Preis und Zahlungsziel) nicht durchsetzen konnte: Nicht nur der vereinbarte Preis wurde von ihm im Vorfeld negativ beurteilt, auch das vereinbarte Zahlungsziel »Zahlung bei Lieferung« ist für den geringen Zielerreichungsgrad verantwortlich.

5.2.2 Analyse von Abweichungsursachen

Aufdecken von Gesetzmäßigkeiten

Wenn es das Ziel des Verhandlungscontrollings ist, aus den Erfahrungen vergangener Verhandlungen für die Gestaltung zukünftiger Verhandlungen Rückschlüsse zu ziehen, so reicht das alleinige Aufdecken von Soll/Ist-Abweichungen nicht immer aus. Stattdessen sind – soweit möglich – die Ursachen für das Auftreten von Abweichungen und damit Kausalitäten zu untersuchen. Da »Gesetzmäßigkeiten« in der Regel nicht an einzelnen Verhandlungen, sondern allein an einer größeren Zahl von Verhandlungen abgelesen werden können, sind auf dieser Stufe des Verhandlungscontrollings verhandlungsübergreifende Analysen durchzuführen. Mit anderen Worten sind Gruppen von Verhandlungen zu betrachten, die nach unterschiedlichen Kriterien und demnach auch mit unterschiedlichem Aussagegehalt gebildet werden können. Verhandlungsgruppierungen können beispielsweise im Hinblick auf

Vergleichsgruppen

- Unternehmensbereiche (z. B. Einkauf),
- Verhandlungsobjekte (z. B. Produkte),
- Verhandlungspartner (z. B. Kunden, Lieferanten),
- dominierende Verhandlungsgegenstände (z. B. Preis),
- Verhandlungsstrategien und/oder -taktiken (z. B. Konkurrenzstrategie) und
- Verhandelnde (z. B. Einkäufer)

gebildet werden. Ebenso können für eine Gruppierung von Verhandlungen dabei selbstverständlich auch mehrere der oben angeführten Gruppierungskriterien herangezogen werden. Jeweils steht bei diesen Gruppierungen das Ziel im Vordergrund, aus einem verhandlungsübergreifenden Vergleich, Ursachen für den Erfolg oder den Nicht-Erfolg von Verhandlungen zu identifizieren, um hierdurch zukünftige Verhandlungsleistungen zu steigern. Im Kern geht es also um ein verhandlungsübergreifendes Benchmarking.

Unternehmensbereichsübergreifende Analyse

Erkenntnisse über bereichsspezifische Stärken und Schwächen

Indem die Zielerreichungsgrade von Verhandlungen in verschiedenen Unternehmensbereichen ermittelt und miteinander verglichen werden, lassen sich Erkenntnisse über bereichsspezifische Stärken und gegebenenfalls auch Schwächen gewinnen. Auch wenn die Verhandlungen in den einzelnen Unternehmensbereichen sehr spezifisch sind und daher zwischen verschiedenen Unternehmensbereichen zum Teil große Unterschiede bestehen, da über andere Verhandlungsgegenstände, mit anderen Partnern und anderen Techniken verhandelt wird, helfen solche Vergleiche, Ansatzpunkte für Verbesserungen von Verhandlungsleistungen durch bereichsübergreifendes Benchmarking zu identifizieren.

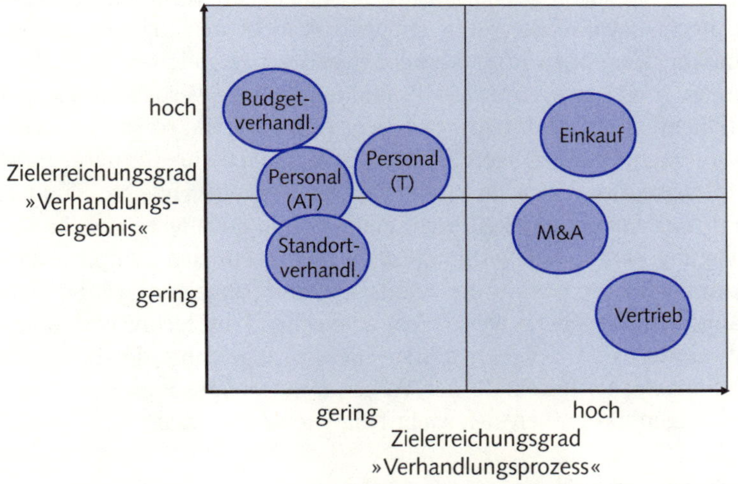

Abb. 58: Beispiel für unternehmensbereichsübergreifende Verhandlungsvergleiche

So zeigt etwa das Beispiel in Abbildung 58, dass die Zielerreichungsgrade im Hinblick auf Verhandlungsergebnisse und Verhandlungsprozesse in verschiedenen Unternehmensbereichen sehr unterschiedlich ausfallen können. Auffällig ist dabei in dem Beispiel vor allem, dass die Zielerreichungsgrade im Hinblick auf den Verhandlungsprozess systematisch zwischen internen und externen Verhandlungen zu variieren scheinen. Während bei Verhandlungen mit Externen, also bei Einkaufsverhandlungen, M&A-Verhandlungen oder Vertriebsverhandlungen, die Verhandlungsprozesse den vorgegebenen Zielen zu entsprechen scheinen, werden diese bei internen Verhandlungen (z. B. Personalverhandlungen oder Budgetverhandlungen) eher nicht erreicht. Hier ist der Zielerreichungsgrad in Bezug auf den Verhandlungsprozess eher als gering einzustufen. Auch wenn sich diese im Beispiel angenommenen Ergebnisse natürlich nicht verallgemeinern lassen, so wird doch deutlich, dass solche unternehmensübergreifenden Analysen hilfreich sein können.

Adressat »Top-Management«

Aus solchen bereichsübergreifenden Vergleichen lässt sich für das Top-Management ablesen, an welchen Einzelfragestellungen innerhalb der verschiedenen Unternehmensbereiche im Bereich des Verhandlungsmanagements zukünftig gearbeitet werden muss. Zusätzlich kann durch das Aufzeigen von »Best Practices« aus anderen Unternehmensbereichen den betroffenen Unternehmensbereichen Hilfestellung gegeben werden.

Verhandlungsobjektübergreifende Analyse

Adressat »Bereichsmanagement«

Ebenso kann es für die Generierung von Implikationen für die zukünftige Gestaltung von Verhandlungsmanagement-Maßnahmen hilfreich sein, Verhandlungsgruppierungen in Bezug auf die verschiedenen Verhandlungsobjekte zu bilden. Beispielsweise ist es für den Vertrieb oder den Einkauf hilfreich, die Verhandlungsleistungen produktübergreifend zu vergleichen. Stellt sich hierbei heraus, dass bei bestimmten Produkten bessere Verhandlungsergebnisse oder effizientere Verhandlungsprozesse erreicht werden, so kann anschließend der Frage nachgegangen werden, welche Ursachen für die unterschiedliche Verhandlungsperformance im produktübergreifenden Vergleich verantwortlich gemacht werden können. Stellt man hierbei dann etwa fest, dass die Verhandlungsleistung gerade bei Verhandlungen über technisch-komplexe Produkte eher gering ist, kann hieraus die Schlussfolgerung abgeleitet werden, dass Verhandlungsteams möglicherweise nicht ausreichend mit technischer Kompetenz besetzt worden sind. Folglich müsste diesem Aspekt bei der Besetzung von Verhandlungsteams innerhalb der Verhandlungsorganisation bei zukünftigen Verhandlungen ein größeres Gewicht beigemessen werden.

Verhandlungspartnerübergreifende Analyse

Adressat »Abteilungsmanagement«

Darüber hinaus kann auch der partnerübergreifende Vergleich zu interessanten Erkenntnissen führen. Indem beispielsweise im Vertrieb kundenübergreifende Verhandlungsvergleiche angestellt werden, im Einkauf Lieferanten im Hinblick auf Verhandlungsleistungen beurteilt werden oder im Personalbereich Verhandlungsleistungen berufsgruppenübergreifend analysiert werden, können gegebenenfalls weitere »Gesetzmäßigkeiten« aufgedeckt werden. So kann diese Analyse beispielsweise im Vertrieb zu dem Ergebnis führen, dass Verhandlungen mit gewissen Geschäftspartnern tendenziell zu unbefriedigenden Ergebnissen führen. Hieraus kann vom Abteilungsmanagement für zukünftige Verhandlungen abgeleitet werden, dass die Verhandlungen mit diesen Geschäftspartnern einer besonders intensiven Vorbereitung bedürfen.

Verhandlungsgegenstandsübergreifende Analyse

Variierende Verhandlungsperformance

Im Rahmen einer verhandlungsgegenstandsübergreifenden Analyse wird deutlich, ob und gegebenenfalls in welchem Ausmaß Verhandlungsergebnisse und -prozesse vom jeweils zu Grunde liegenden Verhandlungsgegenstand abhängen. Wird beispielsweise im Einkauf über finanzielle Konditionen, technische Leistungsmerkmale und Service-Komponenten zugleich verhandelt, so kann die Verhandlungsperformance bei diesen verschiedenen Typen von Verhandlungsgegenständen strukturell unterschiedlich sein. Je nach Kultur und Stil, der in einem Unternehmen vorherrscht, können Verhandlungsdelegierte dazu neigen, bestimmte Verhandlungsziele (und damit Verhandlungsgegenstände) zu über- oder zu unterschätzen. In einem technologieorientierten Unternehmen ist beispielsweise zu erwarten, dass auch im Einkauf im besonderen Maße auf Technikaspekte und damit technische Leistungsmerkmale Wert gelegt wird. Kommt eine verhandlungsgegenstandsübergreifende Analyse allerdings zu dem Ergebnis, dass Zielerreichungsgrade bei finanziellen Konditionen stets hinter den Zielerreichungsgraden bei technischen Leistungsmerkmalen zurückbleiben, so ist zu prüfen, ob und ggf wie. auf die Einkäufer eingewirkt werden kann, um deren Augenmerk stärker auf die bei den finanziellen Konditionen erreichten Zielerreichungsgrade zu lenken.

Strategie-/Taktikübergreifende Analyse

Strategie- und Taktik-Optimierung

Bestandteil des Reportings zur Verhandlungsvorbereitung sollte nicht nur die Benennung von Verhandlungszielen, sondern zugleich auch die Angabe von den beabsichtigten Verhandlungsstrategien sowie den geplanten Verhandlungstaktiken sein (vgl. Kapitel C.3.2). Da somit für jede innerhalb eines Verhandlungsmanagement-Systems gesteuerte Verhandlung Informationen über angestrebte Strategien und Taktiken vorliegen, kann eine übergreifende Analyse auch auf die Wirksamkeit von Zielen, Strategien und Taktiken gerichtet werden. Beispielsweise können folgende Fragestellungen beantwortet werden, wenn verfolgte Ziele, Strategien und Taktiken im Zusammenhang mit den tatsächlich erreichten Ergebnissen von Verhandlungen betrachtet werden:

- Führen ambitionierte Verhandlungsziele tatsächlich zu besseren Verhandlungsergebnissen?
- Wie wirken sich ambitionierte Verhandlungsziele auf den Verhandlungsprozess aus?
- Welche Verhandlungsstrategien führen zu höheren Zielerreichungsgraden?
- Welche Taktiken sind bei welchen Verhandlungsstrategien überdurchschnittlich erfolgreich?

Verhandlungsführerübergreifende Analyse

Identifikation interner Verhandlungsexperten

Schließlich – und dies ist für viele verhandlungsintensive Bereiche eines Unternehmens der wichtigste Aspekt – können auch Verhandelnde anhand der von ihnen erreichten Zielerreichungsgrade miteinander verglichen werden. Wichtig erscheint dieser Aspekt weniger im Hinblick auf Incentivierungs- oder Personalentwicklungsfragen, sondern vielmehr in Bezug auf die innerhalb der Verhandlungsorganisation notwendige Besetzung von Verhandlungsteams. So gelangen Unternehmen, die sich intensiver mit Fragen des Verhandlungsmanagements beschäftigen, relativ schnell zu der Erkenntnis, dass das Vorgehen, der Besetzung von Verhandlungspositionen und -teams kaum Aufmerksamkeit zu widmen, gefährlich und zum Teil sogar fahrlässig ist. Vor diesem Hintergrund bedarf es fundierter Informationen darüber, welcher Mitarbeiter für welche Verhandlungssituation besonders geeignet ist. Indem auf Basis von verhandlungsführerübergreifenden Analysen ermittelt wird, welche soziodemografischen, psychografischen und organisationalen Merkmale erfolgreiche Verhandelnde von weniger erfolgreich Verhandelnden unterscheiden und zeitgleich analysiert wird, welche Zusammensetzungen von Verhandlungsteams erfolgreich und welche Teamstrukturen eher weniger erfolgreich sind, erhalten Unternehmen entscheidende Hilfestellung für die Besetzung von Verhandlungsteams und damit die Organisation zukünftiger Verhandlungen. Ebenso können die Ergebnisse hilfreich sein, um Verhandelnde entsprechend ihres individuellen Stärken/Schwächen-Profils zu schulen und damit auf zukünftige Verhandlungssituationen vorzubereiten.

Individuelle Verhandlungsperformance

Auch wenn die Bedeutung der individuellen Messung von Verhandlungsperformance unmittelbar auf der Hand liegt, hat sich die Verhandlungsforschung mit diesem Themengebiet bislang nur am Rande beschäftigt. Daher ist für das Feld der Messung von Verhandlungsperformance erheblicher, zugleich aber auch dringender Forschungsbedarf zu konstatieren. Denn nur wenn valide Messmethoden zur Abbildung von Verhandlungsperformance vorliegen, lassen sich fundierte verhandlungsführerübergreifende Analysen anstellen, um hieraus Implikationen für Verhandlungsorganisation und -vorbereitung zu ziehen.

FALLBEISPIEL 41

Verhandlungsstärken von Praktikern

Eine erste Untersuchung der Verhandlungsstärken von erfahrenen Praktikern haben der Lehrstuhl für Marketing der Universität Hohenheim und der Lehrstuhl für Marketing der Universität Tübingen im Sommer 2008 vorgenommen. Im Rahmen eines »Verhandlungswettbewerbs unter Praktikern« verhandelten verhandlungserfahrene Praktiker aus verschiedenen Unternehmensbereichen in einem realen Business-Case miteinander. Die in den Verhandlungen erreichten Prozess- und Ergebnisziele wurden anschließend von den Wissenschaftlern verhandlungsführerübergreifend analysiert. Gemessen wurde dabei einerseits das Verhandlungsergebnis, andererseits die Verhandlungseffizienz. Schließlich bezog sich ein dritter Untersuchungsbereich auf die Beziehungsqualität, die sich aus dem Verhandlungsverhalten ablesen ließ. In der Summe kam die Untersuchung dabei zu dem Ergebnis, dass die Praktiker dem Verhandlungsergebnis sowie (interessanterweise) der Beziehungsqualität vergleichsweise große Beachtung schenkten. Hingegen wurde der Verhandlungseffizienz strukturell ein geringeres Gewicht zugeordnet. Auch wenn diese Ergebnisse allein als erster Hinweis zu verstehen sind und wissenschaftlich noch nicht als gesichert gelten können, zeigt diese Studie bereits, dass die individuelle Verhandlungsperformance von Verhandlungsführern offenbar nicht bei allen Verhandlungsdimensionen gleich hoch einzustufen ist.

5.3 Implikationen für zukünftige Verhandlungsaktivitäten

Ableitung qualitativer Empfehlungen

Aus der Analyse von Zielerreichungsgraden (vgl. Kapitel C.5.1) und deren Ursachen (vgl. Kapitel C.5.2) hat das Verhandlungscontrolling Vorschläge für die Gestaltung zukünftiger Verhandlungsaktivitäten zu entwickeln. Damit stehen im Verhandlungscontrolling nicht allein quantitative Aufgaben im Mittelpunkt. Stattdessen muss das Verhandlungscontrolling die zuvor quantitativ ermittelten Bewertungen anschließend in qualitative (und gegebenenfalls quantitative) Empfehlungen für zukünftiges Verhandlungsverhalten überführen. Adressaten dieser Empfehlungen sind das Management sowie die Verhandelnden in einem Unternehmen.

Implikationsbereiche

Die Ausführungen zur Analyse von Zielerreichungsgraden sowie von Abweichungsursachen haben bereits deutlich gemacht, dass sich aus den Ergebnissen des Verhandlungscontrollings Ansatzpunkte für eine Verbesserung aller Ablaufschritte des Verhandlungsmanagements identifizieren lassen. Im Einzelnen kann das Verhandlungscontrolling damit Hilfestellung zur Optimierung von

- Verhandlungsanalyse,
- Verhandlungsorganisation,
- Verhandlungsvorbereitung,
- Verhandlungsführung und
- (auch) Verhandlungscontrolling

liefern. Einige beispielhafte Ansatzpunkte zur Optimierung der Phasen des Verhandlungsmanagements auf Basis der Ergebnisse des Verhandlungscontrollings sollen im Folgenden aufgezeigt werden.

Verbesserungen der Verhandlungsanalyse

Am Beginn der das Verhandlungsmanagement eröffnenden Analysephase steht die Frage, bei welchen Verhandlungen Maßnahmen des Verhandlungsmanagements besonders relevant erscheinen. Besonders wichtig erscheint das Verhandlungsmanagement dabei in Verhandlungen, die eine vergleichsweise große Bedeutung für ein Unternehmen aufweisen und die vermutlich durch einen relativ großen Schwierigkeitsgrad gekennzeichnet sind.

Bestimmung von VHM-Relevanz

Auf Basis von Ergebnissen aus dem Verhandlungscontrolling kann nun ex post untersucht werden, ob die im Vorfeld vermutete Bedeutung sowie der erwartete Schwierigkeitsgrad von Verhandlungen auch tatsächlich eingetreten sind. Hierbei kann sich durchaus herausstellen, dass bei einzelnen Verhandlungen eine Über- oder Unterschätzung von Bedeutung und/oder Schwierigkeitsgrad vorgelegen hat. Im Beispiel von Abbildung 59 zeigt etwa der Vergleich der vor der Verhandlung im Rahmen der Verhandlungsanalyse erwarteten »Portfolio-Positionen« mit den auf Basis der Ergebnisse des Verhandlungscontrollings ermittelten »Ist-Portfolio-Positionen«, dass insbesondere bei den Verhandlungen zu den Produkten F und G Bedeutung bzw. Schwierigkeitsgrad offensichtlich falsch eingeschätzt worden sind. Während bei Produkt F die Bedeutung des Verhandlungsergebnisses unterschätzt wurde, z. B. weil die Schwankungsbreite des Verhandlungsergebnisses im Vorfeld nicht gesehen wurde (vgl. zu Bedeutungsarten bei Verhandlungen Kapitel C.1.1.1), bezog sich die Unterschätzung der Verhandlungen bei Produkt G auf den Schwierigkeitsgrad. Möglicherweise stellte sich bei diesem Produkt erst im Zeitablauf heraus, dass die Kunden hier plötzlich sehr viel größere Preiszugeständnisse vom Anbieter erwarten, so dass die Verhandlungen dort deutlich schwieriger als erwartet abliefen.

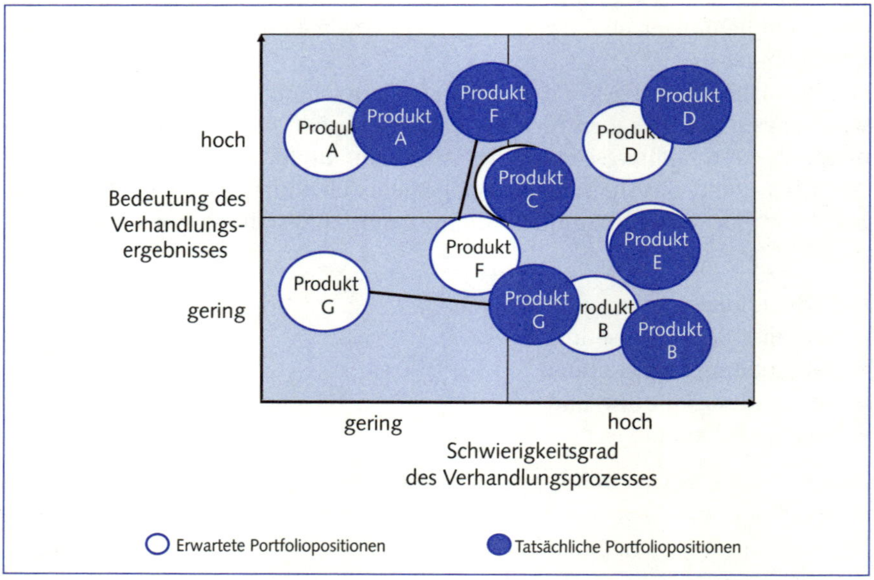

Abb. 59: Soll/Ist-Abweichungen bei Verhandlungsportfolios

Es zeigt sich, dass es erst die Ergebnisse des Verhandlungscontrollings möglich machen, das Anwendungsfeld des Verhandlungsmanagements genauer zu fassen und wirklich wichtige, aber auch schwierige Verhandlungen frühzeitig fundiert zu erkennen.

Informationsbasis für zukünftige Verhandlungen

Auch für die zweite Aufgabe der Verhandlungsanalyse, nämlich die verhandlungsbezogene Untersuchung, kann das Verhandlungscontrolling wertvolle Hilfestellung leisten. So geht es bei diesem Teil der Verhandlungsanalyse auch darum, Informationen über das bisherige Verhandlungsverhalten der gegnerischen Organisation im Allgemeinen sowie der Verhandlungsführer im Speziellen zu sammeln. Hierzu kann das Verhandlungscontrolling beitragen, indem es auf Basis verhandlungspartnerübergreifender Analysen (vgl. Kapitel C.5.2.2.) oder – noch feiner – auf Basis von verhandlungsführerbezogener Vergleiche (in Bezug auf gegnerische Verhandelnde) untersucht, durch welche Besonderheiten sich der jeweilige Verhandlungspartner besonders auszeichnet.

Verbesserungen der Verhandlungsorganisation

Bedeutung der Verhandlungs-Controlling-Ergebnisse

Die vielleicht wichtigsten Erkenntnisse hält das Verhandlungscontrolling für die zukünftige Verhandlungsorganisation bereit. Wie im Kapitel C.2 dargestellt, geht es auf dieser Stufe des Verhandlungsmanagements darum festzulegen, mit wem verhandelt werden soll, wer verhandeln soll und wer im Negotiation Team welche Rolle übernehmen soll. Für alle diese Fragen liefert das Verhandlungscontrolling wichtige Informationen. So lässt sich auf Basis von Controlling-Ergebnissen beispielsweise (mehr oder weniger) ermitteln,

Partnerauswahl

- ob bilaterale Verhandlungen wirklich erfolgreicher als multilaterale Verhandlungen geführt werden und daher Verhandlungen mit mehr als einem Partner auch weiterhin in eine Abfolge bilateraler Verhandlungen zerlegt werden sollten,

Teambesetzung

- bei welcher Verhandlungsteamgröße die »besten« Verhandlungsergebnisse erzielt werden (oder ob die Teamgröße für den Verhandlungserfolg irrelevant ist),
- ob sich (soziografische, psychografische oder organisationale) Eigenschaften ermitteln lassen, die einen besonderen Einfluss auf den Verhandlungserfolg haben,
- welcher Mitarbeiter für welche Art von Verhandlung oder für welchen Verhandlungsabschnitt besonders geeignet ist (z. B. ob Techniker wirklich eher am Anfang und Kaufleute eher am Ende in Verhandlungen eingesetzt werden sollten),
- in welchen Teamstrukturen verhandelt werden sollte,

Teamzusammenarbeit

- welche fachliche, prozessuale und entscheidungsbezogene Aufgabenteilung im Negotiation Team Erfolg versprechend ist,
- welche Rollen im Negotiation Team auf jeden Fall besetzt sein sollten oder
- ob »Manndeckung« Einfluss auf das Verhandlungsergebnis hat.

Identifikation effizienter Organisationsformen

Ein ausgebautes Verhandlungscontrolling-System sollte zudem zu diesen Fragen nicht allein ergebnisbezogene, sondern auch prozessbezogene Informationen zur Verfügung stellen. So sollte im Hinblick auf die obigen Fragen nicht allein untersucht werden, welche Ergebniswirkungen bestehen; vielmehr sollten auch die Organisationsformen ermittelt werden können, die zu besonders effizienten Verhandlungen führen.

Verbesserungen der Verhandlungsvorbereitung

Ansatzpunkt für die »W-Fragen«

Auch für die innerhalb der Verhandlungsvorbereitung relevanten Aufgabenstellungen sollte das Verhandlungscontrolling vorbereitende Analysen zur Verfügung stellen. Im Mittelpunkt dieser dritten Phase des Verhandlungsmanagements stehen die »Worüber-Frage« (Verhandlungsgegenstände), die »Wie-Frage« (Festlegung des zukünftigen Verhandlungsverhaltens) sowie die »Wo-Frage« (Verhandlungsrahmen). Letztlich kann das Verhandlungscontrolling auch für diese Teilaufgaben interessante Ansatzpunkte generieren.

Verhandlungsgegenstände

So kann das Verhandlungscontrolling etwa in Bezug auf die Verhandlungsgegenstände zeigen, bei welchen Gegenständen tendenziell bessere und bei welchen eher schlechtere Verhandlungsergebnisse erzielt werden. Durch die im Kapitel C.5.2.2. beschriebenen verhandlungsgegenstandsübergreifenden Analysen kann beispielsweise aufgedeckt werden, bei welchen Verhandlungsgegenständen sich Unternehmen (z. B. im Bereich bestimmter Verhandlungstypen wie etwa Einkaufsverhandlungen) eher schwer tun. Dies kann für die Verhandlungsvorbereitung zukünftiger Verhandlungen ein wichtiger Fingerzeig sein, dass man sich bei diesen Verhandlungsgegenständen noch intensiver vorbereiten muss bzw. diese Verhandlungsgegenstände – wenn möglich – in Verhandlungen meiden sollte.

Verhandlungsverhalten

Gerade auch in Bezug auf die Festlegung zukünftigen Verhandlungsverhaltens können Analysen des Verhandlungscontrollings sehr hilfreich sein. Beispielsweise können Verhandelnden Informationen gegeben werden, welches Zielausmaß realistisch ist. Zeigen die Ergebnisse des Verhandlungscontrollings so etwa, dass Preisnachlässe bei Einkaufsverhandlungen in der Vergangenheit bei nur acht Prozent lagen, so erscheint eine Zielvorgabe für eine Einkaufsverhandlung, nach der sich ein Einkäuferteam vornimmt, 20 Prozent Rabatt auszuhandeln entsprechend unrealistisch. Darüber hinaus können Untersuchungen des Verhandlungscontrollings aber auch helfen, erfolgreiche Strategien zu identifizieren. Erst auf Basis der Analyse des Erfolgs bislang verfolgter Strategien lässt sich so z. B. fundiert abschätzen, in welchen Verhandlungssituationen eine Konkurrenzstrategie erfolgreich und in welchen eher kontraproduktiv ist. Gleiches gilt dabei natürlich auch für Verhandlungstaktiken. Auch für diese kann ermittelt werden, welche Taktik in welcher Situation sinnvoll ist.

Verhandlungsrahmen

Schließlich hilft das Verhandlungscontrolling auch, den Verhandlungsrahmen zu verbessern. Beispielsweise kann mittels Verhandlungsvergleichen ermittelt werden, welche Verhandlungsmedien eingesetzt werden sollten. Interessiert sich ein Unternehmen beispielsweise für den verstärkten Einsatz von technischen Hilfsmitteln in Verhandlungen (z. B. Videokonferenztechnik), dann kann das Verhandlungscontrolling untersuchen, welche Folgen der Einsatz dieser Medien in der Vergangenheit im Hinblick auf Verhandlungseffektivität und -effizienz gehabt hat. Auf Basis der Ergebnisse kann das Management anschließend entscheiden, ob der verstärkte Einsatz solcher Hilfsmittel wirklich sinnvoll ist.

Verbesserungen der Verhandlungsführung

Optimierung von Effektivität und Effizienz

Auf der Hand liegt zudem, dass sich mittels Verhandlungscontrolling auch eine Optimierung der Verhandlungsführung herbeiführen lässt. Zum einen kann beispielsweise geprüft werden, welche Verhandlungsstile (vgl. Kapitel C.4.1) angemessen und welche eher schädlich sind. Zum anderen lässt sich aber auch das Verhalten in den verschiedenen Phasen des Verhandlungsprozesses im Hinblick auf dessen Erfolgswirksamkeit untersuchen. So können etwa aus dem Controlling Vorschläge für die Steigerung der Effizienz der Verhandlungsführung entwickelt werden. Ebenso kann das Verhandlungscontrolling konkrete Vorschläge entwickeln, bei welchem Verhandlungsstand eine Weiterführung von Verhandlungen ökonomisch nicht mehr angeraten erscheint. Auch durch das Aufzeigen solcher »Abbruchbedingungen« kann zur Effizienzsteigerung von Verhandlungen beigetragen werden.

Verbesserungen des Verhandlungscontrollings

Weiterentwicklung von Tools und Instrumenten

Schließlich sollte das Verhandlungscontrolling immer auch an einer Optimierung des eigenen Aufgabenfeldes arbeiten. So sollte das Verhandlungscontrolling die eigenen Tools und Instrumente ständig weiterentwickeln und verbessern. Bisherige Analysen können dabei eine wesentliche Grundlage darstellen: Diese machen deutlich, an welchen Stellen das Verhandlungscontrolling noch nicht in der Lage ist, die unterstützende Funktion gegenüber Management und Verhandelnden optimal wahrzunehmen. An diesen Stellen muss darüber nachgedacht werden, wie sich das Feld weiterentwickeln muss, um zukünftig noch umfassendere Hilfestellung geben zu können.

Input-Konstanz für Verhandlungsführer

Zu beachten ist dabei allerdings, dass solche Verbesserungsbemühungen nicht unbedingt mit einem umfassenderen Input seitens der Verhandlungsführer verbunden sein sollten. Sofern das Verhandlungscontrolling nämlich plant, die eigenen Tools und Instrumente zu verbessern, liegt zunächst der Gedanke auf der Hand, dass die verbesserten Analysen zusätzliche Informationen über Verhandlungen voraussetzen, die von den Verhandlungsakteuren zur Verfügung gestellt werden müssen. Damit wird aber möglicherweise die erweiterte Hilfestellung durch zusätzlichen Input der Adressaten »erkauft«. Nicht immer bedeutet dies, dass solche »besseren Tools und Instrumente« in der Gesamtschau für die Adressaten (Management und Verhandelnde) dann noch interessant sind. Daher sollte das Verhandlungscontrolling stets bemüht sein, die eigenen Aktivitäten ohne Zusatzinputs Dritter zu verbessern.

Zusammenfassung »Verhandlungscontrolling«

Den letzten Schritt des Verhandlungsmanagements stellt das Verhandlungscontrolling dar. Hier wird das Ziel verfolgt, aus Informationen über vergangene Verhandlungen Hilfestellung für die Gestaltung zukünftiger Handlungen abzuleiten. Um diese Aufgabe erfüllen zu können, sind

- Zielerreichungsgrade für durchgeführte Verhandlungen zu bestimmen,
- Ursachen für gegebenenfalls auftretende Abweichungen von Ursprungszielen zu untersuchen und
- Implikationen für zukünftige Verhandlungen abzuleiten.

Bei der Analyse von Zielerreichungsgraden sind Soll/Ist-Abweichungen zu ermitteln. Hierzu werden Reports, die am Ende der Verhandlungsvorbereitung anzufertigen sind (Soll), mit den tatsächlichen Verhandlungsergebnissen und -prozessen (Ist) verglichen. Da die Reports die Verhandlungsziele im Detail enthalten, können Abweichungen auf Einzelzielbasis wie auch in Bezug auf das Gesamtziel einer Verhandlung untersucht werden.
Gegebenenfalls identifizierte Abweichungen sind im Anschluss auf mögliche Ursachen und Hintergründe zu untersuchen. Hierbei ist es hilfreich, verhandlungsübergreifende Vergleiche anzustellen. Indem dann beispielsweise festgestellt wird, dass bei Verfolgen bestimmter Verhandlungsstrategien grundsätzlich eine höhere oder geringere Zielerreichung realisiert worden ist, lassen sich hieraus entsprechende Implikationen für zukünftige Verhandlungen ableiten. Vergleiche können dabei im Hinblick auf Unternehmensbereiche, Verhandlungsobjekte, Verhandlungspartner, Verhandlungsgegenstände, Verhandlungsstrategien/-taktiken oder Verhandelnde angestellt werden.
Aus den zuvor festgestellten Ursachen werden im letzten Schritt des Verhandlungscontrollings Schlussfolgerungen für zukünftige Verhandlungen gezogen. Diese können sich auf die Verhandlungsanalyse, die Verhandlungsorganisation, die Verhandlungsvorbereitung, die Verhandlungsführung oder das Verhandlungscontrolling an sich und damit auf alle Bereiche des Verhandlungsmanagements beziehen.
Abbildung 60 stellt die Aufgaben, die im Rahmen der Verhandlungsführung anfallen, in Form eines Überblicks nochmals abschließend dar.

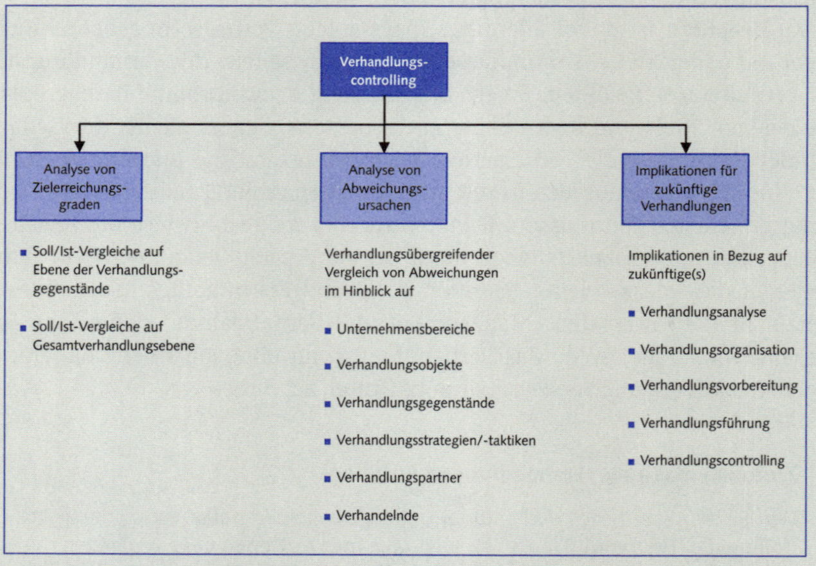

Abb. 60: Überblick zum Verhandlungscontrolling

D. Implementierung von Verhandlungsmanagement in der Praxis (»Wie kann Verhandlungsmanagement eingeführt werden?«)

Entwicklungsstand des Verhandlungsmanagements

Im vorangegangen Kapitel wurde gezeigt, dass ein systematisches Verhandlungsmanagement zahlreiche einzelne Management-Aktivitäten umfasst. Abbildung 61 stellt die vorgestellten Teilaufgaben nochmals im Überblick dar. Diese werden in der Praxis allerdings noch nicht intensiv wahrgenommen. Bereits im Kapitel A.3 dieses Buches wurde anhand einer vom Lehrstuhl für Marketing der Universität Hohenheim im Jahr 2007 durchgeführten Befragung gezeigt, dass der Entwicklungsstand des Verhandlungsmanagements in der Praxis noch nicht sehr weit fortgeschritten ist. Als ursächlich hierfür wurde unter anderem die Tatsache angeführt, dass Verhandlungen sowohl von Wissenschaft wie auch von der Praxis bislang noch nicht als Gestaltungsaufgabe für das Management angesehen werden. Demzufolge ist auch für den Bereich der Verhandlungen – wie für jeden anderen vormals nicht betriebswirtschaftlich durchdrungenen Bereich in Unternehmen – zu erwarten, dass die Übertragung von Management-Denken und -Techniken auf Verhandlungen in Unternehmen nicht ohne Schwierigkeiten vonstatten gehen wird. Es ist zu erwarten, dass der Implementierung eines systematischen Verhandlungsmanagements Widerstände bei Betroffenen und Beteiligten entgegenstehen.

Gegenargumente der Verhandelnden

Naheliegend ist so, dass die Einführung von Verhandlungsmanagement-Systemen zunächst einmal auf Ablehnung bei den Mitarbeitern stoßen wird, die Verhandlungsaufgaben innerhalb des Unternehmens übernehmen. Verhandlungsführer werden etwa gegen die Einführung eines Verhandlungsmanagement-Systems argumentieren, dass

- sie Teile der zu einem Verhandlungsmanagement-System gehörigen Instrumente schon immer eingesetzt haben,
- die übrigen, von ihnen bislang nicht eingesetzten Instrumente eigentlich überflüssig seien (sonst hätten sie diese ja auch bereits zuvor eingesetzt),
- vieles in Verhandlungen im Vorfeld nicht planbar sei und sich daher auch der Anwendung von Management-Techniken verschließen würde,
- sie sich durch die Benennung von Verhandlungszielen, -strategien und -taktiken im Vorfeld von Verhandlungen in einer flexiblen Verhandlungsführung beeinträchtigt sehen würden und dass es daher zu einer Verschlechterung von Verhandlungsprozessen und -ergebnissen kommen würde,
- man aus Erfahrungen vergangener Verhandlungen wenig für die erfolgreiche Gestaltung zukünftiger Verhandlungen lernen könne und daher die Grundidee des Verhandlungsmanagements, nämlich eine sukzessive Verbesserung von Verhandlungsprozessen und -ergebnissen unsinnig sei, oder
- Verhandlungsmanagement insgesamt eine weitere Form von »Überorganisation« sei.

Betroffenheitsperspektive

Auch wenn einzelne dieser Argumente im Einzelfall durchaus zutreffend sein können, wird bei diesen Bedenken natürlich insgesamt vor allem die Betroffenheitsperspektive deutlich. So sehen die Verhandlungsführer durch die Einführung eines umfassenden Verhandlungsmanagement-Systems zunächst einmal kurzfristig Zusatzarbeiten auf sich zukommen. Darüber hinaus steht für die

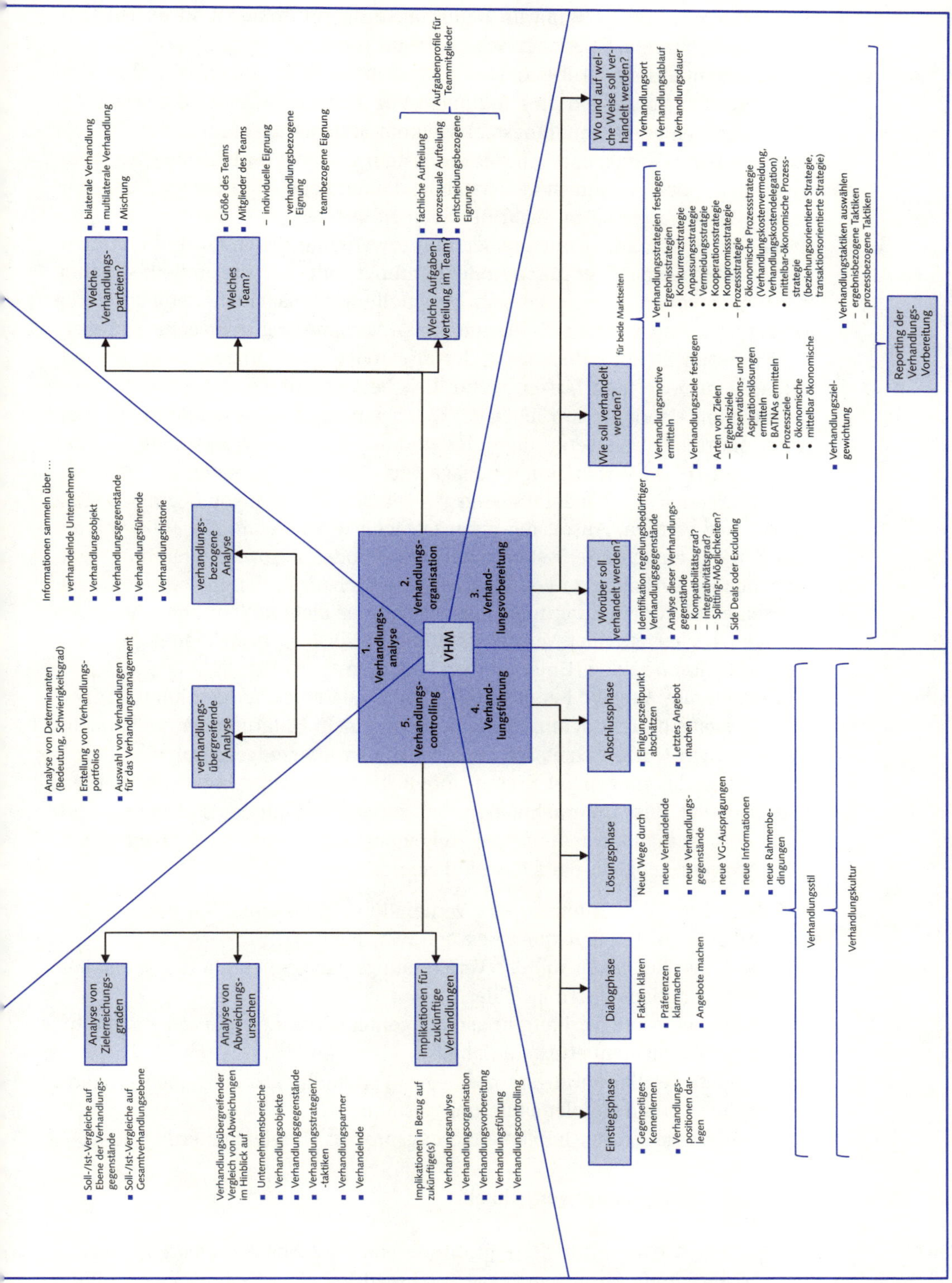

Abb. 61: Mindmap zu Aufgaben innerhalb des Verhandlungsmanagements

Betroffenen die Befürchtung im Raum, dass sie kontrolliert und im Hinblick auf ihre Verhandlungsperformance überprüft werden.

Widerstände im Management

Widerstände sind darüber hinaus aber auch aus Teilen des Managements zu erwarten. Ein häufig gehörtes Argument von Führungskräften, das gegen die Einführung eines Verhandlungsmanagement-Systems angeführt wird, besteht so in der Befürchtung, dass ein solches System gar nicht implementierbar wäre, da sich die oben genannten Widerstände, die auf Seiten von Verhandlungsführenden zu erwarten seien, nicht überwinden ließen.

Bedeutung der Implementierungsaufgabe

Die auf Seiten von Verhandelnden zu erwartende Kritik sowie die auf Seiten des Managements geäußerten Befürchtungen machen die große Bedeutung der Implementierungsaufgabe beim Verhandlungsmanagement deutlich. Völlig richtig ist nämlich, dass sich die mit einem Verhandlungsmanagement-System verbundenen Ziele (Verbesserung der Effektivität und Effizienz von Verhandlungen) nur erreichen lassen, wenn die oben genannten Widerstände überwunden und damit die von Teilen des Managements geäußerten Befürchtungen nicht eintreten. Dies setzt allerdings voraus, dass die Widerstände, die der Einführung eines Verhandlungsmanagement-Systems von Seiten der Verhandlungsführenden gegebenenfalls entgegen gebracht werden, von Beginn an ernst genommen werden. Ansonsten droht tatsächlich die Gefahr, dass die Verhandelnden das eingeführte System nicht »leben« oder sogar eventuell durch entsprechendes Verhalten zu konterkarieren versuchen. In diesem Fall würde der Nutzen eines Verhandlungsmanagement-Systems nicht greifen und stattdessen tatsächlich eher zu einer Verschlechterung der bislang bestehenden Verhandlungssituation in einem Unternehmen beitragen.

Nutzenkommunikation

Die zentrale Aufgabe bei der Implementierung eines Verhandlungsmanagement-Systems besteht demnach darin, die in einem Unternehmen Verhandelnden von dem Nutzen eines solchen Systems zu überzeugen. Daher sollte ein Verhandlungsmanagement-System möglichst vorsichtig eingeführt werden. Dies bedeutet, dass Unternehmen im Zusammenhang mit der Einführung eines Verhandlungsmanagement-Systems folgende Implementierungsfragen beachten und wenn möglich überzeugend lösen müssen:

Implementierungsfragen

- Wer soll für die Einführung des Verhandlungsmanagement-Systems verantwortlich sein (Implementierungsverantwortlichkeit)?
- In welchen Bereichen soll das Verhandlungsmanagement zunächst etabliert werden (Implementierungsfelder)?
- Soll der gesamte Verhandlungsmanagement-Ansatz simultan eingeführt werden (Implementierungsumfang)?
- Wie sollte der Einführungsprozess eines Verhandlungsmanagement-Systems gestaltet werden (Implementierungsgestaltung)?
- Wie lange dauert der Implementierungsprozess (Implementierungsdauer)?

Implementierungsverantwortlichkeit

Zentral oder Dezentral

Grundsätzlich kommt für die Einführung eines solchen Systems eine zentrale oder dezentrale Lösung in Frage. Während bei einer zentralen Lösung die

Einführungsaufgabe einer Querschnittsfunktion im Unternehmen, wie z. B. dem Controlling, zugeordnet wird, überlässt man die Einführung bei einer dezentralen Lösung den verschiedenen betroffenen Funktionsbereichen eines Unternehmens (z. B. Einkauf, Personal und Vertrieb). Da sowohl die zentrale Lösung (weil Prozesse nur einmal definiert werden müssen, treten Effizienzvorteile auf) als auch die dezentrale Lösung (die Prozesse können funktionsbereichsspezifisch gestaltet werden) Vorteile aufweisen, kann auch über eine Kombination zentraler und dezentraler Elemente nachgedacht werden. Beispielsweise können übergreifende, einheitliche Prozessbestandteile von einer zentralen Querschnittsfunktion im Unternehmen definiert werden, die funktionsbereichsspezifische Ausgestaltung jedoch den dezentralen Einheiten überlassen bleiben.

Implementierungsfelder

»Wasserfall«-Einführung

Angesichts der oben beschriebenen möglichen Widerstände und der daraus abgeleiteten Empfehlung, einen Verhandlungsmanagement-Ansatz vorsichtig in die Unternehmensorganisation einzubringen, empfiehlt sich in vielen Fällen eine »Wasserfall«-Einführung (vgl. Abbildung 62). Hierbei wird das Verhandlungsmanagement-System zunächst in solchen Bereichen eingeführt, wo die Widerstände möglicherweise geringer und der Erfolg der Einführung eines solchen Systems daher schneller sichtbar ist. Der Vorteil einer solchen

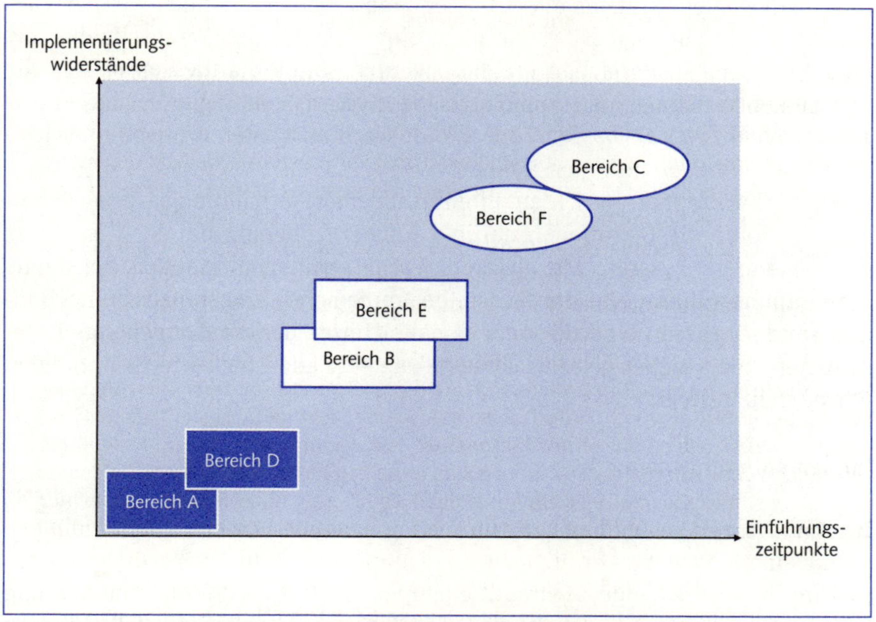

Abb. 62: Skizze einer bereichsübergreifenden »Wasserfall«-Einführung

Vorgehensweise ist darin zu sehen, dass die positiven Erfahrungen in den bewusst zunächst ausgewählten Bereichen dazu beitragen, in anderen Bereichen ansonsten bestehende Widerstände zu überwinden. Zudem kann das System im Verlauf des Implementierungsprozesses auch noch schrittweise verbessert werden, so dass es bei der Einführung in kritischeren Bereichen bereits stärker ausgereift ist.

Implementierungsumfang

Schrittweiser Ausbau des VHM

Um den Eindruck einer »Überorganisation« zu vermeiden, sollte auch der Umfang der innerhalb des Verhandlungsmanagements etablierten Prozesse, Tools und Instrumente schrittweise ausgebaut werden. Am Beginn sollten vor allem die für die Verhandlungsführenden nützlichen Bestandteile des Verhandlungsmanagement-Systems etabliert werden. Z.B. sollte das Verhandlungscontrolling erst dann für die Verhandlungsführenden offensichtlich ausgebaut werden, wenn zuvor der Nutzen anderer Bestandteile des Verhandlungsmanagements (z. B. Verhandlungsvorbereitung oder Verhandlungsorganisation) sichtbar geworden ist.

Implementierungsgestaltung

Beteiligten-integration

Um die Widerstände auf Seiten der Verhandlungsführenden zu überwinden bzw. erst gar nicht aufkommen zu lassen, sollte die Einführung eines Verhandlungsmanagement-Systems mit »Überzeugungsarbeit« verbunden werden. Dies bedeutet, dass ein solches System nicht ohne Erläuterung, Veranschaulichung oder Erklärung in Bereichen etabliert werden sollte. Stattdessen sollten die betroffenen Verhandelnden vom Nutzen des Systems von Beginn an aktiv überzeugt werden, so dass weder Widerstände noch ansonsten drohende negative Folgeerscheinungen auftreten können.

Eine auf Akzeptanz gerichtete Einführung eines Verhandlungsmanagement-Systems sollte die Betroffenen darüber hinaus frühzeitig bei der Gestaltung des Systems integrieren. Mit anderen Worten sollten unmittelbar betroffene Verhandlungsführende in den gesamten Implementierungsprozess eingebunden werden. Hierdurch wird nicht nur die Umsetzbarkeit der geplanten Management-Tools sicher gestellt, sondern zugleich auch für Akzeptanz bei den Betroffenen gesorgt.

Implementierungsdauer

Ausreichende Implementierungsdauer

Im Hinblick auf die Zeitdauer, die für die Implementierung eines Verhandlungsmanagement-Systems benötigt wird, ist zunächst einmal festzuhalten, dass hierfür ein ausreichender Zeitraum einzuplanen ist. Soll die Implementierung »vorsichtig« erfolgen, gegebenenfalls im Rahmen eines »Wasserfall«-Modells vorgenommen werden und unter Einbeziehung auch von Betroffenen stattfinden, so ist hierfür ein größerer Zeitraum zu veranschlagen.

Nachträgliche Anpassung

Darüber hinaus wird der Zeitraum der Implementierung auch dadurch (nochmals) ausgeweitet, dass die Implementierung nicht mit der Einführung von Tools und Instrumenten des Verhandlungsmanagements abgeschlossen sein darf. Stattdessen gehört zu einer sorgfältigen Implementierung auch, dass im Anschluss an die erstmalige Einführung von Verhandlungsmanagement-Ansätzen eine nachträgliche Korrektur und Anpassung eingeplant wird. So wird sich im Regelfall die Notwendigkeit einstellen, die anfänglich implementierten Ansätze nach einer ersten Einsatzphase nochmals zu überarbeiten und gegebenenfalls zu verändern. Hierzu sind die Erfahrungen der mit den Instrumenten des Verhandlungsmanagements arbeitenden Verhandelnden im Anschluss an die erstmalige Instrumenteneinführung strukturiert zu erheben und im Hinblick auf sich daraus ergebenen Anpassungsbedarf auszuwerten.

Fallstudien zum Verhandlungsmanagement

A. Verhandlungen als Betrachtungsgegenstand von Wissenschaft und Management
(»Was sind eigentlich Verhandlungen?«)
1. Begriff und Erscheinungsformen von Verhandlungen
2. Verhandlungen als wissenschaftliches Erkenntnisobjekt
3. Zum Stand des Verhandlungsmanagements in der Praxis

B. Entwicklung eines prozessorientierten Management-Ansatzes für Verhandlungen
(»Wie können Verhandlungen gemanagt werden?«)

C. Die Ablaufschritte des Verhandlungsmanagements
(»Welche Teilaufgaben gehören zum Verhandlungsmanagement?«)
1. Verhandlungsanalyse
2. Verhandlungsorganisation
3. Verhandlungsvorbereitung
4. Verhandlungsführung
5. Verhandlungscontrolling

D. Implementierung von Verhandlungsmanagement in der Praxis
(»Wie kann Verhandlungsmanagement eingeführt werden?«)

Fallstudien zum Verhandlungsmanagement

Verhandlungsmanagement 2.0

Die nachfolgend aufgeführten Fallstudien zum Verhandlungsmanagement dienen dazu, die Techniken, Tools und Instrumente des Verhandlungsmanagements einzuüben. Die Fallstudien beziehen sich dabei auf verschiedene betriebswirtschaftliche Fragestellungen und dienen unterschiedlichen didaktischen Zwecken:

Intraorganisationale Verhandlung

- Die Fallstudie »Interne Budgetverhandlung« soll dem Leser die Möglichkeit geben, den gesamten Prozess des Verhandlungsmanagements nachzuvollziehen. Anhand der am Ende der Fallstudie aufgeführten Fragestellungen soll ein detailliertes Nacharbeiten der in diesem Buch dargestellten Inhalte vorgenommen werden. Für Dozenten werden auf Anfrage zu dieser Fallstudie die Lösungshinweise zur Verfügung gestellt. Bitte richten Sie hierzu eine Mail an »vhm@verhandlungsforschung.de«.

Interorganisationale Verhandlungen

- Die Fallstudien »Tarifverhandlung« und »Einkaufs-/Verkaufsverhandlung« stellen hingegen die Ausgangssituation zweier typischer, betriebswirtschaftlich relevanter interorganisationalen Verhandlungssituationen dar. Anhand der am Ende der Fallstudien aufgeführten Aufgabenstellungen sollte der Leser eine grundsätzliche Verhandlungsanalyse sowie eine erste rollenspezifische Verhandlungsvorbereitung vornehmen.

Dozenten können diese Fallstudien auch als Grundlage für Verhandlungsübungen nutzen. Auf Anfrage stellen wir zu den Fallstudien »Tarifverhandlung« und »Einkaufs-/Verkaufsverhandlung« zusätzliche rollenspezifische Informationen für die jeweiligen Verhandlungsparteien der Fallstudie zur Verfügung, so dass reale Verhandlungen innerhalb der durch die Fallstudien dargestellten Ausgangssituationen durchgeführt werden können. Darüber hinaus werden Dozenten auch weitere Materialien für die Auswertung der Verhandlungen zur Verfügung gestellt. Die Dozenten-Anfragen sind hier über www.sp-dozenten.de möglich.

Fallstudie »Interne Budgetverhandlung«

Interne Budgetverhandlungen bei der Powerwerkzeuge GmbH[1]

Herr Schmitt war auf dem Weg von seinem Büro zum Konferenzraum, wo hoffentlich die letzte Runde der jährlichen Budgetverhandlungen stattfinden sollte. Er ist tief in Gedanken versunken, da ihm die bisherige Verhandlung wieder und wieder durch den Kopf ging. »Wir müssen heute zu einem Abschluss kommen!«, sagte er sich an diesem Vormittag. Herr Schmitt ist Produktmanager bei der Firma Powerwerkzeuge GmbH und ist in der strategischen Geschäftseinheit (SGE) »Heimwerkzeuge« für die Produkte »Akkubohrmaschinen« verantwortlich. Seit Wochen versuchte er, sich mit seinem Kollegen Herrn Huber, der im selben Geschäftsbereich für Schlagbohrmaschinen verantwortlich ist, über die Aufteilung des Budgets für Bohrer für das kommende Geschäftsjahr 2009 zu einigen.

Die Powerwerkzeuge GmbH ist einer der führenden Werkzeughersteller in Deutschland. Mit den beiden SGEs »Gartenwerkzeuge« und »Heimwerkzeuge« ist die strategische Geschäftsausrichtung eindeutig auf den privaten Heimwerker orientiert (vgl. Abbildung Powerwerkzeuge 1).

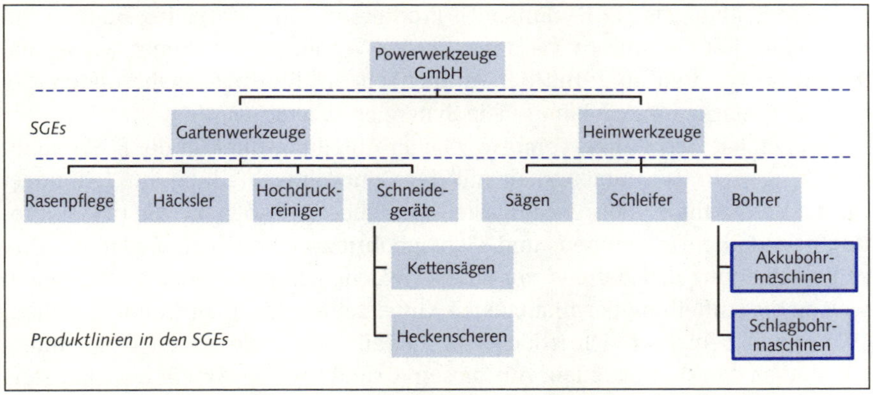

Abb. Powerwerkzeuge 1: Strategische Geschäftseinheiten (SGEs) der Powerwerkzeuge GmbH

Mit dieser Geschäftsstrategie ist die Powerwerkzeuge GmbH seit Jahren auf Wachstumskurs: Der Umsatz mit Heim- und Gartenwerkzeugen stieg im letzten Geschäftsjahr um sechs Prozent auf 1,7 Milliarden Euro. Wesentliche Träger des Wachstums der Powerwerkzeuge GmbH sind dabei richtungsweisende

1 Die Fallstudie wurde von Frau Dipl.-Kffr. Martina Pesic am Lehrstuhl für Marketing der Universität Hohenheim angefertigt.

Innovationen. So erzielte das Unternehmen rund 40 Prozent des Gesamtumsatzes mit Produkten, die jünger als zwei Jahre sind. Pro Jahr werden mehr als 3 Millionen Euro für Forschung und Entwicklung (F&E) ausgegeben und über 2.000 Patente weltweit angemeldet. »Besonders im Kerngeschäft der Heimwerkzeuge nutzten wir das gestiegene Weltmarktvolumen und konnten Marktanteile hinzugewinnen«, erklärte der Vorstandsvorsitzende Herr Dr. Haiger erst kürzlich in einer Pressemitteilung.

Wie jedes Geschäftsjahr werden die Budgets für die SGEs gemeinsam zwischen der Controllingabteilung in ihrer Methoden- und den Verantwortlichen der Geschäftsbereiche in ihrer Fachverantwortung festgelegt. Die Höhe der Budgets richtet sich hierbei nach der jeweiligen Positionierung im Marktanteils-Wachstums-Portfolio. Dabei werden für die einzelnen SGEs in Abhängigkeit von ihren jeweiligen Geschäftsfeldpositionen die relativen, auf den Umsatz bezogenen Aufgaben festgesetzt. Unter Einbeziehung der für die Produktlinien verantwortlichen Produktmanager werden dann innerhalb der SGEs die Teilbudgets für die einzelnen Produktlinien bestimmt. Hierbei werden die Budgets ebenfalls nach der Positionierung im Marktanteils-Wachstums-Portfolio bestimmt. Eine Besonderheit ergibt sich jedoch bei den Produktlinien »Schneidegeräte« und »Bohrer«. Da sich diese Produktlinien in weitere Produktarten unterscheiden lassen, wird hier ein Teilbudget für die Produktlinie vorgegeben und die jeweiligen Produktmanager innerhalb der Produktlinie handeln die Einzelbudgets für ihre Produkte untereinander aus. Da diese Produkt-Budgets mehrere Teilbudgets (F&E-, Einkauf-, Produktion- und Marketing-Budget) beinhalteten, hat sich dieses Verfahren in der Vergangenheit immer wieder bewährt. So konnten aufgrund der Ähnlichkeit der Produkte insbesondere bei F&E- und Marketingaktivitäten viele Synergien erzeugt werden.

Folglich hat Herr Funke, verantwortlicher Abteilungsdirektor der SGE »Heimwerkzeuge«, in Zusammenarbeit mit der Controllingabteilung ein Teilbudget für die Produktlinie »Bohrer« aufgestellt, welches nun noch auf die beiden Produkte »Akkubohrmaschinen« und »Schlagbohrmaschinen« aufzuteilen ist. Diese Entscheidung delegierte er vor einigen Wochen an seine beiden Mitarbeiter, welche die Aufteilung der finanziellen Mittel selbstständig aushandeln sollten. Wie immer behielt er sich jedoch vor, im Falle einer erfolglosen Verhandlung das Budget selbst aufzuteilen. Aus diesem Grund war der Abteilungsleiter stets über das Vorgehen in den Verhandlungen informiert.

Bisheriger Verlauf der Verhandlung

Als vor knapp vier Wochen Herr Funke auf Herrn Schmitt und Herrn Huber zukam und sie darum bat, das Budget für das nächste Geschäftsjahr untereinander auszuhandeln, begannen beide gleich mit ihren Vorbereitungen.

Diese Vorbereitungen bestanden in erster Linie darin, Informationen zu sammeln bzw. aufzubereiten. Hierfür betrachteten sowohl Herr Schmitt als auch

Herr Huber die vergangene Marktentwicklung, den gegenwärtigen Stand und die Zukunftserwartungen ihrer Produkte genauer. Die Informationen hierfür erhielten sie aus dem monatlichen Bericht der Controllingabteilung (vgl. in Auszügen Abbildung Powerwerkzeuge 2), in welchem die Zahlen der Finanzbuchhaltung, der Betriebsabrechnung sowie weitere Statistiken zur Absatz- und Umsatzentwicklung aufgeführt sind.

	Unit	Annal Results			Evolution since P0	
		Period 2	Period 3	%change	Ratio P3/P0	Average growth
Market Share						
Total	%€	11,6%	8,1%	-29,9%	x0.56	-17,6%
Cordless-Drill Market	%€	11,6%	8,1%	-29,9%	x0.56	-17,6%
Retail Sales						
Total	K€	52.528	41.284	-21,4%	x0.91	-3,3%
Cordless-Drill Market	K€	52.528	41.284	-21,4%	x0.91	-3,3%
Contribution						
Before Marketing	K€	19.105	15.304	-19,9%	x0.97	-0,8%
After Marketing	K€	13.376	8.802	-34,2%	x0.84	-5,6%
Net	K€	13.073	8.825	-36,6%	x0.81	-6,8%
Cumulative Net	K€	36.397	44.683	22,8%	x4.37	63,5%

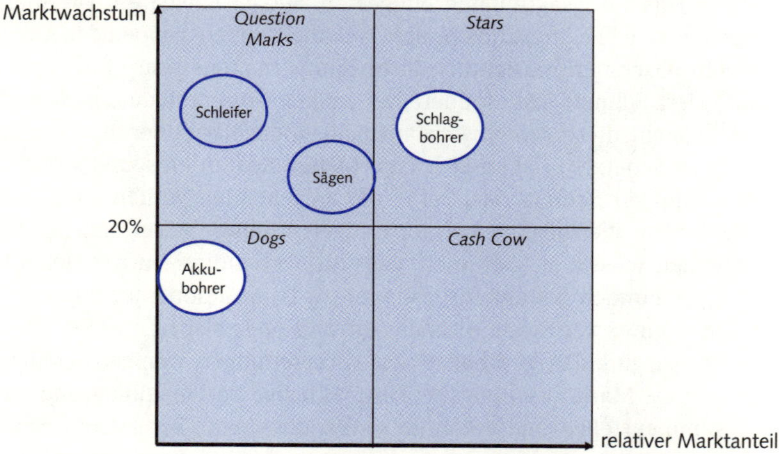

Abb. Powerwerkzeuge 2: Auszug aus dem monatlichen Bericht der Controllingabteilung

Wie jedes Jahr vor den Budgetverhandlungen mussten die beiden Produktmanager diese Fülle an Informationen erst einmal so aufbereiten, dass sie als Argumentationsgrundlage in der bevorstehenden Verhandlung genutzt werden konnten. Beide hatten hier schon einige Erfahrung aus der Vergangenheit und konnten somit die relevanten Informationen relativ schnell ermitteln und in einer für sie geeigneten Form aufarbeiten. In der jeweiligen Aufbereitungsart der Informationen unterschieden sich Herr Schmitt und Herr Huber jedoch in einigen Punkten.

Herr Schmitt war sich der momentan schlechten Positionierung der Akkubohrmaschinen bewusst. Aus diesem Grund versuchte er erst einmal auf Grundlage der Monatsberichte des vergangenen Geschäftsjahres eine Fehleranalyse durchzuführen. Auf Basis der Ergebnisse zusätzlicher Marktforschungsuntersuchungen wollte er mögliche Fehlentscheidungen im vergangenen Geschäftsjahr ermitteln. Dies sollte für ihn die Grundlage bilden, weitere Aktivitäten zu bestimmen und somit das benötigte Budget für Akkubohrmaschinen für das kommende Geschäftsjahr zu ermitteln. Er kam zu dem Ergebnis, dass für eine Neupositionierung seiner Produkte unbedingt intensive F&E-Arbeiten und enorme Marketing-Aufwendungen notwendig sein würden. Ihm war aber auch bewusst, dass hierfür ein erheblich höheres Budget benötigt wurde, als das, welches sich aus der Portfoliopositionierung ergeben würde. Denn wenn ihm lediglich dieses Budget zugesprochen würde, sah Herr Schmitt keine Chance für eine umfassende Besserung der Situation seiner Produkte. Und genau das bereitete ihm Sorgen. Aus diesem Grund stellte er Überlegungen an, wie die benötigten Investitionen gedeckt werden können. Nach ersten Rücksprachen mit der F&E-Abteilung wurde ihm vertraulich mitgeteilt, dass sich die Forschungsbemühungen für die beiden Bohrmaschinen in sehr vielen Prozessen ähnlich sind. So ließe sich durch vermehrte gemeinsame und vor allem abgestimmte Forschungsaktivitäten einiges an Budget einsparen. Die Marktforschungsstatistiken zeigten zudem, dass sich die Kundengruppen der Akku- und Schlagbohrmaschinen hinsichtlich ihres Kaufverhaltens sehr ähnlich sind. So erkannte Herr Schmitt insbesondere bei einigen Kommunikationsmaßnahmen die Möglichkeit, diese gemeinsam mit Schlagbohrmaschinen durchzuführen. Durch diese Synergien ließen sich eine Menge Kosten einsparen. Aus diesen Gründen sah Herr Schmitt das Ziel in der anstehenden Verhandlung darin, so viele Synergien wie möglich bei der Budgetverteilung zu erreichen. Aus der Vergangenheit wusste er aber auch, dass die Verhandlungen mit Herrn Huber nicht immer einfach waren. Insbesondere was die Kooperation mit anderen Bereichen anging, war dieser oftmals stur und uneinsichtig.

Herr Huber ging dagegen bei seinen Vorbereitungen weniger detailiert vor. Er ließ sich die Marktforschungsberichte inklusive der Positionierung im Portfolio zusammenstellen und erkannte sofort, dass seine Schlagbohrmaschinen eine hervorragende Positionierung aufwiesen. »Läuft doch alles sehr gut!«, dachte sich Herr Huber. Aus diesem Grund sah er auch keinen Anlass, die F&E-Bemühungen auszuweiten. Seine Produkte schätzte Herr Huber als so überlegen ein, dass lediglich Marketing-Aktivitäten erforderlich sein würden. Aufgrund der besseren Positionierung im Portfolio ließen sich diese Aufwendungen jedoch durch das im Vergleich zum vorherigen Geschäftsjahr höher ausfallende Budget sehr gut finanzieren. Von daher konnte Herr Huber sehr gelassen in die anstehende Verhandlung mit Herrn Schmitt gehen – er hatte gute Produkte und ein voraussichtliches Budget, mit dem sich gut arbeiten lassen würde.

Nachdem Herr Funke die beiden Produktmanager gebeten hatte, das Budget untereinander auszuhandeln, kam die Verhandlung jedoch erst langsam ins Laufen. Beide Manager waren momentan aufgrund der Vorbereitungen für die anstehende Fachmesse bauma zeitlich sehr eingespannt, was eine Terminfindung sehr schwierig gestaltete. Daher lief der erste Informationsaustausch bisher lediglich über E-Mail und meist zwischen den Sekretärinnen der beiden Manager. Bei einem ersten Zusammentreffen, welches vor zwei Tagen stattgefunden hatte, tauschten Herr Schmitt und Herr Huber erst einmal Informationen über das vergangene Geschäftsjahr aus. Allerdings waren diese bereits beiden Parteien aus den monatlichen Controllingberichten bekannt. Nach einer ca. einstündigen Unterhaltung erhielt Herr Schmitt einen Anruf. Er musste umgehend zurück in seine Abteilung, da eine dringende Entscheidung bezüglich der anstehenden Messe erforderlich war. Daher wurde beschlossen, später noch einmal zu weiteren Gesprächen zusammenzukommen. Herr Funke war über den schleppenden Fortschritt der Verhandlungen nicht sehr erfreut. Da sich die Verhandlungen nun schon seit einigen Wochen hinzogen, wurde nicht mehr nur Herr Schmitt, sondern auch Herr Funke unruhig. »Wenn es in den nächsten Tagen keine Entscheidung gibt, werde ich über die Aufteilung der Ressourcen wohl selbst entscheiden müssen!«, kündigte er missmutig an.

Weiterer Verlauf der Budgetverhandlung

Nachdem die erste Verhandlungsrunde erfolglos und ohne wirklichen Informationsaustausch auch eher sinnlos verstrichen war, vereinbarten die beiden Manager für den nächsten Tag in den späten Abendstunden ein zweites Treffen. Durch den abendlichen Termin erhofften sich die beiden Herren, dass sie ungestört verhandeln konnten.

Die Ankündigung von Herrn Funke ging Herrn Schmitt nun auf dem Weg zur Verhandlung immer wieder durch den Kopf. Er hatte doch so große Pläne im nächsten Geschäftsjahr bezüglich der Entwicklung neuer Produkte. Wenn nun aber das Budget gemäß der Positionierung im Portfolio festgelegt würde, dann bestünde die Gefahr, dass für die momentan im Verhältnis zu den Schlagbohrmaschinen etwas schwächer aufgestellte Sparte der Akkubohrmaschinen das Budget zu gering ausfallen würde, um die finanzintensiven F&E Pläne von Herrn Schmitt umsetzen zu können. Aus diesem Grund muss er versuchen, mit seinem Kollegen Herrn Huber eine vernünftige Aufteilung des Budgets zu erzielen.

Nach einer anfänglichen kurzen Smalltalk-Phase stiegen die beiden Herrn direkt in eine zunehmend hitzige Verhandlung ein, was sich am folgenden Ausschnitt des Verhandlungsdialogs erkennen lässt.

…

Hr. Huber: Lassen Sie uns zur Sache kommen. Wir müssen diese Verhandlungen ja nicht unnötig in die Länge ziehen.

Hr. Schmitt: Ich bin ganz Ihrer Meinung! Schließlich haben wir beide momentan nicht gerade viel Zeit und wenn wir nicht bald zu einer Einigung kommen, wird Herr Funke die Entscheidung treffen, was auch nicht in unserem Sinne sein sollte.

Hr. Huber: Ich habe mir meine Bereichszahlen einmal angeschaut und ich sehe keinen Grund, warum wir hier noch lange feilschen sollten. Eine Aufteilung gemäß der Positionierung im Portfolio erscheint mir mehr als plausibel.

Hr. Schmitt: Entschuldigen Sie bitte, ich bin da nicht ganz Ihrer Meinung. Wie Sie sicherlich anhand der monatlichen Berichtszahlen gesehen haben, sieht die Lage bei den Akkubohrmaschinen nicht ganz so rosig aus wie in Ihrem Bereich. Da diese schlechte Geschäftslage Auswirkungen für das gesamte Unternehmen hat, sollten wir hier auch gemeinsam versuchen, eine Lösung zu finden.

Hr. Huber: Sie wollen damit nun aber nicht etwa sagen, dass ich einen Teil meines Budgets für die Sanierung der durch Fehler des Managements entstandenen Schieflage Ihres Bereichs einsetzen soll?

Hr. Schmitt: Nun mal ganz langsam! Sie haben vielleicht Recht, wenn Sie sagen, dass das Management hier wahrscheinlich schneller auf die sich anbahnenden marktlichen Veränderungen hätte reagieren müssen. Allerdings konnte mit einem solch schnellen Einbruch der Nachfrage keiner rechnen, selbst unser Marktforschungsinstitut hat dies nicht erkannt. Die Marktforschungsberichte sagen uns nun aber ganz eindeutig, dass ein Ausweg aus dieser Lage nur durch intensive Weiterentwicklungen und Vermarktungsaktivitäten unserer Produkte möglich ist. Da hierfür aber erhebliche Kosten für F&E und Marketing notwendig sein werden…

Hr. Huber: … wollen Sie einen Teil meines Budgets haben, oder?

Hr. Schmitt: Lassen Sie mich doch bitte erst mal ausreden! Ich will nicht einen Teil Ihres Budgets haben, sondern dass wir hier gemeinsam eine Lösung finden.

Hr. Huber: Ich sehe hierfür wie gesagt bisher keinen Grund. Ehrlich gesagt verstehe ich auch noch nicht so recht, was Sie nun eigentlich wollen. Sie brauchen mehr Budget, um die Kosten zu decken und die einzige Möglichkeit, wie Sie an dieses höhere Budget kommen könnten, wäre der Weg, wenn ich Ihnen einen Teil abgebe. Dafür sehe ich aber wie gesagt keinen Grund.

Hr. Schmitt: Hr. Huber, ich glaube so kommen wir hier und heute nicht weiter! Ich werde Ihnen morgen eine Aufstellung meiner Überlegungen per E-Mail zukommen lassen. Denn ich denke, wenn wir gemeinsam an einem Strang ziehen, können wir beide einen Vorteil daraus ziehen!

Hr. Huber: Dann bin ich mal gespannt auf Ihre Erläuterungen!

…

Abb. Powerwerkzeuge 3: Dialogausschnitt aus der Verhandlung

Herr Schmitt macht sich gleich am nächsten Morgen daran, eine ausführliche Aufstellung seiner Überlegungen für Herrn Huber zu formulieren. »Das hätte ich vielleicht von Anfang an schon vorbereitet haben sollen! Dann wäre die Situation vielleicht nicht ganz so festgefahren gewesen und wir wären wahrscheinlich schon beim ersten Treffen zu einer Einigung gekommen.«, dachte er sich an diesem Morgen immer wieder. Umso mehr Mühe gibt er sich nun bei der Zusammenstellung der Unterlagen und sendet sie noch an diesem Vormittag an Herrn Huber. Herr Schmitt hebt in diesem Exposé insbesondere die Vorteile hervor, die die beiden Manager aus gemeinsamen F&E- und Marketing-Aktivitäten ziehen könnten. Er betonte hierbei auch, welche Informationen Herr Huber für das Erreichen dieser Überlegungen noch einbringen müsste und dass es nicht schlecht wäre, wenn er diese zum nächsten Termin schon mitbringen könnte. Über die Sekretärinnen der beiden Manager wurde vereinbart, dass die beiden Herren sich an diesem Nachmittag noch einmal kurz zusammensetzen, um die Situation zu klären. Die Sekretärin von Herrn Schmitt hat nur leider übersehen, dass dieser nachmittags bei einem Messebauer außerhalb der Stadt einen wichtigen Termin hat. Der Termin mit Herrn Huber ließ sich nur leider auch nicht mehr verlegen, da auch er terminlich sehr ausgelastet war. Aus diesem Grund schickt Herr Schmitt seine Assistentin Frau Schoch in die Verhandlung mit Herrn Huber. Er instruiert sie vorher kurz über seine Ziele und den Inhalt des Exposés, das er vormittags an Herrn Huber geschickt hatte. Frau Schoch freut sich über diese verantwortungsvolle Aufgabe. Gleichwohl ist sie auch etwas nervös, da ausgerechnet ihre erste Budgetverhandlung mit dem bei der Powerwerkzeuge GmbH als »Sturkopf« bekannten Herrn Huber erfolgen sollte. Als zum vereinbarten Termin nun nicht Herr Schmitt, sondern Frau Schoch erscheint, war Herr Huber erst mal sehr überrascht, wenn auch etwas erleichtert, da die beiden Herrn sich am Abend vorher nicht gerade freundlich getrennt hatten. Nach einem kurzen Smalltalk lenkte Frau Schoch das Gespräch auf das eigentliche Thema dieser Verhandlungsrunde: das Exposé von Herrn Schmitt. Herr Huber hatte es gelesen und fand die innovativen Ideen seines jungen Kollegen auch sehr interessant. Ihm war jedoch auch bewusst, dass die Umsetzung dieser Ideen mit sehr vielen Veränderungen der bisherigen Verantwortungsbereiche und Prozesse verbunden sein würde. Aus diesem Grund sträubte er sich auch, die von Herrn Schmitt benötigten Informationen zum aktuellen Forschungsstand, den genauen Marktforschungsdaten und den weiteren Marketing-Zielen offenzulegen. Im weiteren Verlauf des Gesprächs bemerkte Frau Schoch schnell, dass hinter der vordergründigen Position von Herrn Huber (Aufteilung des Budgets gemäß der Portfoliopositionierung), die sein Verhalten steuernde Motivation eine Andere ist. So gelingt es ihr im Verlauf des Gesprächs herauszufinden, dass Herr Huber im Prinzip nur die vielen Veränderungen scheute. »Jetzt weiß ich schon mal, wo ich mit meinen Argumenten ansetzen muss, wenn ich Herrn Huber von einer Zusammenarbeit überzeugen möchte«, dachte sich Frau Schoch. Argumente, die sie im Gespräch anbringen konnte, lieferte das Exposé von Herrn Schmitt reichlich. Sie versicherte Herrn Huber, dass die Veränderungen vor dem Hintergrund der vielen

Vorteile eher gering seien und sich insbesondere die Verantwortungsbereiche nicht erheblich verändern würden. Ein Großteil der Vorbereitungsarbeiten könne sicherlich von ihr und Herrn Schmitt übernommen werden. Somit würde sich für die Abteilung von Herrn Huber der Arbeitsaufwand nicht sonderlich erhöhen. Zudem dürfe er bei all den Veränderungen den Vorteil, den beide Abteilungen daraus ziehen werden, nicht aus den Augen verlieren. Herr Huber war von den Vorschlägen und Versprechungen von Frau Schoch sehr angetan. Er musste jedoch noch einmal über alles nachdenken und auch mit den Mitarbeitern in seiner Abteilung durchsprechen. Sie verabschiedeten sich herzlich voneinander und vereinbarten für den nächsten Tag ein Telefonat.

Am nächsten Vormittag erhielt Herr Schmitt einen Anruf von Herrn Huber, der sich mit den Plänen der teilweisen Zusammenlegung der Budgets für F&E- und Marketing-Aktivitäten einverstanden zeigte. Herr Schmitt war verblüfft darüber, dass es Frau Schoch so schnell gelungen war, diese »harte Nuss zu knacken«. Aus diesem Grund rief er Frau Schoch gleich zu sich, um in Erfahrung zu bringen, wie sie dies bewerkstelligt hatte. Nach dem Gespräch mit Frau Schoch war Herr Schmitt sehr beeindruckt über das verhandlungstechnische Know-how seiner neuen Mitarbeiterin und nahm sich fest vor, ihre Ratschläge in zukünftigen Verhandlungen zu berücksichtigen.

Sowohl Herr Schmitt als auch Herr Huber waren am Ende mit dem Verhandlungsergebnis zufrieden. Herr Schmitt hatte seine Ziele, die er sich anfangs gesteckt hatte, erreichen können. Herr Huber hatte zwar anfangs andere Ziele verfolgt, aufgrund der neuen Informationslage in der Verhandlung konnte er jedoch ein deutlich besseres Ergebnis erzielen, als er anfangs wollte. Aber nicht nur hinsichtlich des Ergebnisses ergaben sich im Rahmen der Nachbetrachtung der Verhandlung interessante Erkenntnisse für beide Herren. Insbesondere bei der Gestaltung des Verhandlungsprozesses wollten sich beide Manager in Zukunft mehr Mühe geben.

Aufgabenstellung

1. Beschreiben Sie die Bedeutung der Verhandlung aus Sicht der Verhandlungsanalyse.

2. Wie beurteilen Sie die Verhandlungsmanagement-Aktivitäten von Herrn Schmitt und Herrn Huber?

3. Was hätten Sie an Stelle der beiden Herren in der Verhandlung anders gemacht?

4. Ordnen Sie das Vorgehen von Frau Schoch ein. Was macht sie anders? Warum gelingt ihr der Durchbruch?

Fallstudie »Tarifverhandlung«

Tarifverhandlungen bei der Zug AG – Einigung in Sicht?[2]

Mit einem selbstzufriedenen Schmunzeln betrachtete Atze Schreiber sein neues Büro. Erst kürzlich hatte er sich bei einer großen Tageszeitung auf eine Stelle als Journalist beworben und war auch prompt eingestellt worden. »Das ist ja besser gelaufen, als ich gedacht habe«, murmelte er zufrieden, als er sich seinen erfolgreichen Einstellungsprozess nochmals vor Augen führte. Plötzlich klingelte das Telefon. Im Display erschien der Name seines neuen Vorgesetzten, Dieter Eilig. Selbstsicher und in Erwartung einer Einladung zu dem aus seiner Sicht eigentlich obligatorischen Willkommensmittagessen nahm er den Hörer ab.

»Herr Schreiber, wir stehen vor einem gravierenden Problem. Ich komme gerade aus der Redaktionssitzung, bei der die anstehenden Tarifverhandlungen der Zug AG wichtigster Tagesordnungspunkt waren. Wir brauchen dringend einen Überblick über den bisherigen Stand der Verhandlungen, damit wir unsere Leser »scharf« machen können für die entscheidende Tarifrunde dieses Wochenende. Ich erwarte von Ihnen bis morgen Abend einen ausgearbeiteten Artikel, damit wir ihn nachts noch in den Druck geben können.«

Missmutig legte Schreiber den Hörer auf. »Bis morgen Abend! Statt gemütlichem Mittagessen sieht das wohl eher nach einer Nachtschicht aus. Andererseits habe ich so aber auch die Gelegenheit zu beweisen, dass ich die richtige Person für den Posten bin und das werde ich auch nutzen.« Mit diesen Gedanken machte sich Herr Schreiber sogleich an die Arbeit.

Am nächsten Abend hatte Herr Schreiber dann auch den Artikel fertig und legte ihn seinem Vorgesetzten vor. Herr Eilig schnappte sich sogleich den Artikel und fing schon im Stehen an zu lesen …

2 Die Fallstudie wurde von Frau Dipl.-Kffr. Martina Pesic am Lehrstuhl für Marketing der Universität Hohenheim angefertigt.

Tarifverhandlungen bei der Zug AG – Endspurt im Endlosstreit

Berlin. Seit einigen Monaten bereits ringen die Gewerkschaft der Zugführer (GDZ) und der Vorstand der Zug AG um einen neuen Tarifvertrag. Dabei drehen sich die Auseinandersetzungen immer um die gleichen Streitpunkte: Lohnerhöhungen, wöchentliche Arbeitszeit und erfolgsabhängige Einmalzahlungen. Keine der beiden Parteien scheint von ihrer Position weichen zu wollen.

Aufgrund der über sieben Jahre konstant gebliebenen Lohnbedingungen für die Zugführer der Zug AG, hat die Gewerkschaft der Zugführer (GDZ) einen eigenen Tarifvertrag für die Zugführer gefordert. Die Gewerkschaft der übrigen Angestellten (GDA) hat sich bereits im Mai auf eine Lohnerhöhung von 3 Prozent mit dem Vorstand der Zug AG geeinigt. Damit gibt sich die GDZ jedoch nicht zufrieden. Sie fordert deutlich höhere Löhne. Zurzeit beziehen die 10.000 angestellten Zugführer ein Monatsgehalt von 2.000 Euro Brutto (500 Euro Brutto pro Woche) – nach Ansicht des Gewerkschaftsvorsitzenden Gerhard Schaft inakzeptabel! Auch die Arbeitszeit war lange Zeit ein großes Thema. So klagte die Gewerkschaft, dass hierzulande Zugführer 40 Stunden in der Woche arbeiten müssen, während in Frankreich die wöchentliche Arbeitszeit beispielsweise nur 35 Stunden beträgt. Inzwischen hat sich die GDZ allerdings mit dem Zug AG-Vorstand darauf geeinigt, nicht länger eine Verkürzung der Wochenarbeitszeit zu fordern.

Nach langem Hin und Her hat der Zug AG-Vorstand dann auch einen eigenen Tarifvertrag für die Zugführer bewilligt. Er tat sich lange Zeit damit schwer, da der bereits abgeschlossene Tarifvertrag mit der GDA in einer Sonderklausel vorsieht, dass Lohnerhöhungen, die mit anderen Gewerkschaften bei der Zug AG ausgehandelt werden und die oberhalb von den vereinbarten 3 Prozent liegen, automatisch auch für die von der GDA vertretenen übrigen Angestellten der Zug AG gelten.

Eine Besonderheit des Tarifvertrags der GDZ ist es allerdings zudem, dass im Gegensatz zu den Verhandlungen mit der GDA, auch über eine erfolgsabhängige Einmalzahlung verhandelt wird. Diese ist vom Gewinn der Zug AG (vor Abzug der Kosten für die Einmalzahlung) abhängig und wird bei Abschluss des Geschäftsjahres 2009 prozentual vom Gesamtgewinn (vor Abzug der Kosten für die Einmalzahlung) ausgezahlt.

Außerdem wurde zwischen der GDZ und dem Zug AG-Vorstand vereinbart, dass die für 2009 ausgehandelten Vertragsbestandteile nur für 2009 Gültigkeit haben. Nach Jahresende müssen demnach wieder alle Vertragsbestandteile neu ausgehandelt werden, d.h. es kann nicht vereinbart werden, dass einzelne Bestandteile des Tarifvertrags 2009 auch für 2010 Gültigkeit haben. Nach Jahresende 2009

läuft der Tarifvertrag ab, so dass für 2010 dann wieder ein neuer Tarifvertrag aufgesetzt werden muss. Dieser hängt nicht von den Ergebnissen des Vorjahres ab.
Die vertraglichen Rahmenbedingungen sind somit zwar geklärt, jedoch sind sich die beiden Parteien inhaltlich bisher keinen Schritt näher gekommen. Und das scheint nicht das einzige Problem zu sein, das die Zug AG derzeit hat. Neuen Berichten zufolge soll die Zug AG sogar mit finanziellen Schwierigkeiten zu kämpfen haben. Insbesondere Strafzahlungen wegen verspäteter Lieferungen sollen laut FAZ der Grund dafür sein. Aufgrund steigender Nachfrage nach Güterlieferungen hat die Zug AG als schnelle Lösung einfach weitere Waggons an bestehende Züge angehängt und demnach schlicht längere Züge eingesetzt – ohne jedoch gleichzeitig das Personal aufzustocken, das beim Ausladen der zusätzlichen Waggons benötigt wird. Wenn die Zug AG also weitere hohe verspätungsbedingte Kompensationszahlungen bei Güterverkehrskunden vermeiden will, wird sie wohl oder übel in den sauren Apfel beißen und weiteres Personal einstellen müssen. Internen Informationen zufolge hat die Zug AG hierfür bereits ein Angebot einer Fremdfirma erhalten, welche das benötigte Personal zur Verfügung stellen kann. Zurzeit verhandelt der Vorstand aber noch mit der GDZ über die Übernahme der zusätzlich anfallenden Ausladearbeiten durch die Zugführer. Es handelt sich dabei um rund zwei Stunden pro Woche für jeden Zugführer. Da das Ausladen jedoch während der regulären Arbeitszeit der Zugführer stattfindet, würde sich an der wöchentlichen Arbeitszeit nichts ändern. Denn während des Ausladens mussten die Zugführer bisher ohnehin darauf warten, bis die Züge vollständig entladen wurden und konnten erst dann wieder weiterfahren.
Interessant ist, dass die Zug AG trotz der Verlängerung der Güterzüge durch zusätzliche Waggons potenziell sogar noch mehr Aufträge annehmen und einen höheren Umsatz generieren könnte. Jedoch reichen die Kapazitäten hierzu bisher nicht aus. Um mehr Aufträge annehmen zu können, müssten sich die Zugführer nämlich dazu bereit erklären, länger zu arbeiten. Laut Arbeitnehmerschutzgesetz können Zugführer sogar bis zu 42 Stunden in der Woche arbeiten – möglich wäre das also. Bisher ist das jedoch noch nicht geschehen! Verständlich, dass sich der Vorstand da nicht auf Forderungen der Gewerkschaft einlassen will.
Dieses Wochenende entscheidet sich, ob die GDZ und der Zug AG-Vorstand doch noch zu einer Einigung in der festgefahrenen Auseinandersetzung kommen.
Klar ist, dass Gewerkschaftsvertreter Gerhard Schaft und Vorstandschef Volker Stand bislang noch weit von einer Einigung entfernt sind. Seit Monaten versuchen die beiden Gegenspieler, sich über die Eckpunkte des Tarifvertrages einig zu werden. Stand ist nach wie vor der Meinung, dass die Forderungen der Gewerkschaft völlig übertrieben sind, Schaft hingegen ärgert sich über die Uneinsichtigkeit des Vorstandes.
Der Tarifstreit bei der Zug AG droht bereits zu eskalieren. Alles scheint von den Verhandlungen Ende Juni, die im Hauptsitz der Zug AG in Berlin stattfinden werden, abzuhängen. Jetzt bleibt nur zu hoffen, dass es dann doch noch zu einer Einigung kommt, denn sonst kann es passieren dass der Zug für beide Parteien abfährt...

»Gut gemacht, Herr Schreiber« kommentierte Eilig nach der Lektüre. »An der einen oder anderen Stelle ist der Artikel noch etwas zu ausführlich, aber das ist ja schnell gekürzt.«

»Vielen Dank, Herr Eilig, es freut mich, dass er Ihnen gefällt. Während des Schreibens ist mir mehr und mehr deutlich geworden, wie brenzlig die Situation bei der Zug AG wirklich ist.« »Da haben Sie Recht. Ich frage mich, was passiert, wenn sich die GDZ und der Zug AG-Vorstand nicht einig werden.« »Laut meinem Zug AG-Informanten gibt es für diesen Fall einen Schlichterspruch. Dieser beinhaltet eine Lohnerhöhung von 7,5 Prozent bei gleichbleibender Arbeitszeit, d.h. 40 Stunden in der Woche. Jedoch entfallen dafür die erfolgsabhängigen Einmalzahlungen für die Zugführer. Für die Ausladearbeiten wird die Fremdfirma engagiert.«

»Jetzt würde mich aber schon einmal interessieren, um welche Absolutbeträge es sich dabei handelt. Gibt es denn bereits eine Übersicht über die voraussichtlichen Kosten und Gewinne der Zug AG für 2009?«, wollte Eilig wissen. »Nein, nicht offiziell. Aber als ich meinem Informanten zwei Karten für das Coldplay Konzert kommenden September versprochen habe, konnte ich ihm alle Informationen dazu entlocken«, schmunzelte Schreiber. »Ich habe dazu zwei Tabellen angefertigt« sagte er und reichte sie Herrn Eilig.

240 Mio. Euro = Lohnkosten Zugführer
(Bei den 240 Mio. Euro handelt es sich um voraussichtliche reguläre Personalkosten für Zugführer, d.h. ohne Lohnerhöhung, ohne erfolgsabhängiger Einmalzahlung etc.)

260 Mio. Euro = Lohnkosten übrige Angestellte
(Bei den 260 Mio. Euro handelt es sich um Personalkosten für die übrigen Angestellten, inklusive der 3 Prozent Lohnerhöhung aus dem GDA-Tarifvertrag. Sollten sich Vorstand und GDZ auf eine Lohnerhöhung über 3 Prozent einigen, wird der Differenzbetrag in Prozent auf die 260 Mio. Euro Lohnkosten der übrigen Angestellten gerechnet. So würden beispielsweise bei einer Lohnerhöhung von 8 Prozent Zusatzkosten von 5 Prozent von 260 Mio. Euro anfallen.)

140 Mio. Euro	=	Wartungsarbeiten
160 Mio. Euro	=	Investitionen
200 Mio. Euro	=	sonstige Ausgaben
1.000 Mio. Euro	=	Gesamtkosten

Abb. Zug AG 1: Voraussichtliche Kosten der Zug AG für 2009

1.100 Mio. Euro	=	Umsatz
1.000 Mio. Euro	=	Gesamtkosten
100 Mio. Euro	=	Gewinn bzw. Jahresüberschuss

Abb. Zug AG 2: Voraussichtlicher Jahresüberschuss der Zug AG für 2009

»Sie haben in Ihrem Artikel darüber geschrieben, dass die Zug AG potenziell mehr Umsatz machen könnte. Wissen Sie denn auch wie viel?« »Das habe ich leider nicht aus meinem Informanten rausgekriegt. Er hat mir aber zum Trost erzählt, wie sich die Kosten für zusätzlichen Umsatz bestimmen lassen. Und zwar steigen bei jedem Prozent mehr Umsatz alle Kosten um den gleichen Prozentsatz an, bis auf die Personalkosten (Zugführer und übrige Angestellte).« »Na das ist doch schon einmal etwas«, bemerkte Eilig erfreut. »Ihr Informant scheint wirklich Gold wert zu sein. Ich würde vorschlagen, wir laden ihn demnächst einmal zum Essen ein. Vielleicht bewirken ja ein paar gute Tropfen Wein das, was Ihre Angebote noch nicht erreichen konnten...«

Aufgabenstellung

1. Analysieren Sie die Ausgangssituation im vorliegenden Verhandlungsfall. Durch welche Besonderheiten ist die Tarifverhandlung gekennzeichnet? Welche Erwartungen in Bezug auf den Verlauf der Verhandlung lassen sich aus der Analyse der Ausgangssituation ableiten?

2. Versetzen Sie sich in die Lage von einer der beiden Verhandlungsparteien (Vorstand oder Gewerkschaft): Welches Verhandlungsverhalten der Gegenseite erwarten Sie? Analysieren Sie Motive, Ziele, voraussichtliche Strategien und eventuelle Taktiken der Gegenseite. Welche Ratschläge lassen sich aus Ihren Ergebnissen für Ihr eigenes Verhandlungsverhalten ableiten?

Fallstudie »Einkaufs-/Verkaufsverhandlung«

Protect 4u

Marcus Liehr wälzte sich unruhig in seinem Bett. Vor drei Tagen war ein Bekannter aus gemeinsamen Studienzeiten auf ihn zugekommen und hatte ihn gefragt, ob er einem Hersteller von Pflanzenschutzmitteln für einen begrenzten Zeitraum als Interimsvorstandsvorsitzender zur Verfügung stehen würde. Liehr, der sich als Unternehmenssanierer in den vergangenen Jahren einen Namen gemacht hatte, war unschlüssig. Einerseits reizte ihn die Herausforderung, einem Unternehmen, das zwar zurzeit wirtschaftlich noch keine existenziellen Probleme hatte, bei dem sich aber bereits erste Schwierigkeiten nach Aussagen von Experten abzeichneten, möglichst optimal in den offenbar aufziehenden schwierigen Zeiten zu führen. Dabei hatte sein Bekannter angedeutet, dass eine für das Unternehmen extrem wichtige Produkteinführung unmittelbar bevorstünde, für die allerdings noch einige Schwierigkeiten aus dem Weg zu räumen seien. Das alles klang somit sehr spannend.

Zwei Tage später hatte es sich Liehr überlegt. Ihm war klar geworden, dass ihm dieser Job sehr wichtig war. Kurz darauf ging er daher auf seinen Studienfreund zu, der für den Pflanzenschutzmittelhersteller Crop Protect AG als juristischer Berater arbeitete, und vereinbarte einen Termin bei dem Mehrheitsaktionär der betroffenen Firma. Hier einigte man sich kurze Zeit später auf ein Engagement von Liehr. Nachdem alle Formalitäten erledigt waren, begann Liehr mit dem ihm üblichen Elan, sich in die Materie einzuarbeiten und das Unternehmen kennen zu lernen.

Schon nach wenigen Tagen merkte er, dass für viele anstehende Entscheidungen und Bewertungen die benötigten Informationen nicht vorlagen. So existierten im Hause einige vielversprechende Produktinnovationen, die allerdings noch nicht in den Markt eingeführt worden waren, da wichtige Vertriebs- und Marktinformationen fehlten. »Was wir unbedingt brauchen, ist eine Marktstudie, die die neusten Trends im Bereich Pflanzenschutzmittel zum Inhalt hat«, sagte er sich. Er erinnerte sich an das Marktforschungsinstitut Allersbad, das ihn im Rahmen seiner letzten Projekte beraten hatte. Eine seiner ersten Amtshandlungen war es daher, bei diesem Marktforschungsinstitut eine Marktstudie zum Thema »Neue Strategien im Markt für Pflanzenschutzmittel« in Auftrag zu geben.

Bereits nach wenigen Wochen lag die Marktstudie vor, in die sich Liehr umgehend vertiefte …

Marktstudie

»Neue Strategien im Markt für Pflanzenschutzmittel«

im Auftrag der Crop Protect AG

durchgeführt vom

Institut für Marktforschung Allersbad
Gegründet 1968

Hohenheim, im Herbst 2005

INHALT

I. Der Markt

Der Gesamtmarkt für Pflanzenschutzmittel umfasst alle Produkte, die zum Schutz von Zier- oder Nutzpflanzen benötigt werden. Demnach fallen hierunter die Mittel zur Schädlingsbekämpfung, die als Pestizide bezeichnet werden. Den Pestiziden zugerechnet werden wiederum

- Insektizide (gegen Insekten),
- Nematizide (gegen Fadenwürmer),
- Fungizide (gegen Pilze),
- Herbizide (gegen Unkräuter),
- Rodentizide (gegen Nagetiere) und
- Bakterizide (gegen Bakterien).

Standen Pestizide lange Zeit unter starker Kritik (vgl. unten stehende Notiz zum bekanntesten Insektizid DDT), so ist in den letzten Jahren – wenn auch nicht eine breite Akzeptanz in der Öffentlichkeit – zumindest eine kleine Renaissance zu erkennen.

Dichlordiphenyltrichlorethan (**DDT**) ist ein Insektizid, das seit Anfang der 1940er Jahre zur Schädlingsbekämpfung, vorwiegend zur Bekämpfung des Malariaerregers eingesetzt wurde und teilweise immer noch wird. Die insektizide Wirkung entfaltet DDT als Kontakt- und Fraßgift.
DDT wurde in den USA und in den meisten anderen Ländern der westlichen Welt in den frühen 1970ern geächtet; seine Verwendung ist heute in großen Teilen der Welt – darunter auch Deutschland – verboten. Kurz zuvor hatte die Akademie der Wissenschaften der Vereinigten Staaten (National Academy of Sciences) noch mitgeteilt, dass DDT »500 Millionen Menschenleben vor Malaria gerettet hat«. Durch den massiven Einsatz von DDT konnte Malaria in ganz Europa und Nordamerika ausgerottet werden. In den weniger entwickelten Ländern, in denen es nie so konsequent eingesetzt wurde, konnte ein solcher durchschlagender Erfolg bislang nicht erzielt werden.

Abb. Protect 1: Hintergründe zu DDT

Dies liegt daran, dass mit den Mitteln der biologischen Schädlingsbekämpfung, der in einigen Regionen explosionsartigen Vermehrung von Insekten nicht mehr begegnet werden konnte. Ein weiterer Faktor, der zum Wiedererstarken der Pestizide führte, war in den unterschiedlichen Ausbringungsmethoden zu sehen. So erforderte das Ausbringen der Schädlingsbekämpfungsmittel auf biologischer Basis erheblich kompliziertere Technik und mehr Know-how als dies bei Pestiziden der Fall ist. Diese Tatsache spielte insbesondere beim Einsatz der Pestizide in den wirtschaftlich wie technisch oft rückständigen Ländern in Afrika, Asien und Südamerika eine wesentliche Rolle, da durch falsches Ausbringen die Effizienz der biologischen Schädlingsbekämpfungsmittel zusätzlich reduziert wurde.

Während für biologische Schädlingsbekämpfungsmittel somit seit jeher die Umweltverträglichkeit spricht, zeichnen sich traditionelle Pestizide durch hohe Effizienz und einfache Anwendbarkeit aus. Die Hauptabsatzmärkte für letztere sind daher insbesondere die drei benannten Subkontinente. Die Absatzzahlen sind in der unten stehenden Abbildung dargestellt.

Asien/Afrika/Südamerika 2005	**Tonnen (pro Jahr)**
Gesamter Absatz	120.000
– davon Institutionelle Verwender	90.000
– davon sonstige Verwender (Privatwirtschaft)	30.000

Abb. Protect 2: Absatzzahlen für traditionelle Pestizide

Dabei ist laut den neuesten Zahlen der WAVO (World Anti Varmint Organization) durchaus von wachsenden Mengen auszugehen, da die Menge der durch Insekten vernichteten Nahrungsmittel stetig ansteigt. Auch hierbei sind Schwerpunkte vor allem in den weniger weit entwickelten Ländern festzustellen, die sowohl hinsichtlich der Vorbeugung gegen den Schädlingsbefall als auch bei der Bekämpfung erhebliche Defizite aufweisen. Gleichzeitig ist hier stets das Problem der unzureichenden Liquidität der Verwender vorhanden, wodurch regelmäßig eigentlich als notwendig erkannte Maßnahmen nicht durchgeführt werden können. Vor diesem Hintergrund verwaltet die WAVO einen von den UN bereit gestellten Fond, aus dem Gelder für die Beschaffung von Pestiziden bereitgestellt werden. Die Finanzierung des Fonds ist für die nächsten fünf Jahre mit jeweils 120 Millionen Euro pro Jahr sichergestellt.

Die aktuelle Wettbewerbssituation auf dem Markt für Schädlingsbekämpfungsmittel stellt sich derzeit wie folgt dar:

- Der Weltmarkt für Pestizide wird von der Fa. Crop Protect dominiert. Das Unternehmen verfügt in diesem Segment über einen Marktanteil von 40 Prozent.
- Weitere Wettbewerber sind die spanische RICON, die als so genannter »Universalist« auftritt, d.h. sie verkauft sowohl biologische Schädlingsbekämpfungsmittel als auch Pestizide. Die Menge der von der Firma RICON abgesetzten Schädlingsbekämpfungsmittel wird auf ca. 26.400 Tonnen pro Jahr geschätzt (22 Prozent Weltmarktanteil).
- Dem italienischen Unternehmen RISTONA werden im Pestizidesegment ca. 7 Prozent Marktanteil zugerechnet, der Absatz beträgt pro Jahr 8.400 Tonnen.

II. Das Projekt »PROTECT 4u«

Das Herstellerunternehmen

Die Crop Protect AG hat sich nach ihrer Gründung im Jahr 1920 durch Johann F. Beskott zum Marktführer für Pflanzenschutzmittel mit heute insgesamt 8.000 Mitarbeitern entwickelt. Einen wesentlichen Grundstein des heutigen Erfolgs legte der Gründer Johann F. Beskott mit der frühzeitigen Einführung einer zeit- und kostensparenden industriellen Herstellung und Abfüllung von Schutzmitteln gegen verschiedene Blattlausarten Ende der 1920er Jahre. Gleichzeitig bedingte der Ausbau der Produktpalette einen konstanten Anstieg der Mitarbeiterzahl. Im Lauf der Jahre konnte das Unternehmen seinen Ruf als qualitätsbewusster Hersteller festigen, dessen Produkten auch weltweit immer mehr Nachfrager vertrauten.

Problematisch für das Unternehmen waren die negativen Schlagzeilen, in die Pestizide seit den 1970er Jahren geraten waren. Hierbei hatten insbesondere einige Unfälle (Vergiftungen, Transportunglücke von Gefahrgütern) für den verstärkten Einsatz von biologischen Schädlingsbekämpfungsmitteln bei Nachfragern geführt, die die Crop Protect allerdings nicht in ihrem Sortiment führt.

Diese Tatsachen werden von Crop Protect trotz der »kleinen Renaissance« der Pestizide, immer noch als potenzielle Gefahr eingeschätzt, da auch in den afrikanischen, asiatischen und südamerikanischen Nationen, die die zentralen Abnahmemärkte bilden, zunehmend Vorbehalte gegenüber dem Einsatz von Insektiziden (und anderen Pestiziden) bestehen.

Das neue Schädlingsbekämpfungsmittel »PROTECT 4u«

Die Ergebnisse einer Befragung von Verwendern in den Zielnationen unterstreichen den für die Crop Protect bestehenden Handlungsbedarf. Ca. 90 Prozent der Befragten wünschen sich effizientere als die bislang eingesetzten (momentan oft auf biologischer Basis aufsetzenden) Schädlingsbekämpfungsmittel. Gleichzeitig sind 74 Prozent überzeugt davon, dass Pestizide in der bislang bekannten Form zu große Gefahren mit sich bringen und sich ihr Einsatz demnach nicht lohnt bzw. zukünftig nicht mehr lohnen wird.

Hieraus ergibt sich unmittelbar, dass die Crop Protect AG eine neue Strategie benötigt, um ihr heutiges Absatzvolumen zu halten bzw. zu steigern. Die latente Angst der Verwender vor Pestiziden muss reduziert werden. Zudem müssen verstärkt die Käufer erreicht werden, die bislang aus ökologischen Gründen keine Pestizide verwendet haben, wieder erreicht werden.

⇒ **Lösung: Eine revolutionäre Produktinnovation**: Das umweltverträgliche Pestizid!

Da der Name Crop Protect durchaus einmal Synonym für wegweisende Pionierarbeit im Bereich der Schädlingsbekämpfungsmittel gewesen ist, fügt sich die Empfehlung, ein Schädlingsbekämpfungsmittel zu entwickeln, das die Vorteile von Pestiziden und Mitteln auf biologischer Basis vereint, nahtlos in die Unternehmenshistorie ein.

Umfangreiche aktuelle Experteninterviews ergaben, dass die Realisierung eines solchen Mittels eine spezifische Produktionsanlage für die Herstellung der chemikalischen Vorkomponenten (Additive) erforderte. Hiermit bestand zugleich ein Schutz vor Imitation durch den Wettbewerb, da davon auszugehen ist, dass viele Konkurrenten versuchen würden, dass neuartige Pestizid zu imitieren, sobald es auf den Markt kommt. Darüber hinaus sollte ein Markteinstieg frühzeitig (möglichst zum 1.1.2007) realisiert werden, um den Konkurrenten, die möglicherweise bereits an ähnlichen Produktinnovationen forschen, zuvor zu kommen.

Da die Crop Protect AG selbst nicht über eine derartige Anlage sowie die nötigen »human ressources« für die spezifische Transformation der Vorkomponenten verfügt, scheint eine sehr enge Kooperation mit einem Zuliefererunternehmen, das die wesentlichen Additive des Pestizids bereits transformiert und der Crop Protect AG liefert, als sinnvoll, um Know-how-Abfluss zu verhindern. In diesem Zusammenhang wären allerdings noch die Verantwortlichkeiten für die »Logistik« (vom Zulieferer zum Hersteller) der transformierten Chemikalie zu definieren. Dies könnte eventuell zu Problemen führen, da der Transport von Pestiziden, neben den anfallenden Kosten (1.000.000 Euro), immer mit hohen Risiken (z. B. allgemeine Widerstände gegen Gefahrgüter, Transportunfälle etc.) verbunden ist und Unternehmen der Branche deshalb in der Regel angesichts möglicher Imageschädigungen vor derartigen Verantwortlichkeiten zurückschrecken.

Um die Markteinführung des neuen Mittels »PROTECT 4u« zu überprüfen, wurde zusätzlich eine umfangreiche empirische Untersuchung zur Ermittlung tendenzieller endkundenseitiger Preisbereitschaften für das neue Pestizid durchgeführt. Mit Hilfe umfangreichen Demonstrationsmaterials wurden gestützte Befragungen auf Basis standardisierter Fragebögen in Asien, Afrika und Südamerika durchgeführt. Insgesamt wurden 100 Endkunden befragt, welche Mengen des neuen Bio-Pestizids sie innerhalb des geplanten Lebenszyklus von fünf Jahren bei alternativen Preisen abnehmen würden.

Als methodische Grundlage dient das Konzept der Preis-Absatz-Funktionen. Diese ist zwar in der Praxis mit Einschränkungen behaftet, da es in der Realität nie vollständig gelingt, die komplexen Zusammenhänge zwischen Preis und Absatzmenge in einer funktionalen Beziehung zu erfassen. Dennoch liefern empirisch ermittelte Preis-Absatz-Funktionen wichtige Hinweise auf die Zahlungsbereitschaft der Kunden. Eine Preis-Absatz-Funktion für einen Markt oder ein Marktsegment stellt immer die Aggregation einer Vielzahl von nachfragerindividuellen Preis-Absatz-Funktionen dar. Unter der Annahme unterschiedlicher Nutzenvorstellungen und dementsprechend verschiedener Zahlungsbereitschaften wird für jeden einzelnen Nachfrager ermittelt, bei welchem Preis er das Produkt (gerade) noch kaufen würde.

Für die Projektstudie wurden die Befragten zur Bestimmung der Preisbereitschaft für das neue Bio-Pestizid (Handelseinheit 1 Tonne) im Rahmen persönlicher Interviews mit dem neuen Produkt und den ihm zu Grunde liegenden Komponenten vertraut gemacht. Anschließend wurde deren Zahlungsbereitschaft ermittelt und zu einer Preis-Absatz-Funktion verdichtet und auf den Gesamtmarkt bezogen. Die ermittelte Preis-Absatz-Funktion für den gesamten Marktzyklus (Zeitraum fünf Jahre) lautet (Die PAF gibt an, welche Mengen in den kommenden fünf Jahren in Abhängigkeit von der Preissetzung insgesamt abgesetzt werden können. Die zeitliche Verteilung sollte dabei nicht weiter beachtet werden.):

$$x = 60000 - 30 \cdot p$$
$$[\text{mit } x = \text{Menge, } p = \text{Preis}]$$

Erfahrungen aus der Vergangenheit zeigen dabei, dass der Steigungsfaktor um 20 Prozent nach oben ($x = 60000 - 30 \cdot p$) oder unten ($x = 60000 - 24 \cdot p$) abweichen kann. Bei möglichen Preisberechnungen sollte man sich daher eines gewissen Risikos bewusst sein.

In jedem Fall (unabhängig von Schwankungen) macht das Ergebnis jedoch deutlich, dass tatsächlich eine ausreichende Zahlungsbereitschaft für das neue Pestizid besteht und dass sich das Projekt realisieren lässt. Erste Recherchen und Fachgespräche haben ergeben, dass pro Verkaufseinheit »PROTECT 4u« genau 200 kg des Additivs XYZ benötigt werden. Die variablen Gesamtkosten für die Herstellung des Bio-Pestizids würden sich damit zwischen 400 und 650 Euro pro Tonne bewegen. Damit ergeben sich trotz der zur Fertigung der Additive benötigten Produktionsanlage (Investitionsvolumen: 2.000.000 Euro) sowie der anfallenden Transportkosten (Sicherheitstransport: 1.000.000 Euro) Margen, die das Projekt für alle Beteiligten (Hersteller und Zulieferer) attraktiv werden lassen. Zu bedenken ist, dass sich die mögliche Absatzmenge im Markt proportional reduziert, sofern der Markteinstieg nach dem 1.1.2007 erfolgen sollte. Mit anderen Worten: Bei einem Markteinstieg, z. B. zum 1.4.2007 reduziert sich die Absatzmenge, die sich aus der PAF ergibt, um 5 Prozent (3 Monate von 60 Monaten).

Aufgabenstellung

1. Analysieren Sie die Ausgangssituation im vorliegenden Verhandlungsfall. Welche Besonderheiten kennzeichnen die anstehende Verhandlung für Hersteller und Zulieferer?

2. Versetzen Sie sich in die Lage von einer der beiden Verhandlungsparteien (Hersteller oder Zulieferer): Welche zusätzlichen Informationen benötigen Sie, um sich auf die anstehende Verhandlung professionell vorzubereiten? Welche dieser Informationen lassen sich Ihrer Auffassung nach vor Durchführung der Verhandlung in einem Unternehmen oder im Markt mit vertretbarem Aufwand beschaffen?

3. Welche ersten Überlegungen zur Verhandlungsstrategie von Hersteller und Zulieferer lassen sich aus der Fallstudie ableiten?

Verhandlungsmanagement 2.0

A. Verhandlungen als Betrachtungsgegenstand von Wissenschaft und Management
(»Was sind eigentlich Verhandlungen?«)

1. Begriff und Erscheinungsformen von Verhandlungen
2. Verhandlungen als wissenschaftliches Erkenntnisobjekt
3. Zum Stand des Verhandlungsmanagements in der Praxis

B. Entwicklung eines prozessorientierten Management-Ansatzes für Verhandlungen
(»Wie können Verhandlungen gemanagt werden?«)

C. Die Ablaufschritte des Verhandlungsmanagements
(»Welche Teilaufgaben gehören zum Verhandlungsmanagement?«)

1. Verhandlungsanalyse
2. Verhandlungsorganisation
3. Verhandlungsvorbereitung
4. Verhandlungsführung
5. Verhandlungscontrolling

D. Implementierung von Verhandlungsmanagement in der Praxis
(»Wie kann Verhandlungsmanagement eingeführt werden?«)

Fallstudien zum Verhandlungsmanagement

Verhandlungsmanagement 2.0

Mit dem vorliegenden Buch zum Verhandlungsmanagement wurde das Ziel verfolgt, ein betriebswirtschaftliches Konzept für das Management von Verhandlungen abzuleiten. Darüber hinaus wurde der Anspruch verfolgt, das Buch durch Fallbeispiele zu einzelnen Teilaufgaben des Verhandlungsmanagements sowie durch komplexe Fallstudien zu ergänzen, um ein schnelleres Verständnis der Tools und Instrumente des Verhandlungsmanagements zu ermöglichen sowie eine größere Lesefreundlichkeit herbeizuführen.

Gerade die Fallbeispiele nehmen dabei in dem Konzept dieses Buches eine zentrale Stellung ein: Sie übertragen die allgemeinen Ausführungen zum Management von Verhandlungen auf konkrete praktische Verhandlungssituationen und helfen damit dem Leser, die Relevanz der vorgestellten Tools und Instrumente zu erkennen und einen Anwendungstransfer für eigene Verhandlungen vorzunehmen. An vielen Stellen stößt man bei der Umsetzung eines solchen auf Transfer und Anwendung ausgelegten Konzeptes, das auf die Integration von Fallbeispielen angewiesen ist, allerdings an Grenzen, da über Praxis-Verhandlungen in Medien bzw. praxisorientierten oder wissenschaftlichen Zeitschriften nur vergleichsweise wenig berichtet wird. Auf der anderen Seite stellen wir jedoch in Gesprächen mit Praktikern immer wieder fest, dass viele Verhandlungsexperten aus der Praxis über interessante Fallbeispiele aus ihren Bereichen verfügen, die sich – entsprechend aufbereitet – sehr gut zur Illustration unseres Konzeptes eignen.

Um solche Praxisbeispiele – selbstverständlich in anonymisierter Form – in Folgeauflagen dieses Buches an geeigneter Stelle integrieren zu können, wollen wir bei zukünftigen Auflagen den Grundgedanken von »Web 2.0«, nämlich die Idee der Integration des Benutzers (Lesers) in die Erstellung der Inhalte aufgreifen. Unter dem Motto »Verhandlungsmanagement 2.0« laden wir daher Sie, liebe Leserinnen und Leser, ein, Fallbeispiele aus ihrem Verhandlungsgebiet zu benennen, die zur Illustration der von uns vorgestellten Tools und Instrumente des Verhandlungsmanagements geeignet erscheinen. Haben Sie z. B. spezielle Erfahrungen mit interkulturellen Verhandlungssituationen gemacht, die Grenzen der Einsetzbarkeit bestimmter Verhandlungsstrategien oder -taktiken kennengelernt oder beispielsweise bestimmte Tools des Verhandlungscontrollings entwickelt, so sind Ihre Erfahrungen, Instrumente und Beispiele gegebenenfalls geeignet, um in einer der nächsten Auflagen dieses Buches als Fallbeispiel zur Illustration zu dienen. Wir laden Sie ein, uns auf diese Beispiele unter

vhm@verhandlungsforschung.de

aufmerksam zu machen. Für besonders prägnante Beispiele bieten wir an, diese entsprechend aufzubereiten und in die nächste Auflage – gerne auch unter Nennung Ihrer Urheberschaft – aufzunehmen.

Literaturverzeichnis

Adams, J. S. (1965), Inequity in Social Exchange, in: Berkowitz, L. (Hrsg.), Advances in Experimental Social Psychology, Vol. 2, New York 1965, S. 267–297.

Alexander, J. F./Schul, P. L./McCorkle, D. E. (1994), An Assessment of Selected Relationships in a Model of Industrial Marketing Negotiation Process, in: Journal of Personal Selling & Sales Management, 14. Jg., Nr. 3, 1994, S. 25–41.

Ancona, D. G./Caldwell, D.F. (1998), Rethinking team composition from the outside in, in: Gruenfeld, D. H./Mannix, E. A./Neale, M. A. (Hrsg.): Research on Managing Groups and Teams, Greenwich 1998, S. 21–39.

Atkinson, R. C./Shiffrin, R. M. (1968), Human Memory: A Proposed System and Its Control Processes, in: Spence, K. W./Spence, J. T. (Hrsg.): The Psychology of Learning and Motivation, Vol 2., New York 1968, S. 89–195.

Ausubel, L. M./Cramton, P./Deneckere, R. J. (2002), Bargaining with incomplete information, in: Aumann, R./Hart, S. (Hrsg.): Handbook of Game Theory With Economic Applications, Amsterdam 2002, S. 1897–1946.

Bacharach, S. B./Lawler, E. J. (1981), Power and Tactics in Bargaining, in: Industrial and Labor Relations Review, 34. Jg., Nr. 2, S. 219–233.

Backhaus, K./Erichson, B./Plinke, W./Weiber, R. (2008), Multivariate Analysemethoden – Eine anwendungsorientierte Einführung, 12., überarb. Aufl., Berlin 2008.

Backhaus, K./van Doorn, J./Wilken, R. (2008), The Impact of Team Characteristics on the Course and Outcome of Intergroup Price Negotiations, in: Journal of Business-to-Business Marketing, 15. Jg., Nr. 4, 2008, S. 365–396.

Backhaus, K./Voeth, M. (2007), Industriegütermarketing, 8. Aufl., München 2007.

Bahrdt, H.P. (1997), Schlüsselbegriffe der Soziologie, München 1997.

Barisch, S./Voeth, M. (2008), Analysis of the Hierarchical Structure of Negotiation Teams, in: Proceedings of the 3rd International Conference on Business Marketing Management, St. Gallen, Switzerland, March 12–14, 2008.

Barry, B./Friedman, R. A. (1998), Bargainer Characteristics in Distributive and Integrative Negotiation, in: Journal of Personality and Social Psychology, 74. Jg., Nr. 2, 1998, S. 345–359.

Bazerman, M. H./Mannix, E. A./Thompson, L. L. (1988), Groups as mixed-motive negotiations, in: Advances in Group Processes, Greenwich 1988, S. 195–216.

Bazerman, M. H./Neale, M. A. (1991), Negotiator Rationality and Negotiator Cognition: The Interactive Roles of Prescriptive and Descriptive Research, in: Negotiation Analysis, Ann Arbor 1991, S. 109–130.

Bazerman, M. H./Neale, M. A. (1992), Negotiating Rationally. New York 1992.

Bazerman, M. H./Curhan, J. R./Moore, D. A./Valley, K. L. (2000), Negotiation, in: Annual Review of Psychology, 51. Jg., 2000, S. 279–314.

Beersma, B./De Dreu, C. K. W. (1999), Negotiation Processes and Outcomes in Prosocially and Egoistically Motivated Groups, in: International Journal of Conflict Management, 10. Jg., Nr. 4, 1999, S. 385–402.

Benton, A./Druckman, D. (1974), Constituent's Bargaining Orientation and Intergroup Negotiation, in: Journal of Applied Social Psychology, 4. Jg., Nr. 2, 1974, S. 141–150.

Berens, W./Rieper, B./Witte, T. (Hrsg.) (1996), Betriebswirtschaftliches Controlling – Planung, Entscheidung, Organisation, Wiesbaden 1996.

Bichler, M./Kersten, G. E./Strecker, S. (2003), Towards a structured design of electronic negotiations, in: Group Decision and Negotiation, 12. Jg., Nr. 4, 2003, S. 311–335.

Bird, M./Clayton, E./Moore, L. (1973), Sales Negotiation Cost Planning for Corporate Level Sales, in: Journal of Marketing, 37. Jg., Nr. 2, 1973, S. 7–13.

Bolman-Pullins, E. D./Haugtvegt, C. E./Dickson, P. R./Fine, L. M./Lewicki, R. J. (2000), Individual differences in intrinsic motivation and the use of cooperative negotiation tactics, in: Journal of Business & Industrial Marketing, 15. Jg., Nr. 7, 2000, S. 466–478.

Brand, G.T. (1972), The industrial buying decision: implications for the sales approach in industrial marketing, New York 1972.

Bright, D./Parkin, W. (1998), How negotiators work in teams, in: Management Research News, 21. Jg., Nr. 7/8, 1998, S. 20–36.

Brinkmann, J. (2006), Buying Center-Analyse auf der Basis von Vertriebsinformationen, Wiesbaden 2006.

Carnevale, P. J./Lawler, E. J. (1986), Time Pressure and the Development of Integrative Agreements in Bilateral Negotiations, in: Journal of Conflict Resolution, 30. Jg., Nr. 4, 1986, S. 636–659.

Campbell, N. C. G./Graham, J. L./Jolibert, A./Meissner, H. G. (1988), Marketing Negotiations in France, Germany, United Kingdom, and the United States, in: Journal of Marketing, 52. Jg., Nr. 2, 1988, S. 49–62.

Chiu, D. K. W./Cheung, S. C./Hung, P. C. K./Chiu, S. Y. Y./Chung, A. K. K. (2005), Developing E-Negotiation support with a meta-modeling approach in a Web services environment, in: Decision Support Systems, Volume 40, Nr. 1, July 2005, S. 51–69.

Chwallek, A. (2007), Hersteller beißen auf Granit – Extrem harte Jahresgespräche 2007 – Edeka und Rewe preschen mit speziellen Forderungen vor, in: Lebensmittel-Zeitung, Nr. 45, 2007, S. 1.

Cohen, W. (2003), The Importance of Expectations on Negotiation Results, in: European Business Review, 15. Jg., Nr. 2, 2003, S. 87–93.

Conceição-Heldt, E. da (2006), Integrative and Distributive Bargaining Situations in the European Union: What Difference Does It Make?, in: Negotiation Journal, 22. Jg., Nr. 2, S. 145–165.

Crosby, L. A./Evans, K. R./Cowles, D. (1990), Relationship Quality in Services Selling: An Interpersonal Influence Perspective, in: Journal of Marketing, 54. Jg., Nr. 3, 1990, S. 68–81.

Croson, R. (2005), The Method of Experimental Economics, in: International Negotiation, 10. Jg., Nr. 1, 2005, S. 103–148.

Dahl, R. (1957), The Concept of Power, in: Behavioral Science, Vol. 2, 1957, S. 201–215.

Dahlin, K. B./Weingart, L. R./Hinds, P. J. (2005), Team Diversity and information use, in: Academy of Management Journal, 48. Jg., Nr. 6, 2005, S. 1107–1123.

Daft et al. (1987), Organization theory: cases and applications, 2. Aufl., St. Paul 1987.

Dalton, D. R./Todor, W. D./Owen, C. L. (1987), Sex Effects in Workplace Justice Outcomes: A Field Assessment, in: Journal of Applied Psychology, 72. Jg., Nr. 1, 1987, S. 156–159.

Davis, J. H./Laughlin, P. R./Komorita, S. S. (1976), The social psychology of small groups: Cooperative and mixed-motive interaction, in: Annual Review of Psychology, 27. Jg., 1976, S. 501–541.

Dawson, R. (1995), Secrets of Power Negotiating, New Jersey 1995.

De Dreu, C. K. W. (2003), Time Pressure and Closing of the Mind in Negotiation, in: Organizational Behavior and Human Decision Processes, 91. Jg., Nr. 2, 2003, S. 280–295.

Degler, D. (2007), Deutschland sucht den Supergewerkschafter, http://www.sueddeutsche.de/deutschland/artikel/542/144217/, Abruf am 24.11.2008.

Der Foo, M./Elfenbein, H./Hoon Tan, H./Chuan Aik, V. (2004), Emotional Intelligence and Negotiation: The tension between creating and claiming value, in: International Journal of Conflict Management, 15. Jg., Nr. 4, 2004, S. 411–429.

Detroy, E.-N. (2004), Sich durchsetzen in Preisgesprächen und Preisverhandlungen, 13. Aufl., Frankfurt 2004.

Dietze, U. (1999), So gewinnt man Preisverhandlungen: Erfolgsstrategien für Angebotsverfolgung und Preisgespräche, Würzburg 1999.

Doney, P. M./Cannon, J. P. (1997), An Examination of the Nature of Trust in Buyer-Seller Relationships, in: Journal of Marketing, 61. Jg., Nr. 2, 1997, S. 35–51.

Douglas, A. (1962), Industrial Peacemaking, New York 1962.

Druckman, D./Olekalns, M. (2008), Emotions in negotiation, in: Group Decision and Negotiating, 17. Jg., Nr. 1, 2008, S. 1–11.

Dupont, C. (1999), A Model of the Negotiation Process with Different Strategies, in: International Business Negotiations, Oxford 1999, S. 39–68.

Dupont, C. (2002), International Business Negotiations, in: Kremenyuk, V. (Hrsg.): International Negotiation. Analysis, Approaches, Issues, San Francisco 2002, S. 375–391.

Erbacher, C. E. (2009), Grundzüge der Verhandlungsführung, 2. Aufl., Zürich 2009.

Evans, F. B. (1963), Selling as a dyadic relationship – A new approach, in: The American Behavioral Scientist, 1963, S. 76–79.

Fahn, E. (1972), Die Beschaffungsentscheidung – Ein Beitrag zur integrativen Betrachtung interorganisatorischer Beschaffungs- und Absatzaktivitäten, München 1972.

Fandel, G. (1981), Zur Anwendbarkeit spiel- und aushandlungstheoretischer Lösungsansätze auf Prozesse der Tarifverhandlung, in: Zeitschrift für Betriebswirtschaft, 51. Jg., Nr. 10, 1981, S. 1016–1032.

Fells, R. (1996), Preparation for Negotiation. Issues and Process, in: Personnel Review, 25. Jg., Nr. 2, S. 50–60.

Fisher, R./Ury, W. (1981), Getting to yes: Negotiating agreement without giving in, Boston 1981.

Fisher, R./Ury, W./Patton, B. (2004), Das Harvard-Konzept. Der Klassiker der Verhandlungstechnik, 22. Aufl., Frankfurt, New York 2004.

Fisher, R./Shapiro, D. (2005), Beyond reason: Using emotions as you negotiate, New York 2005.

Fiske, S. T. (2004), Social beings: A core motives approach to social psychology, New York 2004.

Fry, W. R./Firestone, I. J./Williams, D. L. (1983), Negotiation Process and Outcome of Stranger Dyads and Dating Couples: Do Lovers Lose?, in: Basic and Applied Social Psychology, 4. Jg., Nr. 1, 1983, S. 1–16.

Fudenberg, D./Tirole, J. (1983), Sequential bargaining with incomplete information, in: Review of Economic Studies, 50. Jg., Nr. 2, 1983, S. 221–247.

Fudenberg, D./Levine, D. K./Tirole, J. (1985), Infinite-horizon models of bargaining with one-sided incomplete information, in: Roth, A. E. (Hrsg.): Game-Theoretic Models of Bargaining, Cambridge 1985, S. 73–89.

Galinsky, A. D./Mussweiler, T. (2001), First Offers as Anchors: The Role of Perspective-Taking and Negotiator Focus, in: Journal of Personality and Social Psychology, 81. Jg., Nr. 4, 2001, S. 657–669.

Geiger, I. (2007), Industrielle Verhandlungen: Empirische Untersuchung von Verhandlungsmacht und -interaktion in Einzeltransaktion und Geschäftsbeziehung, Wiesbaden 2007.

Gilkey, R. W./Greenhalgh, L. (1984), Developing effective negotiation approaches among professional women in organizations, in: Conference on Women and Organizations, Simmons College, Boston 1984.

Gimpel, H. (2006), Possession, Obsession, and Concession – Preferences and Attachment in Negotiations, Karlsruhe 2006.

Gladstein Ancona, D./Caldwell, D.F. (1992), Demography and Design: Predictors of New Product Team Performance, in: Organization Science, 3. Jg., Nr. 3, 1992, S. 321–341.

Graham, J. L. (1986), The Problem-Solving Approach to Negotiations in Industrial Marketing, in: Journal of Business Research, 14. Jg., Nr. 6, 1986, S. 549–566.

Green, P. E./Rao V. R. (1971), Conjoint Measurement for Quantifying Judgemental Data, in: Journal of Marketing Research, 8. Jg., Nr. 2, 1971, S.355–363.

Greenhalgh, L./Neslin S. A. (1981), Conjoint Analysis of Negotiator Preferences, in: Journal of Conflict Resolutions, 25. Jg., Nr. 2, 1981, S. 301–327.

Griffith, D. A./Myers, M. B./Harvey, M. G. (2006), An Investigation of National Culture's Influence on Relationship and Knowledge Resources in Interorganizational Relationships Between Japan and the United States, in: Journal of International Marketing, 14. Jg., Nr. 3, 2006, S.1–32.

Gruenfeld, D. H./Neale, M. A./Mannix, E. A./Williams, K. J. (1996), Group composition and decision-making: how member familiarity and information distribution affect process and performance, in: Organizational Behavior and Human Decision Processes, 67. Jg., 1996, S. 1–15.

Guth, W./Schmittberger, R./Schwarze, B. (1982), An Experimental Analysis of Ultimatum Bargaining, in: Journal of Economic Behavior and Organization, 3. Jg., Nr. 4, 1982, S. 267–288.

Gutman, J. (1982), A Means-End Chain Model Based on Consumer Categorization Processes, in: Journal of Marketing, 46. Jr., Nr. 2, 1982, S. 60–72.

Hackman, J. R./Morris, C. G. (1975), Group tasks, group interaction process, and group performance effectiveness: A review and proposed integration, in: Berkowitz, E. (Hrsg.), Advances in experimental social psychology, 8. Aufl., New York 1975, S. 45–99.

Hamner, W. C./Yukl, G. A. (1975), The effectiveness of different offer strategies in bargaining, in: Druckman, D. (Hrsg.): Negotiations – Social-psychological perspectives, Beverly Hills, CA 1975, S. 137–160.

Harbour, R. (2000), The Conflicts of E-Bidding, in: Automotive Industries, 180. Jg., Nr. 4, 2000, S. 9.

Harnett, D. L./Cummings, L. L./Hughes, G. D. (1968),The Influence of Risk-Taking Propensity on Bargaining Behavior, in: Behavioral Science, 13. Jg., 1968, S. 91–101.

Håkansson, H./Johanson, J./Wootz, B. (1977), Influence Tactics in Buyer-Seller Processes, in: Industrial Marketing Management, 5. Jg., Nr. 6, 1977, S. 319–332.

Heckhausen, J./Heckhausen, H. (2006), Motivation und Handeln, 3. Aufl. Berlin, Heidelberg 2006.

Herbst, U. (2007), Präferenzanalyse in industriellen Verhandlungen, Wiesbaden 2007.

Herbst, U./Barisch, S./Voeth, M. (2008a), International Buying Center Analysis – The Status Quo of Research, in: Journal of Business Market Management, 2. Jg., Nr. 3, 2008, S. 123–140.

Herbst, U./Schwarz, S./Voeth, M. (2008b), The management of intra- vs. inter-organizational negotiations: An empirical comparison, in: Proceedings of the 1st French–German–Swiss Workshop on B2B Marketing, Lausanne, Schweiz, June 2008.

Hirn, W. (2002), Teilweise erfolgreich, http://wissen.manager-magazin.de/wissen/dokument/53/76/dokument.html?id = 21596735&top = MM&suchbegriff = &quellen = &vl = 0, Abruf am 18.10.2008.

Hofstede, G. (1991), Culture's consequences, Beverly Hills 1991.

Homans, G. C. (1950), The Human Group, New York 1950 (zitiert nach: Theorie der sozialen Gruppe, Köln und Opladen, 1960).

Huber, V. L./Neale, M. A. (1986), Effects of cognitive heuristics and goals on negotiator performance and subsequent goal setting, in: Organizational Behavior and Human Decision Processes, 38. Jg., Nr.3, 1986, S. 342–365.

Jakobs, H.-J. (2007), Nur die Liebe zählt, http://www.sueddeutsche.de/wirtschaft/artikel/7 84/143464, Abruf am 24.11.2008.

Jäggi, C. (2009), Sozio-kultureller Code, Ritual und Management. Neue Perspektiven in interkulturellen Feldern, Wiesbaden 2009.

Jahn, J. (2006), Schluß mit der Heuchelei, http://www.faz.net/s/RubEC1ACFE1E-E274C81BCD3621EF555C83C/Doc ~ E9BC3B344C49A41F6B0558F2C18DBC173 ~ ATpl ~ Ecommon ~ Scontent.html, Abruf am 15.11.2008.

Jarke, M./Jelassi, T./Shakun, M. (1987), MEDIATOR: Toward a Negotiation Support System, in: European Journal of Operational Research, 31. Jg., Nr. 3, 1987, S. 314–334.

Johnson, R. A. (1993), Negotiation Basics. Concepts, Skills, and Experiences, Newbury Park, 1993.

Kahn, A./Hottes, J./Davis, W. L. (1971), Cooperation and Optimal Responding in the Prisoner's Dilemma Game: Effects of Sex and Physical Attractiveness, in: Journal of Personality and Social Psychology, 17. Jg., Nr. 3, 1993, S. 267–279.

Kennan, J./Wilson, R. (1993), Bargaining with Private Information, in: Journal of Economic Literature, 31. Jg., Nr. 1, 1993, S. 45–104.

Keeney, R. L./Raiffa, H. (2001), Structuring and Analyzing Values for Multiple-Issue Negotiations, in: Young, H. P. (Hrsg.): Negotiation Analysis, Ann Arbor 2001, S. 131–153.

Keller, J. (1966), A classroom study of negotiation, in: Journal of Personality and Social Psychology

Kern, M. C./Brett, J. M./Weingart, L. R. (2005), Getting the floor: motive consistent strategy and individual outcomes in multiparty negotiations, in: Group Decision and Negotiation, 14. Jg., Nr. 21, 2005, S. 21–41.

Kesner, I. F./Shapiro, D. L. (1991), Did a Failed Negotiation Really Fail?, in: Negotiation Journal, 7. Jg., Nr. 4, 1991, S. 369–376.

Kim, P. H./Fragale, A. R. (2005), Choosing the Path to Bargaining Power: An Empirical Comparison of BATNAs and Contributions in Negotiation, in: Journal of Applied Psychology, 90. Jg., Nr. 2, 2005, S. 373–381.

Kimmel, M. J./Pruitt, D. G./Magenau, J. M./Konar-Goldband, E./Carnevale, P. J. D. (1980), Effects of Trust, Aspiration, and Gender on Negotiation Tactics, in: Journal of Personality and Social Psychology, 38. Jg., Nr. 1, 1980, S. 9–22.

Klimoski, R./Jones, R. G. (1995), Staffing for effective decision making: Key issues in matching people and teams, in: Guzzo, R. A/Salas, E. (Hrsg.): Team effectiveness and decision making in organizations, San Francisco 1995.

Kloyer, M. (2004), Opportunismus und Verhandlungsmacht in F&E-Lieferbeziehungen – eine empirische Untersuchung, in: Zeitschrift für betriebswirtschaftliche Forschung, 56. Jg., Nr. 6, 2004, S. 333–364.

Knapp, P./Novak, A. (2006), Effizientes Verhandeln: konstruktive Verhandlungstechniken in der täglichen Praxis, 2. Aufl., Frankfurt am Main 2006.

Koch, F.-K. (1987), Verhandlungen bei der Vermarktung von Investitionsgütern – Eine Plausibilitäts- und Explorationsanalyse, Mainz 1987.

Köhl, T. (2000), Claim-Management im internationalen Anlagengeschäft, Wiesbaden 2000.

Köhne, F. (2007), Electronic negotiation support systems and their role in business communication: An exploratory evaluation of auction use, Stuttgart 2007.

Koeszegi, S./Srnja, K. J./Pesendorfer, E.-M. (2006), Electronic Negotiation – A

Comparison of Different Support Systems, in: Die Betriebswirtschaft, 66. Jg., Nr. 4, 2006, S. 441–463.

Komorita, S. S. (1965), Cooperative Choice in a Prisoner's Dilemma Game, in: Journal of Personality and Social Psychology, 2. Jg., Nr. 5, 1965, S. 741–745.

Kossbiel, K. (2001), Verhandlungen über Löhne und Arbeitszeit bei technischem Fortschritt, in: Zeitschrift für Betriebswirtschaft, 71. Jg., Nr. 12, 2001, S. 1405–1429.

Kramer, R. M. (1991), The more the merrier? Social psychological aspects of multiparty negotiations in organizations, in: Bies, R. J./Lewicki, R. J./Sheppard, B. H. (Hrsg.): Research on Negotiation in Organization, Vol. 3, Greenwich 1991, S. 307–332.

Kroeber-Riel, W./Weinberg, P. (2009), Konsumentenverhalten, 9. Aufl., München 2009.

Kumar, R. (2004), Culture and emotions in intercultural negotiations: An overview, in Gelfand, M; Brett, J.M. (Hrsg.): Handbook of Culture and Negotiation, Stanford, California, Stanford University Press, 2004.

Kuthe, B. (2005), Verhandeln als innovativer Problemlösungsprozess, Aachen 2005.

Kutschker, M. (1972), Verhandlungen als Elemente eines verhaltenswissenschaftlichen Bezugrahmens des Investitionsgütermarketing, Mannheim 1972.

Lau, D. C./Murnighan, J. K. (1998), Demographic diversity and faultines: The compositional dynamics of organizational groups, in: Academy of Management Review, 23. Jg., Nr. 2, S. 325–340.

Laws, A. (2000), Negotiations, Oxford 2000.

Lax, D./Sebenius, J. (1986), The Manager as Negotiator, New York 1986.

Lax, D./Sebenius, J. (1992), The Manager as Negotiator: The Negotiator's Dilemma: Creating and Claiming Value, in: Goldberg, S./Sander, F./Rogers, N. (Hrsg.): Dispute Resolution, 2nd ed. Boston 1992, S. 49–62.

Levi, D. (2001), Group Dynamics for Teams, Thousand Oaks 2001.

Lewicki, R. J./Hiam, A./Olander, K. W. (1998), Verhandeln mit Strategie – Das große Handbuch der Verhandlungstechniken, St. Gallen, Zürich 1998.

Lewicki, R. J./Litterer, J. A./Minton, J. M./Saunders, D. M. (1994), Negotiation, Burr Ridge 1994.

Lewicki, J.R./Saunders, D. M./Barry B. (2006), Negotiation, 5. Aufl., Boston 2006.

Lewicki, R. J./Saunders, D. M./Minton, J. W. (1999), Negotiation, 3. Aufl., Boston 1999.

Lewis, S. A./Fry, W. R. (1977), Effects of Visual Access and Orientation on the discovery of Integrative Bargaining Alternatives, in: Organizational Behavior and Human Performance, 20. Jg., S. 75–92.

Luce, R. D./Tukey, J. W. (1964), Simultaneous Conjoint Measurement: A New Type of Fundamental Measurement, in: Journal of Mathematical Psychology, 1. Jg., Nr.1, 1964, S. 1–27.

Lim, S. G.-S./Murnighan, J. K. (1994), Phases, deadlines and the bargaining process, in: Organizational Behavior and Human Decision Processes, 58. Jg., 1994, S. 153–171.

Loewenstein, G. F./Thompson, L. L./Bazerman, M. H. (1989), Social Utility and Decision Making in Interpersonal Contexts, in: Journal of Personality and Social Psychology, 57. Jg., Nr. 3, 1989, S. 426–441.

MacDonald, J. B./Smith, K. (2004), The effects of technology-mediated communication on industrial buyer behavior, in: Industrial Marketing Management, 33. Jg., Nr. 2, S. 107–116.

Macharzina, K./Wolf, J. (2008), Unternehmensführung: das internationale Managementwissen; Konzepte – Methoden – Praxis, 6. Aufl., Wiesbaden 2008.

Marwell, G./Schmitt, D./Shotola, R. (1970), Sex Differences in a Cooperative Task, in: Behavioral Science, 15. Jg., 1970, S. 184–186.

Matthews, G./Deary, I./Whiteman, M. (1998), Personality Traits, New York 1998.

Mayfield, M./Mayfield, J./Drew, M./Herbig, P. (1997), Time Perspectives of the Cross-Cultural Negotiations Process, in: American Business Review, 15. Jg., Nr. 1, 1997, S. 78–85.

McGrath, J. E. (1998), A view of group composition through a group-theoretic lens, in: Neale M. A./Gruenfeld, D. H. (Hrsg.): Research on managing groups and teams, Stamford, Connecticut 1998, S. 255–272.

McLean, A./Marshall J. (1985), Exploring Organisation Culture as a Route to Organisational Change, in: Hammond, V. (Hrsg.) Current Research in Management, Francis Pinter, London 1985.

McNeal, S. P./McClintock, C. G./Nuttin, J. M. (1972), Effects of Sex Role in a Two-Person Mixed-Motive Game, in: Journal of Personality and Social Psychology, 24. Jg., Nr. 3, 1972, S. 372–380.

McQuiston, D. H. (1989), Novelty, Complexity, and Importance as Causal Determinants of Industrial Buying Behavior, in: Journal of Marketing, 53. Jg., Nr. 2, 1989, S. 66–79.

McWilliams, R. D./Naumann, E./Scott, S. (1992), Determining buying center size, in: Industrial Marketing Management, 21. Jg., 1992, S. 43–49.

Melchior, S. N. (2008), Einfluss der motivationalen Orientierung auf Verhandlungen in virtuellen Teams, München 2008.

Mintu-Wimsatt, A. (2002), Personality and Negotiation Style: The Moderating Effects of Cultural Context, in: Thunderbird International Business Review, 44 Jg., Nr. 6, 2002, S. 729–748.

Monroe, M. B./Clayton, E. R./Moore, L. J. (1973), Sales Negotiation Cost Planning for Corporate Level Sales, in: The Journal of Marketing, 37. Jg., Nr. 2, 1973, S. 7–13.

Moran, S./Ritov, I. (2007), Experience in integrative negotiations: What needs to be learned?, in: Journal of Experimental Social Psychology, 43. Jg., Nr. 1, 2007, S. 77–90.

Morley, I./Stephenson, G. (1977), The Social Psychology of Bargaining, London 1977.

Morris, M. H./Berthon, P./Pitt, L. F. (1999), Assessing the Structure of Industrial Buying Centers with Multivariate Tools – Part II, Multidimensional Scaling, in: Industrial Marketing Management, 28. Jg., Nr. 3, 1999, S. 263–276.

Mussweiler, T./Strack, F./Pfeiffer, T. (2000), Overcoming the Inevitable Anchoring Effect: Considering the Opposite Compensates for Selective Accessibility, in: Personality and Social Psychology Bulletin, 26. Jg., Nr. 9, 2000, S. 1142–1150.

Narby, M. R./Karni E. (1973), Free Competition and the Optimal Amount of Fraud, in: Journal of Law and Economics, University of Chicago Press, 16. Jg., Nr. 1, 1973, S.67–88.

Nash, J. F. (1950), The Bargaining Problem, in: Econometrica, 18. Jg., 1950, S. 155-162.

Neale, M. A./Bazerman, M. H. (1983), The role of perspective-taking ability in negotiating under different forms of arbitration, in: Industrial and Labor Relations Review, 36. Jg., 1983, S. 378–388.

Neale, M. A./Bazerman, M. H. (1992), Negotiator cognition and rationality: A behavioral decision theory perspective, in: Organizational Behavior and Human Decision Processes, 51. Jg., Nr. 2, 1993, S. 157–175.

Neale, M. A./Northcraft, G. B. (1986), Experts, amateurs, and refrigerators: Comparing expert and amateur negotiators in a novel task, in: Organizational Behavior and Human Decision Processes, 38. Jg., Nr. 3, 1986, S. 305–317.

Neale, M. A./Northcraft, G. B. (1990a), Behavioral negotiation theory: A framework for conceptualizing dyadic negotiation, in: Cummings, L.L./Staw. D. (Hrsg.): Research in Organizational Behavior, Greenwich 1990.

Neale, M. A./Northcraft, G. B. (1990b), Experience, Expertise and Decision Bias in Negotiation: The Role of Strategic Conceptualization, in: Research on Negotiation in Organization, 2. Jg., 1990, S. 55–75.

Neu, J./Graham, J. L./Gilly, M. C. (1988), The Influence of Gender on Behaviours and Outcomes in a Retail Buyer-Seller Negotiation Simulation, in: Journal of Retailing, 64. Jg., Nr. 4, 1988, S. 427–451.

O'Connor, K. M. (1997), Groups and solos in context: the effects of accountability on team negotiation, in: Organizational Behavior and Human Decision Process, 72. Jg., 1997, S. 384–407.

O'Connor, K. M./Arnold, J. A./Burris, E. R. (2005), Negotiators' Bargaining Histories and Their Effects on Future Negotiation Performance, in: Journal of Applied Psychology, 90. Jg., Nr. 2, 2005, S. 350–362.

O'Neill, B. (1991), Conflictual Moves in Bargaining, Warnings, Threats, Escalations and Ultimatums, in: Young, H. P. (Hrsg.): Negotiation Analysis, The University of Michigan Press, Ann Arbor, S. 87–108.

o.V. (2007), Wer argumentiert, verliert, in: Wirtschaftswoche, Nr. 39, 2007, S. 136–147.

Olson, J./Reynolds, T. (1983), Understanding Consumer's cognitive structures: Implications for advertising strategy, in: Percy L., Woodside A. (Hrsg.): Advertising and Consumer psychology, Lexinton 1983.

Osborne, M. J./Rubinstein, A. (1994), A Course in Game Theory, London 1994.

Osterkamp, S./Kindt, W./Albers, W. (2000), Verhandlung und Argumentation, in: Zeitschrift für Angewandte Linguistik, Nr. 33, 2000, S. 3–44.

Pesendorfer, E.-M./Graf, A./Koeszegi, S. (2007), Relationship in Electronic Negotiations: Tracking Behavior Over Time, in: Zeitschrift für Betriebswirtschaft, 77. Jg., Nr. 12, 2007, S. 1315–1338.

Peterson, R. M. (2001), Expanding the Antecedent Component of the Traditional Business Negotiation Model: Pre-Negotiation Literature Review and Planning-Preparation Propositions, in: Journal of Marketing Theory and Practice, 9. Jg., Nr. 4, 2001, S. 37–49.

Pfeiffer, T. (2002), Kostenbasierte oder verhandlungsorientierte Verrechnungspreise, in: Zeitschrift für Betriebswirtschaft, 72. Jg., Nr. 12, 2002, S. 1269–1296.

Pfetsch, F. R. (2006), Verhandeln in Konflikten. Grundlagen – Theorie – Praxis, Wiesbaden 2006.

Phillips, K. W./Mannix, E. A./Neale, M. A./Gruenfeld, D. H. (2004), Diverse groups and information sharing: The effects of congruent ties, in: Journal of Experimental Social Psychology, 40. Jg., 2004, S. 498–510

Pibernik, R./Sucky, E. (2008), Verhandlungsbasiertes Master Planning in Supply Chains, in: Die Betriebswirtschaft, 68. Jg., Nr. 1, 2008, S. 85–111.

Pinkley, R. (1990), Dimensions of conflict frame: Disputant interpretations of conflict, in: Journal of Applied Psychology, 75. Jg., 1990, S. 117–126.

Plinke, W. (1985), Erlösplanung im industriellen Anlagengeschäft (Band 28), Wiesbaden 1985

Polzer, J. T./Mannix, E. A./Neale M. A. (1998), Interest alignment and coalitions in multiparty negotiation, in: Academy of Management Journal, 41. Jg., 1998, S. 42–54.

Pruitt, D. G. (1981), Negotiation Behavior, New York et al. 1981.

Pruitt, D. G./Carnevale, P. J. (1993), Negotiation in social conflict, Pacific Groves, CA 1993.

Pruitt, D. G./Drews, J. L. (1969), The Effect of Time Pressure, Time Elapsed, and the Opponent's Concession Rate on Behavior in Negotiation, in: Journal of Experimental Social Psychology, 5. Jg., Nr. 1, 1969, S. 43–60.

Pruitt, D. G./Lewis, S. A. (1975), Development of Integrative Solutions in Bilateral Negotiations, in: Journal of Personality and Social Psychology, 31. Jg., Nr. 4, 1975, S. 621–633.

Purdy, J. M./Nye, P. (2000), The Impact of Communication Media on Negotiation Outcomes, in: The International Journal of Conflict Management, 11. Jg., Nr. 2, 2000, S. 162–187.

Putnam, L. L./Jones, T. S. (1982), Reciprocity in Negotiations: An Analysis of Bargaining Interaction, in: Communication Monographs, 49. Jg., S. 171–191.

Raiffa, H. (1982), The Art and Science of Negotiation, Cambridge 1982.

Raiffa, H./Richardson, J./Metcalfe, D. (2003), Negotiation Analysis: The Science and Art of Collaborative Decision Making, Harvard University Press, 2003.

Reichertz, J. (2007), Die Medien als selbständige Akteure, in: Aus Politik und Zeitgeschichte, Nr. 12, 2007, S. 25–31.

Rey, M. (2008), Gewerkschaften halten an Lohnforderungen fest, http://www.n24.de/news/newsitem_3941198.html, Abruf am 25.11.2008.

Roth, S. (2003), Evolutorische Spieltheorie und Marketing, in: Marketing ZFP, 25. Jg., 2003, S. 51–69.

Rubin, J. Z./Brown, B. R. (1975), The Social Psychology of Bargaining and Negotiation, New York 1975.

Rubinstein, A. (1982), Perfect Equilibrium in a Bargaining Model, in: Econometrica, 50. Jg., 1982, S. 97–111.

Salewski, W. (2008), Die Kunst des Verhandelns. Motive erkennen – erfolgreich kommunizieren, Weinheim 2008.

Samovar, L. A./Porter, R. E. (1997), Intercultural Communication, Belmont 1997.

Sandstede, C./Voeth, M. (2008), Differences in Negotiation Preparation, Process and Outcome between OEM-Business and Product Business, in: Proceedings of the 3rd International Conference on Business Market Management, St. Gallen, March 12–14, 2008.

Saner, R. (2008), Verhandlungstechnik. Strategie, Taktik, Motivation, Verhalten, Delegationsführung, 2. Aufl., Bern 2008.

Schelling, T. C. (1960), The Strategy of Conflict, in: Harvard University Press, 15. Jg., 1960.

Schiermeyer, M. (2008), Durchhalten, um den Kampf zu vermeiden, http://www.stuttgarter-zeitung.de/stz/page/1871932_0_2147_die-lange-nacht-von-sindelfingen-durchhalten-um-den-kampf-zu-vermeiden.html, Abruf am 15.10.2008.

Schoch, R. (1969), Der Verkaufsvorgang als sozialer Interaktionsprozess: eine theoretische und empirische Untersuchung des Verhaltens von Käufern und Verkäufern in der Verkaufssituation, dargestellt am Beispiel des Verkaufs eines Investitionsgutes (Registrierkassen), St. Gallen, 1969.

Schoop, M. (2008), Elektronische Verhandlungssysteme, in: Kurbel, K. et al. (Hrsg.), Enzyklopädie der Wirtschaftsinformatik, Online-Lexikon, München, 24.9.2008, http://www.enzyklopaedie-der-wirtschaftsinformatik.de/ (Abruf: 3.12.2008).

Schoop, M./Jertila, A./List T. (2003), Negoisst, A Negotiation Support System for Electronic Business-to-Business Negotiations in E-Commerce, in: Data and Knowledge Engineering, 47. Jg., Nr. 3, 2003, S. 371–401.

Schoop, M./Köhne, F./Ostertag, K. (2008), Communication Quality in Business Negotiations, in: Group Decision and Negotiation (Online): http://www.springerlink.com/content/133366u388568529, veröffentlicht am 12.08.2008.

Schoop, M./Köhne, F./Staskiewicz, D. (2004), An Integrated Decision and Communication Perspective on Electronic Negotiation Support Systems: Challenges and Solutions, in: Decision Systems 13, Nr. 4, 2004, S. 375–398.

Schranner, M. (2007a), Der Verhandlungsführer: Strategien und Taktiken, die zum Erfolg führen, 3. Aufl., München 2007.

Schranner, M. (2007b), Verhandeln im Grenzbereich – Strategien und Taktiken für schwierige Fälle, 7. Aufl., München 2007.

Schweitzer, M. E./Hershey, J. C./Bradlow, E. T. (2006), Promises and Lies: Restoring Violated Trust, in: Organizational Behavior and Human Decision Processes, 101. Jg., Nr. 1, 2006, S. 1–19.

Seigel, S./Fouraker, L. E. (1960), Bargaining and Group Decision Making: Experiments in Bilateral Monopoly, London 1960.

Shapiro, D./Fisher, R. (2005), Beyond reason: using emotions as you negotiate, New York 2005.

Sherif, M./Sherif, C. W. (1969), Social Psychology, New York 1969.

Siebe, W. (1996), Management der Differenzen: Das Raiffa Programm der analytischen Verhandlungsberatung, in: Zeitschrift für Betriebswirtschaft, 66. Jg., Nr. 2, 1996, S. 203–219.

Smith, J. B. (1998), Buyer-Seller Relationships: Similarity, Relationship Management, and Quality, in: Psychology and Marketing, 15. Jg., Nr. 1, 1998, S. 3–21.

Spangle, M./Isenhart, M. W. (2003), Negotiation: Communication for Diverse Settings, Thousand Oaks 2003.

Stephenson, G. M. (1981), Intergroup bargaining and negotiation, in: Turner, J. C./ Giles, H. (Hrsg.): Intergroup Behavior, Oxford 1981.

Stuhlmacher, A. F./Gillespie T. L./Champagne M. V. (1998), The Impact of Time Pressure and Information on Negotiation Process and Decisions: A Meta Analysis, in: International Journal of Conflict Management, 9. Jg., Nr. 2, 1998, S. 97–116.

Stoner, J. (1989), Management, 4. Aufl., Englewood Cliffs 1989.

Terborg, J. R. C./DeNinno, J. A. (1976), A Longitudinal Field Investigation of the Impact of Group Composition on Group Performance and Cohesion, in: Journal of Personality and Social Psychology, 34. Jg., Nr. 5, 1976, S. 782–790.

Thibaut, J./Kelley, H. H. (1959), The Social Psychology of Groups, New York et al. 1959.

Thompson, L. (1989), Negotiation Behavior: Effects of Task, Partner, and Structural Similarity, in: Academy of Management Proceedings, 1989, S. 376–381.

Thompson, L. (1990), An Examination of Naive and Experienced Negotiators, in: Journal of Personality and Social Psychology, 59. Jg., Nr. 1, 1990, S. 82–90.

Thompson, L. (1995), The Impact of Minimum Goals and Aspirations on Judgments of Success in Negotiations, in: Group Decision and Negotiation, 4. Jg., 1995, S. 513–24.

Thompson, L. (2004), Making the team: A guide for managers. 2. Aufl., Upper Saddle River, New Jersey 2004.

Thompson, L. (2005), The Mind and Heart of the Negotiator, 3. Aufl., Upper Saddle River, New Jersey 2005.

Thompson, L./DeHarpport, T. (1994), Social Judgement, Feedback, and Interpersonal Learning in Negotiation, in: Behavior and Human Decision Processes, 58. Jg., 1994, S. 327–345.

Thompson, L./Hastie, R. (1990), Social perception in negotiation, in: Organizational Behavior and Human Decision Processes, 47. Jg., Nr. 1, 1990, S. 98–123.

Thompson, L./Peterson, E./Brodt, S. E. (1996), Team Negotiation: An Examination of Integrative and Distributive Bargaining, in: Journal of Personality and Social Psychology, 70. Jg., Nr. 1, 1996, S. 66–78.

Tolman E. C. (1932), Purposive Behavior in Animals and Men, New York, London: The Century, 1932.

Topf, C. (2005), Gehaltsverhandlungen für freche Frauen: Fordern Sie, was Sie verdienen – und bekommen Sie, was Sie wollen!, München 2005.

Troczynski, P./Limbeck, M. (2006), Einkaufsverhandlungen erfolgreich führen – Verkäufertools für Ihren Verkaufserfolg, Gernsbach 2006.

Tversky, A./Kahnemann, D. (1974), Judgment under uncertainty: Heuristics and biases, in: Science, 185. Jg., 1974, S. 1124–1131.

Tziner, A./Eden, D. (1985), Effects of Crew Composition on Crew Performance: Does the Whole Equal the Sum of Its Parts?, in: Journal of Applied Psychology, 70. Jg., Nr. 1, 1985, S. 85–93.

Van Dijk, E./van Kleef, G. A./Steinel, W./van Beest, I. (2008), A Social Functional Approach to Emotions in Bargaining: When Communicating Anger Pays and When It Backfires, in: Journal of Personality & Social Psychology, 94. Jg., Nr. 4, 2008, S. 600–614.

Van Kleef, G. A./De Dreu, C. K. W./Manstead, A. S. R. (2004), The Interpersonal Effects of Emotions in Negotiations: A Motivated Information Processing Approach, in: Journal of Personality and Social Psychology, 87. Jg., Nr. 4, 2004, S. 510–528.

Van Zandt, H. F. (1970), How to Negotiate in Japan, in: Harvard Business Review, 48. Jg., Nr. 6, 1970, S. 45–56.

Vermeer, M. (1998), Wissenswertes zum China-Engagement (4): Personalmanagement für China – Kriterien für die Mitarbeiterqualifikation, in: CHEManager, Nr. 3, 1998, S. 7–8.

Voeth, M. (2000), Nutzenmessung in der Kaufverhaltensforschung – Die Hierarchische Individualisierte Limit Conjoint-Analyse (HILCA), Wiesbaden 2000.

Voeth, M./Gawantka, A./Herbst, U. (2006), The Analysis of Negotiation Satisfaction, in: Proceedings of the European Marketing Academy Conference (EMAC 2006), Athens, Greece, May 2006.

Voeth, M./Herbst, U. (2005), Phase specific communication patterns in electronic negotiations, in: Finanza Marketing e Produzione, o. Jg., Nr.3, 2005, S. 25–32.

Voeth, M./Rabe, C. (2004), Preisverhandlungen, in: Backhaus, K./Voeth, M. (Hrsg): Handbuch Industriegütermarketing, Wiesbaden 2004, S. 1015–1038.

Voeth, M./Weißbacher, R. (2005), The Influence of Time Pressure and Agreement constraint on the Negotiation Process – Results of an Empirical Experiment, in: Finanza Marketing e Produzione, o. Jg., Nr. 3, 2005, S. 116–123.

Von Neumann, J./Morgenstern, O. (1944), Theory of Games and Economic Behavior, New York 1944.

Wall Jr., J. A./Blum, M. W. (1991), Negotiations, in: Journal of Management, 17. Jg., Nr. 2, 1991, S. 273–303.

Walters, A. E./Stuhlmacher, A. F./Meyer, L. L. (1998), Gender and Negotiator Competitiveness: A Meta-analysis, in: Organizational Behavior and Human Decision Processes, 76 Jg., Nr. 1, 1998, S. 1–29.

Walton, R. E./McKersie, R. B. (1965), A Behavioral Theory of Labor Negotiations: An Analysis of a Social Interaction System, New York 1965.

Webster, F. E. J./Wind, Y. (1972), Organizational Buying Behaviour, Englewood Cliffs 1972.

Wiese, H. (1994), Das Theorie-Praxis Paradox der Kostenrechnung aus verhandlungs-theoretischer Sicht, in: Zeitschrift für betriebswirtschaftliche Forschung, 46. Jg., Nr. 6, 1994, S. 525–537.

Wilson, E. J./Lilien, G. L./Wilson, D. T. (1991), Developing and testing a contingency paradigm of group choice in organizational buying, in: Journal of Marketing Research, 28. Jg., 1991, S. 452–466.

Wilson, S. R. (1992), Face and Facework in Negotiation, in: Putnam, L. L.; Roloff, M. E. (Hrsg.): Communication and Negotiation, Sage Publications, Newbury Park 1992, S. 176–202.

Wrightsman, L. S. (1966), Personality and Attitudinal Correlates of Trusting and Trustworthy Behaviors in a Two-Person Game, in: Journal of Personality and Social Psychology, 4. Jg., Nr. 3, 1966, S.328–332.

Wood, T. (2001), Team Negotiations Require A Team Approach, in: The American Salesman November 2001, S. 22–26.

Woodside, A. G./Davenport, J. W. (1974), The Effect of Salesman Similarity and Expertise on Consumer Purchasing Behavior, in: Journal of Marketing Research, 11. Jg., 1974, S. 198–202.

Young, O. R. (1975), Game-Theoretic Models of Bargaining – Introduction, in: Young, O.R. (Hrsg.): Bargaining. Formal theories of negotiation, Chicago 1975, S.23–37.

Yukl, G. (1974), Effects of the Opponent's Initial Offer, Concession Magnitude, and Concession Frequency on Bargaining Behavior, in: Journal of Personality and Social Psychology, 30. Jg., Nr. 3, 1974, S. 323–335.

Stichwortverzeichnis